Gelehrtenleben

Selbstzeugnisse der Neuzeit

Herausgegeben von
Kaspar von Greyerz, Alf Lüdtke,
Hans Medick, Jan Peters, Claudia Ulbrich
und Dorothee Wierling

Band 18

Selbstzeugnisse sind Aufzeichnungen, die individuelle und auf das »Selbst« bezogene Beobachtungen und Erfahrungen zusammenhängend zum Ausdruck bringen. In größerer Zahl gibt es sie seit dem 16. Jahrhundert.
Besonderes Interesse in der internationalen Forschung wie beim interessierten Publikum findet die populare Autobiographik, also die Selbstzeugnisse aus Unter- und Mittelschichten. Gerade sie erweisen sich als unverzichtbar für alle Versuche, soziale Praxis, Erfahrungszusammenhänge und Lebenswelten zu rekonstruieren. Selbstzeugnisse eröffnen neue Zugänge, um die historischen Akteure als empfindende und wahrnehmende, leidende und handelnde Personen zu zeigen.
Selbstzeugnisse der Neuzeit wollen bisher noch nicht publizierte Individualquellen zugänglich machen, die historische Zeitgenossenschaft einprägsam reflektieren. Weiterhin wird die Reihe zu Unrecht vergessene oder vergriffene Selbstzeugnisse als kommentierte Nachdrucke verfügbar machen. Veröffentlicht werden auch exemplarische Analysen sowie beschreibende Verzeichnisse und Übersichten. Die Herausgeber hoffen zudem, daß mit diesem Vorhaben Schätze gehoben werden können, die bisher unbekannt sind.

Alf Lüdtke, Reiner Prass (Hg.)

Gelehrtenleben

Wissenschaftspraxis in der Neuzeit

2008
BÖHLAU VERLAG KÖLN WEIMAR WIEN

Gedruckt mit freundlicher Unterstützung
durch das Max-Planck-Institut zur Erforschung multireligiöser und multiethnischer Gesellschaften, Göttingen,
und die Gerda Henkel Stiftung, Düsseldorf

Bibliografische Information der Deutschen Nationalbibliothek:
Die Deutsche Nationalbibliothek verzeichnet diese Publikation in der Deutschen Nationalbibliografie; detaillierte bibliografische Daten sind im Internet über http://dnb.ddb.de abrufbar.

Umschlagabbildung:
„Bildnis eines Gelehrten" (gebrannter Ton),
Bologna, erstes Drittel 16. Jahrhundert. Bode-Museum Berlin, Inv. M 9.
Aus: bpk/Staatliche Museen zu Berlin, Skulpturensammlung

Ursulaplatz 1, D-50668 Köln, www.boehlau.de

Satz: Birgitt Sippel, Göttingen
Druck und Bindung: Strauss GmbH, Mörlenbach
Gedruckt auf chlor- und säurefreiem Papier
Printed in Germany

ISBN 978-3-412-21906-2

Für Hans

Inhalt

Selbstbeobachtungen

Kulte gelehrten Lebens

Alf Lüdtke / Reiner Prass

Einleitung: Gelehrtenleben. Wissenschaftspraxis in der Neuzeit

I. Gelehrte – eine Figur von gestern?

Die Gelehrten und ihre Gelehrsamkeit scheinen selten geworden. Im Schwange steht Wissenschaft. In westlich-europäischen Lebensweisen galt seit dem 19. Jahrhundert wissenschaftliche Forschung als Voraussetzung wie Bestimmungsgröße, wenn nicht als „Produktivkraft" für ein besseres, vielleicht ein „gutes Leben". Dieser Optimismus ist längst zerstoben. Wissenschaft bringt in allen Handlungsfeldern offenbar zugleich weitreichende, wenn nicht unkalkulierbare Gefahren hervor, die den Bestand von Welt und ein akzeptables (Über-)Leben Vieler, wenn nicht der Menschheit bedrohen.

Als Wissenschaftler, Wissenschaftlerinnen gelten belesene Menschen, die in dem Ruf stehen, sich ein weit gespanntes Wissen anzueignen und zugleich beharrlich Neues – vielleicht die Wahrheit – zu ergründen, aber auch Gegebenes zu verbessern oder wirksamer zu machen. Der Blick richtet sich auf Personal wie Arbeitsweisen von Institutionen, die das Noch-nicht-Bekannte zu erforschen suchen.[1] Anzutreffen sind ihre Akteure typischerweise in Seminaren oder Laboren, in Versuchswerkstätten, Archiven oder Bibliotheken, aber auch „im Feld", an vertrautem oder fremdem Ort.

In jüngster Zeit treten Wissenschaftlerinnen und Wissenschaftler mehr und mehr auch als Experten auf. Zahllose Kommissionen von Parlamenten oder Verwaltungen bemühen sich ebenso wie die Macher audio-visueller Programme um ihr ‚fachliches Urteil' zu brennenden Fragen der Zeit. Das hat zweierlei Effekte. Der eine berührt Rolle und Reputation der Fachspezialisten; der andere die Popularisierung von Wissenschaft.

Einzelne Gelehrte hatten seit dem späten 18. und dem 19. Jahrhundert ihre überwiegend staatlich besoldeten (Universitäts-)Stellungen dazu verwendet, den Gelehrten-Status als Mandat für aktive Einflussnahme auf „Öffentlichkeit", zumindest auf veröffentlichte Meinung zu nutzen. Diese „Gelehrten-Intellektuellen" (Gangolf Hübinger) unterschieden sich im Anspruch, nicht immer im Verhalten von Parteigängern gouvernementaler Positionen (etwa der Historiker Johann Friedrich Stahl im vormärzlichen Preußen).[2] Sie pochten auf ihre Eigenständigkeit und grenzten sich zugleich entschie-

1 Dazu Rudolf Stichweh, Die Autopoiesis der Wissenschaft, in: Dirk Baecker, u.a. (Hg.); Theorie als Passion. Niklas Luhmann zum 60. Geburtstag, Frankfurt am Main 1987, S. 447-481, hier S. 468ff.

2 Gangolf Hübinger, Gelehrte, Politik und Öffentlichkeit. Eine Intellektuellengeschichte, Göttingen 2006; dort nennt er insbesondere für das 19. Jahrhundert Johann Gottlieb Fichte, Friedrich Christoph Dahlmann und Heinrich von Treitschke; für die Zeit um 1900 Gustav Schmoller und Max Weber

den ab von „umstürzlerischen" Autoren und Akteuren wie (im deutschsprachigen Raum) Karl Marx oder Karl Kraus, Lou Andreas-Salomé oder Carl von Ossietzky.[3] In neuester Zeit scheint weniger das intellektuelle Profil der Person als die passgenaue Expertise gefragt. Diese Inflationierung von Expertisen hat freilich Zweifel an intellektuellem Profil wie Unabhängigkeit ihrer Autoren verschärft.[4] – Der andere Effekt zeigt sich in neuen Formen der Popularisierung von Wissenschaft, bei der wissenschaftlich produziertes Wissen und populäre Präsentationsformen vielfältig interagieren.[5]

Gegenüber der heutigen Präsenz von Wissenschaftlern und Experten in öffentlichen Foren und Massen-Medien verweist das Klischee den Gelehrten auf die Studierstube; hier widme er sich seiner Gelehrsamkeit in kontemplativ-beschaulicher Einsamkeit. Ein solches Profil ist mittlerweile nur mehr für den „Privatgelehrten" vorstellbar und trifft auf unverständige oder mitleidige Skepsis, wenn nicht Ausgrenzung.[6] Der lexikographische Befund, der die Gelehrten im 20. Jahrhundert kaum noch verzeichnet

---

und für die 1920er und 30er Jahre in Auftreten wie Positionen so unterschiedliche und in vielem konträre Personen wie den Juristen Carl Schmitt und den Historiker Friedrich Meinecke; aber auch institutionell ungebundene Verfechter intellektueller Positionen wie etwa Karl Kraus oder die Brüder Friedrich Georg und Ernst Jünger gewannen weitreichenden Einfluss in den Arenen der Öffentlichkeit. Vgl. zu europäischen Kontexten Christophe Charle, Vordenker der Moderne. Die Intellektuellen im 19. Jahrhundert, Frankfurt am Main 1997 (Paris 1996).

3 Zu den Intellektuellen im 20. Jahrhundert Ingrid Gilcher-Holtey, Zwischen den Fronten. Positionskämpfe europäischer Intellektueller im 20. Jahrhundert. Berlin, 2007; vgl. Kurt Flasch, Die geistige Mobilmachung. Die deutschen Intellektuellen und der Erste Weltkrieg, München 2000; Reinhard Blomert, Intellektuelle im Aufbruch. Karl Mannheim, Alfed Weber, Norbert Elias und die Heidelberger Sozialwissenschaften der Zwischenkriegszeit, München 1999; für die DDR Werner Mittenzwei, Die Intellektuellen, Literatur und Politik in Ostdeutschland von 1945 bis 2000, Leipzig 2001. Ein Versuch, die Figur des Intellektuellen auch in frühneuzeitlichen Zusammenhängen zu orten, bei Jutta Held (Hg.), Intellektuelle in der Frühen Neuzeit, München 2002.

4 Dazu Sabine Maasen / Peter Weingart (Hg.), Democratization of Expertise? Exploring Novel Forms of Scientific Advice in Political Decision-Making, Dordrecht 2005; Tal Golan, Laws of Men and Laws of Nature. The History of Scientific Expert Testimony in England and America, Cambridge, Mass./ London 2004.

5 Vgl. das Themenheft von „ Historische Anthropologie", das Sylvia Paletschek und Jakob Tanner zur „Popularisierung von Wissenschaft" herausgegeben haben, Jg. 16 (2008), H. 1, besonders gerichtet auf Praktiken der Muliplikation und Diffusion von Wissen im 19. wie 20. Jahrhundert; s. auch Andreas Daum, Wissenschaftspopularisierung im 19. Jahrhundert: Bürgerliche Kultur, naturwissenschaftliche Bildung und die deutsche Öffentlichkeit, 1848-1914, München 1998; zum internationalen Vergleich siehe die Themenhefte von „Genèses", No. 65 (2006) „Expertise" und No. 70 (2008) „Devenir expert".

6 Ein Beispiel bei René König, Soziologe und langjähriger Professor an der Universität zu Köln (1949-74), in seiner Autobiographie: Leben im Widerspruch. Versuch einer intellektuellen Autobiographie, Frankfurt am Main u.a. 1984, S. 121f, 137f; in anderer Färbung geht es um den Gelehrten bei Jürgen Kuczynski, Wirtschaftshistoriker und Direktor eines Akademie-Instituts, aber auch Partei-Ideologe wie -Kritiker in der DDR, in einem Essay, bei dem er sich offensichtlich vor allem selbst meint: Ders., Alte Gelehrte, Berlin 1989.

findet[7], verweist in der Tat auf einen engen Bezug von Gelehrten und frühneuzeitlicher (Selbst-)Darstellung.[8] Diese bezog sich überwiegend auf universitäre, ihrerseits vielfach kirchlich regulierte Korporationen wie auf höfisch getönte Ständeordnungen.[9] Hier wie dort standen Männer im Zentrum der Aufmerksamkeit, auch wenn Frauen nicht nur als interessiertes Publikum oder Finanziers wichtig waren, sondern selbst forschende Aktivitäten entfalteten. Dabei war die Geschlechterdifferenz weit weniger scharf markiert, als es die Konzentration auf physiologische Differenzen unterstellte, wie sie sich im späten 18. Jahrhundert durchsetzte.[10]

Distanz gegenüber den Gelehrten ist dennoch nicht erst ein Produkt jener arbeitsteiligen „Großwissenschaft" (Theodor Mommsen)[11], die seit dem 19. Jahrhundert prägend geworden ist. Auch frühneuzeitliche Zeitgenossen sahen die Gelehrten mitunter höchst kritisch. Zu Anfang des 18. Jahrhunderts sprach Johann Burckhard Mencke mit seinen Beobachtungen offenbar für viele: „Entweder [wissen] die Gelehrten vor ehrgierigem Hochmuth nicht, wie sie sich prächtig genug heraus kleiden sollen, damit sie nur vor Leute nach der heutigen Welt und, nach Frantzösischer Mund-Art, vor galant-hommes mögen gehalten werden. Oder sie ziehn gar zu unflätig auf, und treten in einem abgeschabten Mantel, alt-väterischen Rocke und mit hinunter hängenden Pluder-Hosen einher, bloß damit die Leute dencken sollten, ihr einziges Tichten und Trachten sey nur auf das Studieren gerichtet."[12] Ungeschlachtes Auftreten, bei allem

---

7 Deutschsprachige Konversationslexika, wie *Brockhaus* und *Meyers Enzyklopädisches Lexikon*, führen in den Auflagen ab den 1920er Jahren den „Gelehrten" nicht mehr. Die deutschsprachige Ausgabe von *Wikipedia* lenkt die Suche nach „Gelehrter" auf „Wissenschaft" (Zugriff 15. 10. 2007).

8 In der *Enzyklopädie der Neuzeit*, die überwiegend die Geschichte der Frühen Neuzeit behandelt, beschäftigen sich neben dem Artikel „Gelehrter" noch eine ganze Reihe weiterer Lemmata mit den Gelehrten, wie z. B. die Artikel „Gelehrsamkeit", „Gelehrtenrepublik" und „Gelehrtensatire"; Friedrich JAEGER (Hg.), Enzyklopädie der Neuzeit, Bd. 4, Stuttgart / Weimar 2006, Sp. 368-401.

9 So machte im frühen 17. Jahrhundert Galileo Galilei Karriere, weil er sich als Günstling des Fürsten von Medici an dessen Hof etablieren und damit vom Mathematiker zum Naturphilosophen aufsteigen konnte, vgl. Mario BIAGIOLI, Galilei, der Höfling. Entdeckungen und Etikette: vom Aufstieg der neuen Wissenschaft, Frankfurt am Main 1999 (Chicago 1993); generell Marian FÜSSEL, Gelehrtenkultur als symbolische Praxis. Rang, Ritual und Konflikt an der Universität der Frühen Neuzeit, Darmstadt 2006.

10 Steven SHAPIN, The Man of Science, in: Katharine PARK / Lorraine DASTON (Hg.), Early Modern Science, Cambridge u. a. 2006 (The Cambridge History of Science, vol. 3), S. 179-191; Dorinda OUTRAM, Gender, in: ebd. , S. 797-817; Londa SCHIEBINGER, Women of Natural Knowledge, in: ebd., S. 192-205; Alix COOPER, Homes and Households, in: ebd., S. 224-237; vgl. auch Michaela HOHKAMP / Gabriele JANCKE (Hg.), Nonne, Königin und Kurtisane. Wissen, Bildung und Gelehrsamkeit von Frauen in der Frühen Neuzeit, Königstein im Taunus 2004; Paula FINDLEN, Becoming a Scientist: Gender and Knowledge in Eighteenth-Century Italy, in: Science in Context 16 (2003), S. 59-87.

11 Theodor MOMMSEN, Antwort an Hrn. Harnack, in: Sitzungsberichte der Königlich Preussischen Akademie der Wissenschaften (1890), 2, S. 791-793.

12 Johann Burckhard MENCKE, Zwey Reden von der Charlatanerie…, Leipzig 1716, zit. nach FÜSSEL, Gelehrtenkultur (wie Anm. 9), S. 383f.; insgesamt dort bzw. Kap. VI inhaltlich parallele zeitgenössische Selbstbeschreibungen und Kritiken.

„gelehrten“ Wissen dennoch Unkenntnis der angemessenen Kleidungs- und Verhaltensweisen: Ansprüche auf Reputation, Ehrerbietung und entsprechende materielle Einkünfte mussten angesichts solchen Gehabes einigermaßen hohl klingen. Parallel freilich begannen sich Gelehrte in England, aber auch anderswo in West- und Mitteleuropa von diesen „Pedanten“ abzugrenzen. Vermehrt orientierten sie sich an galanteren Umgangsformen, die höfische Etikette, aber auch größere Weltoffenheit anzeigen mochten.[13]

Es habe sich einiges geändert, notierte am Ende des 18. Jahrhunderts der Popularphilosoph Christian Garve: Der „Geschmack an Kenntnissen [ist] allgemeiner geworden“; die „Verbindung… zwischen Gelehrsamkeit und den Geschäften…. [ist] jetzt größer als jemals“, ebenso wie die zwischen den „eigentlichen Gelehrten und den Weltleuten“[14]. Dementsprechend würden wohl auch die Absonderlichkeiten und das „linkische Wesen“, wie man es von Gelehrten gewohnt sei, zunehmend außer Kurs und Mode kommen.

Die Selbstdeutung der Gelehrten – jedenfalls in deutschen Staaten – bezog sich auf ständisch-korporative oder auf höfische, aber auch auf kirchliche Regulative und Rangordnungen. Wie war hier die eigene Tätigkeit angemessen einzurangieren? Denn das, was die Gelehrten des traditionellen universitären Fächerkanons überwiegend, wenn nicht ausschließlich taten, kreiste um Notate, Handschriften oder Drucke. Es galt, sie auszuwerten, um auf dieser Grundlage einen weiteren Text zu kompilieren und zu edieren – dann kam es darauf an, diesen revidierten Text den Kollegen wie Adepten, darunter Studenten, zu kommunizieren. Und das hieß in erster Linie, diesen Text vorzulesen und seine Thesen streitig-disputierend zu vertreten. Der Anspruch war, den Kanon der vorhandenen „klassischen“ Literatur immer wieder neu zu ordnen und zu interpretieren.[15] Dabei konnte man bei Reisen oder in der Korrespondenz

---

13 Marian Füssel, Akademische Lebenswelt und gelehrter Habitus. Zur Alltagsgeschichte des deutschen Professors, in: Jahrbuch für Universitätsgeschichte 10 (2007), S. 35-51; Steven Shapin, „A Scholar and a Gentleman“: The Problematic Identity oft the Scientific Practitioner in Early Modern England, in: History of Science 29 (1991), S. 279-237; Ders., The Man of Science (wie Anm. 10).

14 Christian Garve, Über die Moden, 1792, zitiert nach Füssel, Gelehrtenkultur (wie Anm. 9), S. 387. Vgl. Pierre Bourdieu, Die feinen Unterschiede. Kritik der gesellschaftlichen Urteilskraft, 10. Aufl., Frankfurt am Mai 1998 (Paris 1979; Frankfurt 1982), S. 125 -133, zu französischen Beispielen für die „Gelehrten“ und die allmähliche Verminderung von Differenz wie Distanz zwischen „Pedanten“ und (hier vor allem höfisch-mondänen) „Weltmännern“, zumal im 17. Jahrhundert. Zur maskulinen Konnotation und deren Ausgrenzungsmacht, aber auch Ignoranz für fördernd-vermittelnde, mitunter auch handwerklich-praktische Teilhabe von Frauen vgl. Schiebinger, Women of Natural Knowledge (wie Anm. 10).

15 Für die ekklesiastisch-monastischen Zirkel und Netzwerke und die langgezogen-gebrochenen Übergänge von kanonischen ‚textus‘ zu akademisch-diskursiven Texten Ludolf Kuchenbuch (Hg.), ‚Textus‘ im Mittelalter. Komponenten und Situationen des Wortgebrauchs im schriftsemantischen Feld, Göttingen 2006; vgl. die ironische Selbst-Beschreibung von Erasmus von Rotterdam, Das Lob der Torheit, Berlin 1950 (als „Laus stultitiae“, Paris 1511), S. 77-89. Zu den Dimensionen der Wendung zum „Neuen“ Katharine Park / Lorraine Daston, Introduction: The Age of the New, in: Park /

mit niederländischen, mehr noch englischen, aber auch italienischen Kollegen auch veränderten Verhaltensweisen begegnen. Nicht spezialistische Pedanterie, Kanonpflege und ehrerbietige, womöglich höfische Unterordnung, sondern experimentelles Suchen nach neuen Einsichten und überzeugenden Belegen bekamen dort um 1600, nachdrücklicher im späteren 17. Jahrhundert Vorrang.[16]

Freilich bedeuteten solche Akzentuierungen keine umfassende oder geradlinige Veränderung. „Gentleman"-Wissenschaftler, die das Vertrauen in die prinzipielle Glaubwürdigkeit der männlichen adeligen Standesgenossen auf naturforschende Kollegen übertrugen, operierten im spezifischen gesellschaftlichen Kontext Englands. Dazu gehörte eine protestantische Religiosität, die nach Bürgerkrieg und Glorious Revolution (1688) individuellem Dissenz weit mehr Raum gab als es in kontinentalen Umfeldern geschah.[17] Ebenso bedeutsam war, dass England zu einem neuen Zentrum weltweit ausgreifender kommerzieller wie kolonisierender Aktivitäten wurde.

Aber auch in England zeigten die „Praktiken der Gelehrsamkeit" gegenläufige Tendenzen und unterschiedliche Konjunkturen – finden sich wechselnde Gemengelagen von ‚alt' und ‚neu'. Sie bestimmten in je eigenen Färbungen auch in Schottland, den Niederlanden oder Neapel, in Schweden, den deutschen Territorien (d. h. denen des Römischen Reiches) oder in Frankreich das akademische Leben: in den traditionellen Universitäten wie in den neu etablierten Akademien der Wissenschaften.[18] Hier wie dort, aber auch bei physikalischen Beweisen oder philosophischen Belegen: die Kritiker der Tradition blieben in einem fundamentalen Punkt auf das Hergebrachte fixiert. Bei allem Neuen, dessen Gültigkeit sie durchzusetzen suchten, behaupteten sie ebenfalls autoritative Allgemeingültigkeit – der eigenen Positionen, Argumentationen und Begründungen.[19]

DASTON (Hg.), Early Modern Science (wie Anm. 10), S. 1-17; Steven SHAPIN, A Social History of Truth. Civility and Science in Seventeenth-Century England, Chicago 1994; bes. zu den lokalen „settings" dieser Veränderungen und deren Reichweiten David LIVINGSTONE, Putting Science in Its Place. Geographies of Scientific Knowledge, Chicago 2003.

16 Steven SHAPIN, Die wissenschaftliche Revolution, Frankfurt am Main 1998 (Chicago / London 1996), S. 80.

17 Vgl. John ROBERTSON, The Case for the Enlightenment. Scotland and Naples 1680-1760, Cambridge u a. 2005, S. 29-32; vgl. Margaret C. JACOB, Alte und neue Wissenschaften und Weltdeutungen. Einführung, in: Hartmut LEHMANN / Anne-Charlott TREPP (Hg.), Im Zeichen der Krise. Religiosität im Europa des 17. Jahrhunderts, Göttingen 1999, S. 405-413.

18 Helmut ZEDELMAIER / Martin MULSOW (Hg.), Die Praktiken der Gelehrsamkeit in der frühen Neuzeit, Tübingen 2001; Lorraine DASTON, Die kognitiven Leidenschaften: Staunen und Neugier im Europa der frühen Neuzeit, in: DIES., Wunder, Beweise und Tatsachen: Zur Geschichte der Rationalität, Frankfurt am Main 2001, S. 77-97.

19 SHAPIN, Social History of Truth (wie Anm. 15), S. 291-309, 392-407. Am deutlichsten formulierte diesen Anspruch René Descartes, der behauptete, seine Erkenntnisse allein aus reiner Verstandestätigkeit gewonnen zu haben und dabei die Vorläufer etwa seiner Theorien zur Optik verschweigt, vgl. Michel AUTHIER, Die Geschichte der Brechung und Descartes' „vergessene Quellen", in: Michel SERRES (Hg.), Elemente einer Geschichte der Wissenschaften, 2. Auflage Frankfurt am Main 2002

Zugleich reichte die Definitionsmacht der christlichen Konfessionen bis ins 18., vielfach auch 19. Jahrhundert fast überall in Europa aus, um das offene Vertreten von nicht- oder anti-religiösen Positionen zu ächten. Von den Verschiebungen auf der institutionellen Ebene keineswegs direkt beeinflusst blieb jedoch Religiosität, in christlich-konfessioneller oder auch jüdischer Prägung, folgenreich für Erklärungen der Weltläufte. Zudem gewann mit der Antikenrezeption, wie sie die Humanisten im 15. und mehr noch 16. Jahrhundert propagierten, der Hermetismus als eigenständige Seinsdeutung bedeutenden Einfluss.[20] Es lässt sich daher nicht strikt zwischen Wissenschaftlern, die christliche (oder jüdische) Religiosität praktizierten oder in Anspruch nahmen, und anderen unterscheiden, die alternative Seinsdeutungen teilten oder nach ihnen suchten. Letztere wurden oftmals gegen ihren Willen von der offiziellen Kirche marginalisiert. In der Praxis aber verbanden sich häufig christliche mit nichtchristlichen Elementen der Deutung von Welt und Geschichte. Es wäre also irreführend, einen prinzipiellen Gegensatz zwischen wissenschaftlicher und religiöser Erklärung der Welt anzunehmen. Die nach neuen Erklärungen natürlicher Phänomene suchenden Wissenschaftler des 17. Jahrhunderts wollten nicht die Religion ersetzen, sondern einen Beitrag zur Erklärung der göttlichen Schöpfung leisten. Doch auch nicht alle Glieder der katholischen Kirche lehnten die kopernikanische Erklärung des Universums von vornherein ab.[21]

Hier (wie auch vielfach sonst) gilt keine scharfe Scheidung zwischen früher und späterer Neuzeit: In zahllosen Spielarten des Okkultismus, auch von organalogischen Deutungen, fanden Bemühungen um das Übersinnliche im 19. Jahrhundert wie im 20. Jahrhundert große Resonanz, ungeachtet – besser wohl: angesichts vehement ausgreifender Wissenschafts-, Technik- und Fortschrittsbegeisterung, wenn nicht Fortschrittsgläubigkeit. Und offen scheint, inwieweit Abwehrbewegungen z. B. von Naturwissenschaftlern gegen solche ‚querliegenden' Ansätze, keine Grenze der menschlichen

(Paris 1989), S. 445-485, hier S. 472-474. Doch der cartesianische Anspruch blieb nicht der einzige Ansatz zur wissenschaftlichen Erklärung der Welt: die – meist adeligen – Wissenschaftler der Royal Society verfolgten einen probabilistischen Ansatz, bei dem es ihnen vor allem auf die Erfassung gesicherter Fakten und nicht auf den Beweis allgemeiner philosophischer Theorien ankam; vgl. SHAPIN, Social History of Truth (wie Anm. 15), S. 120-125.

20 Alchemistische Praktiken waren bei frühneuzeitlichen Gelehrten, wie z. B. Isaac Newton, weit verbreitet und wurden von mitteleuropäischen Fürstenhöfen anhaltend unterstützt. Zum Hermetismus siehe: Anne-Charlott TREPP / Hartmut LEHMANN (Hg.), Antike Weisheit und kulturelle Praxis. Hermetismus in der Frühen Neuzeit, Göttingen 2001; Monika NEUGEBAUER-WÖLK, Esoterik in der Frühen Neuzeit. Zum Paradigma der Religionsgeschichte zwischen Mittelalter und Moderne, in: Zeitschrift für historische Forschung 27 (2000), S. 321-364; dazu parallel Forschungen zu den Grenzen humanistischer Aktivität bei Thomas MAISSEN / Gerrit WALTHER (Hg.), Funktionen des Humanismus. Studien zum Nutzen des Neuen in der humanistischen Kultur, Göttingen 2006.

21 SHAPIN, Wissenschaftliche Revolution (wie Anm. 16), S. 165 ff; BIAGIOLI, Galilei (wie Anm. 9), passim.

Naturerkenntnis zu akzeptieren, ihrerseits von Vorstellungen einer (göttlich-)allmächtigen Natur bestimmt waren.[22]

Der Anspruch auf ‚Neues' war und blieb also in vielerlei Weise von ‚Altem' bestimmt oder doch eingefärbt. Diese Relation wurde auch zum Thema, und keineswegs nachträglich: Isaac Newton war also nicht der erste, der mit einer gewissen Koketterie darauf verwies, er „sehe" allein deshalb „weiter" als andere (sofern er überhaupt „weiter sehe"…), „weil er auf den Schultern von Riesen" stehe.[23] Dieses Gleichnis vom Zwerg, der sich des Riesen, d.h. der alten Autorität bediente und bedienen müsste, um Neues zu sehen, lässt sich für den englischen Sprachraum seit dem frühen 17. Jahrhundert vielfältig belegen. Allerdings spiegelte der selbstironische Gestus der Bescheidenheit, die Newton signalisierte – vielleicht sehe man gar nicht weiter? – eine gesteigerte Selbstreflexion, wie sie älteren Fassungen fremd war.

Seither ist dieser Anspruch zentral für Selbst- wie Fremddeutungen der Gelehrten geworden: eigenständig und methodisch kalkuliert Grenzen des Bekannten oder Gewohnten zu überschreiten. Im Pathos mancher Ansprüche auf eine singuläre europäische Moderne: solche Grenzüberschreitungen ermöglichten eine einzigartige Vermehrung und Erweiterung von Einsicht in vergangene wie gegenwärtige (und womöglich zukünftige) Wirklichkeit.[24]

---

22 Etwa das entsprechende, seinerzeit weithin beachtete Plädoyer des Berliner Physiologen du Bois-Reymond 1872, vgl. Kurt Bayertz / Miriam Gerhard / Walter Jaeschke, Einleitung, in: Dies., (Hg.), Weltanschauung, Philosophie und Naturwissenschaft im 19. Jahrhundert, Bd.3: Der Ignorabimus-Streit, Hamburg 2007, S. 2-15; vor allem auch Alexander C.T. Geppert, Okkultismus als Anti-Ignorabimus. Zur Geschichte einer epistemischen Mesalliance, 1872-1913, in: ebd. S. 253-279. Vgl. auch Ernst Haeckel (1834-1919) und die Faszination, die seine „monistischen" Ansätze in ihrer Verbindung von Materialismus und Vitalismus, Atheismus und Pantheismus fanden, Mario A. Di Gregorio, From Here to Eternity: Ernst Haeckel and Scientific Faith, Göttingen 2005.

23 Dazu Robert K. Merton, Auf den Schultern von Riesen. Ein Leitfaden durch das Labyrinth der Gelehrsamkeit, übers. von Reinhard Kaiser, Frankfurt am Main 1980 (New York 1965): „Wenn ich weitergesehen habe (als andere), so deshalb, weil ich auf den Schultern von Riesen stehe", S. 19; in seiner akribischen Rekonstruktion der zahllosen Verwendungen, die sich für diesen Topos finden lassen, hat Merton den Anspruch, Neues gegenüber den Früheren gefunden zu haben, zuerst für die *zweite* (!) Auflage eines Buches gezeigt, das der im frühen 17. Jahrhundert geschätzte englische Kompilator Robert Burton verfasst hatte. Burton meldete danach ausdrücklich den Anspruch an, etwas Eigenständiges aus dem gemacht zu haben, was alle anderen bisher vielleicht auch gesehen, aber nicht neu wahrgenommen und gedeutet hätten, vgl. Merton, Auf den Schultern (wie Anm. 23), S. 14-19.

24 Vgl. Stichweh, Autopoiesis der Wissenschaft (wie Anm. 1); siehe zur aktuellen Kritik an diesem Moderne-Konzept Dipesh Chakrabarty, Provincializing Europe: Postcolonial Thought, and Historical Difference, Princeton 2000, und seiner Pointierung, dass „European concepts… inadequate and indispensable" seien, z.B. für bengalische Kontexte, ebd., S. 6, 16 und 19.

II. Begrenzte Autonomie – mediale Umwälzungen

Die anhaltenden kirchlichen, seit dem späten 16. Jahrhundert entschieden konfessionell geprägten Ansprüche auf Oberkontrolle blieben nicht ohne Widerspruch. Das stärkte Impulse, den universitären Korporationen ein Mehr an interner Eigenständigkeit zu gestatten und das wissenschaftliche Arbeiten selbst neu zu organisieren.[25] Nicht erst im Preußen der anti-napoleonischen Staats- und Gesellschaftsreformen nach 1807 ging es darum, die Universitäten kirchlich-dogmatischer Regulierung zu entziehen. Bereits Mitte des 18. Jahrhunderts sollten in Halle und im (kurhannoverschen) Göttingen kirchliche Einflussnahmen ausgeschlossen sein – und sich diese Form universitärer Autonomie in der professoralen Arbeit alltäglich durchsetzen. Allerdings setzten weiterhin obrigkeitlich-staatliche Akte den Rahmen,[26] im Einklang mit dem anhaltenden Interesse der Professorenschaft an staatlicher Alimentierung.

Letzteres galt auch für die Berliner Neugründung von 1810 – wobei die nachträgliche Verklärung Wilhelm von Humboldts als Präzeptor wissenschaftlicher Freiheit ein Ausdruck borussophiler „invention of tradition“[27] war. Humboldt hatte freilich die Widersprüche von Gesellung und Vereinzelung, die Wissenschaft als Forschung bedeutete, in aphoristischer Prägnanz notiert: Erfordert sei eine ebenso delikate wie riskante Balance. Für die „reine Wissenschaft“ sei „Freiheit notwendig“, zugleich „Einsamkeit hilfreich“, ungeachtet aller gleichwohl erforderlichen „engen Gemeinschaft“ der Wissenschaftsadepten.[28]

---

25 Die (lokalen) Akademien der Wissenschaften, im obrigkeitlichen Rahmen häufig von jeweiligen Universitätsprofessoren getragen, waren dafür „Protoinstitutionen“ (Martin Gierl). Das gilt zumal für die Organisierung von regelmäßiger, zugleich (fach-)öffentlicher Kommunikation durch Zeitschriften und Rezensionen, vgl. Martin GIERL, Geschichte und Organisation. Institutionalisierung als Kommunikationsprozess am Beispiel der Wissenschaftsakademien um 1900, Göttingen 2004, S. 24 f. Zu dem in Göttingen im 18. Jahrhundert erfolgenden Zusammenspiel von Universität, Akademie, Bibliothek und Rezensionszeitschrift siehe: Anne SAADA, La communication à l'intérieur de la République des Lettres observée à partir de la bibliothèque universitaire de Göttingen, in: Ulrich Johannes SCHNEIDER (Hg.), Kultur der Kommunikation. Die europäische Gelehrtenrepublik im Zeitalter von Leibniz und Lessing, Wiesbaden 2005, S. 243-254.

26 Gerlach Adolph Frhr. von Münchhausen, für Göttingen in und nach den 1730er Jahren; Karl Frhr. vom Stein zum Altenstein, für das Preussen nach 1815; Friedrich Althoff, für das wilhelminische Preußen; zu letzterem Bernhard VOM BROCKE (Hg.), Wissenschaftsgeschichte und Wissenschaftspolitik im Industriezeitalter. Das „System Althoff“ in historischer Perspektive, Hildesheim 1991.

27 Sylvia PALETSCHEK, Die Erfindung der Humboldtschen Universität. Die Konstruktion der deutschen Universitätsidee in der ersten Hälfte des 20. Jahrhunderts, in: Historische Anthropologie 10 (2002), S. 183-205.

28 Wilhelm VON HUMBOLDT, Der Königsberger und der Litauische Schulplan (1809), in: Wilhelm VON HUMBOLDT, Werke IV: Schriften zur Politik und zum Bildungswesen, Darmstadt 1964, S. 168-195, hier S. 191. Festzuhalten ist, dass preußische Universitäten nur für wenige und in sehr spezifischem Sinne eine Stätte „freier Forschung“ waren und sein sollten. Im Vordergrund gerade auch der Reformuniversität stand die Ausbildung von Funktionseliten, zumal für die staatlichen wie die kirchlichen Institutionen.

In der allmählichen Verschiebung der Akzente von individueller Gelehrsamkeit zu arbeitsteilig-disziplinärer Forschung[29] wurden neue Praktiken erkennbar. Sie bedienten sich neuer Medien – oder waren von ihnen angeregt oder akzentuiert. Disziplinäre Vorlieben beschleunigten eine Vervielfältigung der Medien, mit denen sich z.B. Daten-Erhebungen und Nachrichten über das ‚Neue' oder ‚Fremde' speichern, aber auch darstellen ließen. Einschlägige Listen, Tabellen, Schaubilder und Karten stimulierten ihrerseits neue Formen des Beobachtens und Genres der Darstellung. Dazu gehörten langdauernde Forschungsreisen ebenso wie Aufenthalte im „Feld". Unerlässlich wurde deren Dokumentation; die Gleichzeitigkeit umfänglicher Bildserien mit Atlanten, Text-Berichten und tabellarischen Übersichten zeigte ein breites Spektrum der neuen Einsichten oder Funde.[30] Erkundung und Vergegenwärtigung des und der Fremden erforderten nicht mehr nur ein Sammeln von Kuriositäten und Kostbarkeiten. Nun galt es vielmehr, alles und jedes zusammenzutragen. Das steigerte die Dringlichkeit, das Material systematisch zu ordnen.

Ein Universum von Sach- und Bildzeugnissen ließ sich nun zur Forschung nutzen. Katalogisierende Verzettelung erlaubte nicht allein das Speichern von Kenndaten der Sammlungsobjekte, sondern weitergehende Erschließungen, die Neues zu Tage bringen und weitere Erforschung anstoßen würden.[31] Aus der umfassenden Systematisierung der Pflanzen- und Tierarten leiteten z. B. Biologen des 18. und 19. Jahrhunderts neue Erklärungen der Entwicklung der Lebewesen ab.[32] Solche Praktiken begünstigten die Gründung universitärer Labors und Seminare; sie rechtfertigten zugleich die Errichtung angemessen-repräsentativer Bauten sowie den Aus- oder Neubau korrespondierender Archive und Bibliotheken.[33] Vermehrte und längerfristig organisierte Kooperation fand überdies Ausdruck in kurz- wie längerfristigen Projekten, im 19. Jahrhundert insbesondere in Editionsvorhaben; sie wurden ein Haupt-Tätigkeitsfeld der Wissen-

29 R. Steven Turner, The Prussian Universities and the Concept of Research, in: Internationales Archiv für Sozialgeschichte der deutschen Literatur 5 (1980), S. 68-93; Lorraine Daston / H. Otto Sibum (Hg.), Introduction: Scientific Personae and their Histories, in: Science in Context 16 (2003), S. 1-8.

30 Bernhard Siegert, Passage des Digitalen. Zeichenpraktiken der neuzeitlichen Wissenschaften, Berlin 2003. Zu den Berichten Harry Liebersohn, The Travelers' World: Europe to the Pacific, Cambridge, Mass. 2006.

31 William Clark, Academic Charisma and the Origins of the Research University, Chicago 2006, Kap. 8: The Library Catalogue; Markus Krajewski, Zettelwirtschaft. Die Geburt der Kartei aus dem Geiste der Bibliothek, Berlin 2002; zur Parallelbewegung der „disciplining the senses" vgl. Livingstone, Putting Science (wie Anm. 15), S. 148-153, 171-178.

32 Jean Marc Drouin, Von Linné zu Darwin: Die Forschungsreisen der Naturhistoriker, in: Serres (Hg.), Elemente (wie Anm. 19), S. 569-595.

33 Clark, Academic Charisma (wie Anm. 31), Kap. 5: The Research Seminar; Bernhard vom Brocke, Wege aus der Krise: Universitätsseminar, Akademiekommission oder Forschungsinstitut. Formen der Institutionalisierung in den Geistes- und Naturwissenschaften 1810 – 1900 – 1995, in: Christoph König / Eberhard Lämmert (Hg.), Konkurrenten in der Fakultät. Kultur, Wissen und Universität um 1900, Frankfurt am Main 1999, S. 191-215; vgl. zu Berliner Bibliotheksbauten Tilmann Buddensieg u. a. (Hg.), Wissenschaften in Berlin, Bd. 3: Gedanken, Berlin 1987, S. 37-41.

schaftsakademien, die im 17. und 18. Jahrhundert gegründet und auf dem Kontinent intensiv von den Herrschenden gefördert wurden.[34]

III. Betriebsförmigkeit

Spätestens seit der Mitte des 19. Jahrhunderts galt *Betriebsförmigkeit* als unerlässlich für zielgerichtete Effizienz. Dieser Maxime folgte man freilich nicht nur in Forschung und Wissenschaft. Vielmehr verknüpfte ein entsprechender Rationalisierungsimpetus staatliche mit privaten Aktivitäten, war wirksam in Industrie wie Landwirtschaft, beim Militär wie in den Anstalten von Bildung, Gesundheits- und Wohlfahrtspflege. In den Universitäten wurden zunächst medizinische und naturwissenschaftliche Institute die gleichermaßen praktischen wie symbolischen Belege für seine Wirksamkeit. Im frühen 20. Jahrhundert sah Max Weber in solchen „‚staatskapitalistischen' Unternehmungen" zugleich eine „Amerikanisierung". Konkreter: In diesen „kapitalistischen und zugleich bürokratisierten Betrieben" werde der Wissenschaftler zum Arbeiter; er hänge vom Staat, der die Arbeitsmittel stelle, ebenso ab wie vom Institutsdirektor – ähnlich „wie jede ‚proletaroide' Existenz".[35] Weber prognostizierte, diese Entwicklung werde auch die Seminare der Geistes- und Kulturwissenschaften erfassen – eine langfristige treffende Annahme, wenn auch hier die Ungleichzeitigkeit der deutschen Verhältnisse zumindest bis in späte 20. Jahrhundert sehr ausgeprägt blieb.

Seminare und Labore wurden beides: symbolische Zeichen wie konkrete Orte und Schauplätze betriebsförmiger Wissenschaft. Dabei nahmen nicht wenige ihrer Akteure die Neuerungen skeptisch, mitunter spöttisch wahr. Viele suchten jedenfalls, kritische Distanz zu halten, zumindest gegenüber Dritten. Zu dieser eher verhaltenen Identifikation mit der eigenen Tätigkeit und Stellung gehörte das Beharren auf der (Selbst-) Charakterisierung als „Gelehrter".

Ein prominentes Beispiel war Adolf von Harnack. Er war ein maßgeblicher Anreger und Betreiber der Gründung der Kaiser-Wilhelm-Gesellschaft (KWG), ab 1911 deren

---

34 Zu deren Praxis Hans Heinrich MÜLLER, Akademie und Wirtschaft im 18. Jahrhundert. Agrarökonomische Preisaufgaben und Preisschriften der Preußischen Akademie der Wissenschaften, Berlin 1975; für das 19. und frühe 20. Jahrhundert Jürgen KOCKA, u. Mitarbeit von Rainer HOHLFELD / Peter Th. WALTER (Hg.), Die Königlich Preußische Akademie der Wissenschaften zu Berlin im Kaiserreich, Berlin 1999; GIERL, Geschichte und Organisation (wie Anm.25).; vgl. Bernhard VOM BROCKE, Die Kaiser-Wilhelm- / Max-Planck-Gesellschaft und ihre Institute zwischen Universität und Akademie. Strukturprobleme und Historiographie, in: DERS. / Hubert LAITKO (Hg.), Die Kaiser-Wilhelm- / Max-Planck-Gesellschaft und ihre Institute. Studien zu ihrer Geschichte: Das Harnack-Prinzip, Berlin / New York 1999, S. 1-32, hier S. 21.

35 Max WEBER, Wissenschaft als Beruf (1917/1919), in: Max Weber Gesamtausgabe, I/17, Tübingen 1992, S. 70-111, hier S. 74; im weiteren betonte Weber die unerlässliche spezialistische „Selbstbescheidung" (97) des Wissenschaftlers, nur dann könne er zum „ausgezeichneten Gelehrten und akademischen Lehrer" (102) werden.

langjähriger erster Präsident, zugleich Inhaber des Berliner Lehrstuhls für Kirchengeschichte sowie Mitglied der Preußischen Akademie der Wissenschaften. Harnack sah sich und seinesgleichen sehr wohl als „Gelehrte". Wenige Monate vor seinem Tod notierte er 1930 in einer knappen Stellungnahme für die „Indische Post" grundlegende Merkmale deutscher, für ihn gewiss: modernster Wissenschaft. Er nannte „engste Verbindung... von Forschung und Lehre". Sie bestimmte ebenso wie die „exakte Kleinarbeit", die Harnack ebenfalls nannte, den Alltag in Seminaren wie Laboren. Die in dieser Auflistung folgende „Verbindung von Naturwissenschaft und Geisteswissenschaft (Kulturwissenschaft)" war kaum mehr als eine Figur in gängigen Festreden. Faktisch gab es eine solche Verbindung bestenfalls in Momenten geselligen Zusammenseins, die allein bei Akademie-Ritualen momentane Gefühle einer übergreifenden Einheit stiften mochten.[36] Doch als Praktiker und Organisator von Wissenschaft schloss Harnack: „Jede Wissenschaft bedarf führende und ausführende Gelehrte, und sie muss fort und fort dafür Sorge tragen, dass die letzteren in großer Anzahl vorhanden sind".[37]

Der „führende Gelehrte" war für Harnack fraglos die Zentralfigur dieses Konzepts – schroff unterschieden von den bloß „ausführenden Gelehrten". Dabei entsprach der „führende Gelehrte" dem professoralen Ordinarius, und seine Stellung der ‚Herrlichkeit' des universitären Lehrstuhlinhabers.[38] Die in der Unterscheidung von Führung und Ausführung unterstellte Wirklichkeit betriebsförmiger Wissenschaft verkoppelte zeitgenössisch stets Arbeitsteilung mit rigider Hierarchie, programmatisch wie im Alltagsbetrieb. Die Spitze legte danach nicht nur Inhalte und Programme, sondern auch die Arbeitsweisen fest. Es entsprach dieser Sicht, dass die „ausführenden Gelehrten" steter Anleitung bedürften. Fachlich überragende Reputation über engere Zirkel oder

36 Dazu Lorraine Daston, Die Akademien und die Einheit der Wissenschaften. Disziplinierung der Disziplinen, in: Kocka (Hg), Königlich Preußische Akademie der Wissenschaften (wie Anm. 34), S. 61-84.

37 Dietrich Gerhard, Adolf von Harnacks letzte Monate als Präsident der Kaiser-Wilhelm-Gesellschaft, in: Dietrich Gerhard, Gesammelte Aufsätze, Göttingen 1977, 245-267, hier S. 266f; vgl. dazu Rudolf Vierhaus, Im Großbetrieb der Wissenschaft. Adolf von Harnack als Wissenschaftsorganisator und Wissenschaftspolitiker (2001), in: Ders., Vergangenheit als Geschichte. Studien zum 19. und 20. Jahrhundert, hg. Hans Erich Bödeker / Benigna von Krusenstjern / Michael Matthiesen, Göttingen 2003, S. 422-445; Ders., Bemerkungen zum sogenannten Harnack-Prinzip. Mythos und Realität (1990), in: Ebda., S. 446-459. Erste, eher schematische Annäherungen auch in vom Brocke / Laitko (Hg.), Das Harnack-Prinzip (wie Anm. 34).

38 Für Historiker des späten 19. und frühen 20. Jahrhunderts hat Wolfgang Weber gezeigt, wie sehr sich Ordinarien als „Priester der Clio" sahen und nicht nur Studierende, sondern ebenso Assistenten und Privatdozenten mitunter höchst herrschaftlich, bis hin zu Hilfeleistungen im privaten Haushalt, einspannten, vgl. Wolfgang Weber, Priester der Klio: historisch-sozialwissenschaftliche Studien zu Herkunft und Karriere deutscher Historiker und zur Geschichte der Geschichtswissenschaft 1800 – 1970, 2. Aufl., Frankfurt am Main 1987 (1. Aufl.: 1984). Vgl. zu Gesellschaftsdeutungen der (in der Selbstsicht) professoralen „Bildungselite" und der damit verknüpften, politisch höchst folgenreichen Politik-Distanz Fritz Ringer, Die Gelehrten: der Niedergang der deutschen Mandarine, 1890-1933, Stuttgart 1983 (Cambridge, Mass. 1969), S. 96-107, 220-227, 385-392.

eine eigene „Schule" hinaus war die als selbstverständlich vorausgesetzte Basis für eine leitende Funktion und Position.[39] Die Figur des „führenden Gelehrten" schien beides zwanglos zur Deckung zu bringen. Mittlerweile firmieren diese „führenden Gelehrten" in der Regel als „Wissenschaftsmanager" oder „-managerin". Neben administrativen Talenten scheint weiterhin unerlässlich nicht nur ein individuelles Profil wissenschaftlichen Arbeitens bzw. eine entsprechende Reputation, sondern Machtbewusstsein und Durchsetzungsenergie.

IV. „Reputation" – „Hazard" – „Harte Arbeit"

Wie aber wurde Reputation erworben und zuerkannt – wie behauptet, erweitert, wie auch bezweifelt, eingeschränkt oder gar verloren? Der Wandel der Bewertungen, die forschendes Suchen und Experimentieren jeweils erfahren hat, zeigt „Reputation" als Produkt sozial-kultureller Praxis.[40] Weder das Suchen nach ‚Wahrheit' oder nach ‚Gewißheit', noch das vergleichsweise weit neuere Streben nach ‚Objektivität', d.h. eines Wissens, das „keine Spuren des Wissenden trägt",[41] steht dabei für universale Maßstäbe. Vielmehr waren es konkrete Praktiken und deren Rhythmen wie Intensitäten, mit denen die Forscher die jeweiligen Ziele verfolgten, welche die historische Besonderheit der Maßstäbe hervorbrachten. Es waren diese Praktiken, die eine Beobachtung ebenso wie eine Argumentation ‚plausibel' zu machen suchten.

In dieser Perspektive erfuhren auch die emotionalen ‚Ladungen' gelehrter Tätigkeit veränderte Wertschätzung, mitunter also auch Missbilligung. „Neugier" bei Gelehrten wurde im 17. Jahrhundert akzeptabel; kurzzeitig rückte es in die Nähe des seit Jahrhunderten besonders hoch bewerteten „Staunens und Verehrens". Wenig später verschoben sich die Maßstäbe jedoch erneut: Im 18. Jahrhundert erschien das Staunen nur mehr als einfältig; Neugier galt hingegen nicht länger als wollüstige oder gierige Sucht, sondern als besonders schätzenswerte „Suche nach Wissen".[42] Im 19. Jahrhundert lässt sich (für diese mittel- und westeuropäischen Kontexte) eine weitere Veränderung ausmachen. War es im 18. Jahrhundert eines der Ziele gelehrter Autoren, ein interessiertes, aber nicht unmittelbar fachlich spezialisiertes Publikum zu informieren

39 Systematisch und für das 20. Jahrhundert Pierre Bourdieu, Homo academicus, Frankfurt am Main 1992 (Paris 1984), Kap 3, bes. S. 156-180 und Nachschrift, S. 375-392L vgl. Stichweh, Autopoiesis der Wissenschaft (wie Anm. 1); Lutz Danneberg / Wolfgang Höppner / Ralph Klausnitzer (Hg.), Stil, Schule, Disziplin, Frankfurt am Main 2005.

40 „Reputation" als systemisches Steuerungsmedium (in dem und für das System Wissenschaft) ist in den Analysen von Niklas Luhmann zentral, vgl. Stichweh, Autopoiesis der Wissenschaften (wie Anm. 1)

41 Lorraine Daston / Peter Galison, Objektivität, Frankfurt am Main 2007 (Brooklyn 2007), S. 17, vgl. S. 28-37, passim.

42 Dies nach Daston, Leidenschaften (wie Anm. 18).

und zu interessieren, richtete sich ab den 1830er und 40er Jahren ganz offenbar ihr Bestreben darauf, die direkten Fachkollegen zu beeindrucken. Dafür war „Originalität" gewünscht und gefragt.[43]

Das Handeln von Gelehrten war immer auch von Status- und Rangdenken bestimmt. Dessen Begründung oder Rechfertigung verschob sich freilich. Ging es in der Frühen Neuzeit um die Stellung, die man in der universitären Rangordnung symbolisch wie material-konkret einnahm,[44] wurden allmählich gesellschaftliche Position, aber auch fachinterne oder allgemeine akademische Reputation zentral. Diese sollte auf anerkannter wissenschaftlicher Leistung basiert sein; dafür war zunehmend Originalität vonnöten. Diese bezog und bezieht sich auf ein Eigen- oder Anderssein – einen „gelehrten Eigensinn",[45] der unkonventionell operiert und damit überrascht, mitunter schockiert und in jedem Fall anzuregen vermag. Allein ein kundiges, jedenfalls interessiertes Publikum vermag seine Vorzüge zu erkennen. Im Rahmen einer hierarchischen Arbeitsteilung, wie sie zuerst in Laboren und Kliniken, erheblich später in sozialwissenschaftlichen, juristischen sowie geistes- und kulturwissenschaftlichen Seminaren fühlbar wurde, geht es überdies um das angemessene „Ausführen" einer vorgezeichneten Aufgabe. Gefragt sind Verlässlichkeit, Exaktheit, Sorgfalt (beim Messen, Wägen und Protokollieren, beim Vergleichen von Schriften, beim Annotieren oder Korrigieren von Texten): Originalität bekommt hier einen eher subversiven, jedenfalls den Betrieb gefährdenden Beiklang.

Für die Gelehrten, vermehrt für Außenseiter unter ihnen – in Deutschland zum Beispiel Juden oder weibliche Gelehrte, nicht nur bis zum Ende des Wilhelminismus

---

43 Daston, Akademien (wie Anm. 36), S. 79. Das Ausformen und Abgrenzen von Disziplinen ebenso wie Schul-Bildungen wurden in diesem Zusammenhang zentrale Bezugsgrößen und wirkten zugleich als Handlungsbedingungen, vgl. Danneberg / Höppner / Klausnitzer (Hg.), Stil, Schule, Disziplin (wie Anm. 39); Peter J. Brenner (Hg.), Geist, Geld und Wissenschaft: Arbeits- und Darstellungsformen von Literaturwissenschaft, Frankfurt am Main 1993, darin insbesondere Brenner zur „Habilitation als Sozialisation", S. 316-354. Insgesamt auch Bourdieu, Homo academicus (wie Anm. 39), Kap. 2 und 3, hier S. 180ff und 190ff., zu „Häretikern" bzw. Gegnern, die als „Komplizen" jedoch die „konkurrierende[n] Hierarchisierungsprinzipien" nutzten (S. 191f); für die in Kap. 3 analysierten Karriere-Erwartungen und -regulierungen besonders treffend die Analyse von Nachrufen, S. 389-393, die zumal Askese und Resignation – derer, die gar keine Professur oder keine der erstrangigen Professuren bekommen haben – als notwendig für die Selbststabilisierung der Gruppe wie der ‚gescheiterten' einzelnen betont.

44 Zu frühneuzeitlichem Rangdenken siehe insbesondere Füssel, Gelehrtenkultur (wie Anm. 9). Einen Reflex dieses Rangdenkens in frühneuzeitlichen Visitationsakten zeigt William Clark, On the Ministerial Registers of Academic Visitations, in: Ders. / Peter Becker (Hg.), Little Tools of Knowledge. Historical Essays on Academic and Bureaucratic Practices, Ann Arbor 2001, S. 95-140; vgl. für das 19 und 20. Jahrhundert Daston , Akademien. (wie Anm. 36) und Ringer, Die Gelehrten (wie Anm. 38).

45 Vgl. Theodor Mommsens Bemerkung von 1874 zum „[g]elehrte[r] Eigensinn", der die „Autarkie des gelehrten Individuums" anzeige und bestätige – zugespitzter: Genialität würde akademische Kollegialität sprengen, vgl. auch parallele Äußerungen des Gräzisten und Akademie-Kollegen Hermann Diels, beide zitiert in Daston, Akademien (wie Anm. 36), S. 76.

1918 – war dies die Situation, in der „Hazard" galt oder zu erwarten war. Max Weber hat mit dieser These das unkalkulierbare, vielfach existentielle Risiko markiert, dem sie alle ausgesetzt wären: ob jahrelanges Sich-Abmühen als „ausführende Gelehrte" oder Finanzierung aus eigenen oder familiären Mitteln eine Chance für eine gesicherte Stellung eröffnete?[46]

Ungewissheit über die eigene Zukunft hatte auch frühneuzeitliche Gelehrte umgetrieben; sie war also keineswegs ein Produkt moderner Betriebsförmigkeit. In ihren Wirkungen auf Imagination wie auf Verhaltensweisen, auf Gefühlshaushalt und Risikobereitschaft zeigte sie sich aber deutlich verändert, für Einzelne wie für die Korporation. Im 19. und 20. Jahrhundert knüpfte das Geschlechtsrollenbild zumal für bürgerliche Männer ihre gesellschaftliche wie rechtliche Anerkennung als eigenständige Individuen rigoros an die Erwerbsstellung und damit an die Fähigkeit, eine Familie zu ernähren. Mangelnde berufliche Reputation gefährdete beides, die Arbeitsmöglichkeit als Gelehrter wie die bürgerliche Existenz und Perspektive.

In einem Vortrag an der Münchener Universität qualifizierte Max Weber 1917 den „Hazard" in zweifacher Hinsicht. Für den je Betroffenen erweise er sich als schicksalhafte Widerfahrnis. Weder Anstrengung noch wissenschaftliche Reputation böten Sicherheit. Die Arena aber, die Willkür und Unberechenbarkeit (ironischerweise) garantierte, sei das universitäre Berufungsverfahren. Dabei ginge es weniger um den ministeriellen Durchgriff, der angesichts staatlicher Alimentierung wie allgemeiner Hoheitsansprüche ‚des Staates' kaum überraschen konnte. Vielmehr betonte der Professor die Unberechenbarkeit der eigenen Kollegen in den Kommissionen wie Fakultäten. Dabei war sein Vergleich mit dem politischen Betrieb, konkret den US-Parteikonventen an List kaum zu überbieten, auch wenn ein resignativer Zug mitschwang: auch dort käme „nur ausnahmsweise der… prononcierteste Mann" zum Zuge, meistens hingegen „Nummer zwei, oft Nummer drei".

Weber verknüpfte Selbstdiagnose mit Polemik. Dabei verdunkelte die Attacke auf indolente oder behäbige Kollegen jedoch eigene Erfahrungen, die er selbst als Akteur im Betrieb – keineswegs als Objekt von „Hazard", sondern als dessen Anreger – gesehen haben mochte. Die Diskussionsrunden in Heidelberg nach 1900 oder die Fächer- und Schulenbildung in der Soziologie: es waren diese Beziehungsgeflechte, wenn nicht Seilschaften, die Interessen und Visionen bündelten. Sie folgten, verstärkten aber auch Sympathien wie Abneigungen – für oder gegen die, die (noch) nicht dazugehörten. Es waren also keineswegs ‚Zufälle', wenn aus solchen Vertraulichkeitszirkeln Protektion entstand – oder auch deren Entzug bzw. Ausbleiben. Den Betroffenen konnte oder mussten diese kaum einsehbaren Beziehungsgeflechte als „Hazard" dafür erscheinen, ob sie Erfolg hatten und eine Stelle erhielten – oder ob sie scheiterten, dann mitunter von jeder Kollegialität wie dem Fach insgesamt ausgeschlossen.

46 Weber, Wissenschaft als Beruf (wie Anm. 35), S. 75-78; zurecht weist William Clark auf diesen Akzent in Max Webers Rede hin, s. Ders., Academic Charisma (wie Anm. 31), S. 465f.

Aber noch in einer zweiten Hinsicht war unkalkulierbarer Zufall für Weber zentral im Alltag der Wissenschaftler: als „Einfall“ oder „Idee“. Darin zeigte sich ja der entscheidende Unterschied – das, was als „originell“ bei anderen vielleicht beargwöhnt würde, man dennoch für sich selbst ersehne. Dabei ermögliche dem „wissenschaftlichen Arbeiter nur… strenge Spezialisierung“, „[sich] einmal und vielleicht nie wieder im Leben… tatsächlich das Vollgefühl zu eigen [zu] machen: hier habe ich etwas geleistet, was *dauern* wird.“[47] Wer sich nicht spezialistische „Scheuklappen“ anlege, vermöge sich auch nicht in die „Vorstellung hineinzusteigern, dass das Schicksal seiner Seele davon abhängt: ob er die, gerade diese Konjektur an dieser Stelle dieser Handschrift richtig macht.“ Der Redner pries also nicht nur Genauigkeit und peinliche Sorgfalt. Entscheidend sei, ob solche Arbeitshaltungen emotional geladen und ‚befeuert‘ wäre. Diese Ladung erweise sich in beharrlicher (oder war es andächtige?) Konzentration auf das Detail; einer Übung, deren fachspezifischer, philologisch-historischer Ritus hier deutlich durchscheint.

Weber skizzierte in der hier zitierten Rede einer studentischen Öffentlichkeit eine „wissenschaftliche Idealperson“[48], wie sie seit der Wende zum 19. Jahrhundert rasch das Fremd- wie Selbstbild von Gelehrten im Wissenschaftsbetrieb bestimmt hatte. Danach war die Leidenschaft der „ganz harte[n] Arbeit“, auch in ihren repetitiven Momenten, unerlässlich für den erhofften „Einfall“. Aber dies sei alles andere als eine mechanische Verbindung. Zum Beleg zitierte Weber aus Alltagsschilderungen von Kollegen, deren „Einfälle“ ihnen größte Reputation eingebracht hatten: „Die besten Dinge… [fallen einem ein] bei der Zigarre auf dem Kanapee, wie Ihering es schildert, oder wie Helmholtz mit naturwissenschaftlicher Genauigkeit für sich angibt: beim Spaziergang auf langsam steigender Straße…, jedenfalls aber dann, wenn man sie nicht erwartet…, und nicht während des Grübelns und Suchens am Schreibtisch“.[49]

V. Wille zur Intensität und Selbstmobilisierung: Wissenschaft im Nationalsozialismus

Intensive Tätigkeit, Leidenschaft für ein gestecktes Ziel, für eine gegebene Aufgabe: im Selbst- wie Fremdbild konzentrierten sich darin Verhaltensweisen wie Formen des Auftretens von Männern, aber auch von Frauen in der Wissenschaft im 19. wie im 20. Jahrhundert. Arbeitsziele und einschlägige Methoden hingen in dieser Deutung an den disziplinären wie fachlichen Rahmungen. In seiner Rede zu „Wissenschaft als

47 Weber, Wissenschaft als Beruf (wie Anm. 35), S. 80f.; Hervorhebung Max Weber.

48 Diesen Terminus bei Daston / Galison, Objektivität (wie Anm. 41), S. 228ff; zu der auch bei Weber strategischen Rolle des Willens für das Wissenschaftler-Selbst seit der Wende zum 19. Jahrhundert ebd., S. 241-246.

49 Max Weber, Wissenschaft als Beruf (wie Anm. 35), S. 82f.

Beruf" hatte Max Weber deren Zentralität nachdrücklich unterstrichen; akademische Disziplinierung sollte Ansprüche emotionalisierender (Volks-)Führer abwehren.

Im „Zeitalter der Extreme" (Eric Hobsbawm) des 20. Jahrhunderts wurden die verstörenden, in vielem katastrophalen Folgen der Ignoranz gegenüber den emotionalen Dimensionen eigener wie fremder Lebenspraxis in aller Entsetzlichkeit fühlbar. Das naive, wenn nicht gar selbstbewusste Reklamieren eines „Fachidiotentums" galt keineswegs allein für den Nationalsozialismus. In jedem Fall erwies sich entschiedener *Professionalismus* der wissenschaftlichen Funktions- und Machteliten als eine Orientierung, die deren Arbeitspraxis, wenn nicht Lebensführung insgesamt bestimmte – ‚quer' zu nationalstaatlichen Formierungen, gesellschaftlichen Systemen und politischen Lagern.

Wille zur Konzentration auf das eigene Vorhaben, auf das des Instituts: 1933 war die Chance für das Weiterführen, vielleicht gar Ausbau und Erweiterung der eigenen Spezialität fraglos ein wesentliches Moment für das problemlose Hinnehmen des Nationalsozialismus beim Gros der Wissenschaftler, in allen Disziplinen wie institutionellen Zugehörigkeiten. Aber das war es nicht allein, was sie animierte und eventuelle Besorgnisse zurückdrängte. Propaganda-Versprechen der Nazis, wie das einer „nationalen Revolution" oder des „Weg mit Versailles!" erreichten mühelos jene bürgerlich-elitär gestimmten Sehnsüchte, die nicht nur das Hinnehmen, sondern Zustimmung zum angekündigten großen ‚Aufräumen' nahelegten. Solche Aufbruchshoffnungen gründeten in intensivem Misstrauen gegen (Partei-)Politik wie Republik. Umso mehr sahen sich nicht wenige der Gelehrten, die dem völkischen Rassismus der Nazis als „Juden" galten und die deshalb zu „Feinden" gemacht wurden, durch diese brutale Ausgrenzung tief getroffen: in ihrer Berufsehre, zugleich in ihrem „Deutschtum" und Patriotismus. Bereits in den ersten Tagen oder Wochen nach dem Machtantritt der Nazis waren viele von ihnen in Wort und Tat angegriffen, wenn nicht bereits aus ihren Stellungen und Ämtern geworfen worden.[50] Damit aber wurden für „reichsdeutsche" Wissenschaftler Stellen frei (gemacht): ein starker Anreiz für die Kohorte der stellenlosen Privatdozenten, beim Anbruch der „neuen Zeit" aktiv mitzumachen.[51] Parallel

50 Bei deutlichen lokalen Unterschieden wurde insgesamt ein Fünftel bzw. 19,3 % der (beamteten wie nicht-beamteten) Professoren, Privatdozenten und Lehrbeauftragten ab 1933 an den 23 seinerzeitigen deutschen Universitäten aus „rassischen" und anderen politischen Gründen entlassen; vgl. Reinhard Rürup u. Mitwirk. von Michael Schüring, Schicksale und Karrieren: Gedenkbuch für die von den Nationalsozialisten aus der Kaiser-Wilhelm-Gesellschaft vertriebenen Forscherinnen und Forscher, Göttingen 2008, S. 49-91, bes. S. 50; Michael Schüring, Minervas verstoßene Kinder. Vertriebene Wissenschaftler und die Vergangenheitspolitik der Max-Planck-Gesellschaft, Göttingen 2006, S. 53: insgesamt waren 126 wissenschaftliche und nichtwissenschaftliche Mitarbeiter der Kaiser-Wilhelm-Gesellschaft betroffen, 82 von ihnen 1933.

51 Vgl. zu Erfahrungschichtungen und darauf bezogenen Generations(selbst)zuweisungen die eindringliche Studie von Michael Wildt, Die Generation des Unbedingten. Das Führungscorps der Reichssicherheitshauptamtes, Hamburg 2002; generell zu Möglichkeiten wie Problemen des Konzeptes „Ge-

boten sich ihnen neue Erwerbschancen auf Themenfeldern, die neu in den universitären Kanon aufgenommen wurden, wie die Bevölkerungs- und Siedlungsforschung, die Wehrforschung, die Volkskunde und weitere Menschen- und Lebenswissenschaften.

Bei nicht wenigen der Wissenschafts-Arbeiter blieb es nicht bei abwartendem Hinnehmen oder Anfangseuphorie. Die Säuberungs- und Beherrschungsvorstellungen der Nazis fanden rasch breitere Resonanz. Nicht nur Neu-Arrivierte und -Bestallte, sondern auch alte ‚Fahrensleute' übersetzten diese Visionen in eigene (Groß-)Projekte. Solche *Selbstmobilisierung* reichte von den Geistes- und Kulturwissenschaften über die Philologien, bezog große Teile der Theologie ein, intensiver die Staats- und auch die Sozialwissenschaften, in hohem Maße die Natur-, Ingenieur- und angewandten Wissenschaften; sie stimulierte, nutzte aber auch interinstitutionelle Gremien, Verbundforschung und eine vor allem rüstungsbezogene „Gemeinschaftsforschung".[52]

Ihre Dynamik erhielt einen massiven Schub durch die Kriegsvorbereitung und zumal den Krieg, vor allem im Zuge der Eroberungen in Ost- und Südosteuropa, zuerst 1939 und vor allem ab 1941.[53] Das Amalgam alter und neuer Stereotypen wirkte nicht zuletzt in den Wissenschaftsinstitutionen und bei den allermeisten Wissenschaftlern, insbesondere in der abschätzigen Wahrnehmung des „Ostens" – der auch ihnen damit umso leichter als uneingeschränktes Experimentierfeld gelten konnte. Die Schubkraft dieser Entgrenzung hielt an bis zur militärischen Zerschlagung der nationalsozialistischen Herrschaft im Frühjahr 1945. Und auch manche Ernüchterung einzelner Forscher oder gelegentliches Scheitern an den polykratischen Unwägbarkeiten und Machtverschiebungen in der Nazi-Herrschaftskonfiguration (wie der für mehrere

---

neration" Michael Wildt / Ulrike Jureit (Hg.), Generation. Perspektiven eines Konzepts, Hamburg 2005.

52 Eine „enthusiastische Selbstmobilisierung" sieht Rüdiger Hachtmann, Die Kaiser-Wilhelm-Gesellschaft 1933 bis 1945. Politik und Selbstverständnis einer Großforschungseinrichtung, in: Vierteljahrshefte für Zeitgeschichte 56 (2008), S. 19-52, hier S. 48; vgl. Ders., Wissenschaftsmanagement im „Dritten Reich". Geschichte der Generalverwaltung der Kaiser-Wilhelm-Gesellschaft, Bde. 1 und 2, Göttingen 2007, S. 445ff, 473ff; zu den Verbünden und interinstitutionellen Kooperationen ebd., Kap. 4.3, 9.3, 9.5 und 10.3; Helmut Maier (Hg.), Gemeinschaftsforschung. Bevollmächtigte und der Wissenstransfer. Die Organisation kriegsrelevanter Forschung und die KWG im NS-System, Göttingen 2007; Ders. (Hg.), Rüstungsforschung im Nationalsozialismus. Organisation, Mobilisierung und Entgrenzung der Technikwissenschaften, Göttingen 2002. Vgl. für die Geistes- und Kulturwissenschaften Frank-Rutger Hausmann, unter Mitarbeit von Elisabeth Müller-Luckner (Hg.), Die Rolle der Geisteswissenschaften im Dritten Reich 1933-1945, München 2002; Hartmut Lehmann / Otto Gerhard Oexle (Hg.), Nationalsozialismus in den Kulturwissenschaften, Bde. 1 und 2, Göttingen 2004; für eine Reihe von Natur-, Techno- und angewandte Wissenschaften im Spektrum der Kaiser-Wilhelm-Gesellschaft (KWG) das einschlägige Projekt, dazu die (bisher) 17 Bände der Reihe „Geschichte der Kaiser-Wilhelm-Gesellschaft im Nationalsozialismus", hg. von Reinhard Rürup / Wolfgang Schieder, Göttingen 2000-2008.

53 Rüdiger Hachtmann, Wissenschaftsmanagement im „Dritten Reich". Geschichte der Generalverwaltung der Kaiser-Wilhelm-Gesellschaft, 2 Bde., Göttingen 2007, Kap. 11.2 – 11.4.

Disziplinen zeitweilig bedeutsamen Parteigröße Alfred Rosenberg)[54] änderten daran kaum etwas. Entsprechende Engführungen militärischer und wissenschaftlicher Interessen waren freilich spätestens seit dem Weltkrieg 1914-18 auf allen Seiten betrieben und genutzt worden. Sie prägten ebenfalls die Praxis der Verbündeten des Deutschen Reiches, aber auch die der „Anti-Hitler-Koalition" – wobei hier die moralischen Voraussetzungen angesichts der deutschen Angriffskriege, der Vernichtungskriegführung der Wehrmacht und der Shoah grundsätzlich andere waren.[55]

Die meisten Gelehrten sahen die (Neu-)Ordnungsvorstellungen[56] der Nationalsozialisten mit Wohlwollen, wenn sie sie nicht sogar entschieden begrüßten (selbst wenn die „Methoden" manchen als zu „plebejisch" und nicht „comme il faut" erscheinen mochten). Wie zwanglos sich solche Zustimmung mit der Leidenschaft für Wissenschaft verbinden ließ, zeigte sich noch im Nachhinein in der selbstbewussten Schweigsamkeit, mit der professorale Zustimmer und Mitmacher nach 1945 ebendieses Mitmachen ausklammerten.[57] Nicht versteckt, sondern offenkundig wurde das „Moratorium der Mandarine" (Bernd Weisbrod) in den Westzonen und der alten Bundesrepublik mindestens bis in die 1960er Jahre durchgehalten. In der sowjetisch besetzten Zone, dann der DDR war nach vergleichsweise schärferer Entnazifierung (und verschiedenen

54 Zum Selbst-Ausmanövrieren der Betreiber der „Deutschen Physik" ab 1940, aber auch einer zumindest indirekten Kollusion ihrer wissenschaftlichen Gegner mit Rosenberg-Gegnern in der NSDAP s. Alan D. BEYERCHEN, Scientists under Hitler: Politics and the Physics Community in the Third Reich, New Haven 1977, Kap. 9, S. 168-198. Insgesamt zur Polykratie der nationalsozialistischen Herrschaft Manfred BROSZAT, Der Staat Hitlers. Grundlegung und Entwicklung seiner inneren Verfassung, München 1969.

55 Spencer R. WEART, Scientists in Power, Cambridge Mass. 1979; Bruno LATOUR, Die Hoffnung der Pandora. Untersuchungen zur Wirklichkeit der Wissenschaft, Frankfurt am Main 2002 (Cambridge Mass. 1999), S. 96 ff. Die moralische Dimension der Kriegführung gegen eine Zivilbevölkerung, die bald auch die alliierte Luftkriegsführung bestimmte, wurde spätestens mit den Atombombenabwürfen in Japan im August 1945 zu einem drängenden Problem für Wissenschaftler, die, wie der Physiker Robert Oppenheime, an der Kernwaffenentwicklung der USA, dem „Manhattan-Projekt", beteiligt waren.

56 Dazu Lutz RAPHAEL, ‚Ordnung' zwischen Geist und Rasse. Kulturwissenschaftliche Ordnungssemantik im Nationalsozialismus, in: LEHMANN / OEXLE (Hg.), Nationalsozialismus (wie Anm. 52), Bd. 2, S. 115-137; Otto Gerhard OEXLE, Leitbegriffe – Deutungsmuster – Paradigmenkämpfe. Über Vorstellungen vom ‚Neuen Europa' in Deutschland 1944, in: LEHMANN / OEXLE (Hg.), Nationalsozialismus (wie Anm. 52), Bd. 2, S. 13-40. Disziplingeschichtlich siehe für die Geschichtswissenschaften Peter SCHÖTTLER (Hg.), Geschichtsschreibung als Legitimationswissenschaft 1918-1945, Frankfurt am Main 1997 und Winfried SCHULZE / Otto Gerhard OEXLE (Hg.), Deutsche Historiker im Nationalsozialismus, Frankfurt am Main 1999.

57 Diese Selbstgewissheit verknüpfte sich mit Opportunismus, mitunter Skrupellosigkeit, aber auch mit der Fachborniertheit der Kollegen, vgl. Ludwig JÄGER, Seitenwechsel: der Fall Schneider/ Schwerte und die Diskretion der Germanistik, München 1998; generell Bernd WEISBROD, Das Moratorium der Mandarine. Zur Selbstentnazifierung der Wissenschaften in der Nachkriegszeit, in: LEHMANN / OEXLE (Hg.), Nationalsozialismus (wie Anm. 52), Bd. 2, S. 259-279. Vgl. aber für einen der wenigen Remigranten Carola DIETZE, Nachgeholtes Leben: Helmuth Plessner, 1892-1985, Göttingen 2006. – Für die DDR Mitte der 1950er Jahre vgl. Ralph JESSEN, Akademische Elite und kommunistische Diktatur. Die ostdeutsche Hochschullehrerschaft in der Ulbricht-Ära, Göttingen 1999, S. 176.

Abwanderungswellen „in den Westen") Mitte der 1950er bei den verbliebenen älteren Professoren kaum mehr als ein „leise murrendes Abseitsstehen" zu erkennen. Es richtete sich gegen die SED-Praktiken des Ausmanövrierens der Ordinarien(universität), blendete aber zugleich selbstkritische Fragen zum eigenen Fach aus.

Es bleibt ein zentrales Forschungsthema, das ‚*Wie*' dieses Mitmachens bei bzw. des aktiven Weitertreibens von wissenschaftlichen Projekten und Arbeiten, von Vernetzungen und Institutionalisierungen zu erschließen. Erst in den frühen 1960er Jahren ist Wissenschaft im Nationalsozialismus zu einem Thema geworden, das in der alten Bundesrepublik intensiver bearbeitet wurde. Unter dem Stichwort der „braunen Uni" ging es seinerzeit nicht mehr nur um die Selbst-Gleichschaltung der Hochschulen 1933, konkret der professoralen Lehrstuhlinhaber. [58] Freilich blieben erste Ansätze, die dem Profil von Forschung und Lehre in den universitären Fächern und Disziplinen galten, jahrelang folgenlos.

Es überwog die – ebenso einfache wie folgenlose – Skandalisierung z.B. von „Rassenforschung", der mörderischen Varianten von Eugenik oder der „Deutschen Physik". Anhaltende Aufmerksamkeit fanden aber auch erratische Einzelfälle: der des Philosophen Martin Heidegger, des kurzzeitigen Rektors der Universität Freiburg 1933, oder der des applaudierend-rechtfertigenden Berliner Staatsrechtlers Carl Schmitt, jedenfalls bis zu seiner Kaltstellung 1936.[59]

Die Verhaltensweisen von „Normalwissenschaftlern" innerhalb wie außerhalb der Institutionen und in ihren formellen sowie informellen Verkehrskreisen und Netzwerken werden jedoch erst neuerdings zum Thema. Das gilt ebenfalls für die außeruniversitäre Forschung, zumal an den zu erheblichen Teilen privat bzw. industriell finanzierten Kaiser-Wilhelm-Instituten oder in der Selbstverwaltungskooperation der „Notgemeinschaft deutscher Wissenschaft", dann der „Forschungsgemeinschaft". Sie

58 So an den Universitäten Marburg, Tübingen und der FU Berlin; vgl. Andreas FLITNER (Hg.), Deutsches Geistesleben und Nationalsozialismus: eine Vortragsreihe der Universität Tübingen, Tübingen 1965; kritisch zu diesen ersten Ansätzen z.B. Martin DOEHLEMANN (Hg.), Wem gehört die Universität? Untersuchungen zum Zusammenhang von Wissenschaft und Herrschaft, Gießen 1977. Seit den 1980er Jahren sind zahlreiche universitätsbezogene Publikationen erschienen, z.B. zu den Universitäten Göttingen, Tübingen und Bonn sowie zur TU Braunschweig, jetzt auch zu Universitäten in der ehemaligen DDR, Uwe HOSSFELD, „Im Dienst an Volk und Vaterland". Die Jenaer Universität in der NS-Zeit, Köln / Weimar / Wien 2005. Ausnahmen waren Arbeiten von emigrierten Autoren: Max WEINREICH, Hitler´s Professor, 1946, zit. nach Susanne HEIM, „Vordenker der Vernichtung". Wissenschaftliche Experten als Berater der nationalsozialistischen Politik, in: Doris KAUFMANN (Hg.), Geschichte der Kaiser-Wilhelm-Gesellschaft, Bd. 1, Göttingen 2000, S. 77-91, S. 78;. RINGER, Die Gelehrten (wie Anm. 38); BEYERCHEN, Scientists (wie Anm. 54).

59 Hugo OTT, Martin Heidegger, unterwegs zu seiner Biographie, Neuaufl., Frankfurt am Main 1992; Daniel MORAT, Von der Tat zur Gelassenheit: konservatives Denken bei Martin Heidegger, Ernst Jünger und Friedrich Georg Jünger 1920-1960, Göttingen 2007; Dirk BLASIUS, Carl Schmitt: preußischer Staatsrat in Hitlers Reich, Göttingen 2001; Lutz NIETHAMMER, Die polemische Anstrengung des Begriffs. Über die exemplarische Faszination Carl Schmitts, in: LEHMANN / OEXLE (Hg.), Nationalsozialismus (wie Anm. 52), Bd. 2, S. 41-82.

wie andere überwiegend nicht-universitäre Institutionen wie Archive und Bibliotheken werden ebenfalls erst seit den späten 1990er Jahren systematischer erforscht.[60]

Die einzelnen Aspekte wie ihre Konfiguration und deren Wandel erfordern *Einzelbeobachtung,* die sich auf Ensembles alltäglicher Praktiken und ihre emotionalen Valeurs richtet und zugleich die Linien und Mäander einzelner Lebensläufe in den Blick nimmt. Notwendig sind Einzel-Vignetten, nicht aber Totalansichten. Die ‚diagonale' Summierung, die bisher überwiegt, betont ebendies – die Quersumme. Sie vernachlässigt alles, was ‚daneben' liegt, als Abweichung oder gar unstete Bewegung.

Im Zweifel ist die Konzentration auf einzelne Akteure aufschlussreich, auf Kleingruppen oder –kreise, wie in der Studie, die Stefan Rebenich über den Althistoriker Helmut Berve (1896-1979) vorgelegt hat. Erkennbar wird, wie sehr Berve – seit 1927 Ordinarius in Leipzig – um 1930 eine „vitalistische, rassistische und aristokratisch-elitäre Betrachtung der Antike" ausgebildet hatte.[61] Er nutzte ab 1933 den neuen politisch-ideologischen Rahmen, um seine völkisch-elitäre Sicht auf die Antike zu projizieren, auch gegenüber einem breiteren Publikum und mit deutlich tagesaktuellen Parallelen. Zugleich wusste er universitäre Freiräume zu nutzen und sich gegenüber Interventionen aus der NSDAP zu wehren, was seiner Karriere bis hin zum Rektor der Universität Leipzig nicht schadete. Berves entschiedenes Engagement beim „Kriegseinsatz der deutschen Geisteswissenschaft" war dann nur folgerichtig.[62]

Vergleichbare Studien, die einzelne Instituten, Personen oder Forschungsfelder ins Auge gefasst haben, unterstreichen beinahe stereotyp für alle Akteure ihr anhaltendes professionelles Engagement, und sei es als angeblich unausweichlichem „Sachzwang", mitunter variiert als ‚Durchhalten' für ‚bessere Zeiten'.[63] Dazu gehörte häufig ein breites Spektrum an (wissenschafts-)politischer Ausweich-, Distanznahme oder aber Mit-

---

60 Vgl. zur KWG die in Anm. 52 genannten Studien; zur DFG Notker HAMMERSTEIN, Die Deutsche Forschungsgemeinschaft in der Weimarer Republik und im Dritten Reich. Wissenschaftspolitik in Republik und Diktatur, 1920 – 1945, München 1999. Zu Kunsthistorikern und Museumsfachleuten die Diskussion um die NS-„Beutekunst" seit den frühen 1990er Jahren (dazu Wolfgang EICHWEDE / Ulrike HARTUNG (Hg.), „Betr.: Sicherstellung". NS-Kunstraub in der Sowjetunion, Bremen 1998) oder zu „Archivverlagerungen" aus den besetzten Ländern, vgl. Stefan LEHR, Ein fast vergessener „Osteinsatz". Deutsche Archivare im Generalgouvernement und im Reichskommissariat Ukraine, Düsseldorf 2007.

61 Stefan REBENICH, Alte Geschichte in Demokratie und Diktatur: Der Fall Helmut Berve, in: Chiron 31 (2001), S. 457-496, S. 469.; zu Berves vielfältiger Vortragstätigkeit in den 1930er wie erneut ab den 1950er Jahren, S. 473 und 491.

62 Zu Berve in Leipzig REBENICH, Alte Geschichte (wie Anm. 61), S. 474; zum „Kriegseinsatz" Berves Frank-Rutger HAUSMANN, Die Aktion Ritterbusch, 3., erw. Aufl., Heidelberg 2007, S. 116-129.

63 Vgl. dazu die Physiker Planck und Heisenberg, in ihren zeitgenössischen wie nachträglichen Selbstsichten, BEYERCHEN, Scientists (wie Anm. 54), S. 63f.; zur angeblich unerlässlichen „Politik des Sachzwanges" seitens der KWG-Generalverwaltung wie einzelner Direktoren (u.a. Ludwig Prandtl, KWI für Strömungsforschung), die „de facto einen skrupelloser Pragmatismus" bedeutet habe, Rüdiger HACHTMANN , Die Kaiser-Wilhelm-Gesellschaft 1933 bis 1945 (wie Anm. 52), S. 46ff; ausführlicher DERS., Wissenschaftsmanagement im „Dritten Reich" (wie Anm. 53), Bde. 1 und 2, passim.

mach-, oder auch Unterstützungsbewegungen, zumal im Krieg. Eine der Arbeiten aus dem Projekt zur Geschichte der Kaiser-Wilhelm-Gesellschaft widmet sich z. B. den biologischen und biochemischen Forschungen und den auf diesen Feldern bei der KWG führenden Gelehrten, den Institutsdirektoren Alfred Kühn, Adolf Butenandt und Fritz von Wettstein. Bernd Gausemeier zeigt, wie sich Orientierungen und Verhaltensweisen bei diesen drei Gelehrten ähnelten oder sich deckten, aber auch, wo und wie sie differierten. [64]

Alle drei teilten Vorstellungen von der „Pflicht" zu konzentriertester Arbeit, die einem aufgegeben sei. Sie stimmten überein in ihrer Sicht auf wissenschaftliche Arbeit als „an sich moralischer Tätigkeit", unerlässlich für die von ihnen allen erstrebte „Kulturnation". Wettstein (wenige Jahre älter als Butenandt) war besonders aktiv und erfolgreich in der institutionellen wie materiellen Ermöglichung expansiver Projekte, zumal mit Hilfe exzellenter Kontakte zu entscheidenden Forschungspolitikern in der SS wie der Ministerialbürokratie.

Bei keinem der drei dominierte eine „unpolitische" oder nur fachmännisch bestimmte Sicht. Vielmehr waren für jeden von ihnen der Aufbau wie die Weiterentwicklung von Forschungsrichtungen und –projekten eine politische Angelegenheit. Faktisch führte also gerade ihr wissenschaftliches Engagement zu fortwährendem Politisieren – als Interessendurchsetzung in der Wissenschaft wie in den Konjunkturen der NS-Herrschaft, vor und nach der Kriegsentfesselung. Eine solche Praxis unterstützte immer auch das Fortbestehen wie die Aggressivität des Nationalsozialismus an der Macht.

Nichts ist hier zu erkennen von jener „Weichheit", wie sie aber der Historiker Friedrich Meinecke 1946 einem entschieden pro-nationalsozialistischen Fachkollegen, Heinrich Ritter von Srbik, angesichts der politischen Rahmungen im NS-Regime zu attestieren suchte.[65] Vielmehr zeigen Studien wie die von Gausemeier, dass forschendes Arbeiten wie dessen institutionelle Organisierung[66] „ungeahnte Handlungsmöglichkeiten"[67] erschloss oder doch nutzte. Diese Handlungsmöglichkeiten erlaubten es wohl auch, eventuelle Zweifel am eigenen Tun oder dem generellen Kurs leichter an den Rand zu schieben, wenn nicht ganz auszuräumen.[68] Herkunftsschranken und Ausbildungswege ebenso wie jahrelanges ‚Leben in der Wissenschaft' und ihrer Kame-

64 Bernd GAUSEMEIER, Natürliche Ordnungen und politische Allianzen. Biologische und biochemische Forschung an Kaiser-Wilhelm-Instituten 1933-1945, Göttingen 2005, S. 67-94, 123-136, 313-317.

65 Hartmut LEHMANN, Geschichts- und kulturwissenschaftliche Spezialforschung im Spannungsfeld von nationalsozialistischer Ideologie und nationalsozialistischer Eroberungspolitik. Ein Kommentar, in: Doris KAUFMANN (Hg.), Geschichte der Kaiser-Wilhelm-Gesellschaft im Nationalsozialismus. Bestandsaufnahme und Perspektiven der Forschung, Bd. 2, Göttingen, S. 545-553, S. 551.

66 Michael GRÜTTNER, Wissenschaftspolitik im Nationalsozialismus, in: Doris KAUFMANN (Hg.), Geschichte der Kaiser-Wilhelm-Gesellschaft im Nationalsozialismus (wie Anm. 65), S. 557-585.

67 GAUSEMEIER, Natürliche Ordnungen (wie Anm. 64), S. 315.

68 Der Historiker Dirk Blasius sieht bei einem der tragenden akademischen Rechtfertiger vor allem der ersten Jahre der NS-Herrschaft, dem Berliner Staatsrechtler Carl Schmitt, eine „gewissensentblößte

raderie hatte offenbar jene ferngehalten oder doch hinausgedrängt, die eigensinnige Zögerlichkeit gegenüber dem „Betrieb" und seiner „Pflicht", aber auch gegen daraus erwachsene (Selbst-)Mobilisierungen hegen mochten.[69]

VI. Neue Perspektiven der Wissenschaftsgeschichte

Die Geschichte der Wissenschaften ist für Jahrzehnte überwiegend einem heroischen Gestus gefolgt. Herausragende Erfolge von (ganz überwiegend männlichen) großen Gelehrten standen nicht nur im Zentrum, sondern erschöpften das Thema.[70] Spätestens seit den 1980er Jahren hat sich das Bild jedoch grundsätzlich verändert. Dabei ist die Frage nach dem Entweder-Oder von internen oder externen Antrieben von Wissenschaft ebenso zurückgedrängt worden wie die These über die „zwei Kulturen", die Spaltung zwischen naturwissenschaftlich-technischer und literarisch-geisteswissenschaftlicher Intelligenz.[71]

Zwei Perspektiven haben diese Veränderungen befördert. Die *eine* richtet sich auf die Praxis des Schrift- und Redegebrauchs, nicht zuletzt auf die Techniken des Belegens von Ausgangsannahmen, Ergebnissen und weiterführenden Thesen. Das dem Haupttext beigegebene Notat, die Fußnote zumal, sollte die Differenz der „neuen"

Mitarbeit" – das wäre für die hier Genannten als Frage zu verstehen, vgl. DERS., Carl Schmitt (wie Anm. 59), S. 9.

69 Albert Einstein gehört bei allen – zeitweise auch institutionell in Deutschland anerkannten – Erfolgen zu denen, die sich nicht zuletzt durch antisemitische Attacken hinausgedrängt sahen und sehen mussten, längst vor 1933, vgl. RÜRUP, Schicksale und Karrieren (wie Anm. 50), S. 57f; Jürgen RENN / Giuseppe CASTAGNETTI / Peter DAMEROW, Albert Einstein. Alte und neue Kontexte in Berlin, in: KOCKA (Hg), Königlich Preußische Akademie der Wissenschaften, (wie Anm. 34), S. 333-354. .

70 Das gilt auch für einen Ansatz, der die grundsätzlich ungleichmäßigen Wandel aufgrund gelegentlicher „Paradigmenwechsel" betont hat, vgl. Thomas S. KUHN, Die Struktur wissenschaftlicher Revolutionen, Frankfurt am Main 1967 (Chicago 1962). In dieser Hinsicht folgenlos blieb auch die (späte) Rezeption der Untersuchung zur Praxis von „Denkkollektiven" und „ Denkstilen" von Ludwig FLECK, Entstehung und Entwicklung einer wissenschaftlichen Tatsache, Frankfurt am Main 1980 (1. Aufl. Basel 1935). – Zu Brüchen und „Kehren", aber auch den darin wirksamen Kontinuitäten und Verknüpfungen in den Kulturwissenschaften Doris BACHMANN-MEDICK, Cultural Turns. Neuorientierungen in den Kulturwissenschaften, Reinbek 2006.

71 Einen guten Überblick über die Entwicklung der Wissenschaftsgeschichte seit der Mitte des 20. Jahrhunderts gibt Michael HAGNER, Ansichten der Wissenschaftsgeschichte, in: DERS. (Hg.), Ansichten der Wissenschaftsgeschichte, Frankfurt am Main 2001, S. 7-39. Für eine produktive Überwindung der Zweipoligkeit interne versus externe Steuerung, ausgehend von einer ‚internalistischen' Rahmung, vgl. den Beitrag von Johannes HEINSSEN, Ein Indikator für die Probleme der Problemgeschichte: Kulturkritische Entdifferenzierung am Ende des 19. Jahrhunderts, in: Otto Gerhard OEXLE (Hg.), Das Problem der Problemgeschichte 1880-1932, Göttingen 2001, S. 39-84. Zu den „zwei Kulturen" und deren langfristiger Ausprägung wie anhaltender Bedeutung, ungeachtet zahlreicher gegenteiliger Beteuerungen, siehe Silke JAKOBS, „Selbst wenn ich Schiller sein könnte, wäre ich lieber Einstein", Naturwissenschaftler und ihre Wahrnehmung der „zwei Kulturen", Frankfurt am Main 2006.

Ergebnisse zu bisherigen Einsichten genauer bestimmen sowie den „Autor" dieser Neuerung mitteilen. Was lange eine Pflichtübung war: Leopold von Ranke macht es zur leidenschaftlich betriebenen Kunst, so Anthony Grafton zum Anfertigen und Verwenden von Fußnoten, in historiographischen Arbeiten seit der Renaissance.[72] Parallele Impulse gab die Schriftkulturforschung: Für die frühe Neuzeit befasst sie sich mit den Auswirkungen des Buchdrucks auf das wissenschaftliche Arbeiten.[73] Hier wie dort geht es um die Verwendung von Schriftstücken und den Gebrauch von Schriftlichkeit, z.B. in den Exzerptheften, wie sie von den Humanisten des 15 und 16. Jahrhunderts bis zu den Gelehrten des 18. Jahrhunderts in Gebrauch waren.[74]

Diese Arbeiten zeigen: Das Bezugnehmen auf Belegstellen war ebenso bekannt wie deren Kritik. Verbreitet war es als Element jener Diplomatik, die für das Lesen und Erschließen von Urkunden unerlässlich war. Parallel aber galt es als selbstverständlich, Textstellen aus anderen Texten zu übernehmen und als eigenen Wissensschatz zu „kompilieren". Erst in einem langwierigen Prozess, der bis ins späte 18. Jahrhundert dauerte, bildeten sich die heute gebräuchlichen oder ‚modernen' Begriffe von Autorschaft und geistigem Eigentum heraus.[75] Einen neuen Rahmen eröffnete seit der zweiten Hälfte des 17. Jahrhunderts die Gründung von Akademien, die obrigkeitlich betrieben oder gefördert wurden.[76] Diese Akademien gaben Gelehrten, die zuvor schon per Briefverkehr und Besuchsreisen kommunikative Netzwerke unterschiedlicher Form und Dichte gebildet hatten, eine neue Basis für den Austausch gelehrten Wissens. Hier versammelten sich Gelehrte zu Gesprächen im kleinen, geladenen Kreis. Zugleich regten sie nach außen wissenschaftliches Interesse und Aktivität durch Preisfragen und Publikationen an, etwa in Rezensionszeitschriften wie den Göttingischen Gelehrten Anzeigen[77] – und zogen damit überhaupt erst ein wissenschaftliches Publikum heran.

---

72 Anthony GRAFTON, Die tragischen Ursprünge der deutschen Fußnote, München 1998 (London 1997), bes. S. 48-76; S. 49: auf Ranke hätten „Ordner mit Archivakten [gewirkt] wie Klee auf ein Schwein".

73 Elisabeth J. EISENSTEIN, Le livre et la culture savante, in: Henri-Jean MARTIN / Roger CHARTIER (Hg.), Histoire de l'Édition française, Bd. 1: Le livre conquérant. Du Moyen Âge au milieu du XVIIe siècle, Paris 1982, S. 563-583.

74 Elisabeth DÉCULTOT (Hg.), Lire, copier, écrir. Les bibliothèques manuscrits et leurs usages au XVIIIème siècle, Paris 2003; Ann MOSS, Printed Commonplace-Books and the Structure of Renaissance Thought, Oxford 1996.

75 Roger CHARTIER, Culture écrite et société. Ordre des livres (XVIe - XVIIIe siècle), Paris 1996, S. 45.

76 Notker HAMMERSTEIN, Innovation und Tradition. Akademien und Universitäten im Heiligen Römischen Reich deutscher Nation, in: Historische Zeitschrift 278 (2004), S. 591-623 kritisiert an der bisherigen Forschung, sie hätte den Anteil der Akademien am wissenschaftlichen Fortschritt überbewertet. Das größere Innovationspotential hätte bei den Universitäten gelegen, sei aber bisher nicht adäquat gewürdigt worden. Hierzu ist anzumerken, dass dies vielleicht für den traditionellen geisteswissenschaftlichen Fächerkanonen, auf den Hammerstein seine ganze Aufmerksamkeit richtet, gelten mag, dass aber in den neuen, naturwissenschaftlich orientierten Fächern außeruniversitäre Einrichtungen die entscheidenden Akzente setzten.

77 Dazu Martin GIERL, Pietismus und Aufklärung: Theologische Polemik und die Kommunikationsreform der Wissenschaft am Ende des 17. Jahrhunderts, Göttingen 1997.

Forschungen zu den Praktiken des Schrift- wie des Redegebrauchs leisten zugleich Mythenkritik: Sie erschüttern die Gewissheit vom angeblichen Vorrang der Schriftlichkeit. Vielmehr gilt für den alltagspraktischen Umgang wie die Formierung von Gelehrten-Zirkeln und -Hierarchien, dass keineswegs schriftliche Kommunikation dominierte. Françoise Waquet hat in mikrohistorischen Erkundungen gezeigt, wie sehr gerade der mündliche Austausch die Formulierung neuer Erkenntnisse förderte.[78]

Eine *zweite* Perspektive richtet sich auf das ‚Machen' von Wissenschaft. Diese Studien haben eine Schneise in das Unterholz fest etablierter Mythen geschlagen. Sie konzentrieren sich auf das Entstehen, Ausformen und Durchsetzen der Kriterien für ‚richtige' Wissenschaft in der Naturforschung: Wie und in welchen Situationen wurden Verfahren eingesetzt, die „sichere" und zumal „eindeutige" Ergebnisse erzielen und damit verbindliche Aussagen über Wirklichkeit hervorbringen würden? Welche Messgeräte und Messverfahren waren im Einsatz, wie waren Werkstätten und Labors, wie die Messungen selbst organisiert, wer hat sie wie durchgeführt? Teleologische Vorstellungen vom grundsätzlich unausgesetzten Fortschreiten von Wissen und Wissenschaft werden damit nachdrücklich eingeschränkt, wenn nicht grundsätzlich außer Kraft gesetzt. Denn es zeigt sich, dass das Aufkommen neuer Erklärungsansätze nicht notwendig eine Wissensvermehrung bedeutet. Neues Wissen rechtfertigt oder ermuntert vielleicht sogar, bisheriges Wissen zu vergessen – wenn das entwertete alte Wissen nicht ausdrücklich verboten und seine Medien zerstört werden.

Steven Shapin hat gefragt, wie englische Naturforscher im 17. Jahrhundert die Kriterien für Wahrheit neu definierten; er zeigt, wie zentral die Frage der Glaubwürdigkeit von Zeugen wie von Zeugnissen war.[79] Die Studie rekonstruiert die Reichweite sozialer Erwartungen, die sich nicht in Studierstuben und Labors, sondern im Zentrum der englischen Gentleman-Gesellschaft ausgebildet hatten: die Erwartung, sich auf den oder die anderen verlassen zu können. Die eigene Ehrenhaftigkeit knüpfte sich daran, solches Vertrauen nicht zu enttäuschen. Vertrauen in die Verlässlichkeit Dritter und ein darauf gegründeter Ehrenkodex setzten neue Maßstäbe in der Wissenschaft.

Dieser Ansatz bezieht Praktiken wissenschaftlicher Begründung auf ein konkretes kulturelles Umfeld. Zugleich aber identifiziert eine solche Untersuchung diese Begründungen selbst als spezifische soziale und kulturelle Verhaltensweisen. Lorraine Daston geht über diesen Ansatz, Wissenschaft in einem sozial-kulturellen Zusammenhang zu lokalisieren, hinaus; sie hat gezeigt, dass Wissenschaft „eigene Werte und Bedeutungen kreiert".[80] Als Beispiel behandelt sie die „Objektivität": Das Ausklammern des Forschersubjekts als Kriterium von Wissenschaftlichkeit habe sich erst im Zuge des

---

78 François WAQUET, Parler comme un livre. L'oralité et le savoir (XVIe - XXe siècle), Paris 2003.

79 SHAPIN, Social History of Truth (wie Anm. 15).

80 Lorraine DASTON, Die Kultur der wissenschaftlichen Objektivität, in: Otto Gerhard OEXLE (Hg.), Naturwissenschaft, Geisteswissenschaft, Kulturwissenschaft. Einheit – Gegensatz – Komplementarität?, Göttingen 1998, S. 9-39, S. 29; DIES. / GALISON, Objektivität (wie Anm. 41), S. 28-41.

19. Jahrhunderts durchgesetzt, in Konkurrenz mit Wahrheit, Gewissheit aus Evidenzerlebnissen oder ganzheitlich-umfassenden Erklärungen.

Die Institutionalisierung von Wissenschaft war lange das thematische Zentrum von Wissenschaftsgeschichte. Dabei legten Historiker das Hauptaugenmerk auf Studien zur Universitätsgeschichte[81], zumal der Geschichte einzelner Universitäten, aber auch von Gelehrten-Akademien. Seit etwa zwei Jahrzehnten treten konkrete Praktiken und Techniken der Wissenschaft mehr und mehr in den Vordergrund. Wie wurden sie von männlichen und weiblichen Wissenschaftlern gehandhabt, angeeignet und eingesetzt?

Mehrere Wissenschafshistoriker haben diese Neuausrichtung entscheidend vorangebracht. Ein Beispiel ist der Ansatz, den Martin Gierl für die deutsche Frühaufklärung von späten 17. Jahrhundert bis um 1730 facettenreich umsetzt: in der Erkundung der Formen des Streitens der Gelehrten. Das „Wie" dieser gelehrten Streitigkeiten habe sich grundsätzlich verschoben, vom „persönlichen Streit zur Konkurrenz".[82] Erkennbar werde ein „neues Kommunikationsgefüge", gestützt zunächst auf Zeitschriften und ihr regelmäßig-periodisches Erscheinen (das archiviert und zugleich für spätere Nutzung verfügbar hält). Zum zweiten hätten rezensierende Sortierungen und alphabetisierte Verzeichnungen des Gedruckten (in der „Historia Literaria") die Kommunikation neu reguliert; drittens sei an die Stelle autoritätsbezogenen, auf das eigene „Ansehen" gerichteten persönlichen Streitens ein themen- und problembezogener Dissens getreten.

Der Blick auf die Praktiken hat neben dem ‚Machen' das ‚Verbreiten' (oder auch das ‚Blockieren') einbezogen. Dazu gehören Fragen nach marktförmiger Kommerzialisierung, zugleich nach administrativ-polizeilichen Vorgaben oder Eingriffen, von der Rationierung von Ressourcen bis zur (Vor-)Zensur von Briefen wie Veröffentlichungen. Den Zusammenhängen von Wissensverbreitung und beginnender Kommerzialisierung ist Robert Darnton am Beispiel der von D'Alembert und Diderot herausgegebenen Enzyklopädie nachgegangen.[83] Die Geschichte von Wissenschaft erweist sich dabei als eine Geschichte der Formen, Wissen zu vermitteln und zu bewahren, aber auch der Formen, missliebiges oder ‚falsches' Wissen zu ignorieren oder zu vernichten.

Die Erweiterung einer bisher vorwiegend institutionell gerichteten Universitätsgeschichte leisten Arbeiten von William Clark und Marian Füssel. Clark hat sich mit den inneren Regeln des universitären Lebens beschäftigt. Er lotet deren Veränderungen

81 Einen Überblick zum Stand der universitätsgeschichtlichen Forschung Mitte der 1990er Jahre bietet: Walter Rüegg (Hg.), Geschichte der Universität in Europa, Bd. II: Von der Reformation zur Französischen Revolution (1500-1800), München 1996. Für die Akademien und deren Rolle bei der Popularisierung neuer Erkenntnisse und Denkmuster vgl. James McClellan, L'Europe des académies, in: Dix-huitième siècle 25 (1993), S. 153-165.

82 Gierl, Pietismus und Aufklärung, (wie Anm. 77) Tl. III,2, S. 487-574, bes. 498ff., 516ff., 529ff., 558ff. sowie 573f.

83 Robert Darnton, Glänzende Geschäfte. Die Verbreitung von Diderots Enzyklopädie. Oder: Wie verkauft man Wissen mit Gewinn? Berlin 1993 (Cambridge, Mass. 1979).

aus, um den Übergang von der vormodernen zur modernen Universität darzustellen. Diese an Max Weber angelehnten Begriffe, erfassen allerdings weder die präzise Neugier für das konkrete Verhalten, mit der Clark universitären, vor allem professoralen Verhaltensweisen, etwa bei Vorlesungen oder bei Promotionen, anhand von Reiseberichten von Administratoren nachspürt.[84] Marian Füssel konzentriert sich ganz auf die Universität der Frühen Neuzeit, die er als mehrschichtiges „akademisches Feld" sieht. Dabei verknüpft er die Untersuchung von Praktiken im „gelehrten Feld der Gelehrtenrepublik" mit denen im „Feld der kooperativen Hierarchie der Universitäten". Beide Bereiche zeigt er als vielfältig miteinander verflochten. Konkreter: das Bestreben um wissenschaftliche Anerkennung sei untrennbar mit der um sozialen Respekt verknüpft: „Person und Sache der Gelehrsamkeit waren nicht voneinander zu trennen".[85]

Praxisformen rücken damit ins Zentrum der Aufmerksamkeit, insbesondere sozialkulturelle Distinktionen (Pierre Bourdieu) – sie würden das soziale „Feld" der akademischen Institutionen und Netzwerke strukturieren. Die Auseinandersetzungen und Kämpfe um Rang- und Sitzordnungen, um Anreden und zeremonielle Gewänder erweisen sich in dieser Sicht nicht als bloße Masken der Macht. Ein solcher Blick erschließt, wie und wie sehr diese Praktiken Machtbeziehungen zu begründen oder zu befestigen, aber auch zu erschüttern und zu zerstören vermögen. Diese symbolischen Formen, die die „Gelehrten" in ihrem Alltag verwenden und einsetzen, erweisen sich also nicht als „bloße Fortführung sozialer Konflikte mit anderen Mitteln". Symbolpraxis und Symbolsprache sind ihrerseits „in sich selbst konstitutiv für soziale Ungleichheitsverhältnisse", innerhalb wie außerhalb des akademischen Feldes.[86]

Solche Arbeiten spüren vielfältigen Wechselbeziehungen und Resonanzen nach: zwischen *Gelehrten(tätigkeit)* und den jeweiligen *Alltagswirklichkeiten*. Doch wie Clark und Füssel betonen, geht es dabei nicht um eine sozial- oder strukturgeschichtliche Erweiterung der Geistesgeschichte. Angepeilt ist vielmehr eine Geschichte der Wissens- und Wissenschaftskulturen, in denen wissenschafts‚interne' Momente ebenso bedeutsam sind wie sogenannte externe Faktoren. [87]

Ende der 1980er Jahre unternahm eine Gruppe von – vorwiegend französischen – Wissenschaftlern unterschiedlichster Disziplinen den Versuch, eine neue Form der Wissenschaftsgeschichte zu schreiben. Sie sollte von den üblichen geradlinigen und erfolgsorientierten Darstellungen abweichen, und die vielfältigen Einflüsse und Beweggründe der Beschäftigung mit Wissenschaft ebenso berücksichtigen, wie die ver-

84 CLARK, Academic Charisma (wie Anm. 31); William CLARK, On the Table Manners of Academic Examination, in: Hans Erich BÖDEKER / Peter Hanns REILL / Jürgen SCHLUMBOHM (Hg.), Wissenschaft als kulturelle Praxis 1750-1900, Göttingen 1999, S. 33-67.

85 FÜSSEL, Gelehrtenkultur (wie Anm. 9), S. 31.

86 FÜSSEL, Gelehrtenkultur (wie Anm. 9), S. 32.

87 Vgl. BÖDEKER / REILL / SCHLUMBOHM (Hg.), Wissenschaft (wie Anm. 84); Stefan EHRENPREIS, Frühneuzeitliche Universitätsgeschichte – Leistungen und Defizite der deutschen Forschung seit 1990, in: Jahrbuch für Universitätsgeschichte 6 (2003), S. 262-266, hier S. 264.

schiedenen Abzweige, die nicht alle den Weg zur heutigen Wissenschaftspraxis zeigen: Folgt man ihnen, so „eilt die Geschichte der Wissenschaften unbeständig durch ein vielfältiges und komplexes Netz von Wegen, Straßen, Bahnen, Spuren, die sich verflechten, verdichten, kreuzen, verknoten, überlagern, oder mehrfach verzweigen. Eine Vielzahl unterschiedlicher Zeitmaße, Disziplinen, Ideen von Wissenschaft, eine Mannigfaltigkeit von Gruppen, Institutionen, Kapitalien, Menschen, die sich einig sind oder bekämpfen, von Maschinen, Gegenständen, Prognosen und unvorhergesehenen Zufällen bilden zusammen ein schwankendes Gefüge, das die vielfältige Geschichte der Wissenschaft getreu darstellt".[88]

In einem paradigmatischen Aufsatz ging Bruno Latour dabei der Frage nach, wie Louis Pasteur die von Félix Pouchet vertretene Theorie der spontanen Entstehung der Lebewesen (*generatio spontanea*) 1864 widerlegte.[89] Indem er bei der Rekonstruktion dieses Konflikts dem Prinzip der Symmetrie folgte, und jeden Beteiligten wieder „gleichberechtigt" handeln ließ, das heißt Pasteur nicht von vornherein als Sieger und Pouchet als Besiegten vorstellte, sezierte er die Elemente ihres Handelns. Damit erschloss er verschiedene Handlungsebenen, die er in Geschichte der Rahmenbedingungen, Geschichte der Formung und Geschichte der Konstruktionen differenzierte. Jede dieser Ebenen enthalte Elemente, die vordergründig, durch die äußere Organisation der Wissenschaften und durch die sozialen Positionen der Kontrahenten erklären könnten, wieso sich Pasteur gegen Pouchet durchzusetzen vermochte (was wir ja vorab wissen und was unseren Blick verstellt). Latours Ausloten der Gründe für den Erfolg Pasteurs zeigt: Dies ist keine Geschichte einer einfachen Entdeckung. Vielmehr geht es um ein Zusammenwirken unterschiedlichster Elemente und Akteure (inklusive der Forschungs-‚Gegenstände') die ihr (wissenschaftliches) Umfeld so formen, wie es für ihren Erfolg günstig ist.

Eine künftige Geschichte der Wissenschaft, die en détail ihren Akteuren und ihren Handlungsbedingungen und -antrieben wie den wissenschaftlichen Praktiken selbst nachzuspüren sucht, hätte sich also beiden gleichermaßen zu widmen, den ‚krummen' wie den ‚geraden' Pfaden des Erkundens und der Gelehrsamkeit. Ein möglicher Ansatz ist, den Gelehrten-Wissenschaftler zum Ausgangspunkt dieser Erkundungen zu machen. Wie haben diejenigen, die Wissenschaft betrieben, ebendies ‚gemacht'? Wie sahen sie sich und ihre Arbeit, was nahmen sie wahr von ihren nahen wie fernen Umfeldern – was blendeten sie aus, worauf bezogen oder beriefen sie sie sich? Dazu gehört aber auch: was missachteten oder zerstörten sie, was plünderten oder nutzten sie ohne Respekt vor anderen Autoren oder Verfügungsberechtigten zum eigenen

88 Michel Serres, Vorwort, dessen Lektüre sich empfiehlt, damit der Leser die Absicht der Autoren kennenlernt und den Aufbau des Buches versteht, in: Ders. (Hg.), Elemente (wie Anm. 19), S. 11-37, hier S. 18 f.

89 Bruno Latour, Pasteur und Pouchet: Die Heterogenese der Wissenschaftsgeschichte, in: Serres (Hg.), Elemente (wie Anm. 19), S. 749-789. Zu Bruno Latours wissenschaftstheoretischem Ansatz siehe: Latour, Hoffnung (wie Anm. 55).

Vorteil oder dem der (angeblich) ‚guten Sache'[90]? Welche Rolle spielten dabei Ihre Arbeitsweise, also nicht zuletzt ihre professionellen Hoffnungen und Ängste?[91] Oder: Wie haben sie als Gelehrte gearbeitet, wie haben sie als Gelehrte gelebt?

VII. Zu den Beiträgen

Der vorliegende Sammelband geht auf eine Tagung der „Arbeitsstelle Historische Anthropologie" an der Universität Erfurt vom 28. bis 30. Oktober 2004 zurück, aus Anlass des 65. Geburtstages von Hans Medick. Die Beiträge erkunden Möglichkeiten, „Gelehrtenleben" und „Wissenschaftspraxis" in (auto-)biografischen wie in alltagsgeschichtlichen Perspektiven zu erschließen. Die AutorInnen thematisieren in vielfältigen Variationen alltägliche Praktiken: Sie öffnen Blicke auf das alltägliche ‚*Wie*' gelehrten Handelns, des Verhaltens von Gelehrten.

Die Beiträge sind in vier Themenschwerpunkte gruppiert. Im *ersten* Abschnitt geht es um Lebensläufe von Wissenschaftlern. In den geschilderten Einzelfällen kommen ihre Mühen zur Sprache, wissenschaftliches Arbeiten institutionell abzusichern (Benigna von Krusenstjern; Hans Medick); untersuchte werden eine (Ehe-)Paarbeziehung, in der beide Partner wissenschaftlich arbeiten (Theresa Wobbe), aber auch die Auswirkungen wie selbstreflexiven Brechungen einer spezifischen Lebensgeschichte der Migration auf wissenschaftliches wie publizistisches Arbeiten (Birgit Schäbler). Gerade in solchen exemplarischen Untersuchungen, die stets vielfältige Kontextualisierungen eröffnen, werden die Wechselwirkungen von materiellen und sozial-kulturellen Umfeldern auf die wissenschaftlichen Vorhaben und Tätigkeiten besonders anschaulich.

Eine *zweite* Gruppe von Aufsätzen widmet sich dem Schreiben als Lebensentwurf. Wissenschaftliches Arbeiten ist gewiss nicht ausschließlich, aber doch in hohem Maße mit dem Schreiben verbunden. Deshalb ist es naheliegend, Gelehrte als Schreibende zu betrachten, als Personen, die sich in vielfacher Hinsicht (auch) durch ihr Schreiben konstituieren. Die hier vorgenommenen Erkundungen reichen vom Schreiben als Lebensinhalt (Claudia Ulbrich) bis zu – in literarischer Fiktion geschilderten – Gelehrtenleben und ihren Rekonstruktionen von Schreibpraxis und dem „Er-Schreiben" von Autorschaft (Bettine Menke; Rudolf Dekker) sowie Formen und Genres der Selbstthematisierung von Autoren in ausdrücklich wissenschaftlichen Texten (Peter Schöttler).

Wohl kaum eine andere Gruppe hat sich so viele Gedanken (und Illusionen) über sich selbst gemacht, wie Gelehrte. Deshalb ist es unerlässlich, ihre Selbstthematisierun-

90 Das weite Feld von Fälschung wie (Teil-)Plagiat, aber auch von disziplinär-kollegialer Nachsicht wie Rachsucht, wenn es „herauskommt", ist zumal für den ‚Normalbetrieb' in den Kulturwissenschaften bisher nur punktuell vermessen, vgl. aber Jon WIENER, Historians in Trouble. Plagiarism, Fraud, and Politics in the Ivory Tower, New York 2005.

91 Dazu höchst anregend die Frühneuzeit-Historikerin Arlette Farge, Le goût de l'archive, Paris 1989.

gen heranzuziehen. Denn gerade sie erlauben Rückschlüsse auf Selbstverständnis und Arbeitsweisen, also auch Auswahl und Behandlung der Untersuchungsgegenstände. Der Bogen der Beiträge in diesem *dritten* Abschnitt schließt ein Selbstbeobachtungen exemplarischer Gelehrter, die zum Teil durch außergewöhnliche Situationen bedingt waren (Andreas Bähr; Peter Burschel). Es folgen die Selbstzeugnisse einer Historikerin und eines Historikers, in denen diese ihr Agieren in der westdeutschen bzw. ostdeutschen Wissenschaft nachzeichnen (Karin Hausen; Jan Peters). Schließlich geht es um die filmische Darstellung gelehrter Intelligenz und ihre Resonanzen mit der ausspähenden Aktivität von Geheimdienstagenten, im Dienste staatlicher ‚Intelligence' (Holt Meyer).

Wissenschaftliches Arbeiten schwebt – wie jede andere Tätigkeit auch – nicht im freien Raum. Wissenschaft erweist sich als ein vielfältiges Feld sozialer und kultureller Praktiken, zu denen „Rituale" und „Kulte" gehören. Sie sind Thema im *vierten* Abschnitt. Patriarchale und ritualisierte Umgangsweisen in Haushalten von Gelehrten sind ebenso wie entsprechende Verhaltensweisen rund ums Bett Teil der Lebens- und Alltagspraxis in der gelehrten Welt (Gadi Algazi; Gabriele Jancke). Dazu gehört auch das Vorlesen: Wissenschaftler (hier sind es Männer) lasen in Arbeit befindliche oder abgeschlossene eigene Texte der Partnerin vor; sie erheischten ihr Votum oder Zeichen (Heidrun Friese). Kulte in elitär-kleinem oder auch populär-größerem Kreis stilisieren mitunter Individuen zu großen Persönlichkeiten: Wie entwickeln sich Personenkulte um Gelehrte (Vasilios Makrides)?

Lebensläufe im Kontext

Benigna von Krusenstjern

Gelehrtenexistenz im Dreißigjährigen Krieg. Wilhelm Schickard in seinen Briefen

I.

Eine der wichtigsten Selbstzeugnis-Gattungen, wenn nicht gar die wichtigste, sind Briefe.[1] Briefe haben es jedoch aus Überlieferungsgründen besonders schwer, ihren Rang unter den Selbstzeugnissen zu behaupten. Vornehmlich die Briefe herausragender Persönlichkeiten hatten und haben gute Überlieferungschancen. Der Umstand, dass Gelehrte zu solchen Persönlichkeiten gehören, kommt diesem Beitrag entgegen.

Sind aber Gelehrtenbriefe, deren Fokus auf wissenschaftlichen Themen liegt und die persönliches Erleben häufig eher am Rande behandeln, überhaupt Selbstzeugnisse? Diese Frage berührt einen umfassenderen Komplex und lässt sich leichter beantworten, wenn man zum Vergleich etwa die Fachkorrespondenz von Künstlern oder Schriftstellern in Betracht zieht. Ihr Quellenwert für deren Selbst dürfte unbestritten sein. Gleiches hat für Gelehrte oder Wissenschaftler zu gelten, die im Fachdiskurs über ‚objektive' Gegenstände ihre ‚eigenen' Ideen und Kritiken beisteuern. Insofern sind Gelehrten- oder Wissenschaftler-Korrespondenzen nicht nur implizit, sondern auch explizit Selbstzeugnisse, da sie über solche ‚eigenen' Leistungen des Selbst als Gelehrter Aufschluss geben. Darüber hinaus „dokumentieren wissenschaftliche Briefwechsel", wie Gerhard Wagner und Gilbert Weiss es treffend formuliert haben, „auch die Lebensgeschichte der Korrespondenzpartner, pflegt sich doch im schriftlichen Verkehr der wissenschaftliche mit dem alltagsweltlichen Dialog zu verschränken."[2] Auf den letzteren gerichtet, widmen sich die folgenden Ausführungen nicht dem Selbst eines Gelehrten, sondern nehmen das Leben eines Gelehrten, genauer Fragen seiner Existenz, in den Blick.

---

1 Eine grundlegende Arbeit zu Briefen als Selbstzeugnisse fehlt. Einführend zum Brief allgemein, seinen verschiedenen Funktionen und zur Brieftheorie mit weiterführender Literatur vgl. vor allem Reinhard M.G. Nickisch, Brief (Sammlung Metzler 260), Stuttgart 1991.

2 Gerhard Wagner / Gilbert Weiss, Zur Edition des Briefwechsels zwischen Alfred Schütz und Eric Voegelin, in: Gerhard Wagner / Gilbert Weiss (Hg.), Alfred Schütz, Eric Voegelin. Eine Freundschaft, die ein Leben ausgehalten hat. Briefwechsel 1938-1959, Konstanz 2004, S. 7.

II.

Dieser Gelehrte ist Wilhelm Schickard, der in der ersten Hälfte des 17. Jahrhunderts gelebt hat. Seinen Briefwechsel mit zeitgenössischen Gelehrten Europas – fast ausschließlich in Latein –, hat Friedrich Seck in mühevoller Arbeit zusammengetragen und erst vor wenigen Jahren, 2002, in zwei umfänglichen Bänden mustergültig ediert.[3] Die Edition enthält 244 Briefe an 37 Adressaten von Schickard und 353 Briefe von 98 Absendern an Schickard. Wilhelm Schickard war einer der für seine Zeit typischen Universalgelehrten: Er war zugleich Astronom, Mathematiker, Geograph, Kartograph und Orientalist – Kenner des Hebräischen, des Arabischen sowie anderer Sprachen mehr – und das alles auf höchstem Niveau. Ein später Nachruhm wurde ihm zuteil, als 1957 entdeckt wurde, dass Schickard – und nicht, wie bis dahin angenommen, Blaise Pascal – der Erfinder der Rechenmaschine gewesen ist.[4] Diese Erfindung im Jahre 1623 bildete in Schickards wissenschaftlichem Œuvre allerdings nur eine Episode. Die Liste seiner äußerst vielseitigen Veröffentlichungen ist lang und enthält ohne Berücksichtigung der weiteren Auflagen 47 Nummern.[5]

Wilhelm Schickard wurde 1592 im württembergischen Herrenberg als Sohn einer Schreiner-, Bildschnitzer- und Baumeister-Familie geboren. Er studierte in Tübingen Theologie sowie orientalische Sprachen. Die frühe Begegnung und anschließende Freundschaft mit Johannes Kepler förderte seine Hinwendung zur Astronomie und Mathematik. Nach einigen Jahren Pfarrdienst in Nürtingen wurde er 1619 zum Professor für Hebräisch an die Universität Tübingen berufen, zu der 1631 die Professur für Astronomie hinzukam. Aber schon vier Jahre später starb Wilhelm Schickard 43jährig an der Pest.

III.

Die entscheidende Voraussetzung für eine Gelehrtenexistenz – nicht anders als für die eines modernen Wissenschaftlers – waren die materielle Basis und der institutionelle Rahmen, ob man es nun Arbeitsplatz oder Lehrstuhl nennt oder man übergreifend an Karriere insgesamt denkt. Der kurze Lebensabriss hat davon nur eine allzu glatte

3 Friedrich SECK (Hg.), Wilhelm Schickard, Briefwechsel, Bd.1: 1616-1632, Bd. 2: 1633-1635, Stuttgart-Bad Cannstatt 2002.

4 Vgl. Bruno BARON VON FREYTAG LÖRINGHOFF, Die Rechenmaschine, in: Friedrich SECK (Hg.), Wilhelm Schickard, 1592-1635. Astronom, Geograph, Orientalist, Erfinder der Rechenmaschine (Contubernium 25), Tübingen 1978, S. 288-309. – Die Wiederentdeckung dieser Rechenmaschine hat zur Belebung der Schickard-Forschung entscheidend beigetragen.

5 Vgl. Schickards Werke, in: SCHICKARD, Briefwechsel (wie Anm. 3), Bd. 2, S. 476-500. – Dieses in jeder Hinsicht vorbildliche Werkverzeichnis des Herausgebers Friedrich Seck schließt auch die verschiedenen Auflagen und Bestandsnachweise ein.

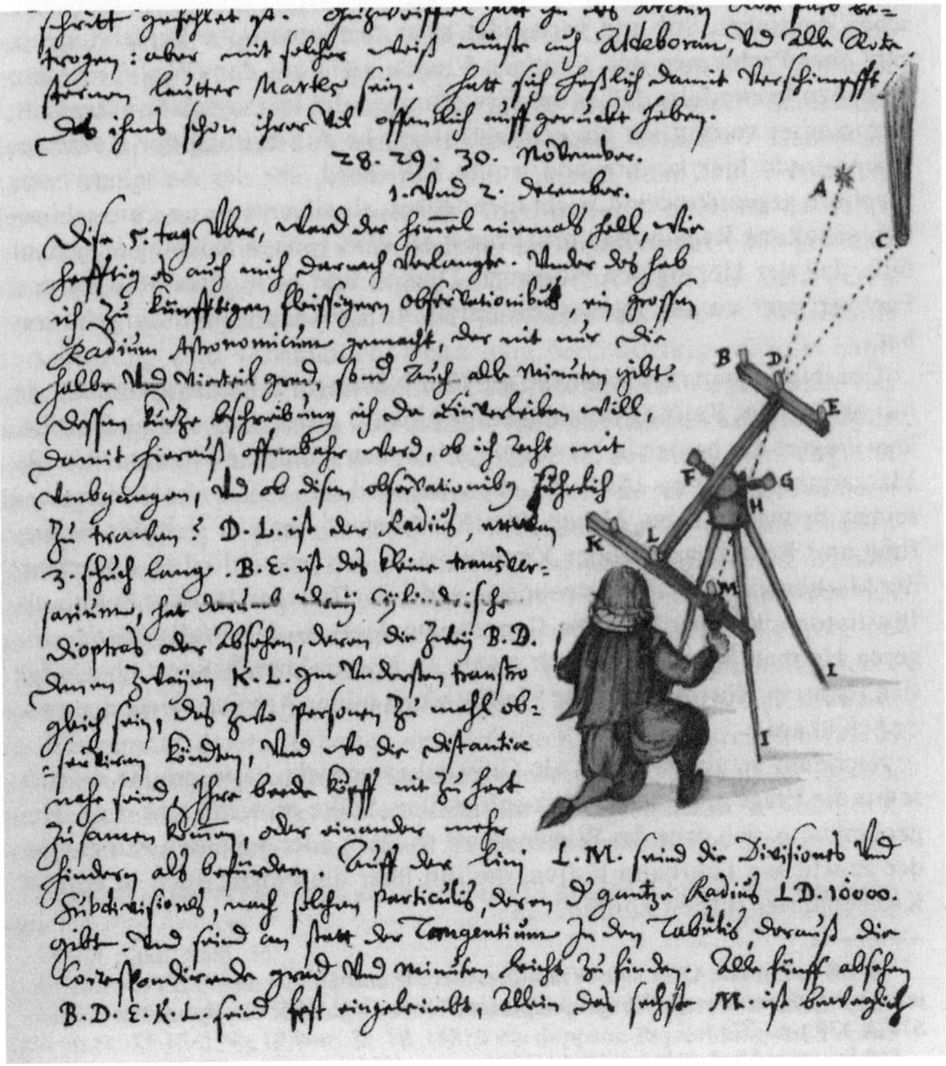

Abb. 1: Wilhelm Schickard bei der Kometenbeobachtung. Aus seiner Handschrift „Cometen Beschreibung", 1619. Württembergische Landesbibliothek Stuttgart, Cod. math 4° 43, fol. 83r.

Vorstellung vermitteln können. Bei genauerer Betrachtung anhand der Korrespondenz ging es für Schickard nicht ohne erhebliche Probleme und anhaltende Sorgen ab. Das erste Hindernis auf seiner beruflichen Laufbahn war sein eigener Lehrer, der Tübinger Astronom und Mathematiker Michael Mästlin (1550-1631),[6] der – wie Johannes Kepler von Christoph Besold erfuhr – den jungen Schickard nicht als Professor für Mathematik und Astronomie neben sich duldete, so dass dieser sich mit dem viel schlechter besoldeten Lehramt für Hebräisch begnügen musste.[7] Zwar konnte er auf mathematisch-technischem Gebiet Privatkollegs abhalten, aber selbst hier musste er, wie er seinem jüngeren Bruder Lukas 1629 erklärt, auf die Empfindlichkeit Mästlins Rücksicht nehmen und auf das Thema Optik verzichten, „bis dieses dereinst (worauf ich hoffe) direkt zu meinem Lehrauftrag gehören wird".[8] Da das Universitätssystem in der Frühen Neuzeit keine Emeritierung aus Altersgründen kannte, musste Schickard insgesamt zwölf Jahre auf das Ausscheiden Mästlins warten, bis dieser 81jährig starb.

Konnte Schickard die Nachfolge Mästlins dann endlich ohne weitere Widerstände antreten, hatte er indes bereits zuvor Konkurrenz als sperriges Hindernis für sein Vorankommen erfahren. Bei seiner Berufung 1619 war Schickard vom Landesherrn, Herzog Johann Friedrich von Württemberg, eine baldige Besserstellung versprochen worden. Jahrelang geschah jedoch in dieser Sache nichts, worüber sich Schickard beim Straßburger Geschichtsprofessor Matthias Bernegger,[9] ein häufiger und ihm nahestehender Briefpartner,[10] beklagt und ihm anvertraut hat, wie sehr ihn die „unsichere Aussicht auf Beförderung" psychisch belaste. Bernegger werde sich erinnern, was er ihm einst über seine „unfreiwillige Entführung aus dem Kirchendienst" berichtet habe. „Allein in der Hoffnung auf die versprochene Aufnahme in den Senat" der Universität habe er seine „gegenwärtige Stellung gleichmütig ertragen können".[11] Diese Hoffnung schien

6 Zu Mästlin vgl. Richard A. JARRELL, Astronomy at the University of Tübingen. The Work of Michael Mästlin, in: Friedrich SECK (Hg.), Wissenschaftsgeschichte um Wilhelm Schickard. Symposion der Universität Tübingen 1977 (Contubernium 26), Tübingen 1981, S. 9-19.

7 Vgl. Christoph Besold an Johannes Kepler, 25. Juni 1619, in: SCHICKARD, Briefwechsel (wie Anm. 3), Bd. 1, S. 104.

8 Wilhelm Schickard an Lukas Schickard, 19. Juni 1629, in: SCHICKARD, Briefwechsel (wie Anm. 3), Bd. 1, S. 476. – Dieses Zitat und alle folgenden sind Übersetzungen d. Verf. aus dem Lateinischen.

9 Matthias Bernegger (1582-1640) aus Hallstatt in Österreich, seit 1613 Professor der Geschichte in Straßburg. Zu ihm vgl. Carl BÜNGER, Matthias Bernegger. Ein Bild aus dem geistigen Leben Strassburgs zur Zeit des Dreissigjährigen Krieges. Strassburg 1893.

10 Der Kontakt zwischen beiden war durch Kepler vermittelt worden. Obwohl sich Schickard und Bernegger persönlich nie begegnet sind, entstand zwischen ihnen eine enge Freundschaft, die im Briefwechsel in vielfacher Weise zum Ausdruck kommt. Vgl. dazu Friedrich SECK, in: SCHICKARD, Briefwechsel (wie Anm. 3), Bd. 1, S. 37. – Seck weist mit Recht darauf hin, dass es nicht die verbalen „Freundschaftsbezeugungen" sind, die die Freundschaft beweisen, da diese „zum Stil des Gelehrtenbriefs der Zeit gehören", vgl. SECK, in: SCHICKARD, Briefwechsel (wie Anm. 3) Bd. 1, Anm. 2.

11 Wilhelm Schickard an Matthias Bernegger, 10. Mai 1627, in: SCHICKARD, Briefwechsel (wie Anm. 3), Bd. 1, S. 268; auch Friedrich SECK, Wilhelm Schickard in Briefen. Ein Tübinger Gelehrtenleben im 30jährigen Krieg, in: Schwäbische Heimat 26 (1975), S. 197-220, hier 209.

der Konkretisierung nahe, nachdem im August 1626 durch den Tod des Tübinger Professors für Latein und Griechisch Veit Müller ein Sitz im Senat frei geworden war. Aufgrund der ihm vom Landesherrn vor Jahren gemachten Versprechungen hatte sich Schickard gute Chancen auf diesen zudem lukrativen Sitz ausgerechnet, der nicht nur mit Ansehen, sondern auch mit Kompetenzgeldern verbunden war. Bei der geheimen Wahl des Senats am 2. Februar 1627 aber entschied sich die Mehrheit[12] für Schickards Konkurrenten Johann Martin Rauscher,[13] Professor für Rhetorik und Geschichte. Für Rauscher sprach nicht zuletzt dessen Anciennität als Professor. Außerdem hatte er sich mit Geschick um einflussreiche Fürsprecher bemüht.[14]

Der bitter enttäuschte Schickard schildert seinem Freund Bernegger den Vorgang aus seiner Perspektive: „Ein anderer hat sich mit verschiedener List hineingedrängt und die anderen [d.h. die Senatoren] so sehr für sich eingenommen, dass sie ihm mit größerer Stimmenzahl den Vorzug gegeben und mich übergangen haben."[15] Auch seinem Bruder Lukas und seinem alten Freund Johannes Kepler klagte Wilhelm Schickard brieflich sein Leid.[16] Beiden gegenüber erwog er die Rückkehr in den Pfarrdienst als berufliche Alternative. Aber kurz vorher war gerade eine Berufung Schickards zum Hofprediger des Landgrafen Philipp von Hessen-Butzbach bereits im Vorfeld gescheitert. Der Landgraf hatte als Förderer der Wissenschaften – vor allem der Astronomie – an seinem Hof ein besonderes Interesse bekundet, Schickard sozusagen in Doppelfunktion zu gewinnen. Der Gießener Superintendent Johann Dieterich – ein Bruder des Ulmer Superintendenten Konrad Dieterich –, hatte dies jedoch hintertrieben, indem er Schickard wegen dessen Freundschaft mit dem Tübinger Juristen Christoph Besold[17] der Kontakte zu religiösen Schwärmern verdächtigt hatte.[18]

---

12 Friedrich Seck geht von einem Stimmenverhältnis von etwa zehn zu drei aus, vgl. Friedrich SECK, Leben und Werk im Überblick, in: SECK (Hg.), Wilhelm Schickard (wie Anm. 4), S. 13-40, hier 31.

13 Zu Rauscher vgl. Ulrich SIEBER, Professor Johann Martin Rauscher (1592-1655). Studien zur Geschichte der Universität Tübingen im Dreißigjährigen Krieg, Diss. Tübingen 1968.

14 Vgl. SIEBER, Rauscher ebd., S. 39f.

15 Wilhelm Schickard an Matthias Bernegger, 10. Mai 1627, in: SCHICKARD, Briefwechsel (wie Anm. 3), Bd. 1, S. 268.

16 Vgl. Wilhelm Schickard an Lukas Schickard, 19. Februar 1627, in: SCHICKARD, Briefwechsel (wie Anm. 3), Bd. 1, S. 254 und Johannes Kepler an Wilhelm Schickard, 10./20. März 1627, in: SCHICKARD, Briefwechsel (wie Anm. 3) Bd. 1, S. 256ff., auch in: Max CASPAR (Hg.), Johannes KEPLER, Gesammelte Werke, Bd. 18, München 1959, S. 282ff.; hier nur der Antwortbrief Keplers erhalten.

17 Christoph Besold (1577-1638), Professor der Rechtswissenschaften, hatte sich durch sein Interesse für Mystiker und religiöse Außenseiter bei der lutherischen Orthodoxie verdächtig gemacht. Ein gegen ihn wegen des Verdachts der Schwärmerei angestrengtes Verfahren beschied der Senat der Universität Tübingen jedoch abschlägig. Später konvertierte Besold zum Katholizismus. Vgl. Emil NIETHAMMER, Christoph BESOLD, in: Schwäbische Lebensbilder 2, Stuttgart 1941, S. 11-34; Martin BRECHT, Beobachtungen zum geistigen Hintergrund, in: SECK (Hg.), Wilhelm Schickard (wie Anm. 4), S. 41-48, hier 46f.

18 Vgl. Friedrich SECK, Konrad Dieterich und Wilhelm Schickard. Aus einer Gelehrtenkorrespondenz des 17. Jahrhunderts, in: Ulm und Oberschwaben 51 (2000), S. 42-53, hier 47ff.

Ohne die Gründe für das Scheitern der Berufung nach Butzbach zu kennen, riet Kepler daraufhin Schickard ab, in den Kirchendienst zurückzukehren und versuchte ihn über den Wahlausgang im Senat mit dem Argument hinwegzutrösten, dass es sich dabei kaum um eine Entscheidung gegen ihn persönlich gehandelt habe.[19] Die Angelegenheit der Senatsmitgliedschaft nahm jedoch eine neue und für Schickard günstige Wendung, da Herzog Johann Friedrich von Württemberg in das Selbstverwaltungsrecht der Universität Tübingen eingriff und die Wahl Rauschers nicht bestätigte. Mehr als ein Jahr ließ der Herzog die Frage ungelöst und verfügte schließlich im Mai 1628, wenige Monate vor seinem Tode, die Ernennung beider – Rauschers und Schickards – zu Senatsmitgliedern bei abwechselnder Teilnahme und geteilten Kompetenzgeldern bis zur nächsten Vakanz.[20]

So ist es mit der Karriere – wie inständig und wie lange wird sie erstrebt, doch dann, wenn die Leiter erklommen ist und die mit ihr verbundenen Verpflichtungen und Belastungen sich bemerkbar machen, wird sie auf Dauer auch als drückend empfunden. Schickard ist es nicht anders ergangen. Im März 1634 beschreibt er dem französischen Astronomen und Philosophen Pierre Gassendi,[21] mit dem er seit 1630 korrespondierte, die Kehrseite seines seit Mai 1633 bekleideten Amtes als Dekan der Philosophischen Fakultät: „Mir war aber seit einem dreiviertel Jahr das Glück nicht mehr vergönnt, einen einzigen Tag fortlaufend, ohne lästige Unterbrechung mein eigener Herr sein zu können und dieses Vergnügen[22] ernsthaft zu betreiben. Auch kann ich dies nicht vor dem Herbst erwarten, wenn ich das sehr lästige Amt des Dekans der Philosophischen Fakultät niederlegen werde.“[23]

IV.

Zunehmend und gravierend wurde Schickards Existenz als Gelehrter von außen betroffen: durch den Dreißigjährigen Krieg mit seinen Auswirkungen und Begleiterscheinungen. In den Jahren 1629 und 1630 erwähnte Schickard immer wieder, dass die Kriegsereignisse ihn von der wissenschaftlichen Arbeit abhielten und er zeitweise sogar sein Kolleg unterbrechen musste. Im September 1630 berichtet er seinem Freund Bernegger in Straßburg über die Ausführung des Restitutionsedikts – bei dem das

19 Vgl. Johannes Kepler an Wilhelm Schickard, 10./20. März 1627 (wie Anm. 16), S. 282.

20 Vgl. SECK, Leben und Werk (wie Anm. 12), S. 32; auch Wilhelm Schickard an Matthias Bernegger, 25. Juni 1628, in: SCHICKARD, Briefwechsel (wie Anm. 3), Bd. 1, S. 384. – Im November 1629 wurde ein weiterer Sitz im Senat vakant, so dass die Ausnahme der Doppelbesetzung nur kurze Zeit bestand.

21 Pierre Gassendi (1592-1655); seine umfänglichen Briefe an Schickard erinnern nicht mehr an das Stammwort „brevis“, sondern sind regelrechte wissenschaftliche Abhandlungen.

22 Gemeint sind hier astronomische Beobachtungen.

23 Wilhelm Schickard an Pierre Gassendi, 26. März 1634, in: SCHICKARD, Briefwechsel (wie Anm. 3), Bd. 2, S. 206.

Abb. 2: Porträt Wilhelm Schickard, 1632. Eberhard-Karls-Universität Tübingen, Professorengalerie.

Herzogtum Württemberg ein Drittel seines Landes verlor.[24] „Die Bauern haben den Äbten schon gehuldigt, aber äußerst widerwillig, durch Waffengewalt dazu gebracht. Ihre Kirchen sind versiegelt, den Pfarrern ist es ebenso untersagt, zu taufen wie ihnen Trost zu spenden. Infolgedessen sind sie heute sehr zahlreich und wehklagend aus den Dörfern hierher zur städtischen Predigt zusammengeströmt."[25] Schickard bedachte auch die möglichen Folgen für ihn selbst: „Ich bin gezwungen, im Stillen zu erwägen, woandershin fortzugehen, wenn ich des Glaubens wegen hier nicht länger bleiben kann." Für sehr akut hielt Schickard eine solche Entscheidung offensichtlich nicht, denn er fügte hinzu: „Doch werde ich zuvor beobachten, wie die Dinge ausgehen."[26]

Im Sommer 1631 wurde Tübingen direkt vom Krieg betroffen.[27] Nachdem die kaiserliche Armee unter Graf Franz Egon von Fürstenberg im sogenannten „Kirschenkrieg"[28] bereits mehrere Orte des Herzogtums besetzt hatte, begann am 1. Juli die Belagerung Tübingens mit 24.000 Mann. Angesichts dieser Gefahr hatte Schickard vorsorglich seine Frau und Kinder in die Grafschaft Hohenberg in Sicherheit gebracht und alle seine wissenschaftlichen Manuskripte vergraben.[29] Die Einnahme und Plünderung der Stadt konnte jedoch in letzter Minute durch einen Akkord, d.h. eine Übergabevereinbarung, verhindert werden. Die Truppen zogen zwar wieder ab, der Universität aber wurde eine dauerhafte und schwere Kontribution auferlegt. Außerdem blieb man, besonders auf den Straßen im Umland, weiterhin von Überfällen und Plünderungen bedroht. Dies galt in noch viel stärkerem Maße für die Zeit im Herbst 1634 nach der verheerenden Niederlage der Schweden und ihrer deutschen Verbündeten in der Schlacht bei Nördlingen. Der württembergische Herzog war geflohen; vor der raubenden, zerstörenden und mordenden Soldateska gab es nirgends Schutz. Erneut vergrub Schickard seine Manuskripte, von denen er – wie er dem Astronomen John Bainbridge nach Oxford schreibt – nicht weiß, wann und ob diese jemals wieder ans Tageslicht gebracht werden können.[30] Am 10. September 1634 wurde Schickards Mutter in Herrenberg von Soldaten überfallen und so brutal misshandelt, dass sie, wie

24 Das von Kaiser Ferdinand II. im März 1629 erlassene Restitutionsedikt verfügte die Rückgabe aller seit 1552 säkularisierten geistlichen Territorien und Güter an die Katholiken. Mit seinen 22 Klöstern und Stiften verlor Württemberg nicht nur Territorialbesitz, sondern zugleich Ausbildungsstätten.

25 Wilhelm Schickard an Matthias Bernegger, 12. September 1630, in: Schickard, Briefwechsel (wie Anm. 3), Bd. 1, S. 575.

26 Schickard, Briefwechsel (wie Anm. 3), Bd. 1, S. 575.

27 Dazu vgl. vor allem: Hugo Gmelin, Der Kriegszug des Grafen Franz Egon von Fürstenberg gegen Württemberg im Jahr 1631, der sog. Kirschenkrieg, in: Württembergische Vierteljahrshefte für Landesgeschichte NF 7 (1898), S. 104-123; zu Tübingen vgl. auch: Wilhelm Göz, Johann Martin Rauscher und seine Aufzeichnungen, in: Tübinger Blätter 20 (1929), S. 18-30.

28 Da der Feldzug zur Zeit der Kirschenreife stattfand.

29 Vgl. Wilhelm Schickard an Matthias Bernegger, 18. Juli 1631, in: Schickard, Briefwechsel (wie Anm. 3), Bd. 1, S. 627 und an Sebastian Tengnagel, 25. Juli 1631, S. 628.

30 Wilhelm Schickard an John Bainbridge, 1. September 1634, in: Schickard, Briefwechsel (wie Anm. 3), Bd. 1, Bd. 2, S. 295.

Wilhelm seinem Bruder Lukas mitteilen musste, zwölf Tage später an den erlittenen Wunden nach „unermesslichen Qualen" starb.[31] Seine Erschütterung über den gewaltsamen Tod der Mutter sei so groß gewesen, bekennt Schickard, dass der Rektor der Universität schon um sein Leben gefürchtet habe.[32]

Schickards Leben war tatsächlich, wenn auch auf andere Weise bedroht: von der Pest. Am 20. Oktober 1634 starb seine Tochter Ursula Margaretha im Alter von 16 Jahren. Ihr Tod traf den Vater besonders schwer, denn er verlor mit ihr nicht nur sein ältestes Kind, sondern auch – ungewöhnlich genug – seine Mitarbeiterin. Ungeachtet ihres weiblichen Geschlechts hatte Schickard diese Tochter aufgrund ihrer Begabung vielseitig unterrichtet. In seinem Schreiben an die Universität Tübingen hebt er hervor, dass sie Latein ebenso wie Hebräisch beherrscht und große astronomische und mathematische Kenntnisse besessen habe. Sie konnte, zumal auch geschickt im Umgang mit den entsprechenden Instrumenten, ihn somit bei seinen Beobachtungen und deren Aufzeichnung wirksam unterstützen.[33]

Die Pest forderte weitere Opfer in Schickards Familie: In den nächsten Wochen erlagen ihr seine Frau[34] und seine Töchter Judith und Sabina. Ihm, dem bereits in früheren Jahren fünf Söhne und eine Tochter jung verstorben waren, blieb jetzt nur noch ein Kind, der neunjährige Sohn Theophil. „Wie bitter trage ich dieses beklagenswerte Schicksal", schreibt er Bernegger, „das mich unfähig zu jeder ernsthaften Arbeit macht und bedenke allein die Kunst des Sterbens."[35] Fast die gleichen Worte finden sich in einem Brief an Lukas Schickard zwei Tage später. Er legte diesem zugleich die Sorge für seine damals noch lebenden zwei Kinder[36] ans Herz und stellte für ihn eine Liste seiner Besitztümer zusammen.[37] Wegen der Pestfälle in seinem Hause – es starben dort auch zwei Mägde und ein Student – lebte Schickard nunmehr in Isolation. Durch Senatsbeschluss wurde ihm offiziell Hausarrest auferlegt. Konrad Cellarius, der Dekan der Philosophischen Fakultät, riet ihm dringend, Tübingen zu verlassen,[38] ebenso sein Arzt Karl Bardili, der die „Flucht als die beste Medizin"[39] bezeichnet.

31 Wilhelm Schickard an Lukas Schickard, 29. September 1634, in: Schickard, Briefwechsel (wie Anm. 3), Bd. 1, S. 297f.

32 Schickard, Briefwechsel (wie Anm. 3), Bd. 1, S. 297f.

33 Wilhelm Schickard an die Universität Tübingen, 21. Oktober 1634, in: Schickard, Briefwechsel (wie Anm. 3), Bd. 1, S. 300f.

34 Auch ihr widmete er einen würdigenden Nachruf, vgl. Wilhelm Schickard an die Universität Tübingen, 8. November 1634, in: Schickard, Briefwechsel (wie Anm. 3), Bd. 1, S. 297f., S. 305f.

35 Wilhelm Schickard an Matthias Bernegger, 8. Dezember 1634, in: Schickard, Briefwechsel (wie Anm. 3), Bd. 1, S. 308;

36 Zum Zeitpunkt seines Briefes lebte noch die jüngste Tochter Sabina; sie starb zwei Tage später.

37 Wilhelm Schickard an Lukas Schickard, 10. Dezember 1634, in: Schickard, Briefwechsel (wie Anm. 3), Bd.2, S. 309.

38 Vgl. Konrad Cellarius an Wilhelm Schickard, 5. Dezember 1634, in: Schickard, Briefwechsel (wie Anm. 3), Bd. 2 , S. 307f.

39 Karl Bardili an Wilhelm Schickard, 24. Dezember 1634, in: Schickard, Briefwechsel (wie Anm. 3), Bd. 2, S. 315.

Aber Schickard, schließlich selbst erkrankt, weigerte sich, Tübingen zu verlassen. Das, was ihn vor allem noch am Leben hielt, war sein brennendes Interesse an der Astronomie, und er versuchte bei der von ihm beratenen Galilei-Übersetzung Berneggers Trost zu finden.[40] Schickard machte sich über sein gefährdetes Leben keine Illusionen, und doch fiel ihm, dem erst 42jährigen, der Gedanke unendlich schwer, seine wissenschaftlichen Arbeiten unvollendet lassen zu müssen: „Leid tut es mir um die vielen Bemühungen, um die vielen durchwachten Nächte, um die vielen halbfertigen Studien", bekennt er Bernegger, „und ich habe auch niemanden unter meinen Schülern, dem ich die posthume Veröffentlichung anvertrauen könnte. Möge Gott mir noch so lange das Leben lassen!"[41]

Zunächst sah es auch so aus, als sollte Schickard verschont bleiben. Im Januar 1635 hatte er sich so weit erholt, dass er sogar wieder an Senatssitzungen teilnehmen konnte.[42] Er beobachtete die Mondfinsternis vom 21. Februar und sandte seine Aufzeichnungen über Bernegger an seine französischen Korrespondenzpartner Elie Diodati und Pierre Gassendi. Dabei äußerte er auch den Wunsch nach einem galileischen Fernrohr.[43] Im Auftrag der kaiserlichen Besatzung, speziell des Generalfeldzeugmeisters Jost Maximilian Graf von Gronsfeld, war Schickard in den nächsten Monaten mehrfach zu Landesvermessungen unterwegs. Dann jedoch suchte ihn das Unglück erneut heim. Im Sommer 1635 brannte Schickards Elternhaus in Herrenberg ab. Seine Schwester Anna Dieterlin mit ihren drei Kindern suchte daraufhin bei ihm in Tübingen Zuflucht, wo im September erneut eine schwere Pestwelle die Stadt erfasste. Binnen Jahresfrist fielen dort 1485 Menschen der Pest zum Opfer,[44] darunter Schickards Schwester und Nichte. Die Universität wurde geschlossen, die Studenten verließen Tübingen, um der Seuche zu entkommen. Jetzt floh auch Schickard mit seinem Sohn Theophil ins pestfreie Dorf Dußlingen. Dem in London weilenden Bruder Lukas gibt er seiner Verzweiflung Ausdruck: "So teuer kommt mir die Nächstenliebe und das brüderliche Pflichtgefühl zu stehen, weil ich meine Schwester bei mir aufgenommen habe, bin ich nun selbst zur Flucht gezwungen und muss dulden, dass unterdessen die übelsten Kerle mein Mobiliar, den Wein und anderes plündern."[45] „Die Universität ist in alle Winde zerstreut",

40 Die Übersetzung Berneggers von Galileis „Dialogo" erschien 1635 unter dem Titel „Systema Cosmicum", vgl. Schickard, Briefwechsel (wie Anm. 3), Bd. 2, Literatur, S. 552.

41 Wilhelm Schickard an Matthias Bernegger, 8. Dezember 1634, in: Schickard, Briefwechsel (wie Anm. 3), Bd. 2 S. 308f.

42 Vgl. Seck, Leben und Werk, in: Seck (Hg.), Wilhelm Schickard (wie Anm. 4), S. 39.

43 Vgl. Wilhelm Schickard an Matthias Bernegger, 24. Februar 1635, in: Schickard, Briefwechsel (wie Anm. 3), Bd. 2, S. 317ff. und an Elie Diodati, 10. März 1635, in: Schickard, Briefwechsel (wie Anm. 3), Bd. 2, S. 323f.

44 Laut Totenbuch, vgl. Göz, Rauscher (wie Anm. 26), S. 29 und Gottfried Lammert, Geschichte der Seuchen, Hungers- und Kriegsnoth zur Zeit des Dreissigjähriger Krieges, Wiesbaden 1890, S. 189 f.

45 Wilhelm Schickard an Lukas Schickard, 29. September 1635, in: Schickard, Briefwechsel (wie Anm. 3), Bd. 2, S. 398.

berichtet er, „über 200 Pfarrer sind gestorben, und es gibt keine geeigneten Männer, die sie ersetzen könnten.“[46]

Aber Schickard hielt es nicht in Dußlingen, obwohl er von dort aus die Vermessungsarbeiten fortsetzen konnte. Da war seine, auch Bernegger gegenüber geäußerte Furcht vor der Plünderung seines Hauses, nicht zuletzt seiner Bücher.[47] Und vor allem mochte er nicht länger von seiner wissenschaftlichen Arbeit getrennt sein. So kehrte er nach Tübingen zurück und wandte sich, ungeachtet der schwierigen Verhältnisse in dieser von der Pest betroffenen Stadt, seinen astronomischen Forschungen zu.[48] Er verfasste auch noch einen Beitrag zur Förderung des Studiums orientalischer Sprachen.[49] Man kann wirklich sagen, dass er bis zuletzt ein Leben als Gelehrter geführt hat. Drei Wochen nach seiner Rückkehr ist Wilhelm Schickard am 23. Oktober 1635 gestorben, zwei Tage später sein Sohn Theophil. Schickards letzter Brief an Pierre Gassendi, in dem er dessen Beobachtungen zur Mondfinsternis erörtert, blieb unvollendet. Darunter ist vermerkt: „Haec epistola prae morte non finita fuit – dieser Brief ist vor dem Tod nicht beendet worden.“[50]

V.

Zur Gelehrtenexistenz Wilhelm Schickards gehörte die von ihm intensiv gepflegte briefliche Vernetzung mit seinen Kollegen in verschiedenen Ländern untrennbar hinzu. Sie war Bestandteil und Qualitätsmerkmal zugleich. Der vielseitige Briefwechsel selbst und sein Inhalt im Detail bezeugen die große Wertschätzung, die Schickard von seinen Gelehrten-Kollegen weit und breit zuteil geworden ist, auch wenn man berücksichtigt, dass manches Lob auf das Konto der Höflichkeitsrhetorik geht. Kritische Äußerungen über ihn und seine Arbeit hingegen bilden eher die Ausnahme. So nahm beispielsweise sein Freund der Theologe Johann Valentin Andreae kein Blatt vor den Mund, wenn er an ihm tadelte: „Ich weiß, dass Du immer etwas anfängst und dann nie herausbringst, dass Du immer wieder mit etwas schwanger gehst, aber nur mit den Elefanten gebärst.“[51] David Clericus, Schickards Genfer Kollege als Professor für Hebräisch, wiederum hatte etwas an seinen Forschungsergebnissen auszusetzen. Er

46 Schickard, Briefwechsel (wie Anm. 3), Bd. 2, S. 398.

47 Wilhelm Schickard an Matthias Bernegger. 29. September 1635, in: Schickard, Briefwechsel (wie Anm. 3), Bd. 2, S. 399.

48 Vgl. Wilhelm Schickard an Pierre Gassendi, Oktober 1635, in: Schickard, Briefwechsel (wie Anm. 3), Bd. 2, S. 401.

49 Vgl. Seck, Leben und Werk, in: Seck (Hg.), Wilhelm Schickard (wie Anm. 4), S. 40.

50 Wilhelm Schickard an Pierre Gassendi, Oktober 1635, in: Schickard, Briefwechsel (wie Anm. 3), Bd. 2, S. 401.

51 Johann Valentin Andreae an Wilhelm Schickard, 16. Juli 1634, in: Schickard, Briefwechsel (wie Anm. 3), Bd. 2, S. 275.

machte ihn auf die mangelnde Berücksichtigung von Textvarianten aufmerksam und widersprach seiner Auffassung über samaritanische Buchstaben.[52] Hier ging es um die Kunst, einen gelehrten Diskurs in aller Klarheit und mit größter Detailgenauigkeit zu führen, ohne den anderen zu kränken. So sah denn Schickard auch keinen Anlass zum Ärger, sondern stellt seinem Bruder gegenüber fest, Clericus habe seinen Widerspruch „auf eine so feine und maßvolle Weise zum Ausdruck gebracht, dass er ihm dadurch viel werter und verehrungswürdiger" sei, als wenn er ihm zugestimmt hätte.[53]

In Schickards Briefen findet sich Kritik an den Forschungen seiner Kollegen zwar ebenfalls selten, er zögerte aber auch nicht, sie vorzubringen. Ein Buch über Längenbestimmung des Astronomen Jean-Baptiste Morin, Professor für Mathematik am Collège Royal in Paris, beispielsweise stieß auf seine scharfe Kritik,[54] an der er im direkten Kontakt mit dem Verfasser festhielt und lediglich durch begleitende Freundlichkeiten etwas abmilderte.[55] Nicht übersehen werden darf die Tatsache, dass in anderer, politischer Hinsicht der Austausch von Ansichten zu jener Zeit eingeschränkt war: durch die Zensur. Immer wieder hat Schickard darauf hingewiesen, dass er über manche Fragen nicht schreiben könne oder dürfe bzw. dass sie dem mündlichen Austausch vorbehalten bleiben müssten.[56] Seine wiederholte Feststellung, dass Briefe geöffnet worden waren,[57] war geeignet, sein Misstrauen zu bestätigen.

Anerkennung innerhalb des Gelehrtenkreises – mochte er auch illuster und international sein – war eine Sache, die allgemeine Anerkennung eine ganz andere. Die wenigen wirklichen Interessenten für Astronomie – die Schickard Kepler gegenüber auf weniger schätzte, als der Rhein Mündungen hat – hatten ihn als jungen Gelehrten bewogen, wie er selbst zugab, sich auf diesem Gebiet weniger zu engagieren.[58] Und erst Keplers Ermahnung diente ihm als Motivation zu einem neuen Anlauf. Als Kepler die Befürchtung äußerte, dass sich für sein Werk „Harmonice mundi" nur wenige Leser

---

52 Vgl. David Clericus an Wilhelm Schickard, 6. März 1626, in: Schickard, Briefwechsel (wie Anm. 3), Bd. 1, S. 190ff.

53 Wilhelm Schickard an Lukas Schickard, 18. April 1626, in: Schickard, Briefwechsel (wie Anm. 3), Bd. 1, S. 205.

54 Vgl. Wilhelm Schickard an Elie Diodati, 10. März 1635, in: Schickard, Briefwechsel (wie Anm. 3), Bd. 2, S. 324.

55 Vgl. Wilhelm Schickard an Jean-Baptiste Morin, 20. Juli 1635, in: Schickard, Briefwechsel (wie Anm. 3), Bd. 2, S. 395.

56 Vgl. z.B. Wilhelm Schickard an Matthias Bernegger, 10. Mai 1627, in: Schickard, Briefwechsel (wie Anm. 3), Bd. 1, S. 268 und an Lukas Schickard, 29. September 1635, in: Schickard, Briefwechsel (wie Anm. 3), Bd. 2, S. 397.

57 Vgl. Wilhelm Schickard an Matthias Bernegger, 6. Juni 1627, in: Schickard, Briefwechsel (wie Anm. 3), Bd. 1, S. 277, auch Matthias Bernegger an Elie Diodati, 6. April 1635, in: Schickard, Briefwechsel (wie Anm. 3), Bd. 2, S. 328.

58 Vgl. Wilhelm Schickard an Johannes Kepler, 3. April 1618, in: Schickard, Briefwechsel (wie Anm. 3), Bd. 1, S. 97.

finden werden, pflichtete Schickard ihm bei und versuchte ihn mit dem Hinweis auf den Ruhm durch die Nachwelt zu trösten.[59]

Schickard selbst gelang sogar ein Bestseller, wenngleich es sich nur um ein Nebenwerkchen handelte. Anfang 1630 hatte er die Beschreibung eines spektakulären Wunderzeichens am Himmel, das im süddeutschen Raum an vielen Orten beobachtet worden war, im Druck veröffentlicht. Wegen des großen allgemeinen Interesses an diesem Prodigium wurde ihm der Band nun geradezu aus den Händen gerissen.[60] Dieser Erfolg bescherte ihm allerdings keine einhellige Freude, er sah vielmehr Grund, sich über die vielen Schnorrer zu ärgern, die das Buch geschenkt haben wollten: „Außer der Mühe des Schreibens muss ich dann noch den Schaden erleiden, dass alle Kollegen, alle Nachbarn, alle oberflächlich Bekannten es allein von mir verlangen und mich so, indem sie meine Gefälligkeit ausnutzen, berauben. So werden später meine Angehörigen benachteiligt: die Brüder, die Verwandten der Mutter und die auswärtigen Freunde, die ich mit solchen kleinen Geschenken zu gewinnen verpflichtet bin."[61]

Wilhelm Schickard war ein selbstbewusster Gelehrter, der sich nicht scheute, abweichende Meinungen zu äußern. Dies zeigt sich vor allem an seiner Einstellung gegenüber der Astrologie. So verhehlte er dem französischen Gelehrten Ismael Boulliau, der ihm ein Horoskop geschickt hatte, seine strikte Ablehnung der Astrologie nicht. Er fand dafür vielmehr drastische Worte: „Es gibt zwei oder mehrere in dieser Stadt, die als berühmte Astrologen gelten, aber ich habe ihre eitlen Reden oft Lügen gestraft, so dass uns nur wenig verbindet." Doch lässt Schickard zugleich Toleranz erkennen: „Denen, die das Gegenteil glauben, gestatte ich gerne, dass sie nach Belieben ihrem Vergnügen oder auch ihrer Meinung frönen."[62] Schickard betont in diesem Zusammenhang, dass für ihn der freie Wille und die Selbstverantwortung entscheidend seien und erklärt: „Mein Grundsatz ist es, von der wahrhafteren Astronomie und der allein unfehlbaren Geometrie nur das zu erforschen, was man sicher erkennen kann und Zufriedenheit schafft."[63]

---

59 Vgl. ebd. und Johannes Kepler an Wilhelm Schickard, 21. Februar/3. März 1618, in: SCHICKARD, Briefwechsel (wie Anm. 3), Bd. 1, S. 93, auch in: KEPLER, Gesammelte Werke (wie Anm. 16), Bd. 17, S. 256.

60 Wilhelm SCHICKHARD, Beschreibung des Wunder Zaichens, welches Montags den 25. Januarij [...] gesehen worden. Getruckt bey Dieterich Werlin den 27. Januarij, [Tübingen] 1630. – Zu diesem Prodigium vgl. auch Benigna VON KRUSENSTJERN, Prodigienglaube und Dreißigjähriger Krieg, in: Hartmut LEHMANN / Anne-Charlott TREPP (Hg.), Im Zeichen der Krise. Religiosität im Europa des 17. Jahrhunderts (Veröffentlichungen des Max-Planck-Instituts für Geschichte 152), Göttingen 1999, S. 53-78.

61 Wilhelm Schickard an Lukas Schickard, 10. Februar 1630, in: SCHICKARD, Briefwechsel (wie Anm. 3), Bd. 1, S. 526.

62 Wilhelm Schickard an Ismael Boulliau, 25. März 1634, in: SCHICKARD, Briefwechsel (wie Anm. 3), Bd. 2, S. 202f.

63 Ebd., S. 203.

VI.

Wenn auch der lebensgeschichtliche oder alltagsweltliche Anteil in den Briefen von und an Wilhelm Schickard weitaus geringer ist als der des Fachdiskurses, so ist er doch keineswegs marginal, schon gar nicht dem Inhalt nach. Die Briefe behandeln existentielle Fragen seines Gelehrtenlebens und verdeutlichen, dass dieses immer wieder und in zweifacher Hinsicht gefährdet war, zum einen beim Ringen um die berufliche Karriere, zum anderen durch die Konfrontation mit Krieg und Pest. Die Tragik seines Lebens war es, dass seine Existenz als Professor sehr bald nach ihrer erfolgreichen Absicherung durch den Tod an der Pest beendet wurde. So wichtig für Schickard Karriere, Ansehen und Subsistenz gewesen sind, sie bildeten letztlich nur die Basis und den Rahmen für die Realisierung seines reichen wissenschaftlichen Interesses. Als junger Gelehrter musste er noch von seinem großen Kollegen Kepler für die Astronomie motiviert werden, nun aber konnte er sich von der astronomischen Forschung nicht mehr trennen. Nicht den Tod als solchen fürchtete er, sondern den Gedanken, seine Forschungen unvollendet und unveröffentlicht hinterlassen zu müssen. Und so brachte er sich in ein unausweichliches Dilemma: Weil er der Todesgefahr ausgesetzt war, wollte er seine Arbeiten voranbringen, und weil er das tat, erlitt er den frühen Tod.

Hans Medick

Zwischen Religionskrieg und Fakultätskonflikt. Professoren an der „Reform-Universität“ Erfurt – im 17. Jahrhundert[1]

In den Diskussionen und Zukunftsplanungen, die der Wiedergründung der Universität Erfurt (1996) und ihrer Neueröffnung im Jahr 1999 vorausgingen[2], wie auch in den Jahren seither blieb außer Betracht, dass die Erfurter „Reformuniversität“ des späten 20. Jahrhunderts eine Vorgeschichte hat. Diese reicht in die Kriegs- und Krisenzeiten des 17. Jahrhunderts zurück. Auch das vielbändige Opus des im Jahr 2005 im Alter von 100 Jahren verstorbenen katholischen Theologen und Historikers Erich Kleineidam[3] behandelt diese kurze Reformphase nur äußerst knapp und bringt sie mit dem Argument der mangelnden Geschichtswirksamkeit nicht umsichtig zur Darstellung.[4] Durchaus zu Recht als historisches Grundlagenwerk angesehen, wird diese Geschichte der Universität Erfurt aber vielleicht doch etwas zu schnell universitätsoffiziell für die Identitäts- und Traditionsstiftung der „jungen Reformuniversität“ in

1 Eine erste Fassung dieses Textes wurde am 31. Januar 2005 als Abschiedsvorlesung an der Universität Erfurt im Rahmen des „Forum Kulturwissenschaften“ gehalten. Ich danke besonders Rudolf Helmstetter für seinen damaligen anregungsreichen, kritischen Respons und für seine Bemerkungen zur besonderen Stilistik und Ambivalenz akademischer Gewalt. Andreas Bähr, Holger Berg, Marian Füssel und Bernd Warlich danke ich für hilfreiche Hinweise. Füssels weiterführende Arbeit: Gelehrtenkultur als symbolische Praxis. Rang, Ritual und Konflikt an der Universität der frühen Neuzeit, Darmstadt 2006 thematisiert mit universitären Rangkonflikten zwar andere Konflikte als die die im Folgenden behandelten religiös-konfessionellen Auseinandersetzungen, enthält aber zahlreiche Anregungen zum Thema der besonderen Riten und Formen akademischer Gewalt.

2 Zum Gründungsdiskurs s. die in der Amtsperiode des Gründungsrektors Peter Glotz (1996-1999) veröffentlichten beiden ersten Bände der Erfurter Universitätsreden: Peter Glotz (Hg.), Erfurter Universitätsreden I-III, München 1997; Peter Glotz (Hg.), Erfurter Universitätsreden IV-VII, München 1998 und die „Schlussempfehlungen des Gründungssenats“ von 2001, URL: < http://www.uni-erfurt.de/leitung/gremien/gruendungssenat/empfehlungen.html>, [30.6.2006].

3 Erich Kleineidam, Universitas Studii Erfordensis. Überblick über die Geschichte der Universität Erfurt T. 1: 1392-1460, (1964) 2. erw. Aufl. Leipzig 1985, T. 2: Spätscholastik, Humanismus, Reformation: 1461-1521, (1969) 2. erw. Aufl. Leipzig 1992, T. 3: Die Zeit der Reformation und Gegenreformation, 1512-1632, Leipzig 1980, T. 4: Die Universität Erfurt und ihre theologische Fakultät von 1633 bis zum Untergang 1816, Leipzig 1981 sowie zahlreiche weitere Bände zu Spezialthemen, die innerhalb der Reihe „Erfurter Theologische Studien“ erschienen sind.

4 Kleineidam, Universitas Studii Erfordensis (wie Anm. 3), T. 3, S. 132-136: Das vorläufige Ende der katholischen Universität; ders. Universitas Studii Erfordensis (wie Anm. 3), T. 4, Kap.1: Die Umwandlung der Universität in eine evangelische Universität 1633 und ihre Reorganisation im Jahre 1649, S. 2-14, S. 4 u. findet sich auch das Argument der Unnötigkeit eines näheren Eingehens auf die neuen Statuten der Reformuniversität, „denn geschichtswirksam wurden sie nicht“ (sic).

Anspruch genommen.[5] Jedenfalls weist sie in ihren entsprechenden Abschnitten[6] eine eher einseitige Tendenz auf. Inhaltliche Perspektiven und Ziele der Reform bleiben unerörtert[7]. Betont wird vielmehr die Kontinuität der katholischen gegenreformatorischen Bestrebungen an der Universität Erfurt. Diese setzten bereits vor der Reform der Jahre 1633-35 ein und fanden nach der erneuten Unterwerfung der Stadt Erfurt unter die Oberherrschaft der Erzbischöfe von Mainz mit dem Frieden von Münster und Osnabrück im Jahr 1648 ihre Fortsetzung. Doch das Reformexperiment, das inmitten des Dreißigjährigen Krieges (1618-1648) stattfand, verdient eine eigenständige Würdigung, zeigt es doch einen Versuch der Realisierung hochfliegender Pläne in krisenhaften Zeiten, aber auch die Schwierigkeiten bei der Realisierung dieser Pläne. Diese scheiterten nicht nur an den widrigen Kriegsumständen der Zeit und vor allem an den knappen Ressourcen, sondern auch an den kleinen Kriegen des akademischen Alltags und der Machtaspirationen seiner gelehrten Protagonisten.

Mitten im Dreißigjährigen Krieg, sehr bald nach der schwedischen Besetzung Erfurts im September des Jahres 1631 und dem Abschluss eines Schutzbündnisses zwischen König Gustav Adolf und dem Rat der Stadt[8], gab es die ersten Anstöße zur Neubegründung der bereits seit 1412 existierenden Universität. Sie verfolgten eine weit gespannte Reformabsicht. Geplant war eine für ihre Zeit außerordentlich moderne protestantische Musteruniversität. In ihr sollten sich Gelehrsamkeit, Disziplin bei

5 Vgl. hierzu die offizielle Presseerklärung der Universität Erfurt vom 21.4. 2005 und die hierin mitgeteilte Würdigung durch den Universitätspräsidenten: „Der Präsident der Universität Erfurt, Dr. habil. Wolfgang Bergsdorf, würdigte Leben und Werk des Gelehrten. Das umfangreiche Standardwerk informiere nicht nur über die Vergangenheit, sondern helfe der jungen Reformuniversität, sich auch mittels der Geschichte ihrer Identität zu vergewissern", URL: <http://www.uni-protokolle.de/nachrichten/98484>, [30.6.2006].

6 Vgl. oben Anm. 4.

7 Einen nach wie vor beachtenswerten Einstieg bietet die in Halle entstandene Dissertation von Otto BOCK, Die Reform der Erfurter Universität während des Dreißigjährigen Krieges (Hallesche Abhandlungen zur neueren Geschichte H. 46), Halle 1908. Charakteristischerweise wird diese Arbeit bei Kleineidam nicht in der umfänglichen Bibliographie angeführt, sondern nur an nachgeordneter Stelle in einer Fußnote – s. KLEINEIDAM, Universitas Studii Erfordensis (wie Anm. 3), T. 4, S. 5 Fn. 1a.

8 S. Schutzbrief König Gustav II. Adolfs für die Stadt Erfurt, ausgefertigt am 22. September 1631 in Erfurt, und Revers der Stadt Erfurt vom 23. September 1631, in: Sveriges Traktater med främmade magter, Teil 5, III 1630-1632. Hg. C. HALLENDORF, Stockholm 1902, S. 530-532 (Schutzbrief) und S. 532-534 (Revers); zur Geschichte Erfurts während des Dreißigjährigen Krieges: Carl BEYER / Johannes BIEREYE, Geschichte der Stadt Erfurt von der ältesten bis auf die neueste Zeit, Erfurt 1900-1931, Kap. 18: Erfurt während des Dreißigjährigen Krieges und der nachfolgenden Jahre bis zur Reduktion (1618-1648), S. 525-629; Dieter STIEVERMANN, Erfurt in der schwedischen Deutschlandpolitik 1631-1650, in: Mitteilungen des Vereins für die Geschichte und Altertumskunde von Erfurt 57.1996,S.35-68; vgl. hierzu auch meine vergleichende Studie zu Erfurt und Augsburg im Dreißigjährigen Krieg: Hans MEDICK, Orte und Praktiken religiöser Gewalt im Dreißigjährigen Krieg. Konfessionelle Unterschiede und ihre Wahrnehmungen im Spiegel von Selbstzeugnissen, in: Kaspar VON GREYERZ / Kim SIEBENHÜNER (Hg.), Religion und Gewalt. Konflikte, Rituale, Deutungen (1500-1800), Göttingen 2006, S. 367-382.

Abb. 1: Erfurt als Himmlisches Jerusalem? Stadtansicht von Erfurt um die Mitte des 17. Jahrhunderts von Christian Richter. Ausschnitt aus dem Epitaph-Ölgemälde für den 1648 gestorenen schwedischen Stadtkommandanten Caspar Ermes in der Kaufmannskirche zu Erfurt

Lehrenden wie Studierenden und religiöses Engagement unter Führung einer neuen lutherisch-theologischen Fakultät verbinden.[9] Die Ausgangslage für die Neugründung war trotz der Ausnahmesituation des Krieges, in der sie stattfand, in mehrfacher Weise günstig. Zunächst war sie dies aus einem gewissermaßen negativen Grund: Die alte Universität Erfurt, die vor allem im späten 15. und frühen 16. Jahrhundert eine intellektuelle Blüte erreicht hatte, hatte seit der zweiten Hälfte des 16. Jahrhunderts einen Niedergang erlebt. In den Jahren unmittelbar vor dem Ausbruch des Dreißigjährigen Krieges war sie aus Mangel an Studierenden, aber auch wegen der Nichtbesetzung vieler Professuren vor allem in der theologischen Fakultät, trotz zaghafter Wiederbelebungsversuche praktisch zum Erliegen gekommen. Doch entscheidend war der neue positive Gründungsimpetus. Er ging vom schwedischen König Gustav Adolf aus. Sehr bald nach seiner Ankunft in Erfurt am 22. September 1631 regte er die „Restauration" der alten Universität an. Sie sollte unter schwedischer Oberherrschaft und unter ihm selbst oder seinem Stellvertreter als Kanzler, aber in der praktischen Regie des protestantischen Erfurter Rats neu entstehen.[10] Auch für die finanzielle Grundlage versprach der schwedische König mit einem politischen Schachzug zu sorgen. In einer Schenkung an die Stadt sicherte er sämtliche Einkünfte aus den Liegenschaften und Gerechtsamen des Erzbistums Mainz in und um Erfurt, die er qua Kriegsrecht enteignete, der Stadt selbst zu – unter der Voraussetzung, dass sie diese Mittel für die Verbesserung des Schulwesens, vor allem aber für die „Restauration" der Universität verwendete.[11]

Angesichts solch finanziell gesichert erscheinender Gründungsaussichten blieb nicht aus, dass sich auch ein entsprechender Gründungselan entfaltete. In den zwei Jahren zwischen 1633 und 1635, in denen die Reformuniversität Erfurt unter schwedischem Dominat und unter tatkräftiger Mithilfe des Rats der Stadt auf den Weg kam, mangelte es jedenfalls nicht an einem Reform-Optimismus, der geradezu eschatologisch-millenarische Züge annahm. Dies zeigt sich in einer um das Jahr 1634 niedergeschriebenen Äußerung eines der ersten neu nach Erfurt berufenen Professoren, des Professor Primarius der neuen theologischen Fakultät Johann Matthäus Meyfart (1590-1642):

> „Ich danke… von Grund meines Herzens Christo Jesu", so schrieb Meyfart unter Verwendung der sonst von ihm in diesem Zusammenhang eher selten gebrauchten Ich- Form in seinem um 1634 niedergeschriebenen und 1636 veröffentlichten Werk zur Universitätsreform „Christliche… Erinnerung von [der] Erbauung und Fortsetzung der Academischen Disziplin auf den Evangelischen Hohen Schulen in Teutschland"[12],

9 Bock, Reform der Erfurter Universität (wie Anm. 7), Kap. III: Der evangelische Charakter der Reform, S. 30 ff.

10 Bock, Reform der Erfurter Universität (wie Anm. 7), Kap. I : Die Stellung der Universität zum Staat, S. 1 ff.

11 Bock, Die Reform der Erfurter Universität (wie Anm. 7), Kap. II: Die Neuordnung der Finanzen, S. 21 ff.

12 Der volle Titel: Christliche und auß trewen Hertzen wolgemeinte, Auch demütige Erinnerung, Von Erbawung und Fortsetzung der Academischen Disziplin auff den Evangelischen Hohen Schulen in

„ dass er diese uralte Universität [Erfurt]... gnädiglich aus dem Verderben errettet, und mit Adlers Federn aufs Neue beschenket hat. Vordessen hat das Academische Regiment in majestätischer Glorie...geleuchtet und ist... ein solches Licht der Universität gewesen, dass diejenigen, welche von den Dingen geschrieben, die Erfurttische Academie für das Paradeiß des Teutschlandes ausgerufen. Daß dergestalt nicht zu verwundern, wo die edelsten Gemüter gen Erfurt gezogen, als in den vorigen hundert Jahren sehr viele getan. Ich hoffe, Christus hat [jetzt wieder] den Anfang gemacht und wird ferner helfen. Er wird Israelitischer Universität zu Erfurt sein wie ein Tau, dass sie soll blühen wie eine Rose, und ihre Wurzeln sollen ausschlagen wie Libanon, und ihre Zweige sich ausbreiten, dass sie sei so schön als ein Oelbaum und soll so guten Ruch geben wie Libanon und sollen wieder unter ihren Schatten sitzen, von Korn sollen sie sich nähren, und blühen wie ein Weinstock, ihr Gedächtnis soll sein wie der Wein dem Libanon. Ich hoffe festiglich, Christus Jesus wird helfen und kräftiglich verhüten, dass bei der friedsamen und treuen Mutter und Meisterin in Israel die Teufelische Barbarei und Barbarische Teufelei [sich] nimmer mehr einschleiche."[13]

Meyfart schrieb in einer Situation, die ihm selbst, aber auch manchem seiner Kollegen[14] als liminal vorkam. Er sah sich und seine Universität in einer weltgeschichtlichen, vor allem aber heilsgeschichtlichen Umbruchsituation[15], in der offen war, ob weiterhin akademische „Barbarei" oder nicht vielmehr „christliche Disziplin" vorherrschen sollte. Meyfart verband mit seiner Reformhoffnung nicht nur den Gedanken an die Reformation von Lehre und Wissenschaft, sondern vor allem auch den einer Reformation des Lebens. Ihr habe die Wissenschaft zu dienen:

„Ein erbares Leben hat grosse Glorie auch ohne Wissenschaft, aber die Wissenschaft hat keine Gnade ohne das erbare Leben".[16]

Doch bei der „Wiederaufrichtung" der „darniederliegenden" Erfurter Universität verblieb es nicht nur bei Reformhoffnungen und spektakulären Feiern wie dem „Wiederauferstehungsfest" am 10. September 1632. Mit diesem Fest feierte die Universität ihre Neugründung aus protestantischem Geist an einem besonderen Ort, dem Dom „unserer lieben Frau". Dieser bis dahin ausschließlich dem katholischen Gottesdienst vorbehaltene sakrale Raum war bereits wenige Tage zuvor (am 7.9.) mit einem pro-

Deutschland: wo etwa dieselbige gefallen, und Schaden verübet, wie solcher in Richtigkeit zubringen und abzuwenden? Schleusingen, in Verlegung Johann Birckners, Buchhändlers in Erffurdt 1636.

13 MEYFART, Christliche Erinnerung (wie Anm. 12), S. 511 ff. Das Zitat wie auch die übrigen folgenden Zitate wurden vorsichtig modernisiert.

14 Vgl. etwa auch die Antrittsvorlesung von Meyfarts Kollegen an der theologischen Fakultät, des 1633 neu aus Arnstadt nach Erfurt berufenen Pfarrers Georg Großhain (1601-1638), in der dieser die Verheißungen der neu begründeten Universität Erfurt mit denen des Paradieses verglich: Georg GROSSHAIN, Paradisus Geranus Academicus, sive Oratio in qua Academica Erfurtensis cum primaevo, qui in Eden fuit, paradiso comparetur, Erfurt 1633.

15 Hierzu Hartmut LEHMANN, Die Deutung der Endzeitzeichen in Johann Matthäus Meyfarts Buch vom Jüngsten Gericht, in: Pietismus und Neuzeit 14 (1988), S. 13-24.

16 MEYFART, Christliche Erinnerung (wie Anm. 12), S. 499.

testantischen Festgottesdienst zur Erinnerung an den ein Jahr zuvor errungenen Sieg Gustav Adolfs bei Breitenfeld konfessionell umgewidmet worden[17]. Von jetzt ab, dies war die Botschaft des Inaugurationsfests im „hohen" Dom, sollten seine Räumlichkeiten auch den Zwecken der neuen Universität dienen. Doch es ging auch um eine institutionelle Neugründung. Sehr bald machten sich die schwedischen „Stifter" in Zusammenarbeit mit dem Rat der Stadt und den binnen Jahresfrist eintreffenden neu berufenen Professoren sowie den nicht wenigen protestantischen Amtsinhabern der alten Universität, die auf ihren Posten verblieben waren, daran, ein neues institutionelles Gerüst zu etablieren und dies in der Praxis des universitären Alltags wirksam werden zu lassen.

Die in den ersten Monaten des Jahres 1633 erarbeiteten provisorischen Statuten ermöglichten zunächst die Arbeitsfähigkeit der neuen Universität. Sie nahmen wesentliche Bestimmungen vorweg, die sich auch in der endgültigen Satzung, der so genannten „Formula Concordiae" vom 5. März 1634[18] und den Allgemeinen Universitätsstatuten („Statuta Academiae Erfurtensis Generalia") vom 14. August 1634[19], fanden. Vor allem schrieben sie frühzeitig den rein protestantisch-lutherischen Charakter der Universität auf der Grundlage der Confessio Augustana[20] von 1530 fest. Auf der Basis der provisorischen Statuten wurden im Laufe des Jahres 1633 zunächst vier Professoren in die neue „Leuchtturmfakultät" für lutherische Theologie berufen, darunter Meyfart als Professor Primarius[21]. Meyfart wurde nicht nur das höchste Gehalt eines Erfurter Professors überhaupt versprochen, 400 fl. im Jahr, die er freilich nie vollständig ausgezahlt erhielt, sowie eine (kostenlose) „Dienstwohnung" im leerstehenden Haus eines geflüchteten katholischen Klerikers am Domberg. Als Professor Primarius war er auch von vornherein als Gründungsdekan der neuen theologischen Fakultät ausersehen.

---

17 S. zu diesem Doppelfest als einem spektakulären Vorgang religiöser Gewaltausübung und Gewalterfahrung MEDICK, Orte und Praktiken religiöser Gewalt (wie Anm. 8), S. 373 ff. und BOCK, Reform der Erfurter Universität (wie Anm. 7), S. 32 f.

18 Abgedruckt bei Hermann WEISSENBORN (Hg.), Acten der Erfurter Universität T.II (Geschichtsquellen der Provinz Sachsen und angrenzender Gebiete. Hg. von der Historischen Kommission der Provinz Sachsen, Bd. 8 T. II), Halle 1884, S. 9-22.

19 WEISSENBORN, Acten der Erfurter Universität (wie Anm. 18), T. II, S. 24-45.

20 S. „Formula Concordiae § 1", in: WEISSENBORN (Hg.), Acten der Erfurter Universität (wie Anm. 18), T. II, S. 11; bemerkenswert ist, dass in der revidierten Fassung von 29.10. 1635, die aufgrund der Bestimmungen des Friedens von Prag erlassen wurde, zwar weiterhin die Berufung auf die Augsburgische Konfession als Grundlage erfolgt „jedoch mit diesem Bescheid... dass der andern Religion zugetane Personen dadurch von der Universität nicht ausgeschlossen oder dero Beneficiorum ohnfähig geachtet (werden)", ebda. S. 11.

21 Zu Meyfarts Schriften und zu seiner zeitgenössischen Wirksamkeit grundlegend: Christian HALLIER, Johann Matthäus Meyfart. Ein Schriftsteller, Pädagoge und Theologe des 17. Jahrhunderts (Kieler Studien zur Deutschen Literaturgeschichte Bd. 15), Neumünster 1982 (Druckfassung der Dissertation von 1926), hier insbes. Kap. 4: die Wirksamkeit in Erfurt 1633-1642, S. 61 ff.; ferner Erich TRUNZ, Johann Matthäus Meyfart. Theologe und Schriftsteller in der Zeit des Dreißigjährigen Krieges, München 1987, hier insbes. Kap. 3: Die Erfurter Jahre 1633-1642, S. 51 ff.

Doch um sein hohes Amt anzutreten und es mit Würden ausüben zu können, bedurfte es der Amtsinsignien des Dekans. Diese, vor allem aber die beiden Zepter und das Amtssiegel, befanden sich im Frühjahr 1633 – zusammen mit anderen „Pertinentien" der Fakultät, wie etwa den alten Statuten und einer Sammlung silberner Becher, – noch in einer Kiste unter der Obhut des Dekans der alten katholischen Fakultät, des Domherren und Professors Caspar Heinrich Marx (1600-1635)[22]. Dieser war erst am 30. September 1631, zwei Tage vor dem Einmarsch des schwedischen Heeres und drei Tage vor der triumphalen Ankunft König Gustav Adolfs in der Stadt am 2. Oktober in einer Eilaktion der alten theologischen Fakultät als Nachfolger des bisherigen Dekans und gleichzeitigen Rektors des Jesuitenkollegs, Johannes Bettigen, in sein Amt gewählt worden.[23] Vorausschauend versuchte der Rat der Stadt bereits vor dem Eintreffen der neu ernannten Professoren in Erfurt, diese Insignien für Amt und Würden des zukünftigen Dekans sicherzustellen. Er erließ deshalb bereits im Mai 1633 eine Anordnung, um Marx zur Herausgabe der Fakultätskiste zu zwingen.

Doch augenscheinlich waren die Amtssymbole, das heißt Zepter und Siegel, und die anderen Insignien auch für Marx von entscheidender Wichtigkeit. Er repräsentierte zu dieser Zeit noch als einziger verbliebener Amtsträger die alte theologische Fakultät, die Erich Kleineidam für die damalige Zeit als „theologische Fakultät ohne Theologen"[24] bezeichnet hat[25]. Die Amtssymbole galten auch Marx als Zeichen für die Legitimität und den Besitz seines Amtes, an denen es unter nahezu allen Umständen

22 Zur Vita des am 11.2. 1600 als Sohn eines erzbischöflich kurmainzischen Beamten Caspar Heinrich Marx und der Mutter Judith geborenen und am 18.12. 1635 an der Pest verstorbenen Caspar Heinrich Marx: Just Christoph MOTSCHMANN, Erfordia Literata oder Gelehrtes Erffurth, Sammlung 1, Erfurt 1729 S. 232-234; Johann Heinrich ZEDLER, Großes vollständiges Universal-Lexicon, 64 Bde. Halle / Leipzig 1732-1750, hier Bd. 19, 1739, Sp. 1890; bisher genaueste Auflistung der Daten der akademischen und kirchlichen Vita und der wichtigsten Schriften bei: KLEINEIDAM, Universitas Studii Erfordernsis (wie Anm. 3), T. 3, S. 182-183, zur Laufbahn auch ebda., S. 129 ff. Marx war augenscheinlich von früher Jugend ab für eine Karriere im Bereich von Theologie und Kirche bestimmt. Nachdem seine Immatrikulation im auch für die damalige Zeit ungewöhnlichen Alter von 7 Jahren (sic) im Wintersemester 1607/08 an der Universität Erfurt nicht erfolgreich war (M. zahlte zwar die Matrikelgebühren, konnte als Kind aber noch nicht den geforderten Immatrikulationseid leisten), wurde er zur Ausbildung an das Jesuitenkolleg nach Mainz und anschließend auf die dortige Universität geschickt, wo er den Grad eines Bakkalars der Theologie erreichte. Nachdem er am 29. März 1625 in Erfurt zum Priester geweiht wurde, wurde er auf Provision des Erzbischofs von Mainz sehr bald darauf (am 2. Mai 1625) Kanonikus am Dom in Erfurt und als Inhaber einer Lektoralpräbende gleichzeitig auch Professor Ordinarius der Theologie an der Universität. Seine Doktorpromotion erfolgte jedoch erst vier Jahre später. Auf Betreiben des Mainzischen Vizekanzlers und gleichzeitigen Rektors der Universität Urbanus Heun wurde er am 27. November 1629 vom Rektor des Jesuitenkollegs und gleichzeitigen Dekan der Theologischen Fakultät der Universität, Johannes Bettingen, nach Absolvierung der drei vorgeschriebenen Disputationen zum Doktor promoviert. Es handelte sich um die erste theologische Promotion in Erfurt seit 129 Jahren. S. hierzu KLEINEIDAM, Universitas Studii Erfordernsis (wie Anm. 3), T. 3, S. 129 ff.

23 S. KLEINEIDAM, Universitas Studii Erfordensis (wie Anm. 3), T. 3, S. 132.

24 KLEINEIDAM, Universitas Studii Erfordensis (wie Anm. 3), T. 4, S. 9

25 KLEINEIDAM, Universitas Studii Erfordensis (wie Anm. 3), T. 3, S. 177 ff.

festzuhalten galt. Ebenso wie die Gegenseite davon ausging, dass ohne die überlieferten Amtsinsignien der zukünftige neue Dekan und seine Fakultät nicht handlungsfähig sein würden, war auch Marx selbst der Auffassung, dass er sein Amt und dessen Würde so lange innehabe, wie er im Besitz der in der Fakultätskiste befindlichen Amtsinsignien sei. Allerdings befand er sich angesichts der eindeutigen Verteilung der Macht zugunsten der schwedisch-protestantischen Seite in einer schwierigen Situation. Ausflüchte und Argumentationen im Sinne von Recht und Tradition waren in ihr eher angeraten als direkter Widerstand.

Als denn am 14. Mai 1633 der vom städtischen Rat geschickte Universitätspedell in seinem Hause erschien, um die „cistam theologicam cum pertinentiis" mitzunehmen und in das Haus des Rektors der Universität zu überstellen, zog Marx es vor, nicht zu Hause zu sein, sodass der Pedell unverrichteter Dinge wieder abziehen musste.[26] Auch Marx' Appell an den schwedischen Residenten, Alexander Erskein, mit der Bitte um dessen Unterstützung brachte nicht den gewünschten Erfolg. Er führte lediglich zu dessen Nichteinmischungserklärung und gipfelte nach dem Selbstzeugnis des Klerikers in dem Rat: „Sollte cistam [theologicam] nicht weggeben, wehre sie mir vi [mit Gewalt] abgenommen, musste ich's geschehen lassen."[27] Gegenüber weiteren Forderungen des Rektors der Universität auf Rückgabe der Kiste verlegte sich Marx zunächst auf eine Hinhaltetaktik. Er erklärte sich lediglich bereit, gemäß dem Verhalten der anderen Fakultäten zu verfahren und die in der Kiste befindlichen Fakultäts-Statuten herauszurücken, nicht dagegen die anderen Amtsinsignien. Auch wiederholte Besuche und Aufforderungen von zwei Universitätspedellen blieben ergebnislos. Der Altdekan fragte sie, „ob sie befehligt, die Sachen vi und mit Gewalt abzunehmen", was sie verneinten.[28] Den Rektor Magnificus, Justus Heckel, erinnerte er an seinen Amtseid, der ihn verpflichte, alle Mitglieder der Universität in ihrem Stand und in gleicher Weise zu verteidigen und fügte dem hinzu, dass auch er selbst als Dekan einen Amtseid geschworen habe, die alte Verfassung der Universität zu verteidigen.[29]

---

26 Caspar Heinrich Marx, Diarium Actorum a tempore caesi Exercitus Caesariani 17./7. Septembris Ao 1631, Landeshauptarchiv Sachsen-Anhalt, Wernigerode, Rep. A37 b I.II.IX Nr. 15, S. 63 v. Beim Diarium des Caspar Heinrich Marx dürfte es sich um das wichtigste bisher bekannte zeitgenössische katholische Selbstzeugnis aus Erfurt in der Zeit des Dreißigjährigen Krieges handeln. Marx führte sein Diarium als eine Art Diensttagebuch und persönlich-amtliches Archiv, nicht zuletzt zu dem Zweck, für spätere katholische Wiedergutmachungsansprüche gegenüber protestantischen Übergriffen eine schriftliche Unterlage zu haben. Eine Herausgabe des Tagebuchs als digitale Edition durch Bernd Warlich, Holger Berg, Hans Medick und Norbert Winnige für die Datenbank „Mitteldeutsche Selbstzeugnisse des Dreißigjährigen Krieges" (MDSZ) ist in Vorbereitung. Sie wird durch ein anderes wichtiges Selbstzeugnis von Marx ergänzt werden (s. hierzu u. Anm. 48). Die beiden Texte von Marx werden vorauss. im Herbst 2007 mit einer Einleitung von Holger Berg auf einem Internetportal der Thüringer Landes- und Universitätsbibliothek Jena publiziert werden: www.mdsz.thulb.uni-jena.de.

27 Marx, Diarium (wie Anm. 26), S. 63 v f.

28 Marx, Diarium (wie Anm. 26), S. 65 r.

29 Marx, Diarium (wie Anm. 26), S. 65 v.

So wogte seit dem Mai 1633 ein unentschiedener, mehrwöchiger Streit hin und her. Er war von zahlreichen Noten und Interpellationen begleitet. Diese ließen eines deutlich werden: dass der Konflikt auf der Ebene bloßer inneruniversitärer Wort- und Schriftwechsel allein nicht zu entscheiden war. Anfang Juli trieb die unentschiedene Situation schließlich mit dem Eingreifen des städtischen Syndikus Thiel einer finalen Lösung zu. Sie ist im unveröffentlichten Diensttagebuch von Marx festgehalten. Dort findet sich unter dem 5. Juli der von persönlicher Betroffenheit zeugende Eintrag:

> „Wardt mir als Decano Facultatis Theologicae ...nachmalig [sic] per pedellum Kylianum angedeutet, dasjenige, welches zur Theologischen Fakultät gehörig, in des Stifts Beatae Mariae Virginis Kapitelstuben für Herrn Doctor Georg Thiel zu deponieren. Als ich aber solches recusierte, kam der Pedellus wiederum [und] zeigte an, [ich] sollte in puncto parieren oder etwas anderes gewärtig sein. Gab ich zur Antwort, ich könnte nicht, da stünde [die] Cista Theologica cum contentis, wäre der Pedellus befehlicht, solches abzuholen, müßte ich es geschehen lassen. Tradieren [i.e. ausliefern] könnte und wollte ich sie nicht."[30]
> Auch nachdem der Pedell daraufhin die Fakultätskiste in die Kapitelstube getragen hatte, glaubte sich der Altdekan keineswegs am Ende seines Lateins. Er protestierte nochmals mit starken Worten beim Rektor Justus Heckel und appellierte – freilich vergeblich – an dessen Kollegialität und Amtshilfe: "protestando interim contra omnia attenta et attentanda", wie er in seinem Selbstzeugnis schrieb. „Antwortet Magnificus, er könnte nicht [mir helfen]. Ich sehe wie es ging".[31]

Auch in dieser Situation, in der die Fakultätsinsignien nach Androhung manifester Gewalt in den Besitz der neuen Universitätsmachthaber übergegangen waren, wollte der Altdekan seine Hoffnung nicht ganz aufgeben, dass man ihm wenigstens sein Dekansamt lassen würde, wenn man ihm schon die Zeichen seiner Würde genommen hatte. Er appellierte dementsprechend an den Vertreter der städtischen Obrigkeit, den Syndikus Thiel, der ihm aber lediglich die knappe unverbindliche Antwort erteilte: "Ich sollte nach Haus gehen, [er] wollte [es] einem ehrenfesten Rat referieren."[32] Unmittelbar darauf folgend findet sich in Marx' Tagebuch der lakonische Eintrag, dass am Morgen des 11. Juli der Theologieprofessor Augsburgischen Bekenntnisses eine Frühpredigt im Dom gehalten habe und am Nachmittag Herr Doktor Meyfart seine lateinische Antrittsvorlesung als Dekan, womit, wie er festhielt, die "Theologische Fakultät vomb hiesigen Magistrat auf die Augsburgische Confessions Professoren transferiert [ist]".[33]

War dieser kleine, symbolische Krieg im großen Dreißigjährigen „Weltenkrieg" damit endgültig entschieden? Und konnte die solchermaßen reformierte Universität Erfurt sich von diesem Umschlagpunkt aus, wenn nicht ungestört, so doch ohne größere Krisen weiterentwickeln? Dies mochte zunächst so erscheinen.

30 MARX, Diarium (wie Anm. 26), S. 69 r.
31 MARX, Diarium (wie Anm. 26), S. 69 r.
32 MARX, Diarium (wie Anm. 26), S. 69 v.
33 MARX, Diarium (wie Anm. 26), S. 69 v.

Vom Herbst des Jahres 1633 an erfolgte in den vier Fakultäten ein regelmäßiges Lehrangebot mit neuen Veranstaltungsformen. Dazu gehörten etwa das Kolleg und (in der Theologie) sogar berufsvorbereitende Übungen, auf die Meyfart in der Ausbildung zukünftiger Prediger besonderen Wert legte[34]. Dazu gehörten aber auch neue Inhalte wie etwa eine stärkere Berücksichtigung von Geschichte, Rhetorik und orientalischen Sprachen im Rahmen der Philosophischen Fakultät. Steigende Studentenzahlen, wie sie an bis zu 140 Immatrikulationen[35] pro Jahr abzulesen sind, bezeugen im Vergleich mit jährlichen Immatrikulationszahlen von etwa 20[36] vom Beginn des 17. Jahrhunderts die Attraktivität der Neugründung und den erheblichen Zulauf, den sie trotz der unsicheren und krisenhaften Zeit fand. An ihr trat ein „Leuchtturmprofessor"[37] wie Meyfart in dieser Zeit nicht nur auf seinem Lehrgebiet der praktischen Theologie und der Kirchengeschichte durch ungewöhnliche Leistungen hervor. Er betätigte sich auch als Universitäts- und Bildungsreformer sowie als ein außerordentlich produktiver Schriftsteller. Die neuen Statuten der theologischen Fakultät vom 19. Dezember 1634[38] tragen an erster Stelle seine Unterschrift (als Dekan) vor der aller anderen Kollegen. Aber auch in ihrer inhaltlichen Ausgestaltung zeigen sie eindeutig seine Handschrift. Insbesondere die am Ende der Statuten erfolgende Betonung des persönlichen Vorbilds, das Professoren und Doktoren nicht nur in der Lehre, sondern im Leben zu bezeugen hätten, und die Hervorhebung der Notwendigkeit der Einübung eines christlich disziplinierten Lebenswandels[39] bei den Studierenden bezeichnen kritische

---

34 Johann Matthäus Meyfart, Bildniß eines waaren Studenten der heiligen Schrifft: genommen auß dem ehrlichen Leben deß ... Propheten Daniels, auff der königlichen Academien zu Babylon; auch einfältiglich erkläret bey der löblichen und ernewerten Universitet zu Erffurdt ... als die Theologische Facultas daselbsten... das Jahrfest Ihres Ordens am 30. Tage deß Herbstmonats feyerlich begienge im Jahr 1633, Erffurdt 1634.

35 Dies die Zahl für das Jahr 1633 aufgrund der namentlichen Matrikellisten bei: Weissenborn (Hg.), Acten der Erfurter Universität (wie Anm. 18), T. II, S. 550 f.

36 Dies etwa die Zahl für das Jahr 1621 bei Weissenborn (Hg.), Acten der Erfurter Universität (wie Anm. 18), T. II, S. 532 f.

37 Ich entnehme den Terminus des „Leuchtturmprofessors" in leichter Ahistorizität, doch berechtigter historischer Analogiebildung dem Gründungsdiskurs der zweiten „Reform-Universität" Erfurt am Ende des 20. Jahrhunderts, insbesondere der wortschöpferischen Tätigkeit ihres Gründungsrektors Peter Glotz. Er verwandte diesen Terminus zur Bezeichnung herausgehobener Professuren, sog. „Eckprofessuren" der neuen Universität und verstand darunter wohl vor allem auch seine eigene Professur für „Medien- und Kommunikationswissenschaften". Meyfart, der sein Amt als „professor primarius" durchaus als das einer lutherischen Leuchte in der konfessionellen Finsternis seiner Zeit verstand, hätte sich wohl mit dieser Begriffsbildung einverstanden erklärt.

38 Die lateinische Originalfassung ist abgedruckt bei Weissenborn (Hg.), Acten der Erfurter Universität (wie Anm. 18), T. II, S. 61-78.

39 Vor allem Rubrica XVI: De Studiosis Theologiae S. 77-78, Kernpassagen dieses Schlussabschnitts lauten in deutscher Übersetzung: „Streng ist die Stimme des Apostels: ihr Söhne gehorcht Euren Vätern im Herrn. Es gibt aber eine andere, nicht weniger strenge Aufforderung: ihr Väter reizt Eure Kinder nicht zum Zorn, sondern erzieht sie in der Disziplin und Anleitung des Herrn. Daher sollten die Doktoren und Professoren ihren Hörern in Lehre und Leben (doctrina ac vita) vorangehen, sie sollen

Bildungsziele, von denen auch Meyfarts Schriften bestimmt waren. Dies gilt besonders für seine Schrift über die Universitätsreform und die Bekämpfung der studentischen Sittenverwilderung, des so genannten „Pennalismus“[40]. Neben dieser Schrift sei hier vor allem sein wegweisender Traktat gegen inquisitorische Hexenprozesse und gegen die Anwendung von Folter erwähnt[41]. Es ist die erste Publikation gegen inquisitorische Hexenverfolgung und Folter, die im deutschen Sprachraum unter dem vollen Namen ihres Autors erschien. Diese Schrift, aber mehr noch sein Werk über die Universitätsreform stießen auf starken Widerspruch vor allem bei der lutherischen Geistlichkeit.[42] Sie konnten überhaupt nur publiziert werden, weil Meyfart selbst in diesen Jahren als Vorsitzender des Evangelischen Ministeriums der Stadt Erfurt gleichzeitig auch Vorstand der geistlichen Zensurbehörde der Stadt war und mithin als sein eigener Zensor fungierte. Seine beiden Bücher waren so gewissermaßen eine „Revolution von oben“.[43]

Allein schon diese beiden wagemutigen publizistischen Taten für die Freiheit der Kritik und gegen die gewalttätige Inquisitionspraxis der Hexenanklage und -verfolgung sollten Meyfart auch noch im 21. Jahrhundert ein Denkmal auf dem Campus der Universität Erfurt oder in der Stadt sichern. Dies allerdings ist bisher nicht geschehen. Öffentlich erinnert an ihn nur ein Straßenname in unmittelbarer Nähe desjenigen Hauses, das er als Pfarrer an der Predigerkirche und als Senior der Erfurter protestantischen Geistlichkeit von 1635 bis zu seinem Tod im Jahr 1642 bewohnte, und eine Gedenkplakette an eben diesem Haus (heute Predigerstraße Nr. 4), in das er zog, nachdem er seine vorherige „Dienstwohnung“ am Domberg unter dem Druck der einsetzenden Gegenreformation hatte räumen müssen. Meyfart war jedenfalls das bedeutendste intellektuelle Licht,

---

ihnen jedoch kein Beispiel der Übellaunigkeit und Tyrannei geben sondern sollen ihre Ernsthaftigkeit mit Rechtschaffenheit des Geistes und Milde der Sitten verbinden, wodurch allein sie sich bei den Ihrigen Autorität verschaffen.“

40 Vgl. o. Anm. 12. Zum frühneuzeitlichen Pennalismus und zur zeitgenössischen Kritik daran s. Marian FÜSSEL, Riten der Gewalt. Zur Geschichte der akademischen Deposition und des Pennalismus in der Frühen Neuzeit, in: Zeitschrift für Historischen Forschung 32 (2005), S. 605-648, hier bes. S. 631-640.

41 Johann Matthäus MEYFART, Christliche Erinnerung, an gewaltige Regenten und gewissenhaffte Praedicanten, wie das abschewliche Laster der Hexerey mit Ernst außzurotten, aber in Verfolgung desselbigen auff Cantzeln und in Gerichtsheusern sehr bescheidentlich zu handeln sey…, Schleusingen, in Verlegung Johann Birkners, Buchhändler in Erfurtt 1636. Hinter der Nennung des Autornamens erfolgt auf dem Titelblatt eine nähere Bezeichnung des Autors „der heiligen Schrifft Doctorn, und damals des Fürstlichen Gymnasii zu Coburg verordneten Directorn, aber jetzunder bey der uhralten und erneuerten Unversitet zu Erffurt Professorn“. Zur lebensgeschichtlichen Kontextualisierung von Meyfarts Schrift: Rainer HAMBRECHT, Johann Matthäus Meyfart (1590-1642), sein Traktat gegen die Hexenprozesse und der Fall Margareta Ramhold, in: Thüringische Forschungen. Festschrift für Hans Eberhardt, Hg. Michael GOCKEL / Volker WAHL, Köln / Weimar / Wien 1993, S. 157-180.

42 S. hierzu HALLIER, Johann Matthäus Meyfart, (wie Anm. 21), Kap. 4, S. 61-100, hier S. 82 ff.; TRUNZ, Johann Matthäus Meyfart (wie Anm. 21), Kap. 8, S. 21-244, hier S. 242 ff.

43 So Erich Trunz in Bezug auf den Traktat gegen die Hexenprozesse, ebda. S. 242.

das in Erfurt inmitten der schwierigen Zeiten des Dreißigjährigen Krieges geleuchtet hat.

Auch sein „Gegenspieler" Caspar Heinrich Marx war keineswegs nur universitätspolitisch, sondern auch intellektuell eine bedeutende Figur. Er war ein Kontroverstheologe, geschult im Umfeld seines Mentors und Doktorvaters, des Rektors des Erfurter Jesuitenkollegs und zeitweiligen Dekans der Theologischen Fakultät Johannes Bettingen (1585-1632)[44]. Bereits in den drei Disputationen seines Promotionsverfahrens hatte er sich unter dem Präsidium Johannes Bettingens mit wichtigen kontroverstheologischen Fragen auseinandergesetzt[45]. Ein Jahr nach seiner Promotion legte er die Schrift „Anti-Coronis Meyfartica cum Coronide Anti-Meyfartica/quam pro Vindicanda orthodoxa R. P. Martini Becani Soc. Jesu S. Th. D."[46] vor, in der er Johannes Meyfarts anti-katholische kontroverstheologische Hauptschrift „Anti-Becanus"[47], die sich gegen den wichtigsten Vertreter der gegenreformatorischen Theologie im zeitgenössischen Mitteleuropa, Martin Becanus (1563-1624), einen Jesuiten und Beichtvater Kaiser Ferdinands II., gerichtet hatte, wiederum einer ebenso scharfen wie subtil-ironischen und zugleich doch hochachtungsvollen Kritik unterzog.

Was an den Texten von Marx wie Meyfart in diesem Zusammenhang auffällt, sind die ausgesuchte Höflichkeit und wechselseitige Anerkennung, mit der sie mit den Schriften des jeweils anderen umgingen. Ein gewisser irenisch-versöhnender Grund-

---

44 S. die Vita bei Kleineidam, Universitas Studii Erfordernsis (wie Anm. 3), T. 3, S. 186-187.

45 S. Verzeichnis der im Deutschen Sprachraum erschienenen Drucke des 17. Jahrhunderts (VD17) sub Marx, Caspar Heinrich, Titel Nr. 4,5,6. Die hier unter Titel Nr. 2 und 3 Marx zugeschriebenen Texte stammen nicht von Marx. Dagegen fehlt ein Verweis auf sein Hauptwerk „Anti-Coronis Meyfartica" (s. Anm. 46).

46 Der volle Titel ist: Anti-Coronis Meyfartica /Cum Coronide Anti-Meyfartica / Quam pro Vindicandâ orthodoxà / R. P. Martini Becani Soc. Iesv S. Th. D. / In Manuali controversiarum tradita, vulgataque / De Vbiquitate Humanitatis / Christi doctrina, / Editæ nuper si fas est credere, / A Joanne Matthæo Meyfarto, / Lutheranæ Theologiæ Doctore, & Gymnasii / Coburgici Rectore, / Et ad elumbem de Numulariis Indulgentiis, ut vocat, / Disputationem Erffurtensis cujusdam Theologi examine discutiendam Coburgo transmissam assutæ Coronidi Coburgum Erffurto remittit / Casparvs Henricvs Marx S. Theol. / Doct. Eccles. primariæ Cantor Erfurti &c., Erfurt bei Christoph Mechlaer 1630; deutsche Übersetzung des Titels: Meyfartische Anti-Schlussbekränzung mit einer anti-Meyfartischen Schlussbekränzung, die Caspar Heinrich Marx zur Rettung der rechten Lehre des R. P. Martin Becanus S.J., Dr. der Theologie – die [vermutlich grammat. Bezug auf Meyfartische Anti-Schlussbekränzung] in einer Sammlung [*manuale*] mit Streitschriften unter dem Titel *De Ubiquitate Humanitatis Christi doctrina* [Die Lehre von der Allgegenwart der Menschlichkeit Christi] überliefert und verbreitet und neulich, wenn man es glauben darf, von J. M. Meyfart, Dr. der Lutherischen Theologie und Rector des Gymnasiums Coburg, herausgegeben worden ist – für die angeschlossene Schlussbekränzung von Erfurt nach Coburg [zurück]geschickt, nachdem sie zu einer entnervenden Disputation *De Numulariis Indulgentiis Pontificorum* [Über die Nachgiebigkeit/Nachsicht der Bischöfe gegenüber dem Geld-/Wechselgeschäft], wie sie heißt, von Coburg aus übersandt worden war, um sie im Examen eines Erfurter Theologen zu diskutieren.

47 Anti-Becanus, Sive Manualis Controversiarum Theologicarum, a Martino Becano, nuper Jesuita ac Sophista exquisitissimo, ex tot opusculis collecti, Confutatio, 2 Bde, Leipzig 1627.

ton ist in den kontroverstheologischen Schriften beider Autoren nicht zu übersehen. Auch Marx handelte nach Meyfarts Devise „virtus in hoste laudanda est“[48], mit der sich dieser in seinem Werk über die Universitätsreform hinsichtlich der Schulgründungen der Jesuiten für die Anerkennung der positiven Leistungen des religiösen Gegners ausgesprochen hatte. Dass diese Höflichkeit auch den alltäglichen akademischen Umgang der beiden miteinander in Erfurt wenigstens für eine gewisse Zeit bestimmt haben könnte, ist nicht auszuschließen. Die Quellen jedenfalls schweigen zu persönlichen Kontroversen zwischen beiden im universitären Alltag. In seinem persönlichen Memorandum an den Erzbischof von Mainz, das Marx kurz vor seinem Tod verfasste[49], berichtet er dagegen von einer „steten freundlichen Korrespondenz“ und einem regen Austausch von Büchern, den er in den zurückliegenden Jahren bis in die Gegenwart auch mit den neu ernannten protestantischen Theologen der Universität praktiziert habe.[50] Wer anders als der ihm bereits bekannte, von ihm zwar öffentlich in gedruckter Form kritisierte, aber zugleich doch respektierte und anerkannte Meyfart könnte dies gewesen sein?

Doch allem reformerischen Elan der neuen Universität und dem wechselseitigen Miteinander-Auskommen ihrer neuen, aber auch alten Träger wurde durch ein entscheidendes Ereignis des großen Krieges im Jahre 1635 der Boden entzogen. Gemeint ist nicht etwa eine der großen Schlachten des Krieges, sondern ein Friedensschluss zwischen einigen der kriegsführenden Parteien auf der protestantischen wie katholischen Seite, der so genannte Frieden von Prag im Mai 1635 zwischen dem Kaiser und dem Kurfürsten von Sachsen. In ihn wurde auf Betreiben des Kurfürsten von Sachsen auch die Stadt Erfurt eingeschlossen. Eine der Bestimmungen des Friedens verfügte für die Stadt Erfurt die Rückführung aller zuvor enteigneten Kirchengüter und ihrer Einkünfte an das Erzbistum Mainz.[51] Der Reformuniversität Erfurt war somit nicht nur die finanzielle Basis entzogen, sondern im Wortsinne auch ihre Unterkunft. Sowohl die kostenlosen Dienstwohnungen der Professoren wie auch die Auditorien im Dom wie im Severistift sollten innerhalb kurzer Zeit geräumt werden. Die katholische Restauration stand im Wortsinne ins Haus. Am 10. September 1635 hielt der seit 1634 zum Rektor gewählte Meyfart seine letzte lateinische Rede im Dom, gewissermaßen seine Abschiedsvorlesung oder (wahrscheinlicher) Abschieds-Predigt als Rektor, deren Text

48 MEYFARTH, Christliche Erinnerung (wie Anm. 12), Vorbemerkung h.

49 Caspar Heinrich MARX, Ohnvorgreifliches Bedencken die Theologische Facultät betreffendt, Landeshauptarchiv Sachsen-Anhalt, Wernigerode, Rep. A 37b I,II, XVI Nr.12. Die Datierung ist auf dem linken oberen Rand der ersten Seite mit „de anno 1636“ angegeben. Sie erfolgte mit einer anderen Schreibhand als der des Haupttextes, die aufgrund ihrer gestochen scharfen und regelmäßigen Züge auf die professionelle Schreibhand eines Kanzleischreibers verweist. Da Marx bereits am 15.12.1635 verstarb, ist aufgrund textinterner Datierungen davon auszugehen, dass dieser Text im November 1635 verfasst wurde.

50 MARX, Ohnvorgreifliches Bedencken (wie Anm. 49), S. 31 v.

51 B. HERMANN, Johann Georgs I. Politik in der Erfurter Frage, in: Zeitschrift des Vereins für Thüringer Geschichte und Altertumskunde NF. 11 (1901), S. 317-397.

mir bisher leider nicht bekannt ist[52]. Gleichzeitig wurde der zurückgekehrte Mainzer Statthalter, Dr. iur utr. Johann Christoph von Harstall, mit seinen Exekutoren tätig, zum einen, um die Restitution der Güter und Einkünfte des Erzbischofs von Mainz in Angriff zu nehmen, zum andern, um die Kanzlerschaft der Universität wieder zu übernehmen und mithilfe dieser Kanzlerschaft die Zustände in der Universität vor ihrer Reform wiederherzustellen und vor allem die katholische theologische Fakultät wieder einzusetzen.

Diese Restauration ging nicht ohne erhebliche und anhaltende Widerstände seitens der Professoren und des Rats der Stadt vor sich. Den ersten Anlass dazu gab die Dekanswahl der theologischen Fakultät am 30. September. Sie fand als Doppelwahl statt. Auf der einen Seite wählte die evangelische theologische Fakultät in der Predigerkirche ihren Kandidaten, Dr. theol. Nikolaus Zapf, den späteren Generalsuperintendenten in Weimar zum Dekan. Auf der anderen Seite trat Caspar Heinrich Marx in Gegenwart des Mainzischen Statthalters in einer Versammlung katholischer Fakultätsmitglieder in seine legitimen Rechte als Dekan wieder ein. Er erklärte die Wahl seines protestantischen Gegenübers für ungültig und forderte vor allem die Rückgabe der Insignia Facultatis. Diese symbolische Machtfrage war für ihn unvergessen. Noch die letzte Eintragung seines „Diarium" gilt, wenige Wochen vor seinem Tod, in Gestalt eines dort niedergeschriebenen Briefentwurfs an den Erzbischof von Mainz diesem Gegenstand: der am 5. Juli 1633 aus seiner „Behausung" entwendeten „cistam Theologicam mit allen darin begriffenen documentis, argentae supellectili [silbernen Szeptern]), sigillo [Siegel] und andern Stücken".[53] Die Wiederaneignung dieser Kiste scheint ihm als (symbolische) Verkörperung seiner Dekanswürde über alle juristischen Forderungen hinaus ein persönliches „Herzensanliegen" gewesen zu sein[54], das in den umfänglichen Bestimmungen über materielle Restitutionen von Kirchengütern und -einkünften im Gefolge des Friedens von Prag und deren Durchsetzung vor Ort nicht vergessen werden durfte.

Doch der Bericht des Diensttagebuchs zu diesem Punkt bleibt vergleichsweise dürr. Die Informationen vieler Selbstzeugnisse, gleich von welchem Typus der jeweilige Text ist – ob autobiographisches Zeugnis oder chronikartiges, scheinbar nüchternes Diensttagebuch wie im Fall des Caspar Heinrich Marx –, verlangen vor ihrer Auswertung

52 Eine Kurzform könnte als Einblattdruck veröffentlicht worden sein: Rector Almae, perantiquae Et reflorescentis Universitatis Erfurtensis, Johannes Matthaeus Meyfartus S. S. Th. Doct. ejusdemq[ue] & historiarum Ecclesiasticarum P. P. Omnibus Jurisdictioni Academicae subjectis S. P. D., Erfurt bei Friedrich Melchior Dedekind 1635.

53 Marx, Diarium (wie Anm. 26), Eintragung vom 4.10.1636, S. 110 r.

54 Marx verweist in seinem Selbstzeugnis „Ohnvorgreifliches Bedencken", darauf, dass auf der cista Theologica „mein Wappen gemahlet" sei: „daß mihr [als Dekan] Jus gebühret, ist kundt bahr, wird oben imb ersten theil genug probiret, kann auch von ihnen, den augsburgischen confessions Verwanden Herrn professoren, wofern sie nur cistam Theologicam, darin mein wappen gemahlet, librum statutorum, darin in catalogo mein Nahme, Registrum Annuum Facultatis, darin mein als Decani gefurte Rechnung begriffen, in acht nehmen wollen". Ohnvorgreifliches Bedencken (wie Anm. 49) S. 34 r.

als „Zeitzeugnisse" stets auch eine Kontextualisierung im Licht anderer, unabhängiger Quellen. Erst dann beginnen sie vermehrt zu sprechen. Im sich dann öffnenden Spannungsfeld erschließt sich eine bis dahin verborgene „soziale Energie" der Texte.[55] Marx' Diarium steht gerade im Verbergen seines Ich-Anteils, d. h. in seinem Zurücktreten hinter der chronikartigen Dokumentation, in der Gefahr einer Selbstbespiegelung im Gewand historischer Objektivation, hinter der die Motive des Autors für das Schreiben seines Textes eher verborgen gehalten werden.

Diese Motive können im Fall des Caspar Heinrich Marx allerdings durch einen anderen Text geklärt werden, der sehr viel eindeutiger als sein „Diarium" die Handschrift seiner Person trägt und seine persönlichen Aspirationen offen legt. In einem sehr persönlich gehaltenen vertraulichen Bericht an den Erzbischof von Mainz, den Marx kurz vor seinem Pesttod am 19.Dezember 1635 verfasste[56], tritt sein Selbstverständnis deutlicher hervor als in seinem Diarium. „Damit aber Ihre Churfürstliche Durchlaucht meiner Person halber umbständiglichen Bericht haben möge, habe ich folgende Relation zu verfertigen... hochnothwendig erachtet".[57] Marx stellte sich in dieser „Relation...meiner Person halber" einerseits als legitimer und gewählter akademischer Amtsträger dar, dem es, trotz des Streits um die Dekanswürde und Fakultätskiste, in den Jahren 1631 bis 1635 stets auch weiterhin um Kooperation und Beibehaltung der Standards der akademischen Gelehrsamkeit innerhalb der reformierten Universität gegangen sei, z. B. durch Mitwirkung an akademischen Examina und an Disputationen (freilich außerhalb der von Protestanten beherrschten theologischen Fakultät).[58] Zugleich präsentierte er sich als politische Persona, als „assessor und executor" des Erzbischofs von Mainz, d. h. als dessen politisch-religiöser Sachwalter, dem es mit einem von ihm selbst unterzeichneten und am 8. Oktober 1635 öffentlich an die Kirchentüren von St. Severi und des Domes angeschlagenen „Programm" zur Restituierung der alten Theologischen Fakultät um die Wahrung der Interessen des Kaisers und des Reiches wie auch des Kurfürsten von Sachsen gegangen sei.[59]

Die Geschichte der Erfurter Fakultätskiste wie auch der ersten Reformuniversität Erfurt war mit Marx' Versuch, im Gefolge des Friedens von Prag die Kiste zurückzuführen und die Reform damit auch symbolisch zu sistieren, keineswegs zu Ende. Marx allerdings schied als Protagonist in diesem Machtspiel frühzeitig aus, denn er verstarb am 19. Dezember 1635 an der Pest. Die protestantischen Angehörigen der Universität übten, freilich in – durch Tod und Abwanderung bedingt – geringer werdender Anzahl, gemeinsam mit dem Rat der Stadt und unterstützt durch einen virtuo-

---

55 Ich beziehe mich hier auf eine Einsicht von Stephen GREENBLATT, Die Zirkulation sozialer Energie, Einleitung in: DERS., Verhandlungen mit Shakespeare. Innenansichten der englischen Renaissance, Berlin 1990, S. 7- 24.

56 Caspar Heinrich MARX, Unvorgreifliches Bedencken (wie Anm. 49).

57 MARX, Unvorgreifliches Bedencken (wie Anm. 49), S. 22 r.

58 MARX, Unvorgreifliches Bedencken (wie Anm. 49), S. 30 v ff. "in specie meine Person betreffend".

59 Das „Programm" ist aufgeführt bei MARX, Unvorgreifliches Bedencken (wie Anm. 49), S. 25 r f.

sen Juristen im Rektoramt, Henning Rennemann, anhaltenden Widerstand gegen die katholische Restauration der Universität[60]. Meyfart und einige seiner Kollegen hielten auch in den Jahren nach 1635, als ihnen ihre Gehälter storniert wurden, weiterhin ihre Lehrveranstaltungen an der Universität Erfurt. Aber die Situation hatte sich für sie umgekehrt, im Vergleich zu derjenigen zwei Jahre früher, die ihnen noch Anlass für Visionen von „ihrer" Universität als einem zukünftigen akademischen Paradies gewesen war. Jetzt dagegen standen sie als Anhänger des lutherischen Bekenntnisses unter Verfolgungsdruck. Dem gab Meyfart in zwei Briefen Ausdruck, die er gegen Ende des Jahres 1635 an einen seiner engsten Freunde, den Pädagogen und Schulrektor Andreas Reyher in Schleusingen schrieb:

> „Facultas siquidem nostra, nisi Christus Jesus obstiterit, si non dissipabitur, tamen valde imminuetur."[61]

> „Pontificii prosequuntur doctores Evangelicos et Confessores ferro et flamma. Evangelici ipsi prosequuntur eosdem fame et siti. Addo ergo, frigore. Deus misereatur mei, et exilium a Sione mittat."[62]

Es leuchtet ein, dass die Fakultätskiste mit ihren „Pertinentien" in dieser neuen Situation weiterhin eine herausgehobene Rolle spielte. Sie war jetzt als Verkörperung von Amt und Würden des rechtmäßigen Dekans zum Symbol des Widerstands geworden und wurde bis zur Restauration des Jahres 1649 erfolgreich vor allen Zugriffen höherer Mächte versteckt. Doch was die Vertreter des Erzbischofs von Mainz trotz wiederholter Versuche nicht durchsetzen konnten, das führte die sich verschärfende Notlage in den letzten Jahren des Dreißigjährigen Krieges herbei. Zwar blieben die Satzungen und Statuten der Reform bis 1649 bestehen, aber sie verloren zunehmend ihre Bedeutung. Der finanzielle Ruin der Stadt Erfurt in diesen Jahren machte auch die geringsten Aufwendungen für „ihre" Universität nahezu unmöglich. Die Professoren verließen die Stadt, soweit es ihnen nicht gelang, wie z. B. Meyfart, durch Nebeneinkünfte aus einem anderen Amt ihren Lebensunterhalt anderweitig zu verdienen. Bei Meyfart war dies eine Stelle als Pfarrer an der Predigerkriche und als Vorsteher, Senior, der erfurtischen Pfarrerschaft.

Erst eine vom Mainzer Erzbischof im Herbst des Jahres 1649 herbeigerufene kaiserliche Exekutionskommission konnte schließlich mit Drohungen offener militärischer

---

60 S. sein ausführliches Gutachten vom 7. April 1636, Landeshauptarchiv Sachsen-Anhalt, Wernigerode, Rep. A 37b I,II, XVI Nr.12.

61 „Unsere Fakultät, wenn sie auch nicht zerstreut werden wird, wird doch sehr bedroht werden, wenn Jesus Christus nicht einschreitet." Lateinisch zit. bei Hallier, Johann Matthäus Meyfart (wie Anm. 21), S. 96 f.

62 „Die Päpstischen verfolgen die evangelischen Doktoren und Bekenner mit Feuer und Schwert. Die Evangelischen selbst verfolgen sie (d. h. die Katholiken) mit Hunger und Durst. Und ich füge hinzu: mit Kälte. Möge Gott sich meiner erbarmen und mir das Exil aus Zion schicken". Lateinisch zit. ebda., S. 97.

Gewalt dem ersten Erfurter Experiment einer Universitätsreform ein Ende bereiten.[63] Sie kassierte nicht nur die Reformstatuten und erklärte die alte Universitätsverfassung zur einzig rechtmäßigen, sondern setzte auch einen Domherren, Kanonikus Johann Lambertus Winter, als Dekan der theologischen Fakultät ein und erzwang die Auslieferung der Fakultätskiste mit „allen ad decanatum gehörigen Insignien, Büchern, Akten und brieflichen Urkunden“[64].

Hiermit war die Geschichte der ersten Erfurter Reformuniversität beendet. Sie ist in ihren Anfängen wie in ihrem Niedergang und ihrem Ende in mehrfachem Sinn auch eine Geschichte „höherer Gewalt“ in einer Zeit höchster Kriegsverdichtungen, der des Dreißigjährigen Krieges. Sie ist Teil der Geschichte der Stadt Erfurt, aber auch ihrer Teilhabe am großen Weltgeschehen in der ersten Hälfte des 17. Jahrhunderts. Doch die erste Erfurter Reformuniversität hat auch ihre eigene, innere Geschichte. Auch diese lässt sich als bloße Geschichte akademischer Institutionen, Programme und ihrer mehr oder minder gelungenen Umsetzung in den Leistungen bestimmter Personen nicht zulänglich schreiben. Auch die Geschichte dieser ersten Reformuniversität Erfurt ist eine Geschichte, in der nicht nur Zukunftsvorstellungen und vorübergehend günstige Machtkonstellationen, sondern auch symbolische Gewalt, persönliches Machtstreben, Machtverteidigung, innere Konflikte und letztlich die Frage der Finanzierbarkeit eine erhebliche Rolle spielten.

Die Geschichte dieses Aufstiegs und Niedergangs wie auch die Geschichte weiterer Reformversuche, wie etwa des gescheiterten Versuchs, den Christoph Martin Wieland in der zweiten Hälfte des 18. Jahrhunderts unternahm[65] und der mit seinem baldigen Weggang aus Erfurt endete, sollte in der Reflexion des Versuchs, eine Reformuniversität Erfurt am Ende des 20. und zu Beginn des 21. Jahrhunderts auf den Weg zu bringen, nicht vergessen werden. Sie verdient besondere Aufmerksamkeit gerade dann, wenn es um Versuche einer neuen Traditionsstiftung geht, wie denen in jüngerer Zeit. Es ist auffällig, daß sich diese Versuche, die von der Universität Erfurt, und vor allem ihrem Präsidium (unter Dr. habil Wolfgang Bergsdorf), offiziell unternommen werden, zu einseitig auf eine vermeintlich ununterbrochene und lange Kontinuitätslinie katholischer Reform berufen. Sie sind geradezu bemüht, die „Erfindung“ einer solchen Tradition[66] mit der „Weihe“ entsprechender zeremonieller Handlungen zu versehen. Dies

63 Bock, Reform der Erfurter Universität (wie Anm. 7), Kap. VI: Der Ausgang der Reform, S. 88 ff., hier S. 104.

64 Recess vom 25.10.1649, in: Motschmann, Erfordia Literata, Sammlung 1 (1729) S. 514 f.

65 Zu Wielands Tätigkeit als „Professor Primarius Philosophiae“ an der Universität Erfurt von 1769-1772 und seinen vergeblichen Versuchen, die Universität i. S. der Aufklärung zu reformieren, die mit seinem Weggang endeten s. die dichte Untersuchung aufgrund von Wielands brieflichen Selbstzeugnissen: Annerose Schneider, Wieland als Hochschullehrer in Erfurt im Spiegel seiner Briefe, in: Ulman Weiss (Hg.), Erfurt 742-1992. Stadtgeschichte-Universitätsgeschichte, Weimar 1992, S. 495-512.

66 Hierzu vgl. den nach wie vor sehr anregenden Band: Eric Hobsbawm / Terence Ranger (Hg.), The Invention of Tradition, Cambridge 1983.

geschah in jüngster Zeit in bezeichnender Weise zu Beginn des Jahres 2005. In feierlicher Handlung wurden zwei Fakultätszepter der alten katholischen Fakultät der Universität Erfurt – die freilich keineswegs mit den Zeptern, von denen hier die Rede war, identisch sind, sondern die bereits am Ende des 17. Jahrhunderts mit den Symbolen der damaligen katholischen Gegenreformation „ restauriert" und überformt wurden[67] –, durch den Bischof von Erfurt an die neu errichtete katholisch theologische Fakultät der Universität zurückerstattet. Bemerkenswert war dabei die stark verkürzende, ja historisch sogar falsche Begründung des Erfurter Bischofs Wanke, dass es sich hierbei um Insignien der vorreformatorischen alten Universität Erfurt handele, die sich „seit dem Mittelalter" erhalten hätten[68]. Aufs neue wurden hier zwei Zepter ins Spiel gebracht, deren Alter und Symbolik sich bei genauerer historischer Betrachtung als Teil einer durchaus konflikt- und perspektivenreichen Geschichte höchst unterschiedlicher „Aneignungen" (Alf Lüdtke)[69] erweisen. Eine einseitig konfessionelle Tradition,

67 Zur Geschichte der Zepter der alten Erfurter Universität vor dem frühen 19. Jahrhundert s. Fritz Wiegand, Szepter, Siegel und Ornate der ehemaligen Universität Erfurt, in: Harry Güthert (Hg.), Festschrift zur Eröffnung der Medizinischen Akademie Erfurt, Erfurt 1954, S. 27-42, hier S. 28 ff. Behandelt werden die Zepter des Rektors wie diejenigen der theologischen Fakultät, die von der Preußischen Regierung nach der Auflösung der Universität 1816 der neu gegründeten Berliner Universität übergeben wurden: Rektoratszepter (heute an der Humboldt Universität) bzw. die Zepter der Theologischen Fakultät, nach 1818 übergeben dem Universitäts-Kurator in Münster, bis 1995 im Besitz der Universität Münster, wo sie noch bis 1968 bei Rektoratswechseln Verwendung fanden, hierzu Bernd Haunfelder / Axel Schollmeier (Hg.), Die fetten Jahre. Münster 1957-1968 in Fotos von Willi Hänscheid, Münster 2004, S. 112. 1995 wurden die Szepter von der Universität Münster dem Bistum Erfurt als damaligem Träger der Theologischen Fakultät zurückerstattet und von diesem 2005, nach Integration der Fakultät für Katholischen Theologie in die Universität, wieder der Universität Erfurt übergeben. Die Zepter der Theologischen Fakultät sind abgebildet und beschrieben von Walter Blaha, in: Erfurt – ein spätmittelalterliches Wissenschaftszentrum. Eine Ausstellung des Stadtarchivs Erfurt, Katalog zur Ausstellung, Erfurt 2001, S.45 ff. Die Informationen bei Wiegand wie Blaha zur Beschriftung und symbolischen Ausgestaltung der Zepter weisen darauf hin, dass sie in Analogie zu den Rektoratszeptern, aber durchgreifender als diese, Ende des 17. Jahrhunderts grundlegend neu gestaltet bzw. umgearbeitet und mit den Symbolen der katholischen Gegenreformation ausgestattet worden sind.

68 Vgl. „Diese Zepter machen die Erfurter Hochschulgeschichte sichtbar". Rede Bischof Wankes bei der Übergabe der Zepter der Theologischen Fakultät an die Universität Erfurt am 14.4.2005: <http://www.bistum-erfurt.de/Seiten/1076.htm>, [30.6. 2006].

69 Die Vielfalt und Mehrsinnigkeit der menschlichen „Aneignungen" in der Geschichte und die zentrale Bedeutung des Konzepts der „Aneignung" i. S. einer konzeptuellen Öffnung für die Mehr- und Vieldeutigkeiten des historischen Prozesses ist von Alf Lüdtke in unterschiedlichen Arbeiten betont und ausgearbeitet worden, u. a. in: Ders., Eigen-Sinn. Fabrikalltag, Arbeitererfahrungen und Politik vom Kaiserreich bis in den Faschismus, Hamburg 1993, S. 15 und S. 254f; Ders., Alltagsgeschichte – ein Bericht von unterwegs, in: Historische Anthropologie 11 (2003), S. 278-295, S. 280f. Seine Begriffsprägung bezog sich ursprünglich auf die Thesen des jungen Marx. In seiner Auseinandersetzung mit Hegel betonte Marx gegen ein einseitiges Konzept von Aneignung die „Vielfalt der sinnlichen Aneignung des gegenständlichen Menschen, der menschlichen Werke für und durch den Menschen", in: Ders., Nationalökonomie und Philosophie, in: Ders., Die Frühschriften, Hg. S. Landshut, Stuttgart 1953, S. 225-316, S. 240. Vgl. hierzu auch: Marian Füssel, die Kunst der Schwachen. Zum Begriff der

die bei der Rückführung der Zepter zu Beginn des Jahre 2005 angesprochen und neu „erfunden“ wurde, dürfte jedenfalls für die Zukunft der „Reformuniversität“ Erfurt im 21. Jahrhundert kaum angemessen sein.

Aneignung in der Geschichtswissenschaft, in: Sozial.Geschichte. Zeitschrift für historische Analyse des 20. und 21. Jahrhunderts 21 (2006) Heft 3.

Theresa Wobbe

Umbrüche in Wissenschaft und Geschlechterordnung: Max Weber im „Lebensbild“ Marianne Webers

Einleitung

Im Jahre 1926 erschienen zwei Publikationen, die im wissenschaftlichen Gedächtnis unterschiedliche Spuren hinterlassen sollten, die Autobiographie von Beatrice Webb und die Biographie Max Webers. Die Autobiographie „Meine Lehrjahre“ von Beatrice Webb wird von Englands literarischer, wissenschaftlicher und politischer Elite mit enormer Aufmerksamkeit und Bewunderung aufgenommen. Gerühmt wegen ihrer literarischen Qualität sieht sich sogar Virginia Woolf durch diese Biographie zu einem Vergleich mit dem eigenen Leben angeregt.[1] Als Tochter aus begüterter Familie erzählt Beatrice Webb in diesem Klassiker der englischen Literatur und Sozialforschung von ihrem Weg in die Soziologie und zum pragmatischen Sozialismus (LJ).

In demselben Jahr kommt in Heidelberg das „Lebensbild“ heraus, in dem Marianne Weber die Vita ihres 1920 verstorbenen Gatten Max Weber erzählt (L). Auch diese Publikation findet große Aufmerksamkeit und ungewöhnliches Interesse. Im „Lebensbild“ wird allerdings nicht eine glänzende wissenschaftliche und politische Karriere erzählt wie in den „Lehrjahren“, und auch ein subtiler literarischer Stil lässt sich sicherlich nicht behaupten. Diese Biographie, die eher im Stil eines Dramas von Aufstieg und Niedergang eines Genies verfasst ist, bedeutet freilich einen entscheidenden Baustein in der Tradierung der wissenschaftlichen Figur Max Webers.[2]

Beide Bücher könnten in der Thematisierung von Wissenschaft und Leben unterschiedlicher nicht sein. Sie verweisen nicht nur auf unterschiedliche nationale

---

Abkürzungen

L Marianne Weber, Max Weber. Ein Lebensbild. Von Marianne Weber. Mit einem Essay von Guenther Roth, München / Zürich 1989 [1926].

LE Marianne Weber, Lebenserinnerungen, Bremen 1948.

LJ Beatrice Webb, Meine Lehrjahre. Eine Autobiographie. Aus dem Englischen von Christa Krüger. Mit einer Einführung von Wolf Lepenies, Frankfurt / M. 1988 [1926].

1 Wolf Lepenies, Beatrice Webb. Meine Lehrjahre, ein Klassiker der Sozialforschung, in: Beatrice Webb, Meine Lehrjahre. Eine Autobiographie. Aus dem Englischen von Christa Krüger. Mit einer Einführung von Wolf Lepenies, Frankfurt / M. 1988, S. 7-37, hier S. 7f.

2 Guenther Roth, Marianne Weber und ihr Kreis. Einleitung, in: Marianne Weber, Max Weber. Ein Lebensbild. Mit einem Essay von Guenther Roth, München / Zürich 1989, S. IX-LXXII; vgl. auch die Webersche Familienbiographie der drei Generationen Guenther Roth, Max Webers deutsch-englische Familiengeschichte 1800-1950, Tübingen 2001.

Rahmungen der Soziologie, vielmehr vermitteln sie auch einen Einblick in verschiedene Stile: Während im „Lebensbild" die Ehefrau den tragischen Kampf eines außergewöhnlichen Gelehrten um Gesundheit und wissenschaftliche Produktivität schildert,[3] zeigen die „Lehrjahre" den unerschütterlichen Glauben einer Sozialforscherin an die Veränderung der Welt auf wissenschaftlicher Grundlage mit der Hilfe von Sozialtechniken.[4] In den „Lehrjahren" hat die Entwicklung der disziplinären und institutionellen Gestalt der Soziologie ihren großen Auftritt; das „Lebensbild" ist dagegen um die Herstellung des einheitlichen Sinnzusammenhangs einer Vita arrangiert, deren Besonderheit ausdrücklich benannt wird: „Nur durch die Verflechtung zahlloser Briefstellen in den Zusammenhang wurde es möglich, Max Weber selbst aus diesem Buche sprechen zu lassen und seine Gegenwirkung auf das Alltägliche, wie auf die geistigen und politischen Bewegungen seiner Zeit zur Anschauung zu bringen" (L Vorbemerkung).

Marianne Weber arrangiert das Leben eines Anderen. Es ist ihre erklärte Absicht, die Außeralltäglichkeit dieses Lebens darzustellen – ein Programm, das sein Ziel keineswegs verfehlt hat und bis in unsere allerjüngste Gegenwart wirkt. Dieser Wirkungsgeschichte[5] möchte ich im Folgenden allerdings nicht nachgehen, sondern mit dem Blick auf das „Lebensbild" einen anderen Gesichtspunkt aus der Forschungsdiskussion aufgreifen.

Das „Lebensbild" verstehe ich als Dokument – als Zeugnis und zugleich Selbstzeugnis von Wissenschaft und Leben im frühen 20. Jahrhundert. In diesem Sinne stellt es ein spezifisches Medium dar, das Reflexionen über die Wissenschaft und die *wissenschaftliche Persona* zugänglich macht. Erst ein Jahrhundert zuvor wurde die *wissenschaftliche Persona* langsam von der des Handwerkers, des Amateurs und des Philosophen abgegrenzt. Wissenschaft ließ sich nun im Unterschied zum bloßen Zeitvertreib oder Broterwerb als eine Berufung beschreiben, die mit einer Person verbunden wurde.[6]

---

3 ROTH, Marianne Weber (wie Anm. 2), S. XIII.

4 Vgl. Christa KRÜGER, „Doppelpersönlichkeiten". Konzept einer Partner-Ehe, in: Bärbel MEURER, Marianne Weber. Beiträge zu Werk und Person, Tübingen 2004, S. 59-76. Wolf LEPENIES, Die drei Kulturen. Soziologie zwischen Literatur und Wissenschaft, München 1985; LEPENIES, Beatrice Webb (wie Anm. 1).

5 Vgl. Dirk KÄSLER, Max Weber. Eine Einführung in Leben, Werk und Wirkung, 3. aktual. Aufl., Frankfurt / M. 2003 [1995]; Gregor SCHÖLLGEN, Max Weber, München 1998; Joachim RADKAU, Max Weber. Die Leidenschaft des Denkens, München 2005, S. 829ff.

6 Lorraine DASTON, Die Wissenschaftliche Persona. Arbeit und Berufung, in: Theresa WOBBE (Hg.), Zwischen Vorderbühne und Hinterbühne. Beiträge zum Wandel der Geschlechterbeziehungen in der Wissenschaft vom 17. Jahrhundert bis zur Gegenwart, Bielefeld 2003, S. 114. Die zunächst apologetisch verfassten Berufsautobiographien von Gelehrten haben einen wesentlichen Anteil an der Frühgeschichte der Autobiographie; vgl. Günter NIGGL, Geschichte der deutschen Autobiographie im 18. Jahrhundert. Theoretische Grundlegung und literarische Entfaltung, Stuttgart 1977, S. 22. Im frühen 20. Jahrhundert erhöht sich die Visibilität von Wissenschaftlern und das Interesse an ihren Lebensgeschichten nimmt stark zu; vgl. Selbstdarstellungen von Wissenschaftlern in 30 Bänden Ekkehard KLAUSA, Vom Gruppenbewusstsein akademischer Subkulturen. Deutsche Fakultäten um 1900.

Diese neue Vorstellung von der Person des Wissenschaftlers wurde im 19. Jahrhundert institutionalisiert und stand im frühen 20. Jahrhundert als eine kulturelle Kategorie zur Verfügung, mit der sich die gelebte Erfahrung von Wissenschaftlern klassifizieren ließ. Als Zeugnis und Selbstzeugnis von Wissenschaft ist das „Lebensbild" daher als Ausdruck von Deutungsmustern zu verstehen. Dieses Buch bietet einen Zugang zur Spannung zwischen dem Handeln von konkreten Wissenschaftlern und Wissenschaftlerinnen einerseits und dem kulturellen Modell dieses Handelns als *wissenschaftliche Persona* andererseits.

Was Personen erinnern und thematisieren, hängt also von vorhandenen Sinnzusammenhängen ab, sowie auch von Darstellungsgelegenheiten, die sozial zugerechnet und kulturell beglaubigt werden können.[7] So wählen Webb und Weber das Genre der biographischen Thematisierung zu einem historischen Zeitpunkt, als diese als Form biographischer Sinngebung selbstverständlich geworden ist. Was erinnert und was vergessen wird, ist gleichwohl nicht selbstverständlich, sondern das Ergebnis selektiver Vergegenwärtigung des Vergangenen aus dem Blickpunkt der Gegenwart. Die kosmopolitische deutsch-englische Handelsgeschichte der Familie Weber etwa bleibt im „Lebensbild" ausgespart, deren Thematisierung hätte in der Zwischenkriegszeit „nicht ins politische Klima gepasst".[8] Das Interesse gilt im Folgenden daher sowohl dem Thematisierten als auch dem, was ausgespart und ungesagt bleibt.

Für diesen Zusammenhang verwende ich die soziologische Abgrenzung von Lebenslauf und Biographie: „Der Lebenslauf ist ein Insgesamt von Ereignissen, Erfahrungen, Empfindungen usw. mit unendlicher Zahl von Elementen".[9] Die Biographie macht den Lebenslauf hingegen in selektiver Form zum Thema, sie stellt also eine ausgewählte Vergegenwärtigung aus dem Gesamt von Ereignissen und Erfahrungen dar.[10] Naheliegend ist es dabei, zwischen dem impliziten und dem expliziten Selbst zu unterscheiden. Das *implizite Selbst* verwendet Alois Hahn als bloßes Resultat eines Lebens, „als Inbegriff von im Laufe des Lebens erworbenen Gewohnheiten, Dispositionen, Erfahrungen usw., die das Individuum prägen und charakterisieren".[11] Das implizite Selbst lässt sich demnach als ein Habitusensemble charakterisieren, das nicht im eigentlichen Sinne selbstreflexiv ist, das sich vielmehr im (darstellenden) Handeln zeigt und in den erzählenden Text eingewoben ist. Hiervon ist ein *explizites* Ich zu unterscheiden, das

Ein inhaltsanalytischer Vorstoß in wissenschaftssoziologischer Absicht, in: Kölner Zeitschrift für Soziologie und Sozialpsychologie, Jg. 33 (1981), S. 329-344.

7 Vgl. Alois Hahn, Biographie und Lebenslauf, in: Alois Hahn, Konstruktionen des Selbst, der Welt und der Geschichte. Aufsätze zur Kultursoziologie, Frankfurt / M. 2000, S. 97-115.

8 Guenther Roth, Zur Geschlechterproblematik in der Weberschen Familiengeschichte, in: Meurer, Marianne Weber (wie Anm. 4), S. 11.

9 Hahn, Biographie (wie Anm. 7), S. 101.

10 Der Lebenslauf ist uns wiederum nur im Medium der Biographie, nämlich „über die Fiktion biographischer Repräsentation als Wirklichkeit zugänglich"; Hahn, Biographie (wie Anm. 7), S. 101. Vgl. Zur soziologischen Lebenslaufforschung Martin Kohli, Soziologie des Lebenslaufs, Neuwied 1978.

11 Hahn, Biographie (wie Anm. 7), S. 99.

seine Selbstheit oder die eines Anderen ausdrücklich zum Gegenstand der Darstellung erhebt. Marianne Weber macht ihren Gatten im „Lebensbild" zum Gegenstand der Darstellung, während sie sich selbst mehr oder weniger explizit thematisiert.

Diese Form der biographischen Selbstreflexion ist voraussetzungsreich, sie bedarf sozialer Institutionen, die sie anregen und stabilisieren. Hahn bezeichnet diese als Biographiegeneratoren, da sie das eigene Leben zum Gegenstand der Selbsterforschung machen, die ihren Niederschlag in vielfältigen Deutungsversuchen findet.[12] Gemeint sind Institutionen wie die Beichte oder die Psychoanalyse, das Tagebuch oder die Biographie, die nach bestimmten Regeln (biographischen) Sinn erzeugen und historisch wie kulturell variabel sind. So handelt es sich bei dem literarischen Genre der Biographie um eine spezifische Form der Darstellung des Ichs, die im frühen 20. Jahrhundert bereits weit verbreitet und kulturell selbstverständlich geworden ist.

Das „Lebensbild" Marianne Webers steht nicht allein, sondern gehört in eine Gruppe von Biographien, die von „verehrenden Ehefrauen und pietätvollen Töchtern"[13] des Bildungsbürgertums verfasst werden. In diesen Zeugnissen machen schreibende Frauen das Selbst ihrer Väter und Gatten, deren *wissenschaftliche Persona*, erkennbar zum Fokus ihrer – öffentlichen – Kommunikation. Mehr oder weniger explizit sind dagegen die Selbstthematisierungen der Verfasserinnen in der Erzählung präsent. Biographien dieser Gruppe stehen daher auch im Kontext der soziologischen Wissenschaftsforschung und sind als Medien jener disziplinären Vergangenheit zu verstehen, die die historische und kognitive Identität der Soziologie prägen.[14]

Unter diesem Gesichtspunkt beschäftige ich mich näher mit Marianne Webers „Lebensbild" und damit, welche Spielräume der Thematisierung und Selbstthematisierung der *wissenschaftlichen Persona* darin zu erkennen sind. Auf Beatrice Webbs „Lehrjahre" werde ich an einigen Stellen eingehen und im letzten Teil werde ich einige Unterschiede nochmals kontrastiv zusammenführen. Als (Selbst-)Zeugnis von Wissen-

12 „Ob das Ich über Formen des Gedächtnisses verfügt, die symbolisch seine gesamte Vita thematisieren, das hängt vom Vorhandensein von sozialen Institutionen ab, die eine solche Rückbesinnung auf das eigene Dasein gestatten. Wir wollen diese Institutionen Biographiegeneratoren nennen". HAHN, Biographie (wie Anm. 7), S. 100.

13 ROTH, Marianne Weber (wie Anm. 2), S. XII.

14 Vgl. Wolf LEPENIES (Hg.), Geschichte der Soziologie. Studien zur kognitiven, sozialen und historischen Identität einer Disziplin. Übers. Wolf-Hagen KRAUTH, 4 Bde., Frankfurt / M. 1981, hier Bd. 1, S. I XXXV. Vgl. Martin KOHLI, „Von uns selber schweigen wir". Wissenschaftsgeschichte aus Lebensgeschichten, in: LEPENIES, Geschichte der Soziologie, Bd. 2, S. 428-465. Für die Wissenschaftsgeschichte von Soziologinnen vgl. für viele Jacqueline CARROY / Nicole EDELMAN / Annck Ohayon ANNICK / Nathalie RICHARD (Hg.), Les femmes dans les sciences de l'homme (XIXe-XXe siècles). Inspiratrices, collaboratrices ou créatrices?, Paris 2005. Mary Jo DEEGAN (Hg.), Women in Sociology. A Bio-Bibliographical Sourcebook, New York / Westport / Connecticut / London 1991. Ann GOETTING / Sarah FENSTERMAKER (Hg.), Individual Voices, Collective Visions. Fifty Years of Women in Sociology, Philadelphia 1995; Claudia HONEGGER / Theresa WOBBE (Hg.), Frauen in der Soziologie. Neun Porträts, München 1998; Harriet ZUCKERMAN u.a. (Hg.): The Outer Circle. Women in the Scientific Community, New Haven / London 1991.

schaft und Leben ist das „Lebensbild" kaum zu erschließen, ohne die Umbrüche in der Wissenschaft und die Grenzverschiebungen zwischen den Geschlechtern zu berücksichtigen. Daher skizziere ich zunächst den wissenschaftlichen Kontext und den der Geschlechterordnung des frühen 20. Jahrhunderts, in die das „Lebensbild" gehört (1). Vor diesem Hintergrund stelle ich die Perspektivenwechsel dar, die Max und Marianne Max Weber in diesem diskursiven Kontext vornehmen (2). Daran anschließend gehe ich der Frage nach, wie Max Weber im Lebensbild als *wissenschaftliche Persona* dargestellt wird, und welche kulturelle Selbstbeschreibung Marianne Weber für sich selbst verwendet (3).

Dieser Beitrag möchte zu einer Umkehrung der Perspektiven anregen. Bis in die jüngste Zeit ist Max Weber durch die Biographie Marianne Webers erschlossen worden. Der Weg zu Max führte über Marianne. Die folgenden Überlegungen laufen auf eine Verschiebung der Lektüre zu.

1. Umbrüche in der Wissenschaft und Brüche im Geschlechterverhältnis

An der Wende zum 20. Jahrhundert wird das Neuziehen der Außen- und der Binnengrenzen der Wissenschaft und die Veränderung der wissenschaftlichen Expertenrollen in wissenschaftspolitischen und intellektuellen Kontexten diskutiert. Die zunehmend arbeitsteilig organisierte Forschung steht im Mittelpunkt der Überlegungen. Spätestens seit Adolf von Harnacks Beitrag über den „Großbetrieb der Wissenschaft" (1905)[15] bildet die Betriebsförmigkeit der modernen Wissenschaft einen Bezugspunkt dieser Reflexionen.

In dem Bild des Großbetriebs wird die Grenzverschiebung zwischen Wissenschaft und Wirtschaft sowie zwischen sogenannter reiner und angewandter Wissenschaft anschaulich.[16] Harnack beschreibt damit treffend Maßstabsveränderungen, die seit der zweiten Hälfte des 19. Jahrhunderts durch die naturwissenschaftlich-technischen Disziplinen erfolgen, die nun die Leitfunktion der Wissenschaftsentwicklung zu übernehmen beginnen.[17]

Die zunehmende sachliche Differenzierung und Organisationsförmigkeit stehen im krassen Gegensatz zur Vorstellung von Wissenschaft als Gelehrsamkeit und als

---

15 Adolf von Harnack, Vom Großbetrieb der Wissenschaft, in: Preußische Jahrbücher CXIX (1905), S. 193-201.

16 Vgl. mit Bezug auf die Institutionalisierung der Grundlagenforschung Rudolf Vierhaus / Bernhard vom Brocke (Hg.), Forschung im Spannungsfeld von Politik und Gesellschaft. Geschichte und Struktur der Kaiser-Wilhelm- / Max-Planck-Gesellschaft. Aus Anlaß ihres 75jährigen Bestehens, Stuttgart 1990; Max Weber, Gesamtausgabe. Briefe 1911-1912, II.7. 1. und 2. Halbband, Tübingen 1998.

17 Die durchschnittliche Dotierung eines physikalischen Instituts lag bei 14.500 Mark, die eines chemischen bei 37.000 Mark. Vgl. Bernhard von Brocke / Hubert Laitko (Hg.), Die Kaiser-Wilhelm- / Max-Planck-Gesellschaft und ihre Institute. Das Harnack-Prinzip, Berlin 1996, S. 7.

Aktivität eines individuellen Denkers. Das Labor erinnert oftmals an die arbeitsteilig organisierte Fabrik, und die Tätigkeit des Wissenschaftlers wird mit dem Organisationshandeln des Unternehmers verglichen.

Karl Mannheim stellt diesen Strukturwandel 1928 in den größeren Zusammenhang der Veränderung des Wissens in der Moderne. Der Prozess der Herausbildung des *neuen* Wissens manifestiere sich in der „Multipolarität der Denkstandorte",[18] in der modernen Gesellschaft bestehe „keine einheitliche Denkbasis" mehr. Mannheim spricht daher von der Pluralisierung der Denkstandorte und der Demokratisierung des Geistes, die er neben der kognitiven Ebene der Wissenserzeugung und der Institutionalisierung der Rollen auch auf die soziale der Trägerschichten bezieht.

Bei diesen ist zwischen 1890 und 1910 eine deutliche Umgruppierung zu beobachten. Ihre soziale Homogenität verändert sich aufgrund der Bedeutungszunahme der naturwissenschaftlich-technischen Elite, die durch neue Rekrutierungskanäle den Dominanzanspruch der geisteswissenschaftlichen Elite erschüttern.[19]

Zudem werden die Grenzen des männlichen Elitismus auch und unübersehbar durch die sozialen und symbolischen Umbrüche in der Geschlechterordnung verschoben. Als mit der Wende zum 20. Jahrhundert die Zeiten des Ausschlusses zu Ende gehen und zunehmend mehr Frauen ein Studium aufnehmen, irritieren sie eine bislang symbolisch von Männern geprägte Welt.[20] Ins Labor und ins Seminar, vormals exklusive Ausbildungsorte und Sozialzusammenhänge männlicher Forscher, ziehen Frauen ein und verstören die homosozialen Welten, die oftmals mit Vehemenz verteidigt werden.[21]

Zur gleichen Zeit findet die Geschlechterdifferenz als Reflexionskategorie in verschiedenen Wissensfeldern und Diskursen wie der Psychoanalyse, Sexualwissenschaft und Soziologie Verwendung. Die Geschlechterunterscheidung selbst wird damit zum Thema diskursiver Erörterungen über die Geschlechtsbedeutung; sie unterstreichen den weit reichenden Umbruch, der zwischen 1890 und 1930 stattfindet. Während um 1800 die moderne Gesellschaft mit einem anthropologischen Konzept der Geschlechter

---

18 Karl MANNHEIM, Die Bedeutung der Konkurrenz im Gebiete des Geistigen, in: Volker MEJA / Nico STEHR (Hg.), Der Streit um die Wissenssoziologie, Bd. 1, Die Entwicklung der deutschen Wissenssoziologie, Frankfurt / M. 1928, S. 353.

19 Vgl. Konrad JARAUSCH, Universität und Hochschule, in: Handbuch der deutschen Bildungsgeschichte, Bd. 4, 1870-1918. Von der Reichsgründung bis zum Ende des Ersten Weltkrieges, hg. v. Christa BERG, München 1991, S. 313-345; für den internationalen Vergleich siehe Konrad JARAUSCH (Hg.), The Transformation of Higher Learning 1860-1930. Expansion, Diversification, Social Opening and Professionalization in England, Germany, Russia and the United States, Stuttgart 1983.

20 Vgl. Elke KLEINAU / Claudia OPITZ (Hg.), Geschichte der Mädchen- und Frauenbildung, Bd. 2, Frankfurt / M. / New York; Hiltrud HÄNTZSCHEL / Hadumod BUSSMANN (Hg.), Bedrohlich gescheit. Ein Jahrhundert Frauen und Wissenschaft in Bayern, München 1997.

21 Vgl. dazu Arthur KIRCHHOFF, Die akademische Frau. Gutachten hervorragender Universitätsprofessoren, Frauenlehrer und Schriftsteller über die Befähigung der Frau zum wissenschaftlichen Studium und Berufe, Berlin 1897.

auf der Grundlage des neuen Modells der Zwei-Geschlechtlichkeit[22] ‚startet', zeichnet sich um 1900 ab, dass die physiologische Differenzierung der Geschlechter nicht mehr ausreicht, um ihre soziale Differenzierung zu erklären.[23]

Die Verschiebungen und Vermischungen sowohl symbolischer als auch sozialer Trennungen werden vielfach als Bedrohung wahrgenommen. Die Furcht vor geschlechtlicher Grenzverwischung bezeichnet Gayle Rubin als *sameness taboo*, also als die Tabuisierung der Ähnlichkeit der Geschlechter.[24] Gerade im Zuge der Auflösung von Grenzen zwischen den Geschlechtern lässt sich die Errichtung kultureller Barrieren zur Aufrechterhaltung des Gleichheitstabus beobachten.[25]

2. Wissenschaft und wissenschaftliche Persona um 1900

Die Webers beobachten die Umbrüche in der Geschlechterordnung und in den Wissensfeldern im Hinblick auf den Status der Geisteswissenschaften und unter dem Gesichtspunkt der prinzipiellen Sinnhaftigkeit des historischen Prozesses.[26] In dieser deutschen Perspektive liegt bereits ein grundlegender Unterschied zur englischen. Die von Beatrice und Sidney Webb angewandte Soziologie baut ja gerade umgekehrt auf den der Naturwissenschaften entlehnten Verfahrensweisen auf und beruht auf einem breit gefassten Szientismus, der an die Evolutionstheorie anschließt und diese für die Sozialforschung nutzt. Anders als in Deutschland besteht das Ziel nicht in einer Abgrenzung von den Naturwissenschaften, sondern darin, deren Modelle in die Sozial-

22 Vgl. Claudia HONEGGER, Die Ordnung der Geschlechter. Die Wissenschaften vom Menschen und das Weib 1750-1850, Frankfurt / M. 1991. Thomas LAQUEUR, Auf den Leib geschrieben: Die Inszenierung der Geschlechter von der Antike bis Freud, Frankfurt / M. 1992.

23 Vgl. Theresa WOBBE, Stabilität und Dynamik der Geschlechterordnung in der modernen Gesellschaft. Die soziologische Perspektive, in: Hadumod BUSSMANN / Renate HOF (Hg.), Genus. Zur Geschlechterdifferenz in den Kulturwissenschaften, 2. Aufl., Stuttgart 2005 [1995], S. 444-481.

24 Gayle RUBIN, The Traffic in Women: Notes on the 'Political Economy' of Sex, in: Rayna R. REITER (Hg.), Toward an Anthropology of Women, New York 1975, S. 157-210.

25 Vgl. die Geschichte von Lise Meitner, die den Eingang zu ihrem Labor von ‚außen' benutzen musste, um nicht mit den männlichen Kollegen in Berührung zu kommen; nach Patricia RIFE, Lise Meitner. Ein Leben für die Wissenschaft, dt. Übers. von Peter JACOBS, Düsseldorf 1992, S. 60.

26 Vgl. für diese deutschsprachige Diskussion Knut Wolfgang NÖRR / Bertram SCHEFOLD / Friedrich TENBRUCK (Hg.), Geisteswissenschaften zwischen Kaiserreich und Republik. Zur Entwicklung von Nationalökonomie, Rechtswissenschaft und Sozialwissenschaft im 20. Jahrhundert, Stuttgart 1994. Gangolf HÜBINGER / Rüdiger VOM BRUCH / Friedrich Wilhelm GRAF (Hg.), Kultur und Kulturwissenschaften um 1900 II. Idealismus und Positivismus, Stuttgart 1997. Gegenwärtig zeigt sich eine Tendenz, die Lage der Geisteswissenschaften selbstbewusster und weniger als Krisendiskurs zu verhandeln; vgl. WISSENSCHAFTSRAT (Hg.), Empfehlungen zur Entwicklung und Förderung der Geisteswissenschaften, Berlin 2006.

wissenschaft zu transferieren.[27] Demgegenüber wird in deutscher Sicht gefragt nach dem Ort der Geisteswissenschaften in diesem Prozess „der Entzauberung der Welt“[28] gegenüber den Naturwissenschaften.

Zugleich weisen die Perspektiven der Webers interessante Unterschiede auf. Die theoretischen Bemühungen Max Webers zielen auf die Abgrenzung einer kulturwissenschaftlichen Perspektive von der rein empirisch beobachtbaren der Naturwissenschaften. Kultur wird bei Weber überhaupt nur durch die Bedeutsamkeit konstituiert, die sie auf Grund der subjektiven Wertentscheidungen der Individuen erhält; sie ist demnach ein „mit Sinn und Bedeutung bedachter endlicher Ausschnitt aus der sinnlosen Unendlichkeit des Weltgeschehens“.[29] Welches Licht wirft dieses Verständnis auf die Wissenschaftler selbst?

2.1 Perspektivenwechsel: Grenzen der Rationalität und Steuerung

In seinem Vortrag „Wissenschaft als Beruf“ (1917) verhandelt Weber diese Frage, wenn er das Verhältnis von Rationalisierungsprozessen in der Wissenschaft zum wissenschaftlichen Beruf diskutiert. Während er zum einen die prinzipielle Rationalität der Wissenschaft hervorhebt, schildert er zum anderen das akademische Leben als einen ‚wilden Hasard‘, als eine Häufung von Irrationalität und Zufall.[30] Die Irrationalität bezieht er freilich nicht nur auf die Selektionsmuster wissenschaftlicher Karrieren, sondern auch und gerade auf die wissenschaftliche Arbeit selbst, auf die „Eingebung“ im Erkenntnisprozess, die als solche eine „Gabe“ sei.[31] Indem er die Entdeckung des Neuen, also die Dynamik des Erkenntnisprozesses als ‚Eingebung‘ und ‚Gabe‘ charakterisiert, rückt er den wissenschaftlichen Erkenntnisvorgang in die Nähe der Kunst und verweist auf seine Kontingenz.[32] Weber skizziert hiermit, wie im Folgenden zu erläutern ist, verschiedene Dimensionen von Wissenschaftspraxis und Gelehrtenleben um 1900.

Das „‚Erlebnis der Wissenschaft‘“[33] beruhe auf Hingabe. Die disziplinäre Spezialisierung verlange zugleich aber auch, Scheuklappen zu tragen. Weber formuliert hier

27 Vgl. LEPENIES, Beatrice Webb (wie Anm.1); zum expliziten Vergleich zwischen den deutschen, französischen und englischen Wissenschaftskulturen vgl. Wolf LEPENIES, Die drei Kulturen. Soziologie zwischen Literatur und Wissenschaft, München 1985.

28 Max WEBER, Wissenschaft als Beruf, in: Max WEBER, Gesammelte Aufsätze zur Wissenschaftslehre, Tübingen 1988b [1917], S. 612.

29 Max WEBER, Die ‚Objektivität‘ sozialwissenschaftlicher und sozialpolitischer Erkenntnis, in: Max WEBER, Gesammelte Aufsätze zur Wissenschaftslehre, Tübingen 1988a [1918], S. 175, 180.

30 WEBER, Beruf (wie in Anm. 28), S. 588.

31 WEBER, Beruf (wie in Anm. 28), S. 590f.

32 Weber verweist nicht nur auf die Kunst, es geht ihm um Prozesse der (Neu)Schöpfung in verschiedenen Wertsphären bzw. Teilsystemen; vgl. WEBER, Beruf (wie in Anm. 28), S. 590.

33 WEBER, Beruf (wie in Anm. 28), S. 589.

zwei Voraussetzungen des wissenschaftlichen Berufs, die auf den ersten Blick eher als Gegensätze verstanden werden könnten. Die fachliche Spezialisierung verweist auf die enormen sachlichen Differenzierungsprozesse und sie wird mit dem Bild der Scheuklappen im semantischen Feld von Beschränkung, Selektion und Denkschablone verortet. Mit dem Begriff der ‚Hingabe‘ spielt er auf das Bedeutungsfeld von unbegrenzter Lust, Vergnügen und Rausch an. In Bezug auf die *wissenschaftliche Persona* lösen die Worte ‚Scheuklappen‘ und ‚Hingabe‘ Assoziationen von Begrenzung und Entgrenzung aus.

Während die Spezialisierung, die fachlich-methodische Seite, erlernbar und erwerbbar ist, bezieht sich die Hingabe im wissenschaftlichen Erkenntnisprozess auf die prekären Voraussetzungen intellektueller Kreativität, die nicht durch Leistung erworben werden kann. Als kulturelle Kategorie ist die *wissenschaftliche Persona* demnach durch zwei Handlungsdimensionen charakterisiert, nämlich durch die fachlich-methodische Seite und durch die Überlassung des Selbst an einen Erkenntnisprozess, an den ‚Einfall‘, der weder steuerbar noch kontrollierbar ist.

Diese Dimensionen können sich nicht wechselseitig vertreten und sind nicht durch einander ersetzbar. Das Erlebnis der Wissenschaft ist als Rausch und Leidenschaft nur zu haben durch die Verbindung von disziplinärer Spezialisierung mit dem Wissen um die Kontingenz intellektueller Kreativität: „Nur auf dem Boden ganz harter Arbeit“ bereite sich „normalerweise der Einfall vor. Gewiss: Nicht immer“.[34]

Arbeit und Leidenschaft, so zeigt er mit Verweis auf den Dilettanten,[35] gehören demnach zu den notwendigen Voraussetzungen des Erkenntnisprozesses und der Methode,[36] ohne dass dieser damit aber bereits gesichert ist und planbar wird: „Der Einfall ersetzt nicht die Arbeit. Und die Arbeit kann den Einfall nicht ersetzen oder erzwingen, so wenig wie die Leidenschaft es tut. Beide – vor allem: beide zusammen – locken ihn. Aber er kommt, wenn es ihm, nicht, wenn es uns beliebt.“[37] Weber legt in seinem Vortrag also dar, dass die bereits erreichte disziplinäre Spezialisierung[38] zwar die notwendige, aber nicht hinreichende Voraussetzung von Erkenntnis bildet.

34 WEBER, Beruf (wie in Anm. 28), S. 590; vgl. hierzu RADKAU, Max Weber (wie Anm. 5), S. 746ff.

35 Die Unterscheidung der Begriffe ‚Dilettant‘ und ‚Wissenschaftler‘ (in dem Sinne des Spezialisten) entwickeln sich seit dem frühen 19. Jahrhundert in wechselseitiger Verweisung. Für die Startphase der Philologien vgl. Ina LELKE, Die Berliner Akademie der Wissenschaften und die „arbeitende Geselligkeit“, in: Theresa WOBBE (Hg.), Frauen in Akademie und Wissenschaft. Arbeitsorte und Forschungspraktiken 1700-2000, Berlin 2003, S. 80ff.

36 WEBER, Beruf (wie Anm. 28), S. 590.

37 WEBER, Beruf (wie Anm. 28), S. 590.

38 Vgl. zu dieser Binnendifferenzierung der Wissenschaft Rudolf STICHWEH, „Differenzierung der Wissenschaft“, in: Zeitschrift für Soziologie 8 (1979), S.82-101; zur ‚Disziplinierung der Disziplinen‘ vgl. Lorraine J. DASTON, Die Akademien und die Einheit der Wissenschaften. Die Disziplinierung der Disziplinen, in: Jürgen KOCKA (Hg.) unter Mitarbeit von Rainer HOHLFELD / Peter Th. WALTHER, Die Königlich Preußische Akademie der Wissenschaften zu Berlin im Kaiserreich (Forschungsberichte

2.2. Perspektivenwechsel: Grenzen der männlichen Wissenschaftswelt

Während in Max Webers Vortrag die *wissenschaftliche Persona* durchgehend nur in der männlichen Form des Wissenschaftlers vorkommt, beschäftigt sich Marianne Weber in einem ihrer wichtigsten Aufsätze ausdrücklich mit den Neulingen auf diesem Gebiet, den Frauen.[39] Welchen Ort erhalten die Frauen als Neulinge in der Wissenschaft, in der die Plätze besetzt und die Themen bereits vergeben sind?

Wie ihr Gatte interessiert sich Marianne Weber ebenfalls für die Dissonanz von subjektiver und objektiver Kultur. Während dieser in seinem Vortrag implizit eine Gleichsetzung von ‚männlich' und ‚allgemein' vornimmt, erhebt Marianne Weber das Geschlecht explizit zum Gegenstand ihrer Reflexion. Wird bei Max Weber die männliche Seite zum allgemeinen Maß erhoben, fragt Marianne Weber, ob die weibliche Seite eine besondere Sicht öffnet.

Ihre Überlegungen zielen auf die Frage, inwiefern eine distinkte ‚weibliche' Perspektive in der Wissenschaft denkbar sei, die die personalen Dimensionen der Kultur anreichert. Den Frauen unterstellt sie eine besondere Affinität zur subjektiven Kultur und in dieser sieht sie deren Einsatzstelle. Die Kulturwissenschaften stellen für sie – im Unterschied zu den Naturwissenschaften – das privilegierte wissenschaftliche Terrain für Frauen dar. Auf diesem Wissensgebiet, auf dem die Bedeutungen von Kultur reinterpretiert werden, sieht sie spezifische Chancen für die Frauen. Hier könne sich „der neue Standpunkt der Betrachtungsweise" etablieren, „der Bekanntes im neuen Lichte zeigt und bisher Unbeachtetes als kulturbedeutsam erkennen lässt".[40] Für sie wäre eine Wissenschaft vorstellbar, die „auf Grund einer eigenartigen Stoffauswahl nach besonderen ‚weiblichen' Gesichtspunkten in das Gewebe der geschichtlichen Erkenntnis einen neuen Einschlag"[41] einfügt. Für Marianne Weber fungieren die Frauen gewissermaßen als Verstärker der Kulturwissenschaften, zugleich als Vermittler zwischen subjektiver und objektiver Kultur.[42]

Die Webers setzen also unterschiedliche Akzente. Er stellt die Annahme einer ausschließlich rationalen Steuerung und Kontrolle des Forschungsprozesses in Frage – sie die ausschließlich männliche Perspektive. Er spricht in seinem Vortrag durchgehend

der Interdisziplinären Arbeitsgruppen der Berlin-Brandenburgischen Akademie der Wissenschaften 7), Berlin 1999, S. 61-84.

39 Marianne WEBER, Die Beteiligung der Frau an der Wissenschaft, in: Marianne WEBER, Frauenfragen und Frauengedanken, Tübingen 1919, S. 1-9. Zu Marianne Weber vgl. die Beiträge in MEURER, Marianne Weber (wie Anm. 4); Theresa WOBBE, Marianne Weber (1870-1954). Ein anderes Labor der Moderne, in: HONEGGER / WOBBE, Frauen (wie Anm. 14), S. 153-177.

40 Marianne WEBER, Beteiligung (wie Anm. 39), S. 6.

41 Marianne WEBER, Beteiligung (wie Anm. 39), S. 5.

42 Vgl. hierzu Theresa WOBBE, Wahlverwandtschaften. Die Soziologie und die Frauen auf dem Weg zur Wissenschaft, Frankfurt / M. / New York 1997, Teil I.

in der männlichen Form und lädt die Wissenschaft maskulin auf;[43] sie beschreibt die Frauen in der Wissenschaft als eine Gruppe, die neue Perspektiven generiert. Er versieht die Soziologie als Neuling unter den Disziplinen mit eigenen Kategorien für die soziologische Beschreibung des gesellschaftlichen Wandels; ihr gelten die Frauen als Neulinge in der Wissenschaft, für die sie einen spezifischen Ort anvisiert, als Übersetzerinnen von subjektiver und objektiver Kultur.[44]

Demgegenüber setzten Beatrice und Sidney Webb nicht auf eine geschlechtsspezifische Arbeitsteilung, sondern stellten den Mehrwert der Teamarbeit, das *creative couple* in den Vordergrund: „Der Verstand ist bei uns nur zweitklassig; aber wir sind eine originelle Kombination. Ich mache die Befragungen und Voruntersuchungen und er die Durchführung; gemeinsam ist uns beiden die breite und vielfältige Erfahrung mit Menschen und Ereignissen. Außerdem haben wir ein Einkommen, das wir nicht verdienen. Das sind einzigartige Bedingungen. Wenn wir unsere Begabungen in Kombination überlegt, gezielt und ausdauernd einsetzen, müsste ein ansehnliches Werk dabei herauskommen.“[45] In Frage steht nicht, wie und wo Frauen forschen sollten, sondern die Aufmerksamkeit liegt in der Nutzung und Bündelung von Kompetenzen.

Die Webers vertreten demgegenüber eine geschlechtsspezifische Arbeitsteilung. Vor diesem Hintergrund soll gefragt werden: Wie und auf welchen Ebenen gibt das „Lebensbild“ Zeugnis vom Gelehrtenleben und der *wissenschaftliche Persona*? Welche Modelle des Wissenschaftlers werden gewählt, und welche Thematisierungsebene verwendet Marianne Weber für ihr eigenes Selbst?

---

43 Weber, Beruf (wie Anm. 28) verwendet nicht nur für die Wissenschaft den männlichen Genus, alle weiteren Berufs- bzw. Statusbezeichnungen sind strikt männlich gehalten und maskulin angereichert: der Unternehmer, der Mathematiker, der Beamte, der Fabrikant, der Gelehrte, der Soziologe, der Fachphysiker, der Fachvertreter, der Dozent, der ordentliche Professor, der Handwerker, der Chef, der echte Lehrer und der gläubige Katholik. Die Rede ist von der Lage „eines absolvierten Studenten“ (S. 582), der „Laufbahn eines jungen Mannes“ und der Lage „eines ungelernten Arbeiters“ (S. 594). Weber verwendet lediglich einmal den weiblichen Genus, um seinen Zuhörern und Zuhörerinnen die meritokratische Orientierung der amerikanischen Studierenden plastisch vor Augen zu führen: „Der Lehrer, der ihm (dem US-amerikanischen Studenten, T.W.) gegenübersteht, von dem hat er die Vorstellung: er verkauft mir seine Kenntnisse und Methoden für meines Vaters Geld, ganz ebenso wie die Gemüsefrau meiner Mutter den Kohl“ (S. 606). Auf der folgenden Seite wird „die Gemüsefrau des amerikanischen Knaben“ nochmals als Beispiel herangezogen, in diesem Fall für Lebensklugheit, der freilich die fachmännische Schulung fehlt. Lediglich an einer Stelle könnte man auf die Idee kommen, dass die Wissenschaft nicht nur aus Männern besteht, als Weber zu Ende des Vortrags einmal mit der Anrede „Kommilitonen und Kommilitoninnen“ ansetzt.

44 Vgl. für die Debatte über subjektive und objektive Kultur zwischen Marianne Weber und Georg Simmel. Theresa Wobbe, Georg Simmel and Marianne Weber. Elective Affinities Between Sociological Classics and Feminist Politics, in: Anne Witz / Barbara Marshall (Hg.), The Masculinity of the Classics, London 2004, S. 54-68.

45 Webb, Lehrjahre (wie Anm. 1), S. 443, S. 441; zum *creative couple* vgl. Helena M. Pycior / Nancy G. Slack, / Pnina G. Abir-Am (Hg.), Creative Couples in the Sciences, New Brunswick, New Jersey 1996.

3. Wissenschaft im „Lebensbild" – Leben im Medium der Wissenschaft

Das „Lebensbild" schließt mit dem plötzlichen Tod Max Webers am 14. Juni 1920. Aus den 1948 publizierten „Lebenserinnerungen" Marianne Webers erfahren wir, dass dieser unerwartete Tod sie in ihrem Lebenselan trifft und in eine tiefe Krise stürzt. Sie zieht sich zurück, setzt sich an den Schreibtisch des Verstorbenen und macht sich an das Werk seiner irdischen Verewigung.[46] Mit dem Verfassen der Biographie und der Durchführung der Edition hat sie einen *fait accompli* geschaffen. Sie hat es niemandem überlassen, die Fäden der Erinnerung in der Hand zu haben. Ohne die Herausgabe der Schriften, ohne das Lebensbild hätte Max Webers Werk „seine spätere Bedeutung für die Sozialwissenschaften" wohl leicht „verfehlen können".[47] Das Werk wird fortan mit Seitenblick auf das „Lebensbild" gelesen.[48]

Marianne Webers Beschäftigung mit der Wissenschaft setzte nicht erst mit dem Tode ihres Gatten ein. Bereits in den ersten Ehejahren begann sie, ihr Leben im Medium der Wissenschaft neu zu gestalten. Sie studierte bei Heinrich Rickert, dem Freiburger Kollegen ihres Mannes, was in den 1890er Jahren für Professorengattinnen noch ungewöhnlich war. Nach dem Umzug nach Heidelberg schloss sie sich zudem der Frauenbewegung an und wurde bald eine der bekanntesten feministischen Protagonistinnen. Während der ersten Krankheitsphase ihres Mannes, also seit 1897, begann sie mit den Arbeiten für ihre umfangreiche rechtssoziologische Studie „Ehefrau und Mutter in der Rechtsentwicklung".[49] Seit 1904 verfasste sie soziologische und politische Essays, die sie weit über die Frauenbewegung hinaus bekannt machten. 1918 gehörte sie zu den ersten Parlamentarierinnen der Beratenden Versammlung des Badischen Landtages, ab 1920 bereitete sie die Herausgabe der Schriften Max Webers vor, und anschließend schrieb sie das „Lebensbild".

---

46 „Max Webers Schreibtisch ist nun mein Altar" (LE S. 115, S. 113f.). Seine Dinge haben für sie Reliquienwert. Doch einige Sätze später ist bereits zu lesen: „Mich packt verzweifelter Zorn, er gilt dem Geschehenen, aber auch dem Zustand dieser Hinterlassenschaft" (LE S. 115).

47 Roth, Marianne Weber (wie Anm. 2), S. IX.

48 Radkau, Max Weber (wie Anm. 5), S. 831.

49 Vgl. hierzu Weber, Ehefrau (wie Anm. 4); rechtssoziologisch Buchholz, Webers Bedeutung (wie Anm. 46); Marion Borchert, Marianne Weber, in: Adalbert Erler / Ekkehart Kaufmann (Hg.), Handwörterbuch zur deutschen Rechtsgeschichte, Bd. 5, Berlin 1995, S. 1168-1170. Zur Werkgeschichte von Marianne Weber vgl. Bärbel Meurer, Marianne Webers wissenschaftliche Arbeit und ihr Verhältnis zur Wissenschaft Max Webers, in: Meurer, Marianne Weber (wie Anm. 4), S. 213-242; Klaus Lichtblau, Die Bedeutung von ‚Ehefrau und Mutter in der Rechtsentwicklung', in: Meurer, Marianne Weber (wie Anm. 4), S. 199-212. Zu den soziologischen Schriften Marianne Webers vgl. Wobbe, Marianne Weber (wie Anm. 4); Theresa Wobbe, Ideen, Interessen und Geschlecht. Marianne Webers kultursoziologische Fragestellung, in: Berliner Journal für Soziologie 8. Jg. (1998), S. 105-123.

3.1 Die Konstruktion des Gelehrtenlebens

Marianne Weber geht energisch und systematisch vor, um unter schwierigsten Bedingungen in einem aus heutiger Sicht unfassbaren Tempo Webers Schriften herauszugeben.[50] Als allererstes sichert sie die Korrespondenz des Kommunikationsnetzes und erbittet Webers Briefe von den Adressaten: „Ich musste retten, was zu retten war, und mich dafür von allen anderen Aufgaben befreien" (LE S. 121). Dann macht sie sich an die Herausgabe seiner politischen Schriften, die bereits einige Monate nach Webers Tod im Herbst 1920 erscheinen. Sodann bereitet sie die im „Archiv für Sozialwissenschaften" zerstreuten religionssoziologischen, wissenschaftstheoretischen und wirtschaftsgeschichtlichen Beiträge für den Druck vor. Schließlich gelingt es ihr bereits 1922, Webers großen Steinbruch „Wirtschaft und Gesellschaft" in den Druck zu bringen. Zwei Jahre später erhält sie von der Heidelberger Universität den Dr. honoris causa für die Herausgabe dieser Schriften und für ihr eigenes rechtsgeschichtliches Werk „Ehefrau und Mutter in der Rechtsentwicklung".[51] Warum aber ist Max Weber zu Lebzeiten diese Anerkennung nicht zuteil geworden? Der anklagende Ton gegen die akademische Welt ist auch nach 22 Jahren in den „Lebenserinnerungen" nicht zu überhören: „Welche Vergesslichkeit! Hatten denn die deutschen Universitäten kein Organ für seine wissenschaftliche Größe?" (LE S. 125).

Auf dieses Kommunikationsproblem reagiert Marianne Weber, als sie sich 1922 an den Schreibtisch setzt, um das „Lebensbild" zu verfassen. Es soll demjenigen eine Stimme geben, dessen Größe von der akademischen Institution nicht wahrgenommen worden ist. Die Biographie soll Max Weber vor dem Vergessen bewahren und mit der ihm gebührenden Autorität des Wissenschaftlers versehen.

Als Biographin sieht sie sich freilich mit verschiedenen Problemen konfrontiert. Max Weber, der als 30-jähriger 1894 an die Universität Freiburg berufen wird und dann einen kometenhaften Aufstieg macht, erleidet 1898 einen schweren Zusammenbruch und ist über Jahre arbeitsunfähig. 1899 lässt er sich von der Lehrtätigkeit dispensieren, 1903 wird seinem Antrag auf Entlassung aus dem Amt endlich entsprochen.[52] Nach 19 Jahren übernimmt er probeweise den Lehrstuhl für Ökonomie in Wien und im Sommer 1919 tritt er die Nachfolge von Lujo Brentano in München an. Faktisch hat Weber insgesamt sechs Jahre durchgehend gelehrt, den größten Teil seines wissenschaftlichen

---

50 Vgl. Radkau, Max Weber (wie Anm. 5), S. 833.

51 Marianne Weber, Ehefrau und Mutter in der Rechtsentwicklung. Eine Einführung, Tübingen 1907. Vgl. hierzu Stephan Buchholz, Marianne Webers Bedeutung für die Rechtsgeschichte, in: Meurer, Weber (wie Anm.4), S. 157-172; Meurer, Marianne Webers wissenschaftliche Arbeit (wie Anm. 4).

52 Das Durchschnittsalter der Berufungen in der Jurisprudenz betrug zwischen 1890 und 1899 33,7 Jahre, in den Geisteswissenschaften, also im Bereich von Webers Erstberufung, 37,5 Jahre; vgl. hierzu Martin Schmeiser, Akademischer Hasard. Das Berufsschicksal des Professors und das Schicksal der deutschen Universität 1870-1920, Stuttgart 1994, Anhang Tab. 3., S. 378.

Lebenslaufs ist er arbeitsunfähig. Erschwerend kommt die ungesicherte institutionelle Lage der Soziologie hinzu. Nach dem Ersten Weltkrieg ist das Schicksal der Soziologie in Deutschland ungewiss, ihre Institutionalisierung ist noch in weiter Ferne und von einer Schulenbildung kann keine Rede sein.[53]

Der ‚Mythos von Heidelberg' muss also allererst erschaffen werden. Nachdem Marianne Weber die Bildung eines Kanons relevanter und erinnerungswürdiger Schriften auf den Weg gebracht hat, verfasst sie die Biographie, die Einblick in das Ringen Max Webers um Gesundheit und intellektuelle Produktivität geben soll. Schließlich zählt die Netzwerkbildung in der Form der ‚Geister-Tees' zu dem Material, aus dem der Mythos von Heidelberg gewoben worden ist.[54]

Beatrice und Sidney Webb haben demgegenüber durch die Gründung der „London School of Economics" und des „New Statesman" die strategischen Komponenten für die Verknüpfung von Soziologie und Sozialismus in England maßgeblich initiiert und geprägt. Als erfolgreichen Institutionenbildnern ist ihnen bereits Zeit ihres Lebens der gebührende Platz in der Geschichte der Sozialwissenschaft und der nationalen englischen Elite sicher.[55]

Im Unterschied zu einer erfolgreichen akademischen Karriere als Kumulation von Positionen und Anerkennung lernen wir im „Lebensbild" einen Wissenschaftler kennen, der den Anforderungen des Amtes, der Administration und der Lehre nicht gewachsen ist. Max Weber ist in den schwersten Krisenjahren kaum in der Lage zu sprechen. In einem Brief an die Mutter in Berlin berichtet er über seine gesundheitliche Verfassung: „(...) die Sprechunfähigkeit ist rein physisch, die Nerven versagen, und mir vergehen dann beim Blick auf mein Kollegheft einfach die Sinne" (L S. 252).[56] Statt die wichtigen, verkannten, Werke ihres Mannes zum Anker der Erzählung zu machen und die Krankheit eines genialen, zurückgezogenen Gelehrten im Ungefähren

53 M. Rainer LEPSIUS, Die Soziologie der Zwischenkriegszeit. Entwicklungstendenzen und Beurteilungskriterien, in: M. Rainer LEPSIUS (Hg.), Soziologie in Deutschland und Österreich 1918-1945. Materialien zur Entwicklung, Emigration und Wirkungsgeschichte. Sonderheft 23 der Kölner Zeitschrift für Soziologie und Sozialpsychologie, Opladen, S. 7-23.

54 Anlässlich ihres sechzigsten Geburtstags 1933 wurde Marianne Weber mit verschiedenen „Scherz-Szenen" aus ihrem Leben gefeiert. „Eins der Glanzstücke wurde die witzige Nachahmung des typischen Gehabens der Hausfrau bei den sogenannten Geister-Tees, z.B. zur Ermunterung der Diskussion etwa die Redewendung: ‚Ich bitte jeden von Ihnen, eine kleine Geistergabe auf den Tisch des Hauses niederzulegen' (LE S. 191). Die Witwe war in den 1920er Jahren zunächst zwar noch unsicher, ob die Netzwerkbildung funktionieren würde. Doch: „Die ‚Geister-Tees' gewannen vielmehr nachhaltige Anziehungskraft. Im Laufe zweier Jahrzehnte entwickelten sie sich sogar zu einer Art von Institution, die ein bestimmter akademischer Kreis als ihm gehörig betrachtete" (LE S. 194).

55 Vgl. LEPENIES, Beatrice Webb (wie Anm. 1), S. 16ff.

56 Diese Passage steht im Kontext der bevorstehenden von Max Weber beantragten Entlassung aus dem Dienst. Er bittet in diesem Zusammenhang die Mutter um Verständnis für seine Krankheit: „Ich wünsche nur, dass Ihr nun glaubt, dass es nicht psychische Apathie ist, wenn ich in gewissen Uebermüdungsstadien alle sogenannten ‚Anregungen' ablehne, und wenn ich jetzt Urlaub genommen habe"; vgl. hierzu weiter unten.

zu belassen, geht Marianne umgekehrt vor. Webers Größe als Mensch, nicht seine Beiträge zur Soziologie bilden den Hauptstrang der Erzählung.[57] In dieser Perspektive zeichnet sie Aufstieg und Absturz, Verlauf und Spuren seines Zusammenbruchs, das Auf und Ab von Schlaflosigkeit und außergewöhnlicher Produktivität.

3.2 Der Bauplan des „Lebensbildes“

Die Konstruktion dieser Biographie wird durch Briefe von Marianne Weber an die Schwiegermutter in Berlin getragen. Im Medium der familiären Frauenkommunikation erzählt die Autorin die Lebens- und Krankengeschichte Max Webers. Für Guenther Roth stellen diese drei Personen das Zentrum der Erzählung dar.[58] Zwei parallele Dreiecksbeziehungen, die die Autorität des schreibenden und des geschriebenen Ichs leicht hätten zerstören können, bleiben demgegenüber ausgespart. Einmal handelt es sich um die Beziehung zwischen den lebenslangen Freundinnen Marianne Weber und Else Jaffé von Richthofen, zum anderen um die zwischen den Geliebten Else und Max. Deren Thematisierung hätte dem im „Lebensbild“ dargestellten hohen Persönlichkeitsideal die Grundlage entzogen, dem des Gatten, aber auch dem der verehrenden Ehefrau. Das Bild vom ethisch großen Menschen Weber wäre ebenso empfindlich irritiert worden, wenn die Dreiecksgeschichte zwischen den Brüdern Max und Alfred, die um die Liebe Else von Richthofens rivalisierten, zur Sprache gekommen wäre.[59]

Im Gegensatz zu den ungesagten Beziehungen hat die Mutter-Sohn-Schwiegertochter-Konstellation im „Lebensbild“ ihren großen Auftritt und überblendet die anderen prekären Beziehungen. In die Fäden des häuslichen Matriarchats[60] ist der Lebenslauf des Sohnes von Beginn an eingewoben. In dieser Konstellation wird auch die Kontinuität des Sohnes bewahrt, der zwar inzwischen dem Elternhaus entwachsen ist, doch nicht zuletzt durch die Krankheit kommunikativ an dieses wieder zurückgebunden wird.

Marianne Weber thematisiert die irritierende Seite intellektueller Kreativität, deren höchst voraussetzungsvolle Bedingungen. Wissenschaftliche Erkenntnis ist in dieser Sicht keineswegs zu erwarten, sondern eher ein unwahrscheinliches Ereignis. Auf diese

57 Roth, Weber (wie Anm. 4), S. X.

58 Roth, Weber (wie Anm. 4), S. XIV.

59 Vgl. zu Max Webers Liebesbeziehungen zu Else von Richthofen und Mina Tobler Martin Green, Else und Frieda die Richthofen-Schwestern, München 1980; M. Rainer Lepsius, Mina Tobler, die Freundin Max Webers, in: Meurer, Marianne Weber (wie Anm. 4), S. 77-89. Christa Krüger, Max & Marianne Weber. Tag- und Nachtansichten einer Ehe, Zürich 2001. Krüger, Doppelpersönlichkeiten (wie Anm. 4), S. 59-76. Radkau, Max Weber (wie Anm. 5), S. 485ff., 737ff.

60 Radkau, Max Weber (wie Anm. 5), S. 110.

Weise rückt auch die *wissenschaftliche Persona* ins Bild, die als „erlaubtes Schicksal"[61] der gelebten Erfahrung Bedeutung verleiht. Die beunruhigenden Seiten dieses kulturellen Schemas kommen im „Lebensbild" zur Sprache: „Er kann ohne Qualen weder lesen, noch schreiben, noch reden, noch gehen und schlafen. Alle geistigen und ein Teil seiner körperlichen Funktionen versagen Gehorsam. Zwingt er sie dennoch zum Dienst, so bedroht ihn das Chaos, ein Gefühl, als könne er in den Wirbel eines den Geist verdunkelnden Erregungszustandes geraten" (L S. 255).

Diese Einblicke in das Leben Max Webers sind keineswegs unumstritten geblieben. Für viele Zeitgenossen stellen sie schockierende Enthüllungen und unverzeihliche Indiskretionen dar. Eduard Baumgarten weist darauf hin, dass das Buch „vielen nüchternen Lesern sentimental erschienen" sei, nämlich als „das ‚zu wenig distanzierte' Buch einer schlechthin verehrenden Gattin".[62] Zu den heftigsten dieser Reaktionen zählt wohl die Polemik des Heidelberger Kollegen Otto Gnadenwitz, der das „Lebensbild" als geschichtlich wertvoll charakterisiert, „weil es das alte viel erkannte Rechtsinstitut der Witwenverbrennung in ein günstigeres Licht setzte".[63] Bereits Baumgarten gibt subtil zu bedenken: „Das Buch ist gegen diesen Hochmut der Maskulinität jedoch gewappnet: seine Tonart mag hier und da befremden, der Umfang der sachlichen Information, die das Buch birgt, spottet aller mutigen Spötter".[64]

Das „Lebensbild" ist gewiss an vielen Stellen überladen und sentimental. Doch Baumgarten ist darin zuzustimmen, dass die Biographie mehr Schätze birgt als das Buch auf dem ersten Blick preisgibt. Hierzu gehört die ungewöhnlich konkrete Thematisierung der Brüche und Risiken, die ein Leben als Wissenschaftler und Wissenschaftlerin mit sich bringt. Die öffentliche Darstellung Webers als Person, die nicht souverän, sondern verletzbar und schwach ist, enthält ungewöhnliche Aspekte. Die Rede von der geringen Distanz signalisiert wohl auch Beunruhigung über das Thematisieren dieser Dimensionen des Wissenschaftlerlebens. Die Heftigkeit des Heidelberger Kollegen verrät zugleich etwas über die bedrohte Maskulinität.

---

61 Daston, Persona (wie Anm. 6), S. 113.

62 Eduard Baumgarten (Hg.), Max Weber. Werk und Person, Tübingen 1969, S. 605.

63 Baumgarten, Max Weber (wie Anm. 52), S. 605.

64 Baumgarten, Max Weber (wie Anm. 52), S. 605. In der Wissenschaftsforschung des 20. Jahrhunderts kommt ein männlicher Wissenschaftler dem wissenschaftlichen Habitus der Souveränität und Ich-Stärke am nächsten; vgl. Sandra Beaufays, Wie Wissenschaftler gemacht werden, Bielefeld 2004, S. 29, 43ff., 254f. Wissenssoziologische Studien zeigen, dass diese Zurechnung des Habitus bzw. des Stils unterschiedlich auf Disziplinen zugerechnet wird, dass Disziplinen unterschiedlich geschlechtlich etikettiert werden; vgl. Bettina Heintz / Martina Merz / Christina Schumacher, Wissenschaft, die Grenzen schafft. Geschlechtliche Differenzierung im disziplinären Vergleich, Bielefeld 2004.

3.3 Die *Wissenschaftliche Persona* im Geschlechterverhältnis

Marianne Weber überschreitet die Grenzen der verehrenden Ehefrau, wenn sie den Wissenschaftler nicht als souveräne Gestalt, als Mandarin (Ringer) vorstellt, sondern als unselbständige und verletzliche Existenz:

> „Es ist schlimm, dass er so gar keine Liebhabereien hat, oder dass man ihm keine ‚Handarbeit' oder sonst eine mechanische, aber doch interessierende Beschäftigung geben kann. Ich bin schon darauf verfallen, ihn zum Kerbschnitzen zu überreden – er lacht mich aber vorläufig aus. Dieses stundenlange Sitzen und ‚Stumpfen', wie er es nennt, nur an seinen Nägeln schnipselnd, macht mich immer ganz traurig. Er aber behauptet, es täte ihm positiv gut" (L S. 251). Die Mutter schickt dem Sohn aus Berlin zum Basteln Wachs, die Gattin legt ihm Ton vor und „ist glücklich, dass er gutmütig daran bastelt" (L S. 251).

Es scheint, dass Marianne Weber die Schilderung der Krankheit in ambivalenter Weise zu nutzen weiß. Denn gewisse Anspielungen auf die *déformation professionelle* des Wissenschaftlers und auf die Bedingungen der intellektuellen Arbeit bleiben keineswegs aus. Die oben zitierte Briefpassage an die Mutter wird folgendermaßen fortgesetzt: „Diese einseitig ausgebildeten Männer sind doch verraten und verkauft, wenn ihr Kopf nicht will – könnte man ihn doch wenigstens in die Küche schicken!" (L S. 251).

Hiermit spielt Marianne Weber auch auf ein soziologisches Motiv des frühen 20. Jahrhunderts an, das im Werk Georg Simmels besonderes Gewicht hat. Das Dilemma der modernen Kultur sieht Simmel darin, dass die objektive Kultur das Individuum zwar immer mehr zur rationalen Gestaltung seiner Umwelt ermächtige, damit seien allerdings erhebliche Verluste der subjektiven Kultur verbunden. Denn es werde zunehmend schwieriger, die Komplexität der objektiven Kultur auf der personalen Ebene zu integrieren. In diesem Zusammenhang spricht er ausdrücklich von der Einseitigkeit der Männer.[65]

---

65 Vgl. Georg SIMMEL, Zur Psychologie der Frauen, in: Georg SIMMEL. Aufsätze 1887-1890. Über sociale Differenzierung. Die Probleme der Geschichtsphilosophie, hg. v. Heinz-Jürgen DAHME (Georg Simmel Gesamtausgabe, hg. v. Otthein RAMMSTEDT), Frankfurt / M. 1989 [1890a], S. 66-102. Simmel behandelt die geschlechtliche Arbeitsteilung im Medium des ungleichen und ungleichzeitigen Verhältnisses der Geschlechter zur sozialen Differenzierung. Danach sind die Männer aufgrund ihrer früheren Einbeziehung in diesen Differenzierungsprozess arbeitsteiliger und spezialisierter, nämlich einseitiger, geworden, während die Frauen ganzheitlich-unspezialisiert, also geringer differenziert werden. Im Hinblick auf das Dilemma der modernen Kultur behandelt Simmel diese Problematik in seinem berühmten Aufsatz von 1911, vgl. Georg SIMMEL, Das Relative und Absolute im Geschlechter-Problem, in: Georg Simmel Gesamtausgabe (hg. v. Otthein RAMMSTEDT), Bd. 14, Hauptprobleme der Philosophie. Philosophische Kultur, hg. v. Rüdiger KRAMME / Otthein RAMMSTEDT, Frankfurt / M. 1996 [1911], S. 219-255. Vgl. Anne WITZ, Georg Simmel and the Masculinity of Modernity, in: Journal of Classical Sociology 3, S. 353-370; WOBBE, Wahlverwandtschaften (wie Anm. 42); WOBBE, Georg Simmel (wie Anm. 44).

Mit ihrem Hinweis auf diese Einseitigkeit deutet Marianne Weber gewiss auch ihre eigenen Erfahrungen in den ehelichen Konkurrenz- und Machtverhältnissen an. In der Verlobungs- und frühen Ehezeit unterstreicht Max Weber an prominenter Stelle die Notwendigkeit eigener ‚Herrschaftsgebiete' in der Ehe. In seinem Verlobungsbrief warnt er das ‚Kind' geradezu vor seinen Stimmungsschwankungen und den Abgründen der wissenschaftlichen Arbeit und folgert daraus: „Du musst ein Herrschaftsgebiet haben, auf welchem ich nicht, wie auf dem Gebiet des Denkens, mit Dir konkurriere" (L S. 198); stattdessen solle sie auf einem ‚praktischen Gebiet' von ihm unabhängig sein (L S. 197ff). Er schlägt ihr hier eine Arbeitsteilung vor, in der sie ähnlich wie seine Mutter in der Organisation des Haushalts und in ehrenamtlicher Arbeit den praktischen Part übernehmen soll. Marianne Weber beschließt jedoch, sich alsbald mit der Wissenschaft zu befreunden und dieser ‚strengen Göttin' ins Antlitz zu schauen (LE S. 54).[66]

Die Krankheit Webers erzeugt eine eigenartige Spannung von Nähe und Ferne, von Kommunikationsabbruch und höchst intensiver Kommunikation. Die ersten Ehejahre sind durch das typische Muster, durch die nicht endende Arbeitshetze und durch Mariannes dauernden Kampf um gemeinsame Stunden geprägt. Sie weiß, dass sie den Gatten nicht stören darf (L S. 208), ein gemeinsamer Spaziergang wird geradezu als ein Geschenk empfunden (L S. 208, 218). Mit der Krankheit ändert sich die Situation: Entweder befindet sich Max Weber auf Reisen bzw. hält sich in Heilanstalten auf oder er ist zu Hause und hat Zeit. Die Krankheit gestattet ihm den Rückzug aus der akademischen Institution. Sie bringt freilich auch Angewiesenheit auf die Kontinuität des Alltags mit sich und die soziale Isolation. Diese Situation öffnet Marianne Weber eine zuvor nicht erlebte Nähe und Präsenz des Gatten, die sie durchaus ambivalent beschreibt.

Zum einen thematisiert sie sich als die Gefährtin, „die selbst in den bösesten Tagen sein Charisma fühlt" (L S. 279) und an ihrer Bewunderung festhält. Sie deutet allerdings auch die latenten Machtverschiebungen an, die sich damit in der Ehe vollziehen: „Hatte Webers souveräne Selbstgenügsamkeit ab und an die Frage in ihr aufsteigen lassen, ob er sie nötig habe – jetzt zweifelt sie nicht daran. Aus dem dunklen Spalt, der sich da auftut, erblüht ihr ein hohes Glück: Der starke Mann ist ihrer ständigen Fürsorge und Gegenwart bedürftig, sie darf ihm dienen" (L S. 250).[67]

---

66 Vgl. Wobbe, Wahlverwandtschaften (wie Anm. 42), S. 32ff.

67 Vgl. hierzu Krüger, Doppelpersönlichkeiten (wie Anm. 4), S. 67; Lepsius, Mina Tobler (wie Anm. 59), S. 88. Auf das eheliche Machtverhältnis weist Guenther Roth im Zusammenhang mit dem Ehevertrag hin: „Im Ehevertrag befreite er (Max Weber, TW) sich von den wenigen Einschränkungen, welche sie (die Gütergemeinschaft, TW) dem Ehemann auferlegte. Dagegen stärkte er Mariannes Stellung als Witwe und eventuelle Mutter gegenüber den Kindern durch Einrichtung der ‚fortgesetzten Gütergemeinschaft'. (...), aber das Paradox bleibt: Max wollte es in der Ehe besser machen als sein patriarchalischer Vater, aber er maximierte seine patriarchalische Stellung, solange er lebte." Roth, Deutsch-englische Familiengeschichte (wie Anm. 2), S. 550. Der Rechtswissenschaftler Stephan Buchholz charakterisierte den Weberschen Ehevertrag als „ein Musterbeispiel für eine eheherrliche Om-

Angesprochen werden weitere ‚Verkehrungen', wenn sie von ihren Auftritten in öffentlichen Versammlungen spricht, während ihr Mann dazu nicht mehr in der Lage ist: „Es war mir doch nachträglich wie eine Ironie des Schicksals, dass ich armseliges Frauchen bis 1 Uhr nachts in einer politischen Versammlung saß, während unser ‚Großer' seit 10 Uhr im Bett liegen musste" (L S. 280). Während der Zugang zur politischen Öffentlichkeit lange den Männern vorbehalten war, zählt Marianne Weber zu der Frauengeneration in Deutschland, die ihre Auftritte in dieser Arena ausweiten. Die Biographin thematisiert sich daher nicht nur als verehrende Ehefrau, sondern auch als viel gefragte Frauenpolitikerin, die im „Bund Deutscher Frauenvereine" die Strategien der Frauenbewegung mitbestimmt, und als Schriftstellerin und Autorin soziologischer Abhandlungen.

Sie betont den Glauben „an ihres Mannes unzerstörte Schöpferkraft", er bleibe auch „in seiner Ohnmacht derselbe souveräne Mensch, der er immer gewesen war" (L S. 256). Faktisch hat sie über 22 Jahre die Kontinuität des Alltags aufrechterhalten. Die Grenze der persönlichen Belastung, die Einschränkungen, die Enttäuschung und die Verzweifelung über die so lang anhaltende Krankheit thematisiert sie nicht.[68]

Die immer wieder angesprochene „Kopfmüdigkeit" – „besonders das Sprechen macht sich sofort unangenehm bemerkbar" (L S. 250) –, bedeutet den Abbruch der wissenschaftlichen Kommunikation. Von Beginn der Ehe an ist die kostbare Arbeitsfähigkeit ein wichtiger Bezugspunkt der Kommunikation; ihr Verlust und ihre Wiederherstellung sind das Dauerthema in der Ehe Webers. Wie die Gelehrtenbiographien des 19. Jahrhunderts ist auch die Webers von einer, alles überlagernden Thematik bestimmt, nämlich von Arbeit, endloser Arbeit, die Geist und Körper bis an die Grenzen verzehrt, die zugleich aber auch die Quelle der Befriedigung ist.[69]

Doch im „Lebensbild" kumuliert mit dieser Arbeit nicht der Aufstieg, vielmehr wird dieser durch die Symptome der Krankheit unterbrochen. Beschrieben wird ein Wettlauf zwischen wissenschaftlicher Produktivität und Krankheit. So berichtet Max Weber an die Gattin über seine frühere Strategie, „das Nervensystem und das Gehirn durch anhaltendes Arbeiten nicht zur Ruhe" kommen zu lassen, um „die Nervenruhe" nicht „in Erschlaffung verwandeln zu lassen" (L S. 208). Später deutet er diese Strategie als kontraproduktiv für die Heilung und spricht von seiner „krankhaften Anlage", die sich „in einem krampfhaften Anklammern an die wissenschaftliche Arbeit wie an einen Talisman" (L S. 249) geäußert habe. Die Krankheitssymptome erfordern ein feines Zeitmanagement. Ein längeres Gespräch kann ihn vier Wochen aus der Bahn werfen und so muss er „pausieren, obwohl er alle Gedanken fertig im Kopf hat" (L S. 273).

---

nipotenz unter Lebenden", während Weber sich im Erbvertrag als ein „extrem fürsorglicher Mann" gezeigt habe (Fn. 11).

68 Vgl. Radkau, Max Weber (wie Anm. 5) S. 285f.

69 Vgl. Daston, Persona (wie Anm. 6), S. 123. Die Geschichte der deutschen Autobiographie besteht zu einem nicht unwesentlichen Teil aus Gelehrtenbiographien, vgl. Schmeiser, Hasard (wie Anm. 52); vgl. Niggl, Autobiographie (wie Anm. 6).

Wissenschaft und Leben, Institution und *wissenschaftliche Persona* sind aus dem Takt geraten. Für Weber stellt sich dies indes nicht nur problematisch dar, denn die Krankheit hält ihn auch auf Abstand zum akademischen Betrieb und entlastet ihn, er erlebt dies als „Erlösung vom Albdruck seiner Pflichten" (L S. 254).

Druck erfährt Weber wohl von einer anderen Seite, wenn die Mutter die Hartnäckigkeit der Krankheit auf Willensschwäche zurückführt und mit ihrer „herben Pädagogik"[70] vom Sohn mehr Willensstärke erwartet. Dagegen hält Marianne ihr zwar vor Augen, dass Max Weber seine Vorlesungen aussetze, „obwohl es ihm den Kollegen und Studenten gegenüber peinlich sein muss" (L S. 253). Doch auch der Erwartungsdruck der Ehefrau muss in den ersten Jahren erheblich gewesen sein. Dies geht aus einem Brief Marianne Webers an die Schwiegermutter hervor. Hier spricht sie die „unwürdige Situation" Max Webers an, nämlich „Geld zu beziehen und in absehbarer Zeit nichts leisten zu können, dazu das Gefühl, dass uns allen, Dir und mir und allen Menschen, nur der *Berufs*mensch für voll gälte. Dazu allerlei unangenehme Erinnerungen aus früheren Jahren, wo wir alle und die Ärzte eben doch immer gemeint hätten, er müsse die Krankheit willensmäßig überwinden, das sei das allerschrecklich belastendste für sein Ehrgefühl" (L S. 274).

Marianne Weber ist diejenige, die auch in den Zeiten der schlimmsten ‚Höllenfahrten' an seine Schöpferkraft glaubt. Ihre Durchhaltekraft und ihr Glaube werden belohnt, als die neue Produktionsphase beginnt und Max Weber innerhalb von neun Monaten drei große Aufsätze verfasst, nämlich seinen Beitrag über Roscher und Knies, den Werturteilsaufsatz und seinen Protestantismusaufsatz (L S. 278ff.).

Ausblick

Beatrice Webb und Marianne Weber thematisieren Modelle von Gelehrtenleben und Wissenschaftspraxis. Das am Pragmatismus und an einem optimistischem Wissenschaftsverständnis orientierte Arbeitspaar Webb wird in den „Lehrjahren" als effizientes Team und erfolgreiche Verbindung von Wissenschaft und Politik stilisiert: „Eine glückliche Zeit! Er fand mich vollkommen überstrapaziert von der Kombination aus harter Schreibarbeit und dem unzureichenden Essen (…). Er übernahm all die Arbeit, die sich angesammelt hatte, während ich auf einem Sofa lag, hat er die ganze Zeit Exzerpte und Zusammenfassungen gemacht."[71]

Marianne Weber setzt andere Akzente und gestattet Einblick in die Welt der *wissenschaftlichen Persona*: Die Wissenschaft hat demnach ihren Sitz auch und vor allem im Leben. Sie erfordert gute Nerven, kontinuierlichen und tiefen Schlaf, ein präzises Zeitmanagement zwischen dem akademischen Betrieb und dem forschenden Geist.

70 Radkau, Max Weber (wie Anm. 5), S. 294.
71 Webb, Lehrjahre (wie Anm. 1), S. 442.

Da die Entdeckung des Neuen eher unwahrscheinlich und ein Ergebnis von kontingenten Prozessen ist, erhält die Krankheit als Symptom existentielle Dimensionen. In dieser Sicht verhandelt das „Lebensbild" die Modernität einer Krankheit, aber auch die Modernität von Personen, die die beunruhigenden Voraussetzungen ihrer intellektuellen Produktivität reflektieren.

In der Formations- und Institutionalisierungsphase zeichnet sich die *wissenschaftliche Persona* vor allem durch Rationalität und Objektivität, durch die programmatische Ferne zur Lebenswelt aus. Im „Lebensbild" lernen wir dagegen einen Wissenschaftler kennen, der nicht mehr durch einen *cordon sanitaire* vor den Gefährdungen der Lebenswelt und den körperlichen Tücken geschützt ist. Im Mittelpunkt stehen hier vielmehr die Grenzen der Souveränität und das Angewiesensein auf den Anderen. Für das 19. Jahrhundert zeigt Daston, dass die Familie, insbesondere die Ehefrau, diese Stabilisierung gewährleistet, indem sie die Balance zwischen unterhaltsamer Ablenkung und konzentriertem Arbeiten wahrt.[72] Das „Lebensbild" verweist dagegen auf einen Wandel, da die Stabilisierung im Medium des weiblichen Anderen ihre Selbstverständlichkeit verloren hat.

Auch im 20. Jahrhundert geben (Ehe-)Frauen den Glauben an die Berufung ihres Mannes nicht auf, doch nun verändert sich die Szenerie: Die Frauen verlassen das Haus, um selbst ihrer ‚Berufung' nachzugehen. In ihren „Lebenserinnerungen" greift Marianne Weber diesen Gesichtspunkt 22 Jahre später noch einmal auf. Im zweiten Kapitel thematisiert sie die Bedingungen ihrer eigenen wissenschaftlichen und schriftstellerischen Produktivität:

> „Für eine verheiratete Frau, die nicht robust ist und gegen Schlaflosigkeit zu kämpfen hat, ist der Durchbruch zur Geistigkeit, vor allem zu eigenem geistigen Schaffen, an bestimmte Bedingungen geknüpft. Sie bedarf straffer Denkschulung im Bereich der Wissenschaft, (...) des Freiseins vom Alltag der Hausfrau" (LE S. 54).

Die prekären Voraussetzungen intellektueller Kreativität waren nicht nur ein Thema Max Webers, sie sind kein exklusives Problem des männlichen Parts.[73] Marianne Weber resümiert: „Ich hatte das Glück, dass mir in einem Zeitraum von 50 Jahren drei getreue Gehilfinnen zugeordnet wurden (...). Ich war mir bewusst, dass ich diesen Frauen die Möglichkeit meiner geistigen Existenz verdankte" (LE S. 57). Hier kommt sie auch noch einmal auf die Produktionsphase des „Lebensbildes" zu sprechen, die unter den Bedingungen der Inflationsarmut stattfand, nachdem sie die vier Kinder von Max Webers verstorbener Schwester bei sich aufgenommen hatte (LE S. 68f.).

72 Daston, Persona (wie Anm. 6), S. 126.

73 Es ist ein großer Verdienst von Radkau, diesen Aspekt herauszustellen. So zeigt er, dass das Ehepaar Weber sich vergleichsweise selbstverständlich und pragmatisch über Schlafstörungen, Nervosität, Reizungen etc. austauschte; vgl. Radkau, Max Weber (wie Anm. 5), S. 284ff. Radkau korrigiert in diesem Zusammenhang auch das Bild von Marianne als „Unschuld vom Lande" (S. 281).

Diese Umstellung hinterließ schlagartig Spuren im Haushalt: „Lisbeth hatte erregbare Nerven, die jungen Leute machten ihr den Kopf heiß und die Fußböden schmutzig. Es gab heftige Ausbrüche des Unmuts: (...)! Aber sie blieb, ließ mich nicht im Stich, und ich war ihr dafür herzlich dankbar. Denn ich war jetzt mehr denn je von einer zuverlässigen, kundigen Gehilfin abhängig, brauchte ich doch den Hauptteil meiner Kraft für die strenge gesammelte Arbeit an der Herausgabe der Werke Max Webers (...), für die Versenkung in das Lebensbild (...)" (LE S. 69).[74]

Die gelebte Erfahrung von Wissenschaftlern und Wissenschaftlerinnen ist also im 20. Jahrhundert um einige Facetten komplexer geworden. Da die Frauen ihre ‚Berufung' mit ebenso großer Hingabe wie die Männer anstreben, zeichnet sich auch eine Verschiebung der Konstellation zwischen ihnen ab, die freilich nicht von heute auf morgen zu einer neuen Balance zwischen den Geschlechtern führt. Margarete Susman hat vielmehr beobachtet, dass „der Kampf um Sprache und Bild"[75] nun allererst eröffnet ist.

Auf diese Weise verkehren sich Perspektiven: Im „Lebensbild" öffnet Marianne Weber den Blick auf die prekären Bedingungen des Gelehrtenlebens ebenso wie auf die neuen Wege, die die Frauen einschlagen. Bis in die jüngste Zeit galt Marianne Weber als die Instanz, die sie zu verkörpern suchte, die Biographin ihres Mannes und die Herausgeberin seiner Werke zu sein. Der Weg zu Max führte bislang über Marianne. Der in diesem Beitrag gewählte Zugang legt Koordinaten frei, die von Max auf Marianne weisen.

---

74 Vgl. Roth, Marianne Weber (wie Anm. 2), S. XI.

75 Margarete Susman, Das Frauenproblem in der gegenwärtigen Welt, in: Margarete Susman, „Das Nah- und Fernsein des Fremden". Essays und Briefe, hg. und mit einem Nachwort versehen v. Ingeborg Nordmann, Frankfurt / M., S. 144.

Birgit Schäbler

Post-koloniale Konstruktionen des Selbst als Wissenschaft: Anmerkungen einer Nahost-Historikerin zu Leben und Werk Edward Saids

Edward Said (1935-2003) gehört unzweifelhaft zu den weltweit bekanntesten und umstrittensten Intellektuellen unserer Zeit. Seine Rezeption jedoch unterscheidet sich je nach Land und akademischer Kultur gravierend.

Im Jahre 1999 erklärte ihn die *New York Times* in ihrer Zusammenschau des 20. Jahrhunderts zu einem der „most important literary critics alive". In den USA war er jedoch mehr als dies, ein intellektueller *household name*, eine öffentliche intellektuelle Figur, die weit über die Grenzen ihres akademischen Wirkens als Literaturwissenschaftler und -kritiker hinaus bekannt war, nicht zuletzt wegen des politischen Engagements für Palästina und die Palästinenser.

Edward Said starb am 25. September 2003. Die Website des *Edward Said Archive,* das ihn als „pathbreaking scholar, courageous advocate, passionate critic and unfailing humanist"[1] beschreibt, verzeichnete im September 2004, also ein Jahr nach seinem Tod, 32 akademische Gedenkfeiern von den USA, Frankreich, bis nach Korea.

In seinem autobiographischen Selbstzeugnis *Out of Place*, so die These meines Beitrages, etabliert sich der engagierte Intellektuelle am Ende seines Lebens als einer, dessen Leben und Identität in spektakulärer Weise untrennbar mit seinem wissenschaftlichen und politischen Programm verknüpft sind, ein Programm, das mit dem Titel und früherem Arbeitstitel (*Not Quite Right*) seiner Autobiographie gut beschrieben werden kann als ‚nie am rechten Ort, nie ganz richtig', einfach: „anders" im post-kolonialen Sinne zu sein, und von dieser Warte aus Kritik zu üben: „I find myself instinctively on the other side of power", sagte er 2001.[2]

„The O/other", der/die/das Andere ist eine zentrale Denkfigur im post-kolonialen Diskurs, die besonders auf Jacques Lacan zurück geht. Sie wird vor allem gebraucht, um die Identität des kolonialen Subjekts als eben „anders", abhängig, *not quite right* im Blick des/der Imperialen zu beschreiben. Den Prozess, in dem diese kolonialen „Anderen" geschaffen werden, hat vor allem Gayatri Spivak, eine führende post-koloniale Diskurstheoretikerin, das „*othering*" genannt.[3]

1 *The Edward Said Archive*, URL: <http://www.edwardsaid.org>, [23.09.2004].

2 Interview mit Joan Scott zu seinem Band Reflections on Exile, Guardian Unlimited Books, 10. Dezember 2001, auf *The Edward Said Archive*, URL: <http://www.edwardsaid.org>, [23.09.2004].

3 Einführend siehe die Einträge *other* und *othering* in Bill Ashcroft / Gareth Griffiths / Helen Tifflin (Hg.), Key Concepts in Post-Colonial Studies, London 1999, S. 169f. und 171f.

Edward Said findet sich im Schnittpunkt mehrerer post-kolonialer Konzepte, die er gleichsam zu verkörpern scheint. Kulturelle Hybridität und die nach Homi Bhabha damit zusammenhängende Mimikri, also die Anpassungsleistung, die der Kolonisierte an die Kultur des Kolonialherrn leisten muss, führt seinerseits zu einem Prozess, in dem das koloniale Subjekt reproduziert wird als „almost the same, but not quite".[4] Dieses Nie-Ganz-Richtig-Sein des kolonialen Subjekts, das Edward Said bereits im Titel (ausdrucksstärker im früheren Titel *Not Quite Right*)[5] zum Ausdruck bringt, enthält in diesem Konzept eine starke Ambivalenz und stellt gleichzeitig eine Bedrohung der kolonialen Kultur durch die Macht der Ironie dar, die im post-kolonialen Schreiben zum Ausdruck kommt.

Ambivalenz, aber auch Unterwanderung und Spott, entstanden aus der Zerrissenheit der kolonialen Existenz (in Saids bezeichnenderweise britischer Metapher: „to be at the same time Wog and Anglican was to be in a state of standing civil war")[6] zeichnen Edward Saids Leben und Schreiben aus.

Ihm ist die theoretische Etablierung und gleichzeitige Verkörperung des „Anderen" in seinem Leben und Werk auf einzigartige Weise gelungen, was ihn geradezu zu einer Ikone dieser Denkfigur und aller mit ihr verbundenen intellektuellen Strömungen werden ließ.

Orientalism und die Folgen

Mit seinem Hauptwerk *Orientalism* von 1978, das er selbst als ersten Teil einer Trilogie sehen wollte,[7] betrieb er eine Art Diskursanalyse à la Foucault (ohne dass dieser in seinem Werk hervorgehoben wird), die argumentierte, dass die westlichen Großmächte England und Frankreich, bzw. deren Wissenschaften vom Orient, diesen durch selbstreferenzielles Wissen gleichsam erst nach ihrem Gegen-Bilde erschaffen hätten, als das ewig „Andere", das Unterlegene. Die Orientalisten des 19. Jahrhunderts konstruierten,

---

4 Homi BHABHA, The Location of Culture, London 1994, Kapitel 4: „Of Mimicry and Man. The Ambivalence of Colonial Discourse", S. 86.

5 Das Buch war noch 1998 mit dem Titel *Not Quite Right* vorangekündigt worden; siehe Anm. 29.

6 Edward SAID, Between Worlds, zuerst veröffentlicht in der London Review of Books 20, Nr. 9, 07.05.1998; hier zitiert nach dem Wiederabdruck in SAID, Reflections on Exile and Other Essays, Cambridge 2000.

7 „This is the third and last in a series of books (...). *Orientalism* is the most general (...). The second book, *The Question of Palestine*, provides a case history of the struggle between the native Arab, largely Muslim inhabitants of Palestine and the Zionist movement (later Israel), whose provenance and method of coming to grips with the „Oriental" realities of Palestine are largely Western. In *Covering Islam* my subject is immediately contemporary: Western and specifically American responses to an Islamic world perceived, since the early seventies, as being immensely relevant and yet antipathetically troubled, and problematic". Edward SAID, Covering Islam. How the Media and the Experts Determine How We See the Rest of the World, London u.a. 1981., S. IX, X.

so Said, den Westen als rational, geordnet, modern und säkular, und den Osten als irrational, chaotisch, traditionell und fanatisch religiös. Diese Konstruktionen geschahen aber nicht in wissenschaftlich-unschuldiger Weise, sondern eindeutig mit dem Ziel der Beherrschung, so der zweite Teil seines Argumentes.

Weitgehend wohl zunächst aus Sprachgründen, in einem späteren Vorwort jedoch auch mit inhaltlicher Begründung (Deutschland sei keine bedeutende Kolonialmacht gewesen; überhaupt war Said deutscher Kultur über deren Musik und Philosophie zugetan), nahm Said die deutschen Orientalisten von diesem Vorwurf aus. Den amerikanischen historischen Orientalismus nahm er nicht zur Kenntnis.

Das Buch schlug ein. Trotz größerer Widersprüche zum Ansatz von Foucault beförderte und profitierte es von der weiten Foucault Rezeption in den USA.[8] Es wurde maßgeblich in einer Reihe von Disziplinen, vor allem natürlich den *literary studies*, aber auch den *gender* und sogenannten *queer studies*. In den Kulturwissenschaften avancierte *Orientalism* zum Lehrbuch des angewandten *linguistic turn*; mehr noch, es etablierte sein eigenes Forschungsfeld.[9]

Die *Middle Eastern Studies* in den USA aber spaltete es.[10] In den Auseinandersetzungen um die Rolle der Orientalistik griff Said den Wissenschaftler Bernhard Lewis, einen Princeton-Orientalisten alter Schule, als einen derer an, die durch ihren unemphatischen Blick auf ihr Forschungsobjekt und ihre politischen Verflechtungen die Tradition des Orientalismus des 19. Jahrhunderts nahtlos fortsetzten. Für Bernhard Lewis, der *Orientalism* als ein „falsches Argument, das geradezu absurd sei", beschrieb und Said einen „beunruhigenden Mangel an Kenntnis darüber vorwarf, was Gelehrte (*scholars*) täten und was Gelehrsamkeit (*scholarship*) eigentlich sei", war Said nicht dazu berechtigt, sich zu Fragen der Islamwissenschaft, der Orientkunde oder der arabischen Geschichte zu äußern, da er seine akademischen Abschlüsse und Grade in keinem einzigen einschlägigen Fache sondern in englischer und vergleichender Literaturwissenschaft erworben habe.[11]

---

8 Zu den Widersprüchen zum Foucault'schen Ansatz siehe James Clifford, On Orientalism, in: The Predicament of Culture. Twentieth Century Ethnography, Literature and Art, Cambridge, MA 1988.

9 Wie massiv unterschiedlich die Wirkung von *Orientalism* in den USA und Europa ausfällt, zeigte sich auch auf der Konferenz, die diesem Band zugrunde liegt. So erklärte eine (europäische) *gender*-Forscherin, es sei ihr gänzlich unverständlich, was das Buch mit *gender*-Forschung zu tun haben könnte, und eine Kulturwissenschaftlerin bemerkte, es beschränke sich ganz eindeutig „auf den Orient".

10 Zur Geschichte der *Middle Eastern Studies* in den USA und Deutschland siehe Birgit Schaebler, Das Studium der Weltregionen (Area Studies) zwischen Fachdisziplinen und der Öffnung zum Globalen: Eine wissenschaftsgeschichtliche Annäherung in: Schaebler (Hg.), Area Studies und die Welt. Weltregionen und neue Globalgeschichte, Wien 2007, S. 11-44.

11 Bernard Lewis, Orientalism. An Exchange, in: New York Review of Books 29, Nr. 13 (1993), S. 46-48 und Lewis, The Question of Orientalism, New York Review of Books 29, Nr. 11 (1993), S. 49-56.

In Saids Nachwort zur *Orientalism*-Ausgabe von 1995 fand die Kontroverse einen weiteren Höhepunkt. Für Edward Said war und blieb Bernard Lewis ein Intimfeind, eine fast schon lächerliche Gestalt, die ihn als unliebsamen Eindringling aus des Professors „kleinem wissenschaftlichem Herrschaftsgebiet" vertreiben wolle. Gestützt auf seine Denkfiguren des willentlichen „Amateurwesens" der Kritik und seines „weltlichen Humanismus" verurteilt Said Lewis aufs schärfste:

> „Er (Lewis, B.S.) geht vor, indem er die Wahrheit verzerrt, falsche Analogien heranzieht, und versteckte Andeutungen macht, Methoden, denen er dann den Anstrich einer allwissenden, ruhigen Autorität gibt, von der er annimmt, dies sei die Art und Weise, in der Gelehrte sprächen." (...) Und: „... mehr als die meisten Orientalisten war (Lewis) ein leidenschaftlicher, politischer Gegner (nicht nur) der arabischen Sache an solchen Orten wie dem US-Kongreß, der (konservativ-rechten, B.S.) Zeitschrift *Commentary* und anderswo."[12]

Hier zeigt sich fast noch deutlicher als im ursprünglichen Text von *Orientalism* seine tiefe Ambivalenz und sein Misstrauen der „Zunft der Orientalisten" gegenüber. Auf die milde Kritik von Albert Hourani, dem großen alten Mann der arabischen Geschichtsschreibung aus Oxford, dass er neben den vielen negativen Seiten des Orientalismus die positiven humanistischen und wissenschaftlichen Errungenschaften der Orientalisten hätte erwähnen müssen, antwortete er:

> „Nirgendwo sage ich, dass der Orientalismus böse, oder schlampig, oder einheitlich derselbe in der Arbeit jedes einzelnen Orientalisten sei. Aber ich sage wohl, dass die *Zunft* der Orientalisten (Hervorhebung i. O.) eine spezifische Geschichte der Komplizenschaft mit imperialer Macht aufweist, die irrelevant zu nennen ein geradezu panglossischer Optimismus wäre." Und: „Es besteht immer noch ein ziemlich regelmäßiger Austausch zwischen (...) Orientalisten und Stellen der Außenministerien."[13]

Dass das professionelle Wissen über den Orient beinahe per se jeden, der sich dessen verdächtig macht, zum Zuträger neo-imperialistischer Politik geraten lässt, ist natürlich fragwürdig.

In einem seiner letzten Texte, 25 Jahre nach dem Erscheinen von *Orientalism*, zitiert er noch einmal Bernard Lewis als „major influence on George W. Bush's Pentagon and National Security Council", der damit den Irakkrieg von 2003 mitplante.[14] Bis heute bedeutet die Nennung der Namen Bernard Lewis' oder Edward Saids im Feld der Nah-Ost-Wissenschaften im anglo-amerikanischen Raum eine wissenschaftspolitische Positionierung, die Karriere-entscheidend sein kann.

---

12 Edward Said, Afterword, in: Orientalism, London 1995, S. 343, 346.

13 Said, Afterword (wie Anm. 12), S. 342, 345.

14 Edward Said, Orientalism 25 Years Later. Worldly Humanism v. the Empire-builders, in: Counterpunch 4, 05.08.2003, S. 4, URL: <http://www.counterpunch.org/said08052003.html> [24.01.2005].

Andererseits hat sich das Forschungsfeld durchaus auf die eine oder andere Weise mit der These des Orientalismus auseinander gesetzt; kaum ein Orientforscher von Rang, der dies nicht getan hätte.[15] Nach einer dramatischen Veranstaltung auf der Jahrestagung der *Middle Eastern Studies Association of North America* 1982, auf der sich Bernard Lewis und Edward Said auf dem Podium gegenüber saßen, widmete man dem an Leukämie Erkrankten kurz vor seinem Tode noch eine Jahrestagung, 1998, zum 20jährigen Jubiläum von *Orientalism.* Bei dieser Veranstaltung designierte der Vorstand der *Middle Eastern Studies Association* den bereits erwähnten post-kolonialen Literaturwissenschaftler Homi Bhabha (der mit dem Nahen Osten nichts zu tun hat, hingegen über Südasien bzw. Indien arbeitet) gleichsam zu Saids Nachfolger, indem er ihn Said auf dem Podium zur Seite stellte und die Laudatio halten ließ.

In Deutschland dagegen ist Edward Said in den Orientwissenschaften bis auf die jüngere Generation nur sehr vereinzelt und skeptisch rezipiert worden; dies gilt in sehr viel höherem Maße für die Geschichtswissenschaft.[16]

In den USA gelang es Said, ähnlich (aber in geringerem Maße) wie Noam Chomsky, in den Rang des öffentlichen Intellektuellen, eines moralischen Gewissens der Nation, aufzusteigen. Beide behielten ihre angestammten Professuren, Chomsky für Linguistik am Massachusetts Institute of Technology,[17] Said für englische und vergleichende Literaturwissenschaft an der Columbia University, doch beide verwandten den Großteil ihrer Energie bald auf intellektuell-moralische Interventionen ins aktuelle politische Geschehen. Chomskys Domäne ist hierbei die ganze Welt, Said beschränkte sich weitgehend auf Palästina und den Nahen Osten.

Between Worlds, Out of Place: Das post-koloniale Selbst

Der Aufsatz „Between Worlds", den Edward Said 1998 in der *London Review of Books* veröffentlichte, ist eine Kurzfassung seines intellektuellen Lebens. *Out of Place*, „fehl am Platz", ist der Titel seiner Autobiographie, die er während seiner Krankheit in den letzten Lebensjahren von 1994-1999 schrieb. Die deutsche Übersetzung „am fal-

15 In Nancy GALLAGHER, Approaches to the History of the Middle East. Interviews with Leading Middle East Historians, New York 1994, z.B. werden alle der insgesamt acht Interviewten nach ihrer Haltung zur Orientalismus-These befragt.

16 Edward Saids Autobiographie, Am falschen Ort, wurde jedoch vielfach in der deutschen Presse beachtet, sowohl nach ihrem Erscheinen als auch in den Nachrufen auf Edward Said; siehe Ludwig AMMANN, Familie als Exil, in: Süddeutsche Zeitung, 18.10.2000. Daniel BAX, Ein Engländer aus Kairo, in: taz, 29.09.2003, S.15. Tobias DÖRING, Auf der Rückseite der Zivilisation wohnt das nackte Unbehagen, in: Frankfurter Allgemeine Zeitung, 13.04.2004, S.41. Martin EBEL, Das Leben zwischen den Stühlen, in: Die Welt, 21.03.2005.

17 Siehe auch Judith BUTLER, Academic Norms, Contemporary Challenges. A Reply to Robert Post on Academic Freedom, in: Beshara DOUMANI (Hg.), Academic Freedom After September 11, New York 2006, S. 125.

schen Ort" ist nicht nur sprachlich wenig treffend; sie widerspricht auch der Weise, in der Said seine Identitäten konstruiert. Die Zugehörigkeit zu einem bestimmten Ort (gleichgültig ob richtig oder falsch) hat für ihn, der sich kontinuierlich unbehaust fühlt, keine Bedeutung. Das Buch schließt mit den Worten:

> „Heute erscheint es mir nicht mehr wichtig oder gar wünschenswert, am „richtigen" Ort zu sein (etwa zu Hause). Besser ist es, fehl am Platz durch die Welt zu wandern, kein Haus zu besitzen und sich nirgends allzu sehr zu Hause zu fühlen, schon gar nicht in einer Stadt wie New York, in der ich bis zu meinem Tod leben werde." (450) „(...) In meinem Leben gab es so viele Dissonanzen, dass es mir inzwischen lieber ist, am falschen Ort zu sein." (452)[18]

Trotz, oder gerade wegen seiner vielen Dislozierungen nahm Said stets viel zu viel Gepäck mit, was er als Angst, er könne nicht zurückkehren, analysierte (336). Wem dies jedoch als traumatische Erfahrung eines vertriebenen Palästinensers erscheint, wie die in palästinensischen Autobiographien so oft erwähnte Angst vor (oder der Hass auf) Flughäfen, wo die Staatenlosen ohne Pässe schikaniert wurden, der irrt.[19]

Am falschen Ort beschreibt gerade nicht das Leben eines heimatlosen palästinensischen Flüchtlings, sondern die Kindheit und Jugend eines mit einem amerikanischen Pass ausgestatteten protestantischen Christen in Kairo, dessen Familie aus dem historischen Großsyrien, Bilad al-Scham, stammte, zu dem auch Palästina gehörte, und die deshalb *schamis* genannt wurden. Said besaß diesen Pass, da sein Vater in seiner Jugend zehn Jahre in den USA verbracht, im ersten Weltkrieg für die USA in Frankreich gekämpft hatte und dann als US-amerikanischer Staatsbürger in den Nahen Osten zurückgekehrt war, wo er ein Schreibwaren-Unternehmen aufbaute. Vater Wadie und Mutter Hilda kamen ursprünglich aus Palästina, die Mutter aus Nazareth, der Vater aus Jerusalem. Die Familie aber lebte in Kairo.

In der Folge einer Psychoanalyse (402) geschrieben, gibt das Buch detailliertestе Einblicke in die emotionale Welt des in wohlhabenden, ja großbürgerlichen Verhältnissen aufwachsenden Sohnes einer besitzergreifenden, manipulativen jungen Mutter, die im Zentrum seines Lebens stand, und eines zwar treu (ver-)sorgenden, aber emotional nicht zur Verfügung stehenden älteren Vaters. Vor dessen Virilität und Strenge flüchtet sich Said in die Arme seiner Mutter, die ihn bis weit ins Erwachsenenalter, wenn überhaupt je, nicht wieder loslassen. Mit ihr hatte er eine Beziehung, die er als quälende und doch nährend-hypnotische Dialektik bezeichnet (312). Die Charakterisierung des von Macht geprägten emotionalen Lebens, das seine Mutter für ihn und seine vier Schwestern schuf, ist bezeichnend für Said, der das Koloniale auch im Emotionalen beschreibt:

---

18 Alle Seitenangaben im Text beziehen sich auf die Autobiographie, *Am falschen Ort*, Berlin 2003.

19 Meisterhaft beschrieben z.B. von Fawaz TURKI, Soul in Exile. Lives of a Palestinian Revolutionary, New York 1988, S. 10; siehe auch Susanne ENDERWITZ, Unsere Situation schuf unsere Erinnerungen. Palästinensische Autobiographien zwischen 1967 und 2000, Wiesbaden 2002, S. 117f.

„Das was fehlte, war ein gemeinsamer emotionaler Raum. Stattdessen bestanden bilaterale Beziehungen zu meiner Mutter, wie zwischen einer Kolonie und ihrer Metropole, eine Konstellation, die nur sie vollständig überblicken konnte.“ (99)

Dass beide Eltern in Palästina geboren waren, und die Familie bis 1948 fröhliche Sommer in Jerusalem bei der weitverzweigten Großfamilie verbrachte, ist zunächst das einzig Palästinensische in Edward Saids Leben.[20]

Als „Großsyrer“, protestantischer Christ und Amerikaner ist er (und die ganze Familie) nicht dazugehörig in Kairo, ebenso wie alle Freunde der Familie. Es ist ein „seltsames, unauthentisches Leben“, das die Saids führen, in ihrem gänzlich unpolitischen „Familienkokon“ (26ff.), und es ist diese ihm unheimliche, entfremdete Kindheit mit ihren verschiedenen Kolonialschulen, auf die er geschickt wurde, und in denen er sich mit seinem arabischen Äußeren und seinem britischen Namen (seine Mutter hatte ihm den Namen des von ihr verehrten Prinzen von Wales gegeben) fehl am Platz fühlte, die ihm eine hybride Identität verliehen, und ihn endlos im Liminalen leben ließen.

Ineinander verwoben erzählt Said die Geschichte seiner sich entfaltenden Identitäten und der historischen Verläufe, vor allem des Verlustes von Palästina 1948 und später dann Nassers arabischem Sozialismus. Das Schlüsselerlebnis des Kriegs von 1967, den Said als junger Professor an der Columbia Universität verfolgte, bleibt jedoch gänzlich ausgespart, das Buch endet 1962/63.

Fasziniert zeigt sich der Autor von der Fähigkeit des Kindes, unter dem auf der Oberfläche angepassten, einen hektischen Stundenplan erfüllenden „Edward“, der trotzdem wegen seiner Zerstreutheit oft gescholten wurde, die Spur eines authentischen und renitenten, im seelischen Untergrund wartenden anderen Ichs zu bewahren, das sich dann später, in den USA, vor allem über das Engagement für die palästinensische Sache in ihm realisieren sollte.

Doch in seiner Kindheit und Jugend bleibt alles Politische völlig vage, da die unpolitischen und unsicheren Eltern die Familie gänzlich nach außen abschirmen und sich im Falle des Vaters den oberflächlichen Nimbus des Amerikaner-Seins via *pancakes* und *apple pie* verleihen: „Politik schien immer nur andere Menschen zu betreffen, niemals uns“ (195). 27 Jahre lang verbrachte die Familie jeden Sommer mehrere Monate in einem libanesischen Bergdorf, auch dort abgeschirmt von der sozialen und politischen Realität des Libanon:

„Isoliert von den widerstreitenden kommunalen und politischen Strömungen, die den Libanon seit Jahrzehnten zerrissen hatten, lebten wir ein pseudoidyllisches Leben dicht neben einem tiefen Abgrund.“ (413)

20 Auch er selbst war in einem Krankenhaus in Jerusalem geboren worden, da seine Mutter nach dem Tod eines Jungen vor seiner Geburt nicht in das Kairiner Krankenhaus zurückkehren wollte, in dem dieses Kind geboren worden war.

Auch über Palästina wurde kaum gesprochen, obwohl dem Kind Edward das Schicksal der Flüchtlinge durch die Sozialarbeit seiner Tante Nabiha, die palästinensische Flüchtlinge in Kairo betreute, eindrücklich vor Augen geführt wurde.

So scheint sich der Autor bewusst Erlebnisse und Motive in seiner Vergangenheit zu suchen, die er als für sich prägend reklamiert, wie beispielsweise die (lockere) Bekanntschaft mit einem palästinensischen kommunistischen Arzt, der später wegen seiner Parteimitgliedschaft im Gefängnis in Kairo ermordet wurde (196). Oder Said verklärt die Kindheitserinnerung an ein kurzes Spätsommer-Intermezzo in einer Schule in Jerusalem (bis die Familie verspätet nach Kairo zurückkehrte), in der er sich das einzige Mal gut und dazugehörig gefühlt habe, weil er dort unter seinesgleichen gewesen sei, also unter palästinensischen Kindern, die überdies der Großfamilie bekannt waren (170/171).

Am Victoria College in Kairo aber litt er unter dem *colonial encounter*, in dem die „Inkarnation sinkender kolonialer Macht", der Schuldirektor (*headmaster*), ihn als aufsässigen Eingeborenen, wie er es empfand, der (in englischen Internaten auch im Mutterland üblichen) Prügelstrafe aussetzte. Die Frustration darüber erinnert er genau:

> „Aber ich hatte das Gefühl, dass in einer Kriegssituation auch gar nichts anderes zu erwarten sei. Mich packte eine hemmungslose Wut, und ich schwor, ‚ihnen' das Leben zur Hölle zu machen und mich dabei nicht mehr erwischen zu lassen. Was sie auch zu bieten hatten, ich wollte es mir auf meine Weise holen, ohne einem von ihnen jemals nahe zu kommen." (289/290)

Die Ambivalenz des *not quite right* hat ebenso ihre Auswirkungen auf ihn:

> „Ich hatte oft den Eindruck, über uns alle sei das Urteil schon gefällt worden, bevor wir überhaupt an diesen Ort gelangt waren: mangelhaft oder auf irgendeine grundlegende Art und Weise minderes Menschenmaterial, nicht englisch, keine wirklichen *gentlemen*, des Unterrichts nicht wirklich würdig. Mir verschaffte das eine seltsame Erleichterung, denn so konnte ich endlich sein, wie ich war, ohne den Drang, besser zu sein oder mehr zu arbeiten." (313)

In „Between Worlds" fasst er diese Erfahrungen konzise zusammen:

> „Meine ganze Erziehung war so anglo-zentrisch, dass ich sehr viel mehr über britische und sogar indische Geschichte und Geographie (Pflichtfächer) wusste als über die der arabischen Welt. Aber obwohl ich darin unterrichtet wurde, wie ein englischer Schuljunge zu glauben und zu denken, wurde mir auch beigebracht, dass ich ein Fremder, ein nicht-europäischer Anderer war, den seine Vorgesetzten dazu erzogen, seinen Platz im Leben zu kennen und nicht danach zu streben, Brite zu sein. Die Grenze, die Uns von Ihnen trennte, war linguistisch, kulturell, rassisch und ethnisch."[21]

21 Said, Between Worlds (wie Anm. 6), S. 558.

Der Platz des ständigen *in-between*, zwischen allen Stühlen gewissermaßen, macht ihm zu schaffen. Ein Araber für die Briten, ist er für die Ägypter ein Ausländer. Als die Kairiner seine Familie und ihn mit einem ehrfurchtsvollen und gleichzeitig auch leicht feindseligen arabischen Ausdruck für „Ausländer" belegen, ist er wütend, weil er sich „selbst zunehmend als einen insgesamt komplexeren und authentischeren Menschen betrachtete und nicht mehr bloß als Kopie eines Kolonialisten." (302)

1951 wurde er nach einem schweren Schulverweis von seinem Vater in die USA geschickt, wo er im Mount Hermon Internat und an den Universitäten Princeton und Harvard studierte. Das Gefühl, trotz aller Brillanz nicht dazuzugehören, blieb ihm allerdings auch hier nicht erspart, obwohl er fortan bis zum Ende in den USA lebte.

Der umstrittene öffentliche Intellektuelle

Als Autor von *Orientalism* und schillernde Figur wäre Edward Said auch bekannt geworden, wenn er sich nicht dazu bekannt hätte, ein Palästinenser zu sein. Dass er dies während des sogenannten Sechs-Tage-Krieges 1967 und danach während seines ganzen Lebens tat, setzte ihn in der politisch aufgeladenen weitgehend pro-israelischen politischen Kultur der USA schweren Attacken aus.

Dabei hätte er auch gänzlich unberührt von seiner Herkunft als angesehener Professor des westlichen Kanons weiterleben und lehren können, wie Philip Roths Romanfigur Coleman Silk, dem man den *human stain*, den „menschlichen Makel" seiner Herkunft ebenfalls nicht ansah.[22] Während Coleman Silk, der eigentlich schwarz war, sich als orientalischer Jude aus New York ausgab, bekannte sich Said, der bei seiner Einstellung an der Columbia Universität für einen solchen, nämlich einen polyglotten Alexandriner Juden gehalten worden war,[23] dazu, Araber, mehr noch, Palästinenser zu sein.

Dies bedeutete im Amerika der 1970er Jahre die Mitgliedschaft in einer gänzlich desavouierten Gruppe, von der Edward Said schrieb, sie sei „praktisch die *einzige* (Hervorhebung im Original) ethnische Gruppe über die im Westen (er meint die USA) verbale rassistische Ausfälle toleriert, ja sogar ermutigt" würden.[24] Sein Bekenntnis, Palästinenser zu sein, ist fast ein *coming out* zu nennen. Dies habe ihn zu einem Gezeichneten (einem *marked man*) gemacht, sagte er im Interview.[25]

22 Philip Roth, The Human Stain, London 2000. Said, Between Worlds (wie Anm. 6), S. 559, 560: „Although I went back to the Middle East in the holidays (my family continued to live there, moving from Egypt to Lebanon in 1963), I found myself becoming an entirely Western person; (…) I studied literature, music and philosophy, but none of it had anything to do with my own tradition."

23 Said, Between Worlds (wie Anm. 6), S. 560.

24 Said, Question of Palestine, New York 1980, S. 26.

25 Siehe hierzu den französischen Dokumentarfilm aus dem Jahr 2003, *Selves and Others. A Portrait of Edward Said* von Emmanuel Hamon.

Anders herum betrachtet bot sich Edward Said den Amerikanern auch an, als Beispiel dafür, was aus einem Palästinenser werden kann, wenn er nicht in Lagern zu leben gezwungen ist. In mehreren seiner Texte taucht das Beispiel einer Bostoner Psychologin auf, die in israelisch-palästinensischen Friedensgesprächen aktiv war und ihn daher kannte. Sie stattete ihm einen Besuch ab, besah seine Wohnung, vor allem sein Piano, murmelte „Sie spielen also wirklich Piano. Ich wollte nur einmal sehen, wie Sie leben", und ging wieder. Einer seiner Verleger unterzeichnete seinen Buchvertrag nur, nachdem er mit ihm gespeist hatte. Als Said seinen Assistenten nach dem Motiv für diesen Wunsch fragte, antwortete der ihm, der Mann habe nur einmal sehen wollen, wie er sich bei Tische benehme.[26]

Bald avancierte Said im neo-konservativen New Yorker Journal *Commentary* zum „Terror-Professor", obwohl er den palästinensischen Terrorismus ablehnte. Seinen Sitz im palästinensischen Exilparlament, in das er 1977 als unabhängiger Kandidat (er war nie Mitglied in einer der Organisationen der PLO) gewählt worden war, gab er 1991 auf. Im Protest gegen das „Friedensabkommen" von Oslo, brach er bald darauf auch die Beziehung zu Jassir Arafat ab, dem er Tyrannei und Korruption vorwarf. Dieser verbot daraufhin Saids Bücher in den Autonomiegebieten.

Dabei waren ihm die literarischen und philosophischen Traditionen der arabischen Welt weitgehend fremd. Er wollte sich immer einmal, so schreibt er, mit moderner arabischer Literatur beschäftigen, allein es fehlte die Zeit. Er hätte auch gern einmal den ihm bekannteren Vico mit Ibn Khaldun verglichen, doch auch dazu kam er nicht. In einem Freisemester 1972 in Beirut beschäftigte er sich mit arabischer Philologie und Literatur, weil er, wie er sagte, zugelassen habe, dass die Disparität zwischen seiner angenommenen Identität und der Kultur, in die er geboren wurde und aus der er entfernt worden war, zu groß wurde.[27]

Erst sehr viel später, und besonders am Ende seines Lebens fand Edward Said zur arabischen Sprache.

> „Erst jetzt, mit über sechzig Jahren, fühle ich mich behaglicher, muss ich nicht mehr zwanghaft, sondern kann unmittelbar in diesen Sprachen sprechen oder schreiben (...). Erst heute kann ich meine Entfremdung vom Arabischen überwinden, eine Folge von Erziehung und Exil, und an dieser Sprache Gefallen finden." (306)

Der deutschen Kultur hingegen schien er über die Musik und Philosophie verbunden zu sein. Clemens Krauss und Wilhelm Furtwängler hörte er schon in seiner Kindheit in Kairo, Wagners Rheingold später in Bayreuth (162). Von Theodor Adorno entlehnte er Gedanken über das Exil; sein großes Vorbild, neben Joseph Conrad, war Erich Auerbach, der deutsch-jüdische Literaturtheoretiker, der sein Werk *Mimesis* ebenso

26 SAID, Between Worlds (wie Anm. 6), S. 566.
27 SAID, Between Worlds (wie Anm. 6), S. 561.

im Exil, in Istanbul, geschrieben hatte.[28] Seine erste Ehe schloss Said mit der estnisch-deutschen Maire Jaanus. Halb im Scherz, halb im Ernst vertraute er einer Journalistin an, er habe seine Memoiren vor allem deshalb 1962 enden lassen, um nicht über seine in diesem Jahre geschlossene Ehe, die nur sechs Jahre währte, schreiben zu müssen.[29]

Doch es war sein Palästinensertum, verstanden als die Zugehörigkeit zu einem vertriebenen Volk, das, wenig überraschend, am heftigsten umstritten blieb. Nicht nur, weil der auch als „Dandy und Manhattan bon viveur" Etikettierte (Ernest Gellner)[30] so gar nicht einem vertriebenen Palästinenser glich, sondern auch, weil er sich bewusst mit dem kollektiven Schicksal der Palästinenser identifizierte, das er, wie die Autobiographie beweist, nicht selbst geteilt hatte.

Er hatte selbst in autobiographischen Vorveröffentlichungen, wie seinem brillanten Aufsatz „Between Worlds" und in der offiziellen Universitätszeitung der Columbia University, die die Memoiren ankündigte, zumindest impliziert, in Jerusalem aufgewachsen und von dort vertrieben worden zu sein:

> „Ich wurde in Jerusalem geboren und verbrachte meine mich prägenden Jahre dort, und, nach 1948, als meine ganze Familie zu Flüchtlingen wurde, in Ägypten."[31]

Dies veranlasste das *Jerusalem Center for Public Affairs* und den dort beschäftigten Amerikaner Justus Reid Weiner, drei Jahre lang die Kindheit von Edward Said zu recherchieren. Die Ergebnisse wurden unter dem reißerischen Titel „The False Prophet of Palestine" und „‚My Beautiful Old House' and Other Fabrications by Edward Said" in *Commentary* und im *Wall Street Journal* veröffentlicht und sorgten für Furore, noch bevor *Am falschen Ort* erschienen war. Weiner warf Said vor, über 30 Jahre eine Parabel erfunden zu haben, die ihn zum „professionellen Flüchtling" stilisierte. Und: Diese Parabel, „dazu ersonnen, die Leidenschaften anzuheizen, die das revanchistische Programm so vieler palästinensischer Nationalisten beflügeln",[32] sei eine Lüge. Edward Said und seine Familie hätten nicht das Recht, sich als „Flüchtlinge" und „Exilanten"

28 Said, The World, the Text and the Critic, Cambridge, MA 1983, S. 8.

29 Zum Scheitern dieser Ehe gab er zwiefaches an: zum einen sei die Frau sehr schön und brillant gewesen, habe an den großen Universitäten studiert und auch an der Columbia Universität gelehrt; zum andern sei sie jedoch Europäerin gewesen. „Wir hatten nichts gemeinsam. Es war eine große Qual." Von seiner Autobiographie her gelesen, macht dies freilich zweifach Sinn; einmal im Lichte seiner quälend-nährenden Mutterbeziehung; zum anderen in seiner Identifikation mit dem Orientalischen, um nicht zu sagen Orientalen, der sich von Europa unterdrückt fühlt. Drei Jahre später heiratete er Mariam, seine im Libanon geborene Ehefrau, der er bis zum Ende verbunden blieb.

30 Maya Jaggi, Out of the shadows, The Guardian, 11.09.1999.

31 Said, Between Worlds (wie Anm. 6), S. 556. Suzanne Trimel, Faculty Profile. Edward Said, in: Columbia University Record 23, Nr. 22, 24. (April 1998), Said: „Next year, Knopf will publish Said's memoir of his early childhood through his graduate student years. The book, entitled *Not Quite Right*, chronicles his early years in Jerusalem as the son of a wealthy Palestinian Christian businessman, his family's exile to Cairo after the founding of Israel, his education (…)."

32 Justus Reid Weiner, The False Prophet of Palestine, The Wall Street Journal, 26.08.1999.

zu bezeichnen. Außerdem habe er auch nie in Kairo gelebt, die dort angegebene Adresse sei falsch, das beschriebene Haus nicht geeignet für eine Wohnung wie Said sie in *Am falschen Ort* beschrieben hatte, usw.

Nach Erscheinen der Autobiographie stellte Weiner die absurde Behauptung auf, Said habe sie im Wissen seiner (Weiners) demaskierenden Recherchen geschrieben. Edward Saids Gegendarstellung, die darauf verwies, dass der Zionismus eben die Existenz von Palästinensern und palästinensischen Flüchtlingen leugne und ihnen ihre eigene Geschichte abspreche, wurde, bezeichnend für den Nah-Ost-Konflikt im ganzen, in keiner der großen US-amerikanischen Zeitungen gedruckt, dafür jedoch in der israelischen liberalen Zeitung *Ha'aretz*. Und, natürlich, in der arabischen Welt.

Wie bereits erwähnt, hätte sich Edward Said auch gewissermaßen als „Weißer" und stiller Gelehrter in die Welt der Akademie zurückziehen können. Dass er es vorzog, sich seine Identität durch Identifikation mit den Palästinensern zu schaffen und ein umstrittener öffentlicher Intellektueller zu werden, spricht in den Augen dieser Autorin für ihn. Nebenbei zeigt es eindrücklich, wie Identitäten tatsächlich auch unserem Willen unterliegen und eben nicht nur schicksalhafte Gegebenheiten sind.

Von unglaublicher Produktivität schrieb Edward Said neben Büchern und Aufsätzen über die letzten Jahre seines Lebens zwei Kolumnen in führenden arabischen Zeitungen (eine in der ägyptischen Tageszeitung *al-Ahram*, eine in der in London erscheinenden *al-Hayat*), in denen er der arabischen (und anderen) Welt die US-amerikanische Gesellschaft und Politik erklärte. In einem eindringlichen „Wir-Stil" geschrieben, bezeugen viele dieser Kolumnen seine Identifikation mit der arabischen Welt, der er jedoch mit eben diesem eindringlichen Stil klar sagt, was „wir Araber" zu tun haben, um einerseits den amerikanischen Imperialismus neuer Prägung einzudämmen, und andererseits die arabischen Gesellschaften in einem wahrhaften Sinne zu demokratisieren.[33]

Den Palästinensern im Besonderen und Arabern im Allgemeinen predigte er in seinen letzten Jahren in diesen Kolumnen, die Demokratisierung des Geistes ernst zu nehmen, und von den Verschwörungstheorien und dem Leugnen des Holocaust endlich Abschied zu nehmen. Für diese Rolle war er geradezu berufen, denn *Orientalism*, ins Arabische übersetzt, hatte nur zu gut die Gefühle der arabischen Gesellschaften gegenüber dem Westen getroffen, was etlichen arabischen Wissenschaftlern und Intellektuellen nicht geheuer war.[34] Den Generalverdacht gegen jede/n westliche Wissenschaftler/in, er oder sie arbeitete insgeheim für westliche Regierungen

33 Siehe als eindrückliches Beispiel „hal al-'arab", ‚Der Zustand der Araber', in: Amin, 26.05.2003, Internetausgabe in arabischer Sprache unter URL: <http://www.amin.org/views/edward_said/2003/may26.html>, [23.9.2004].

34 Vgl. Abdul-Karim RAFEQ, syrischer Historiker, der Saids Thesen nicht teilt zu *Orientalism*, in: GALLAGHER, Approaches (wie Anm. 15), S. 182. Auch einer seiner pointiertesten Kritiker innerhalb der arabischen Welt kam aus Syrien. Vgl. Sadiq JALLAL AL-AZM, Orientalism and Orientalism in Reverse, in: Khamsin 8 (1981), S. 5-26.

oder Geheimdienste und gegen arabische Interessen, bekommt man noch heute zu spüren.

Umso gewichtiger sollten die letzten Mahnungen des Autors von *Orientalism* in der arabischen Welt sein. Nicht alle jedoch stimmten ihm zu. Stellvertretend für seine Kritiker seien hier Masad Arbid und Adel Samara genannt, die ihm, dem „Verwestlichten", vom extremen links-arabisch-nationalistischen Rand Ausverkauf an den „Zionismus und Imperialismus" vorwerfen, und ihn mit Arafat auf eine Stufe stellen.[35]

Auch sein einziges Hobby (Said verabscheute Urlaub und jede Art von Müßiggang), oder besser seine zweite Leidenschaft, neben dem Schreiben, die Musik stellte er in den Dienst der Sache. Im Sommer 1999 veranstaltete er zusammen mit dem israelischen Dirigenten Daniel Barenboim in Weimar eine Art Musikwerkstatt für junge Israelis und Palästinenser, die sich über die Musik näher kamen.

Edward Said und der Post-Kolonialismus

Edward Saids Autobiographie, die wohl radikal persönlichste psychologische Selbstenthüllung unter den von Männern verfassten palästinensischen Autobiographien bis heute, erklärt nicht nur sein Leben, sondern, so meine Ausgangsthese, auch sein Werk. Said, der sein ganzes Leben nie etwas anderes als den westlichen Literaturkanon lehrte, der sich zum Thema seiner Dissertation Joseph Conrad gewählt hatte, dessen zentrale Themen wiederum Entfremdung, Entwurzelung, Verlorenheit und Desorientierung waren, beschreibt seine eigenen Erfahrungen zuerst vermittelst derjenigen anderer.

Genau von diesem Punkte geht der Impuls für *Orientalism* aus. Als den „Orientalen", der dort durch die Europäer zum Zwecke seiner Beherrschung konstruiert wird, sieht sich im eigentlichen Kern Edward Said (der Edward seiner frühen Jahre) selbst.[36] Dieser aus dem zutiefst Persönlichen stammende Impuls ist es wohl auch, der dem Text seine ungeheure Suggestivkraft verleiht und mit zu seinem weltweiten Erfolg verhalf. Seine Bücher über Palästina und den Islam widerspiegeln seine Identifikation direkter; vielleicht fehlt ihnen deshalb die suggestive Kraft von *Orientalism*.

Leben, Identität(en) und Werk als Symbiose und kulturelle Praxis (hierher gehört wohl auch sein Prinzip des „kontrapunktischen Schreibens", mit dem er die Spannungen seiner amerikanischen und arabischen Erfahrungen auszuhalten und fruchtbar zu machen suchte), machen ihn zu einem post-kolonialen Intellektuellen. Ein stiller, unpolitischer Gelehrter wollte Edward Said durchaus nicht sein. Er sah sich als der

35 Masad Arbid / Adel Samara, The Politics of ‚Moderation'. The Symmetry of Yasir Arafat and Edward Said, in: Kana'an Bulletin 48, 15.02.2002.

36 Dieser Meinung ist auch Robert Young; siehe sein Postcolonialism. An Historical Introduction, Oxford 2001, S. 383.

ewig Unbequeme, der kritische Intellektuelle, der auf Politik und Taktik keine Rücksicht nimmt („talking truth to power"), in der Tradition der großen französischen Intellektuellen der 1950er, 1960er und vielleicht 1970er Jahre, jedoch in einer „postkolonialen Weise", also als ein im Westen ausgebildeter und zur Elite gehörender, sich jedoch seiner kolonialen Herkunft verpflichtet fühlender Intellektueller.

In einem Rückblick auf sein berühmtestes Buch *Orientalism* steht er dem Post-Kolonialismus sehr positiv gegenüber. Es ist das Lokale, Regionale und Kontingente, das jedoch mit den großen Fragen der Emanzipation, revisionistischen Ansätzen in den Geschichts- und Kulturwissenschaften, und der Kritik an Eurozentrismus und Patriarchat verbunden ist, das ihm gefällt.[37]

„Der Post-Kolonialismus wie der Post-Modernismus entstanden als miteinander verbundene Themen von Engagement und gesellschaftlicher Untersuchung in den 1980er Jahren; sie schienen in vielen Fällen solche Arbeiten wie *Orientalism* als Vorläufer wahrzunehmen",[38] meinte er selbst. Post-koloniale Autoren wiederum sehen ihn sogar als eine Art Gründervater und *Orientalism* als eine Art Gründungsbuch der Bewegung. Das verschaffte dem Buch eine erneute Renaissance im *post-colonial turn* der 1990er Jahre, nach seinem Durchbruch im *linguistic turn* der 1970er.[39]

„Said hatte entscheidenden Einfluss auf dem Gebiet der kolonialen Diskursanalyse, für die er als begründend gilt, und der post-kolonialen Theorie, die er stark prägte", betonen Ashcroft und Ahluwalia,[40] und Gayatri Spivak schreibt:

> „Das Studium des kolonialen Diskurses, das in direkter Weise durch Arbeiten wie die Saids ausgelöst wurde (...) ist unterdessen zu einem Garten erblüht, in dem das Marginalisierte sprechen und gesprochen werden kann, wo man sogar für es spricht. Es ist ein wichtiger Teil der (postkolonialen B.S.) Disziplin geworden."[41]

Orientalism und seine autobiographischen Selbstzeugnisse haben Edward Said so zu einem Prototyp des post-kolonialen Intellektuellen gemacht, der in seinem Werk sein persönliches und wissenschaftliches Programm auf vielleicht einzigartige Weise verwirklich hat: die Konstruktionen des Selbst gleichzeitig aufzudecken und zu vollziehen. Dies freilich ist ein Programm, das nicht nur post-koloniale Autoren verfolgen.

---

37 Edward SAID, Orientalism Revisited, in: Times Literary Supplement, 03.02.1995, S.5.

38 SAID, Orientalism Revisited (wie Anm. 37), S. 6.

39 Bachmann-Medick verortet *Orientalism* etwas zu umstandslos als „entscheidenden Gründungstext des *postcolonial turn*". Doris BACHMANN-MEDICK, Cultural Turns, Hamburg 2006, S. 188.

40 Bill ASHCROFT / Pal AHLUWALIA, Edward Said, London 1999, S. 139.

41 ASHCROFT / AHLUWALIA, Said (wie Anm. 40), S. 139.

Schreiben als Lebensentwurf

Claudia Ulbrich

Schreibsucht? Zu den Leidenschaften eines gelehrten Bauern

„Schreibesucht" ist nach Zedlers Universallexikon „ein schon von langen Zeiten her unter den Gelehrten herrschender und noch fortwährender Fehler, da viele derselben die Welt mit allzuvielen Büchern überhäuffen. Man nennet es billig einen Fehler. Denn die, so mit dieser Seuche behafftet, haben entweder gar keine Geschicklichkeit, Bücher zu schreiben, und folglich vermehret sich die Anzahl der elenden Schrifften durch ihre ‚Schreibesucht'; oder aber sie besitzen Geschicklichkeit, und in diesem Fall verhindert sie ihre ‚Schreibesucht', daß sie auf die Schrifften nicht den gehörigen Fleiß und die erforderliche Zeit verwenden können: woraus denn abermahls nichts anders als schlechte Schrifften hervor kommen müssen. Bey beiden Arten der Leute ist die übermäßige Begierde, sich bey der gelehrten Welt hervor zu thun, Ehre zu erjagen und ihren Nahmen offt unter der Presse zu sehen, die Quelle dieses Fehlers. Denn wer aus Gewinnst und weil ihn vielleicht die Not dazu treibet viele Bücher ausfertiget, den kann man nicht unter diejenigen zählen, so an der ‚Schreibesucht' kranck darnieder liegen".[1]

Wie im Zedler nicht anders zu vermuten, hatte der Verfasser des Artikels nur Gelehrte im Sinn, als er sich mit der ‚Schreibesucht' befasste. Während sein Interesse scheinbar vollständig auf das Bestreben, schlechte Bücher zu vermeiden, gerichtet ist, wird implizit ein Abgrenzungsdiskurs geführt. Wenn ‚Schreibesucht' ein Fehler der Gelehrten ist, dann bleiben Schreibende, die diesem Stand nicht angehören, mit ihren Fehlern und Krankheiten, Begierden und Leidenschaften ausgeblendet.

Mit der Schreibsucht plagten sich aber nicht nur gelehrte, sondern auch ganz normale Menschen, allen voran der als „Armer Mann im Toggenburg" bekannt gewordene Ulrich Bräker (1735-1798), der fast 4000 Manuskriptseiten hinterließ.[2] In seinen Tagebüchern, die, wenn auch lückenhaft, aus den Jahren 1768-1798 überliefert sind und in seiner Lebensgeschichte setzt er sich häufig mit dem eigenen Schreiben auseinander, erklärt seine Schreibmotivation, macht sich Vorwürfe, dass er „unvernünftig viel Zeit mit Lesen, Schreiben u. d.gl. zugebracht" habe,[3] rechtfertigt aber auch auf vielerlei

1 Johann Heinrich Zedler, Grosses vollständiges Universal-Lexikon, Bd. 35, Nachdruck der Ausgabe von 1743, Graz 1961, 1160f.

2 Ulrich Bräker, Lebensgeschichte und Natürliche Ebentheuer des Armen Mannes im Tockenburg, hg. v. H.H. Füssli, in: Ulrich Bräker, Sämtliche Schriften, hg. v. Andreas Bürgi / Heinz Graber / Christian Holliger / Claudia Holliger-Wiesmann / Alfred Messerli / Alois Stadler, 4 Bde., München 1998-2000, hier Bd. 4, S. 357-557.

3 Bräker, Schriften (wie Anm. 2), Bd. 4, S. 487

Art seine Schreiblust und -laune,[4] beklagt und verteidigt Schreibsucht,[5] Schreibzwang[6] bzw. den Trieb,[7] die Leidenschaft,[8] den Hang und die Bedürfnisse[9] zu schreiben.

Seine Schreibsucht wurde in der Forschung wiederholt thematisiert.[10] Heinz Graber, einer der Mitherausgeber der 1998 erschienenen Edition von Ulrich Bräkers sämtlichen Schriften,[11] spricht in der Einleitung zum zweiten Band von „Bräkers Schreibsucht und Lesewut" und vermutet darin „eine Kompensation seiner engen Verhältnisse und eine Flucht vor den wirtschaftlichen Zwängen."[12] In seinen weiteren Ausführungen bemerkt Graber dann aber, dass Bräker jemand sei, „der gern schreibt",[13] und insbesondere „gerne von sich selber schreibt".[14] Er bescheinigt ihm einen individuellen Hang zum Schreiben, der der Schreibfreudigkeit seiner Zeit entsprochen habe, sowie Schreiblust und -laune.[15] Alfred Messerli erinnert daran, dass Bräkers Hang und Lust zum Schreiben sich „sowohl auf den Text als auch auf den Akt des Schreibens und die konkrete Gestaltung der Buchstaben"[16] bezog: „Die Lust am Schreiben ist zuerst

---

4 Vgl. z.B. Bräker, Schriften (wie Anm. 2), Bd. 1, S. 115: Lust und Kraft zum Schreiben; S. 538: „grose lust zum schreiben"; Bd. 2, S. 253 „dacht schon offt woll das närrische schreiben blieben lassen – meine verstohlenen weilchen aufs lesen wenden – dann kommt wieder so eine schreiblaune – ein gedannke, der mir gefällt – oder so was zeügs – flux sitz ich wieder hin u. kleks dem papeir an"; Bd. 2, S. 730: „meiner schreiblaune fehrner freyen lauf zulassen"; Bd. 3, S. 74: „denn unwiederstehlichen hang zum schreiben – meine lebens begegnüße – nichtsbedütente begebenheiten – um michher – auf meiner lebensbahn – die gar sehr eingeengt ist – in einem tagebüchel zusamenzutragen".

5 Vgl. z.B. Bräker, Schriften (wie Anm. 2), Bd. 2, S. 185: „weil doch die schreibsucht mich beherrscht"; Bd. 2, S. 321: „die vertrakte schriebsucht zu befriedigen"; Bd. 2, S. 645: „werde es trotz meiner schreibsucht wohl bleiben lassen", Bd. 4, S. 363 „Einmal ist die Schreibsucht da."

6 Vgl. z.B. Bräker, Schriften (wie Anm. 2), Bd. 2, S. 24: „ich mus doch jeden tag schreiben wies mir ist"; „schreiben mus ich"; Bd. 2, 654; „das ich fast gezwungen werde, das wesentlichste davon niederzuschreiben".

7 Vgl. z.B. Bräker, Schriften (wie Anm. 2), Bd. 3, S. 210: „ein geist trieb sie, und keiner schreibt ohne trieb".

8 Vgl. z.B. Bräker, Schriften (wie Anm. 2), Bd. 3, S. 80: „schreiben ist nun einmahl meine leidenschafft – mir vast zum bedürfnuß worden."

9 Vgl. z.B. Bräker, Schriften (wie Anm. 2) Bd. 2, S. 730: „schon ich von ieher, ohne die geringsten interessierten absichten meinem schreibhang gefolget"; ebda.: „2tens – mir mehr freyheit verschaffen – meinem schreibehang zufolgen"; Bd. 4, S. 506 „mein unwiderstehlicher Hang zum Lesen und Schreiben".

10 Alfred MESSERLI / Adolf MUSCHG (Hg.), Schreibsucht. Autobiographische Schriften des Pietisten Ulrich Bräker, 1735-1798 (Arbeiten zur Geschichte des Pietismus 44), Göttingen 2004.

11 Bräker, Schriften (wie Anm. 2)

12 Heinz GRABER, Einleitung, in: Bräker, Schriften (wie Anm. 2), Bd. 2, S. XX.

13 GRABER, Einleitung (wie Anm. 12), S. XXI unter Verweis auf den Beginn des Tagebuchs von 1779: „von einem gern schreibenden erden sohn". Vgl. Bräker, Schriften (wie Anm. 2), Bd. 2, S. 1.

14 GRABER, Einleitung (wie Anm. 12), S. XXI. Unter Verweis auf Bräker, Schriften (wie Anm. 2), Bd. 2, S. 622.

15 GRABER, Einleitung (wie Anm. 12), S. XXII.

16 Alfred MESSERLI, Bräkers Schreibprogramme, Schreibmotive und Schreibpraktiken in seinen Tagebüchern, in: Alfred MESSERLI / Adolf MUSCHG (Hg.), Schreibsucht (wie Anm. 10), S. 38-48.

einmal Freude an der ästhetischen Gestaltung und an der Gestalt der Buchstaben."[17] Auf Schreiben als einer Kulturtechnik verweist auch Andreas Bürgi, der betont, dass Reisen und Schreiben bei Bräker ähnlich strukturiert seien. Beiden sei gemeinsam, dass es „nicht um das Ergebnis, sondern um die Tätigkeit" gehe: „Das Reisen verhält sich zur Reise wie das Schreiben zum Text".[18] Seine Texte seien eine Form bildlicher Darstellung, die nicht nur zum Lesen, sondern auch zum Anschauen gedacht ist.[19]

Insgesamt lässt die Bräkerforschung, die hier nur in Ansätzen referiert werden kann, keinen Zweifel daran, dass Bräkers Schriften einen ausgezeichneten Ausgangspunkt für eine intensive Beschäftigung mit dem Schreiben als kultureller Praxis darstellen.

Bislang hat Bräkers Schreibsucht mehr Aufmerksamkeit erfahren als seine Lust zum Schreiben, die meist mit Schreibhang und Schreibfreudigkeit gleichgesetzt wird und, wie es scheint, keiner besonderen Erklärung bedarf. Heinz Graber ordnet Bräkers Schreibhang in die Schreibfreudigkeit der Zeit ein. Damit gibt er, wie ich meine, einen wichtigen Anstoß für weitere Forschungen. Wenn Schreibfreude ein besonderes Merkmal des ausgehenden 18. Jahrhunderts ist, dann müsste die Lust am Schreiben weit eher als die Sucht zum Thema gemacht werden. Dazu möchte ich im Folgenden einige erste Überlegungen formulieren. Um das mit dem Schreiben verbundene Begriffsfeld zu beleuchten, werde ich mit einem Blick in die Lexika beginnen.

Zedler hat für Schreiblust keinerlei Eintrag und assoziiert mit Lust durchaus etwas Positives: „Die Lust", heißt es, „gehöret unter diejenigen Dinge, die sich wohl deutlich empfinden, aber nicht verständig erklären lassen, eben deswegen, weil sie eine angenehme Empfindung ist."[20] Anders ausgedrückt: „Die Lust entstehet, wenn die Begierden der Seelen gestillet werden."[21] Adelung und Grimm kennen zwar keine Schreiblust, aber eine Schreibseligkeit. Während „schreibsüchtig" von Adelung umschrieben wird als „eine anhaltende ungeordnete Begierde habend zu schreiben und darin gegründet", ist schreibselig, „wer geneigt oder begierig ist, viel zu schreiben."[22] Dass Schreibseligkeit nicht unbedingt nur positiv zu bewerten ist, verdeutlicht ein Blick in Schlossers Weltgeschichte für das deutsche Volk aus dem Jahre 1854, in dem über die Schreibseligkeit der Richter geklagt wird. An ihrer Stelle hätte der Autor lieber „tüchtige Männer" gesehen.[23] Grimms Wörterbuch zeigt, wie differenziert das Feld ist. Da gibt es

---

17 Alfred Messerli, Lesen und Schreiben. 1700-1900. Untersuchung zur Durchsetzung der Literalität in der Schweiz (Germanistische Linguistik 229), Tübingen 2002, S. 623f.

18 Andreas Bürgi, Das Reisen, die Schlacht. Zu einer Voraussetzung von Ulrich Bräkers Tagebuch, in: Alfred Messerli / Adolf Muschg (Hg.), Schreibsucht (wie Anm. 10), S. 116-128. Bürgi betont, dass Lesen, Schreiben und Reisen die wichtigsten Leidenschaften Bräkers gewesen seien.

19 Alfred Messerli, Lesen und Schreiben (wie Anm. 17), S. 624. Dort auch ausführliche Hinweise zum Schreiben als einer Kulturtechnik, insbesondere auch zur kalligraphischen Gestaltung.

20 Zedler, Universallexikon (wie Anm.1), Bd. 18, 1738, Sp. 1243-1246.

21 Zedler, Universallexikon (wie Anm.1), Bd. 18, 1738, Sp. 1243-1246.

22 Johann Christoph Adelung, Grammatisch-kritisches Wörterbuch der Hochdeutschen Mundart, mit beständiger Vergleichung der übrigen Mundarten, besonders aber der Oberdeutschen, Wien 1811.

23 F.C. Schlosser's Weltgeschichte für das deutsche Volk, Bd. 16, Frankfurt / M. 1854, S. 266.

schreibselig, Schreibseligkeit, Schreibsucht, schreibsüchtig und schließlich Schreibwut als eine „höchst gesteigerte begier zu schreiben oder zu schriftstellern".[24] Das 1870 in 6. Auflage verfasste Wörterbuch von Georges kennt die Schreiblust (scribendi alacritas) ebenso wie schreiblustig sein (impigrum esse in scribendo), fügt aber auch, ohne dass es dafür im Lateinischen Belege gibt, nicht schreiblustig sein (cessare in scribendo) hinzu. Außerdem bietet es Übersetzungen für schreibsüchtig und Schreibsucht, die mit schreibselig und Schreibseligkeit gleichgesetzt und mit cupidus scribendi bzw. cupiditas et studium scribendi übersetzt werden. Hier findet sich auch die Schreibwut (furor scribendi).[25]

Im Muret-Sanders werden scheibselig bzw. Schreibseligkeit mit der Schreiblust gleichgesetzt (love for writing, fond of writing) und von der Schreibsucht – passion (or mania) for writing deutlich abgehoben.[26] In neueren Enzyklopädien finden sich häufig Einträge zu Schreibkrampf und zu Schreibstörung, aber nicht mehr zu Schreiblust und Schreibsucht. Es scheint, als sei die psychoanalytische Deutung von Schreibproblemen der Freude an der Tätigkeit des Schreibens gewichen. Zwar gibt es nach wie vor den abwertenden Begriff der Vielschreiberei, aber von der Lust zum Schreiben, wie sie bei Bräker erwähnt wird, ist kaum mehr die Rede.

Die bei Bräker formulierten Vorstellungen vom Schreiben müssen zunächst von der Schreibsituation aus erschlossen werden. Dazu nur einige wenige Anmerkungen:

In einem vermutlich nie abgeschickten Brief an Johann Caspar Lavater beschreibt Ulrich Bräker sich selbst als Autodidakt. Weil er „grosse lust dazu hatte", hatte er „von selbst ein wenig schreiben" gelernt.[27] Seit 1768 schrieb er regelmäßig Tagebuch, wobei er sich anfangs an pietistischen Wahrnehmungs- und Darstellungsmustern orientierte,[28] 1776 verfasste er eine Preisschrift für die Toggenburger moralische Gesellschaft, deren Mitglied er wurde. Seine Lebensgeschichte entstand ab 1781. Sie erschien zunächst 1788 und 1789 in Fortsetzungen im „Schweitzerischen Museum" und 1789 als Buchausgabe. Herausgegeben wurde sie von Johann Heinrich Füßli, einem Züricher Verleger, der zu einem Kreis literarisch gebildeter, politisch und sozialkritisch aktiver Züricher Familien gehörte.[29] Füßli hatte durch seinen Freund, Martin Imhof, Pfarrer zu Wattwil, von Ulrich Bräkers schriftstellerischen Fähigkeiten erfahren. Imhofs Empfehlungsschreiben zitierte er in seiner Vorrede wörtlich:

---

24 Jacob und Wilhelm Grimm, Deutsches Wörterbuch, bearb. v. Moritz Heyne, Bd. 15, München 1984 (Nachdr. der Ausgabe von 1899), Sp. 1706f.

25 Karl Eernst Georges, Ausführliches Deutsch-Lateinisches Handwörterbuch aus den Quellen zusammengetragen, 26. Aufl., Leipzig 1870, Bd. 1, Sp. 925.

26 Eduard Muret-Sanders, Enzyklopädisches englisch-deutsches Wörterbuch, Teil II: Deutsch-Englisch, 18. Aufl., Berlin 1910, S. 861.

27 Messerli, Schreibprogramme (wie Anm. 16), S. 41. Der Brief in Bräker, Schriften (wie Anm. 2), Bd. 4, S. 504, ist auf 1777 datiert.

28 Messerli, Schreibprogramme (wie Anm. 16), S. 46.

29 Karl Pestalozzi, Stationen der Bräker-Edition, Alfred Messerli / Adolf Muschg (Hg.), Schreibsucht (wie Anm. 10), S. 12-25, hier S. 12.

„In einem der abgesöndertsten Winkeln des so wenig bekannten und oft verkannten Tockenburgs wohnt ein braver Sohn der Natur; der, wiewohl von allen Mitteln der Aufklärung abgeschnitten, sich einzig durch sich selbst zu einem ziemlichen Grade derselben hinaufgearbeitet hat."[30] Füßlis Interessen richteten sich auf den „Sohn der Natur" und wir können davon ausgehen, dass er den Text entsprechend überarbeitete. Er druckte ihn in einer von Ulrich Bräker autorisierten Version ab, die „für ein aufgeklärtes, patriotisches, physiokratisch interessiertes Lesepublikum in der Schweiz und im weiteren deutschen Sprachgebiet" bestimmt war.[31] Ulrich Bräker inszenierte sich denn auch vor allem in seiner Lebensbeschreibung so, wie es den Vorstellungen seiner gebildeten LeserInnen entsprach: Als Naturkind und gelehrter Bauer. Seine Äußerungen zum Schreiben müssen in Zusammenhang mit diesem Selbstentwurf gelesen werden. Dabei ist nicht auszuschließen, dass die ein oder andere Aussage zu Bräkers Schreiblust und -sucht aus der gelehrten Feder des Herausgebers stammte. Ohnehin sind die Passagen, in denen Bräker sich selbst der Schreibsucht bezichtigt, spärlich.

Schreiben ist für Bräker zu aller erst eine Lust, „es befriedigt etwas in mir allzu sehr, und dieses etwas ist die tribfeder" vermerkt er im Vorbericht zu seinem Tagebuch für das Jahr 1779 und schreibt getreu dem Motto „lust u. lieb zu einem ding macht alle müh und arbeit ring:"[32] Wird Lust nicht mit böser, sündhafter oder übermäßiger Begierde assoziiert, so kann man darunter „ein Verlangen" verstehen, „welches durch seelische und verstandskräfte bestimmt wird, hinneigung zu einem thun oder zu einem zustande."[33] In diesem Sinne findet sich das Begriffspaar etwa in den Instruktionen des Augsburger Waisenhauses aus dem 18. Jahrhundert. Die Waisen sollten ein Handwerk lernen, für das sie „Lust und Liebe" haben und tauglich sind. Waisenvater und Waisenmutter gaben sich, wie Thomas M. Safley gezeigt hat, große Mühe, herauszufinden, welche Arbeit ein Waise bevorzugte. Ihre Aufgabe war es, die Waisen so zu erziehen, dass sich Lust und Liebe am gemeinen Nutzen orientierten. Auf diese Weise sollten die Waisenkinder in die Lage versetzt werden, selbständig und ehrenhaft ihre Nahrung zu erwerben.[34] Auch der Elsässer Kannengiesser Augustin Güntzer, der in der Mitte des 17. Jahrhunderts seine Lebenserinnerungen aufgeschrieben hat, erwähnt, dass er, nachdem er das Zuckerbäckerhandwerk erlernt hatte, „Lust undt Liebe zu gemelter Kunst bekomen" habe.[35] Bei Gelehrten ist ohnehin davon auszugehen, dass sie Lust und Liebe für ihre Tätigkeit verspürten. Abraham Scultetus beschreibt wortreich seine

30 Bräker, Schriften (wie Anm. 2), Bd. 4, S. 357.

31 PESTALOZZI, Stationen (wie Anm. 29), S. 14.

32 Bräker, Schriften (wie Anm. 2), Bd. 2, S. 4.

33 GRIMM, Wörterbuch (wie Anm. 24), Bd. 12, S. 1316.

34 Thomas M. SAFLEY, Children of the Laboring Poor. Expectation and Experience among the Orphans of Early Modern Augsburg, Leiden u.a. 2005, S. 314-22.

35 Augustin GÜNTZER, Kleines Biechlin von meinem gantzen Leben. Die Autobiographie eines Elsässer Kannengießers aus dem 17. Jahrhundert, hg. v. Fabian BRÄNDLE / Dominik SIEBER (Selbstzeugnisse der Neuzeit 8), Köln u.a. 2002, S. 292f.

Lust (voluptas) zum lernen oder berühmten Lehrern zuzuhören und bringt sein Verlangen nach den Historien zum Ausdruck.[36] Thomas Platter erwähnt „eine bsundre liebin zu den biechern" und „einen besundren lust zu der medicin".[37] Bei den genannten Beispielen bezog sich Lust und Liebe auf die Nahrung bzw. den ausgeübten Beruf. Ulrich Bräker dagegen hatte sich zu rechtfertigen, dass seine Neigung weniger seinem Geschäft als dem nicht geschäftsbezogenen Lesen und Schreiben galt.

Lesen und Schreiben dienten nicht nur der Selbstvergewisserung und Innensicht, vielmehr werden durch diese Praktiken Beziehungsnetze bzw. Gruppenkulturen konstruiert.[38] Auch Bräkers Text lässt sich so lesen. Schreiben gab ihm, dem ungelehrten Laien, der mit seinen Hang zum Lesen und Schreiben in seiner Umgebung weder Verständnis noch Anerkennung fand, eine Möglichkeit, mit Gott und der Welt in Beziehung zu treten.

Den Unterschied zwischen Laien und Gelehrten möchte er gerade in Bezug auf die Lust zu schreiben nicht anerkennen. So notiert er im Vorbericht zu seinem Tagebuch auf das Jahr 1779: „jch dachte offt, es müse jrgend ein schreibsüchtiger planet in diesem jahrhundert seine einflüße herab dunsten, dann unsere erdkugel wimelt von schreibern, von allerley arten – da führt mann allerhand gründe an; bej einigen sei es ehr, bey andern bekehr und lehrsucht: bej vielen brodtsucht. rc. jch finde deren keine bey mir: glaube auch es geschehe vielen unrecht; es muß irgend ein geist sein, der nicht nur gelehrte, sondern auch laïen begeistert; genug ich habe lust zum schreiben; möchte mich aber gern vor straffbarem schreiben hüetten."[39]

Es ist schon erstaunlich, mit welcher Differenziertheit Bräker hier über Schreibmotivationen nachdenkt und dabei immer wieder die Grenze zwischen Gelehrten und Laien zur Sprache bringt: Wir lernen die Bekehrsucht oder die Sprache der Überredung, die Lehrsucht oder die Sprache der Überzeugung, die Ehrsucht oder den Wunsch nach Anerkennung und schließlich die Brotsucht oder den Wunsch, sich von der Schrift-

36 Abraham Scultetus, De curriculo vitae imprimis vero de actionibus Pragensibus Abrah. Sculteti, Professori nuper Theologi in florentissima tunc Academia Heidelbergensi, Narratio apologetica (qua decus famae et doctrinae ipsius a virulentis nominis eius Mastigibus modeste vindicatur. Accesserunt Orationes nonnullae quarum in hac narratione mentio). Emdae 1625, z.B. S. 24f, 66, 73; dt. Übers. von Andreas Kregel 1628 (hg. Benrath), Die Selbstbiographie des Heidelberger Theologen und Hofpredigers Abraham Scultetus (1566-1624). Neu hg. und erl. v. Gustav Adolf Benrath (Veröffentlichungen des Vereins für Kirchengeschichte in der evangelischen Landeskirche in Baden 24), Karlsruhe 1966, S. 7-104, hier S. 30, S. 66, S. 74f. Für diesen Hinweis danke ich Gabriele Jancke.

37 Das Beispiel erwähnt Helmut Puff, Leselust. Darstellung und Praxis des Lesens bei Thomas Platter (1499-1582), in: Archiv für Kulturgeschichte 2002, S. 133-156, S. 146, Anm. 53.

38 Gabriele Jancke, Autobiographische Texte – Handlungen in einem Beziehungsnetz. Überlegungen zu Gattungsfragen und Machtaspekten im deutschen Sprachraum von 1400-1620, in: Winfried Schulze (Hg.), Ego-Dokumente. Annäherungen an den Menschen in der Geschichte (Selbstzeugnisse der Neuzeit 2) Berlin 1996, S. 73-106; Gabriele Jancke, Autobiographie als soziale Praxis. Beziehungskonzepte in Selbstzeugnissen des 15. und 16. Jahrhunderts im deutschsprachigen Raum (Selbstzeugnisse der Neuzeit 10), Köln u. a. 2002; Puff, Leselust (wie Anm. 37), S. 153f.

39 Bräker, Schriften (wie Anm. 2), Bd. 2, S. 4.

stellerei zu ernähren, kennen und erfahren, dass Schreiben die Menschen ohne Rücksicht auf ihre Standeszugehörigkeit begeistert. Wichtiger als der Unterschied zwischen Gelehrten und Laien scheint der zwischen erlaubtem und strafbarem Schreiben zu sein. Bräker schreibt nicht einfach naiv, er reflektiert den Schreibprozess permanent. Dabei verweist er häufig auf den engen Zusammenhang zwischen Schreiben und körperlichen Reaktionen: Er spricht über seine zitternde oder ruhige Hand, erwähnt Herzklopfen und Schlaflosigkeit, er spricht aber auch von seinen Wünschen, Träumen und Leidenschaften, die im Schreiben und durch das Schreiben zum Ausdruck kommen.[40]

Für sich selbst postuliert er das Lustprinzip, das er in Hinblick auf das Schreiben in Übereinstimmung mit dem göttlichen Gebot sieht: „sol ich nicht schreiben – schöpfer – nein, du kennst die lust deines geschöpfs – hast mir diese ia nicht verboten –" heißt es am 16. Februar 1779, bevor er in einer beachtenswerten Wendung zum ersten mal die Schreibsucht auf sich selbst bezieht: „was schaads, wenn die nachwelt innewerden sollte, das einst ein armer schreibsüchtiger weltbürger gelebt hat".[41]

In der Regel beschreibt Bräker sein Schreiben nicht als Sucht, sondern als Wonne und Wohltat, die Erleichterung verschafft. Schreiben ist auch für Nichtgelehrte eine Möglichkeit, das zum Ausdruck zu bringen, was man nicht sagen darf: „sagen dörfft ich's nicht, aber schreiben darff ich's."

Am 2. Juli 1780 hat Ulrich Bräker einen schlechten Tag. Er ist zerknirscht, wirft sich seine Eigenliebe vor und klagt vor allem, „ich habe schon allzu viel papeir besudlet mit grillen, phantaseyen und flüchtigen kopfgedanken, [...] weil doch die schreibsucht mich beherrscht."[42] In dieser Situation der Niedergeschlagenheit verliert das Schreiben seinen eigentlichen Sinn, wird aus der Lust die Sucht. Das passiert ihm aber höchst selten.

Am 29. Januar 1788 berichtet er über seine Zugehörigkeit zur moralischen Gesellschaft, über die Preisschriften und beschließt sich trotz seiner Schreibsucht nicht daran zu beteiligen.[43] Auch in dieser Phase seines Lebens stehen Aussagen über seinen unwiderstehlichen Hang zum Schreiben, im Zentrum. „Das schreiben", so heißt es im März 1789, „ist nun einmahl meine leidenschafft - mir vast zum bedürfnuß worden."[44] Es verschafft ihm vergnügte Stunden, Erleichterung, Wollust.

Ganz anders klingt der Beginn der Lebensgeschichte, in der er sein Vorhaben rechtfertigt: „Obschon ich die Vorreden sonst hasse, muß ich doch ein Wörtchen zum voraus

---

40 Die enge Verbindung zwischen Körper und Schreiben lässt sich auch in vielen früheren literarischen Texten nachweisen, z.B. bei Georg Wickram. Vgl. dazu Martin BAISCH, Jörg Wickram begegnet sich selbst. Autorschaft, Wissen und Wiederholung im *Irr reitenden Pilger*, in: Michael MECKLENBURG / Maria E. MÜLLER (Hg.), Vergessene Texte – Verstellte Blicke. Neue Perspektiven der Wickram-Forschung, Bern u.a. 2007, S. 247-260.

41 Bräker, Schriften (wie Anm. 2), Bd. 2, S. 40.

42 Bräker, Schriften (wie Anm. 2), Bd. 2, S. 185.

43 Bräker, Schriften (wie Anm. 2), Bd. 2, S. 645.

44 Bräker, Schriften (wie Anm. 2), Bd. 3, S. 80.

sagen, ehe ich diese Blätter, weiß noch selbst nicht mit was vor Zeug überschmiere. Was mich dazu bewogen? Eitelkeit? – Freylich! – Einmal ist die Schreibsucht da. Ich möchte aus meinen Papieren, von denen ich viele mit Eckel ansehe, einen Auszug machen. Ich möchte meine Lebenstage durchwandern, und das Merkwürdigste dieser Erzählung aufbehalten. Ist's Hochmuth, Eigenliebe? Freilich! Und doch müsst ich mich sehr mißkennen, wenn ich nicht auch andere Gründe hätte".[45] Die Vorwürfe, die er sich macht, ähneln denen, die im Zedler als Fehler der schreibsüchtigen Gelehrten diagnostiziert werden: „Bei beiden Arten der Leute ist die übermäßige Begierde, sich bey der gelehrten Welt hervorzuthun, Ehre zu erjagen und ihren Namen offt unter der Presse zu sehen, die Quelle dieses Fehlers" hieß es dort. In seinen Schriften setzt Bräker sich immer wieder in Beziehung zu Gelehrten, um sich einerseits als gelehrter Bauer zu inszenieren, sich andererseits aber als Naturtalent von den Gelehrten zu distanzieren. Auch in Bezug auf sein Schreiben ist das so. Er ist nur ein ungelehrter armer Laie, aber die Welt der Gelehrten ist für ihn gerade in seinem Schreiben ein Bezugspunkt. Mit der Figur des armen ungelehrten Weltbürgers, mit seiner Schreibsucht und Schreiblust schaffte er Grenzen zwischen sich und den Gelehrten und lässt sie zugleich verschwimmen.

Im weiteren Verlauf der Lebensgeschichte konzediert Bräker zwar, dass er „unvernünftig viel Zeit mit Lesen, Schreiben, u.d. gl. zugebracht" habe,[46] aber er gesteht gleichzeitig, wie oft er „Zuflucht zum Lesen und Schreiben" suchte und wie viel Erleichterung es ihm verschaffte, zu schreiben:

„Und da ich mich, wie schon oft gesagt, keiner Seele glaubte entdecken zu dürfen, nahm ich in diesen muthlosen Stunden meine Zuflucht zum Lesen und Schreiben; lehnte und durchstänkerte jedes Buch das ich kriegen konnte, in der Hoffnung etwas zu finden, das auf meinen Zustand passte; fieng halbe Nächte durch weisse und schwarze Grillen, und fand allemal Erleichterung, wenn ich meine gedrängte Brust aufs Papier ausschütten konnte; klagte da meine Lage schriftlich meinem Vater im Himmel, befahl ihm alle meine Sachen, fest überzeugt, Er meine es doch am beßten mit mir; Er kenne am genauesten meine ganze Lage, und werde doch alles zum Guten lenken."[47]

Wenn Bräker seine „gedrängte Brust aufs Papier ausschütten konnte", konnte er anschließend „zufrieden zu Bette gehen und schlief wie ein König".[48] Und dennoch plagte ihn im Rückblick auf sein Leben immer wieder die Frage, ob seine Unbesonnenheit, sein Leichtsinn und sein „unwiderstehlicher Hang zum Lesen und Schreiben" nicht zu seinem Unglück beigetragen hätten.[49] In solchen Situationen macht er sich nicht nur Vorwürfe, er wälzt sich die halbe Nacht im Bett herum und ruft den Tod herbei. Zwar gesteht er im Anhang zu seiner Lebensgeschichte 1788 ein, dass Lesen und Schreiben ihm wieder mehr als jemals „zum unentbehrlichen Bedürfniß geworden"

45 Bräker, Schriften (wie Anm. 2), Bd. 4, S. 363.
46 Bräker, Schriften (wie Anm. 2), Bd. 4, S. 487.
47 Bräker, Schriften (wie Anm. 2), Bd. 4, S. 496f.
48 Bräker, Schriften (wie Anm. 2), Bd. 4, S. 497.
49 Bräker, Schriften (wie Anm. 2), Bd. 4, S. 506.

seien, und dass der Drang seine Gedanken „auf's Papier zu werfen" wiedergekommen sei,[50] doch ist in der Lebensgeschichte des armen Mann im Toggenburg viel weniger von der Lust des Schreibens als von der Sucht zu schreiben die Rede. Hier grenzt er sich nicht nur gegen die Gelehrten, sondern auch gegen sein eigenes Schreiben in den vergangenen Jahren und Jahrzehnten ab.

Schreibsucht und Schreiblust oder Schreibseligkeit bilden ein Spannungsfeld, in das Bräkers Schreiben eingebettet ist. Beide weisen über sich hinaus auf Beziehungskonzepte und auf das Personkonzept Bräkers, der sich, indem er die Lust und die Sucht zum Thema macht, in einen Gelehrtendiskurs einschreibt, ohne den Anspruch zu erheben, selbst als Gelehrter anerkannt zu werden. Er betont wiederholt, dass er kein Gelehrter ist,[51] doch seien ihm Lesen und Schreiben „zum unentbehrlichen Bedürfniß geworden."[52]

Auch für Bräker ist die Schreibsucht sündhaft, hier unterscheidet er sich nicht von den Gelehrten. Aber er lässt keinen Zweifel daran, dass es ihm höchste Lust bereitet zu schreiben, dass man nicht wirklich gelehrt sein muss, um Zugang zu dieser wertvollen Ressource zu erhalten.

Wie lassen sich diese Befunde interpretieren? Ich habe dazu im Gegensatz zur Bräkerforschung mehr Fragen als Antworten.

In den Forschungen zu Bräker begegnen immer wieder Arbeiten, in denen die Vorstellung von der Geburt des Individuums seit der Renaissance bzw. der Aufklärung den Rahmen für die Interpretation bilden.[53] Dieses Narrativ vermittelt offensichtlich die

50 Bräker, Schriften (wie Anm. 2), Bd. 4, S. 546.

51 Bräker, Schriften (wie Anm. 2), Bd. 1, S. 121: „es sind ville grose männer von alters=her gewesen, und sind noch jetz; die grose reisen gemacht haben .... diese haben alles genau aufgeschrieben, was ihnen begegnet, ... nun sind wir in dieser welt ja alle pilger, und reisende nach dem ewigen vatterland. Warum solt mir dan nicht auch erlaubt sein eine reiß berschribung zumachen, nach dem ewigen vatterland für mich und meine kinder."; Bräker, Schriften (wie Anm. 2), Bd. 2, S. 4: „es muß irgend ein geist sein, der nicht nur gelehrte, sondern auch läien begeistert"; Bräker, Schriften (wie Anm. 2), Bd. 3, S.267: „doch ich schreibe keine weltgeschichte – diß ist vor gelehrte – die mehrere und bessere nachrichten haben als ich".

52 Bräker, Schriften (wie Anm. 2), Bd. 4, S. 546. Ein an Bedürfnissen orientiertes Denken gab es, wie Winfried Schulze gezeigt hat, bereits seit dem 16. Jahrhundert. Schulze betont, dass diesem Denken mit dem Prinzip der „auskömmlichen Nahrung" solange gegengesteuert werden musste, wie die ökonomischen Grundlagen nur einen engen Spielraum für Veränderungen boten: Winfried SCHULZE, Vom Gemeinnutz zum Eigennutz. Über den Normenwandel in der ständischen Gesellschaft der Frühen Neuzeit (Schriften des Historischen Kollegs, Vorträge 13), München 1987, S. 29. Zur Bedeutung des Bedürfnisbegriffs in der Frühen Neuzeit vgl. auch Renate BLICKLE, Nahrung und Eigentum als Kategorien in der ständischen Gesellschaft, in: Winfried SCHULZE / Helmut GABEL (Hg.), Ständische Gesellschaft und soziale Mobilität (Schriften des Historischen Kolleges, Kolloquien 12), München 1988, 73-93; sowie T. SAFLEY, Children (wie Anm. 34).

53 So betont etwas Karl PESTALOZZI, Stationen (wie Anm. 29), S. 23: „Schließlich kann man an Bräker wie an kaum einem anderen Autor seiner Zeit studieren, wie reflektiertes Lesen und Schreiben zur

Gewissheit, zu bestimmen, wo Bräker Bescheidenheitstopoi verwendet, wo er sich einer Maske bedient und wo das ,wahre Ich' spricht. So sieht etwa Klaus-Detlef Müller in der Versicherung Bräkers, dass er „nicht etwaß zum schein, oder aus hochmuht" schreiben will, „eine lebensweltliche Verifikation des Bescheidenheitstopos, die zugleich auf eine vorgängige Kritik der Schreibmotivation reagiert."[54] Sie steht, so argumentiert Müller weiter, „in Verbindung damit, dass der eigentliche Gegenstand des Schreibens das eigene Ich und die Lebensgeschichte ist, die durch die überwuchernden religiösen Passagen maskiert wird. Diese Maske nimmt ihr das Anstößige einer Selbsterhöhung durch die Schrift, wobei zugleich der Gestus einer affirmierten gesellschaftlich akzeptierten Norm lustvoll, weil zur Artikulation herausfordernd, überboten wird".[55] Klaus-Detlef Müller interpretiert Bräkers Lebensbericht im Rahmen eines zeitspezifischen Musters der Identitätsbildung: „Das Individuum", so schreibt er, „erfährt sich selbst, indem es sich über seine Sündhaftigkeit Rechenschaft ablegt, sich das eigene Leben in Gestalt einer Beichte bewusst macht und nach vorgegebenen Normen kritisch verurteilt."[56] In dieser Lesart von Bräkers Text, die sich an den Thesen der klassischen Autobiographietheorie orientiert,[57] verschwinden die Leidenschaften des gelehrten Bauern, die mir jedenfalls ein großes Lesevergnügen bereitet haben. Statt Bräker im Spannungsfeld von Sucht und Lust zu verorten, ihn als Grenzgänger ernst zu nehmen, wird er zu einem Exempel einer „sich immer stärker säkularisierenden Praxis der Selbsterforschung" die zur Entstehung des Individualitätsbewusstseins führt.[58]

Man kann Bräker auch anders lesen. Man kann ihm auch zugestehen, dass er an Gott glaubt und dass die religiösen Passagen keine Maske sind. Man muss den „armen ungelehrten Weltbürger" nicht als Bescheidenheitstopos sehen, sondern kann diese Passagen auch lesen als den Anspruch eines Laien, schreiben zu dürfen und Lust daran zu finden. Aus einer solchen Beobachtung ergeben sich andere und neue Fragen, insbesondere zum Lesen und Schreiben als einer Praxis, die ein Verhältnis zwischen Körper, Seele und Geist sichtbar werden lässt.[59]

Herausbildung und Stabilisierung einer individuellen Ich-Identität beitragen können, wo das traditionelle Rollenverständnis verlassen wird."

54 Klaus-Detlef Müller, Leben.Schreiben, in: Alfred Messerli / Adolf Muschg, Schreibsucht (wie Anm. 10), S. 26-37, hier S. 29 unter Verweis auf Bräker (wie Anm. 2), Bd.1, S. 5.

55 Müller, Leben.Schreiben (wie Anm. 54), S. 26-37, hier S. 29 unter Verweis auf Bräker (wie Anm. 2), Bd.1, S. 5.

56 Müller, Leben.Schreiben (wie Anm. 54), S. 26-37, hier S. 29 unter Verweis auf Bräker (wie Anm. 2), Bd.1, S. 5.

57 Zum aktuellen Stand der Diskussion: Gabriele Jancke / Claudia Ulbrich, Einleitung, in: Gabriele Jancke / Claudia Ulbrich (Hg.), Vom Individuum zur Person. Neue Konzepte im Spannungsfeld von Autobiographietheorie und Selbstzeugnisforschung, Göttingen 2005, S. 1-27.

58 Müller, Leben (wie Anm. 54), S. 29.

59 Der Aufsatz ist entstanden im Kontext der DFG-Forschergruppe „Selbstzeugnisse in transkultureller Perspektive". Mein Dank gilt Karin Schweißgut, die bei der Texterschließung wertvolle Hilfe geleistet hat.

Bettine Menke

Die Geburt des Gelehrten aus den Exzerpten. Die Gelehrtenleben und die wissenschaftliche Praxis des Jean Paul

Was meine ich, wenn ich von Gelehrtenleben Jean Pauls spreche? Zunächst stellte Jean Paul (1763-1825) in einer Fülle seiner Werke um 1800, wie man sich zu sagen angewöhnt hat, diverse eigentümliche Gelehrte und deren Leben vor, so etwa das „Leben des vergnügten Schulmeisterlein Maria Wutz" (1793), das des „Quintus Fixlein" (1796), das „Leben Fibels" (1812-17).[1] Es handelt sich um Buchgelehrte – eigener Art: ohne Bücher, Gelehrte der „Taschenbibliotheken", „Zettelkästen" und Druckfehlerverzeichnisse, wie auch des „Buchs der Bücher" – daneben um Wissenschaftler: Ärzte und Anatomen, wie Dr. Katzenberger, der auf Badereise geht, u.a. Vorgestellt werden diese Gelehrten und deren fiktive Leben, die weniger beschrieben als erschrieben werden, in Texten eigentümlicher Sorten, Texten, die ihre Heterogenität ausstellen. Sie sind selbst Anhänge, „beigeleimt" wie das „Leben des vergnügten Schulmeisterlein Wutz" als Anhang an den Roman *Die unsichtbare Loge*,[2] oder lagern andere Texte ein, oder sie bestehen selbst überhaupt nur aus heterogenen Zusammensetzungen aller möglichen Textsorten – als *Sampler* wie Zeitschriften oder Taschenkalender, – zusammengeflickt aus heterogenen Texten und deren mitzitierten Textsorten: Vorreden, Vorreden zu Vorreden, Vorreden zur Geschichte von Vorreden, Vor-Kapiteln, Muß-Teilen für Mädchen, Zettelkästen, Rezensionen und Verrissen, Nachkapiteln und nochmals Zettelkästen, Post- und anderen Zu-Sendungen.

Sprach ich von ‚fiktiven' Leben, so ist allerdings daran zu erinnern, dass sich das Verhältnis von Leben und Fiktion in irritierende Verhältnisse hat bringen lassen müssen eben durch den Autor Jean Paul (der sich schon namentlich distinguierte von jenem Johann Paul Friedrich Richter, in dessen Leib er sich einzurichten hatte), der sich selbst, seinem – so möchte man meinen – gar nicht fiktiven, Selbst diverse „Selberlebensbeschreibungen" gewidmet hat. Darunter findet sich seine frühe „Konjekturalbiographie" (1799), eine Biographie, die seinem *bevorstehenden* Lebenslauf[3] auf dem konjektierten Gütlein Mittelspitz gilt und dieses zum Gegenstand seiner Schrift *machte*, das Leben – und den Tod,[4] den jede Auto-Biographie impliziert, weil sie erst von

1 Jean Paul, Werke, hg. v. Norbert Miller, München 1960-1963, I/6, S. 365-562.

2 Jean Paul, Werke (wie Anm. 1), I/1, S. 422-462.

3 Vgl. Thomas Wirtz, Konstruiertes Leben. Bayle-Spuren im Werk Jean Pauls, in: Jahrbuch der Jean-Paul-Gesellschaft 35/6 (2000), S. 114-150, hier S. 126.

4 *Vorrede* zu „Jean Pauls Briefe und bevorstehender Lebenslauf" und *Konjektural-Biographie*. Jean Paul, Werke (wie Anm.1), I/4, S. 928 und 1075ff.; vgl. „Nachwort" zu *Jean Paul Lebenserschreibung*, Helmut

diesem her sich schlösse und ein Ganzes würde, den daher jede verschwiegen und sich selbst vorgreifend mitschreibt.

> „Sieh! ich will meine Lebensgeschichte, die mir noch bevorsteht, treu in poetischen Episteln aufsetzen. Sollt' ich sie wider Verhoffen nicht erleben: so hab' ich doch die Komödienprobe, die gestikulierende Lufterscheinung, das Panorama davon gehabt und halb Europa die Beschreibung."[5]

Das gibt aber dem Schreiben eine andere als die Funktion bloßen Be-Schreibens dessen, was als das gelebte Leben der Selbst-Verschriftlichung bereits vorläge. In einer „Konjekturalbiographie" fiktiven ausstehenden Lebens bekommt die Graphie / die Schrift ganz offensichtlich als Er-Schreiben eine produktive, nicht nur inventorische, sondern performative Dimension zuerkannt. Allerdings bringt schon das Grundkonzept *aller* Autobiographie als (Be)Schreiben des Selbst jede in eine zeitliche Aporie, weil sie zum einen den Abschluss des geschriebenen Lebens des geschriebenen ‚ich' als gegeben voraussetzt, aber zum andern zugleich die Fortdauer des schreibenden Lebens des schreibenden ‚ich' manifestiert. In dieser Aporie dissoziieren sich jene beiden ‚ich', das geschriebene und das schreibende, die in der *Auto-Biographie* zusammenzufallen scheinen,[6] aber doch nur Doppelgänger voneinander werden sein können – so unheimlich diese, alle Doppelgängereien auch sind. Jean Pauls Konjektural-Biographie macht dies explizit:

> „Als ein Doppeltgänger habe ich in der Konjektural-Biographie mich selber gesehen und gemalt und, wie Moses im Pentateuch, sogar meinen Tod: letzterer bleibt mir in jedem Fall gewiß; und sollte dieser historische Roman meines Ichs mit einem früheren Bande beschließen, als ich vermutet hätte [...]."[7]

Und umgekehrt wird das Leben des geschriebenen ‚ich', insofern es doch das des schreibenden ‚ich' ist, schließlich mit dem Schreiben selbst zusammenfallen: „weil ich als Gelehrter den ganzen Tag auf meinem Leseesel saß und schrieb...".[8] Schreiben ist

---

PFOTENHAUER (Hg.), München 2004, S. 478f.; Ralf SIMON, Zwei Studien über Autobiographik, in: Jahrbuch der Jean-Paul-Gesellschaft 29 (1994), S. 111-143, hier S. 137f., 141ff.

5 *Konjektural-Biographie*. Jean Paul, Werke (wie Anm.1), I/4, S. 1027.

6 Zu diesem so fundamentalen wie aporetischen Zug der Autobiographie kann konsultiert werden: grundlegende Sekundärliteratur (etwa. Martina WAGNER-EGELHAFF, Autobiographie, Stuttgart 2000) ebenso wie die weitreichenden Überlegungen zur Aporie der gegenseitig sich in Anspruch nehmenden und einander ausschließenden ‚Ich' des Sagens und ‚Ich' des Gemeinten, *je* und *moi* in der autobiographischen Aussage von Jacques DERRIDA, Wie nicht sprechen. Verneinungen, Wien 1989, S. 56f.; Paul DE MAN, Autobiography as Defacement, in: de Man., The Rhetoric of Romanticism, New York 1984, S. 67-81, bzw. Autobiographie als Maskenspiel, in: Christoph MENKE (Hg.), Die Ideologie des Ästhetischen, Frankfurt / M. 1993, S. 131-145.

7 Jean Paul, *Vorrede* zu „Jean Pauls Briefe und bevorstehender Lebenslauf". Jean Paul, Werke (wie Anm. 1), I/4, S. 928.

8 Jean Paul, Werke (wie Anm. 7), S. 933.

ein Prozess der Selbstgeburt. „Die Besessenheit, mit der er [Jean Paul] seine Existenz in Schrift überführt, kulminiert schließlich in einem Rückkopplungseffekt, wenn Jean Paul erklärt: ‚Das Wichtigste in einer Autobiographie eines Autors ist eigentlich das [Leben] seines Schreibens.' Soll das Leben schreiben heißen, Schreiben zu schreiben, so markiert dies eine Inversion: Leben hat nur noch statt im Akt des Schreibens, in der ‚Schreibstunde'; statt das Leben zu schreiben, lebt Jean Paul im Schreiben und durch das Schreiben".[9] Das geschriebene Leben ist derart das des Schreibens; es ist lesbar als Figur des Schreibens.

Die Gelehrten Jean Pauls sind Gelehrte eigener Art, ausgezeichnet durch merkwürdige Wissenspraktiken vor allem bibliothekarischer Absonderlichkeiten: Das Schulmeisterlein Wutz schreibt sich seine Bücher selbst; das variiert das „Leben des Fixlein", der Druckfehlerverzeichnisse schreibt, wie er Zettelkästen liefert; usw. Würde ich aber nur davon handeln, hätte ich das durch den Titel der Tagung (und des hier vorliegenden Bandes) vor- und angegebene Thema doch verfehlt: auf „Wissenschaftspraxis und Gelehrtenleben" folgt in diesem „– in Selbstzeugnissen", und zwar angehängt durch jenes typographische Zeichen „–", das man Gedankenstrich nennt.

Nun ließe sich – so geht's, wenn man Jean Paul liest, – mit ihm einiges über den „Gedankenstrich" sagen, eines jener Zeichen jenseits des alphanumerischen Zeichensatzes, aus dem alle Gelehrten schöpfen, was immer sie an Gegenstand ihres Wissens haben mögen, was auch immer sie aus ihrem Leben bezeugen wollen. Es sind diese Zeichen oder Operatoren, die an aller Produktion von Gesagtem teilhaben. Jean Paul hatte als *Schrift-Steller*, wie über die Buchstaben auch zu diesen Zeichen viel zu sagen:

> „Gedankenstriche sind Furchen ohne Samen – sind Linien, die der Chiromantist zu lesen gedenkt, und für deren Bedeutung der Zufal nicht gesorgt – sind das algebraische Zeichen der Subtrakzion – sind die Gebeine verstorbener Gedanken – sind die Schleppen oder Schwänze der Perioden, welche Schwänze auch oft den Kopf der Perioden, wie die Schwänze bekanter Vögel den Kopf der Damen zieren – sind Brükken, über die Klüfte unähnlicher Materien geschlagen – sind Mittel, unsere Bewunderung vom Genus ihres Gegenstandes zu trennen, wie iener zwischen sich und seine schöne Schlafgenossin einen Degen legte. –"[10]

---

9 Hans-Walter Schmidt-Hannisa, Lesarten. Autorschaft und Leserschaft bei Jean Paul, in: Jahrbuch der Jean-Paul-Gesellschaft 37 (2002), S. 35-52, hier S. 36; „Das Wichtigste in einer Autobiographie eines Autors ist eigentlich das seines Schreibens, der Schreibstunde, seiner körperlichen Verhältnisse zu seinen Arbeiten – Angewohnheiten das Unbedeutendste" (Jean Paul, Jean Pauls Sämtliche Werke, Historisch-Kritische Ausgabe, hg. von Eduard Berend, Weimar 1996, II/6, S. 265f.).

10 *Über die Schriftstellerei*, Jean Paul, Werke (wie Anm. 1), II/1, S. 424; vgl. auch: „Und nun lasset uns sämtlich ins Buch hineintanzen, in diesen Freiball der Welt – ich als Vortänzer voraus und dann die Leser als Nachhopstänzer –, so daß wir [...] munter tanzen von Tomus zu Tomus – von Zykel zu Zykel – von einer Digression zur andern – von einem Gedankenstrich zum andern – bis entweder das Werk ein Ende hat oder der Werkmeister oder jeder! -" „Antrittsprogramm" des *Titan*, Jean Paul, Werke (wie Anm. 1), I/3, S. 68. Vgl. Frederike Frei, Auf dem Gedankenstrich, in: Jahrbuch der Jean-Paul-Gesellschaft 26/27 (1991-1992), S. 326-331.

Die Lizenz zu einer solchen Digression, einem Einschub und Ausflug, habe ich vorweg schon von demjenigen erteilt bekommen, Jean Paul, dessen Texte ich vorstelle, der Meister aller Klassen der Digression, der Aufschübe, Umwege, der Extrablätter und Zutaten, der Fußnoten und Nachträge, von Digressionen, die *keine* auktoriale Bemeisterung dulden. Aber dennoch strapaziere ich die Lizenz nicht, halte mich bei dieser „Brükke und in ihrer Kluft, die sie aufhält", jetzt nicht weiter auf, verspreche ich, und behaupte zugleich, dass ich mich der Themenstellung „in Selbstzeugnissen", doch auch schon die ganze Zeit gestellt habe. Denn bei den genannten Texten handelt es sich um *Autor-Biographien.* Das heißt: Diese Gelehrtenleben sind zugleich eine Form von „Selberlebensbeschreibung" – des Schreibens und Lesens und als solche des Lesens als Schreiben, des Schreibens als Lesen.

In die genannte Reihe der seltsamen Gelehrten gehört der Tanzlehrer Aubin. Jean Pauls kleiner Text „Die Taschenbibliothek" (1796)[11] stellt ihn vor als einen „Mann, dessen Herz für alles Wissen brannte".[12] „In der flüchtigen Viertelstunde unsers Gesprächs setzte er mich durch seine Kenntnisse in Ungewißheit, ob er außer der Tanzkunst eigentlich Theologie – oder Jurisprudenz – oder Astronomie – oder Geschichte, oder andere Wissenschaften verstehe".[13] Vorgestellt wird er als ein „Rätsel" an (/der) Gelehrsamkeit. „Der Pagentanzmeister Aubin hatte wenig Zeit, wenig Geld, noch weniger Gedächtnis und Bücher: - und doch wußt' er fast alle auswendig", – ein Rätsel zu dessen Ethnologen der Ich-Erzähler sich macht: „ich mußte zu dem selber gehen, der es [dieses Rätsel] war".[14] „Ein halbes Schock Bücher – lauter Kompendien von einem halben Schock Wissenschaften – besaß er, weiter kein Blatt". „Oft sind die Gehirnkammern leer und die Bücherbretter voll; aber hier war das Widerspiel".[15] Das Wissen dieses Gelehrten (eines „unbegreiflichen" „Gedächtnisses") ist das Ergebnis einer spezifischen ‚Lese'technik, eines Lesens, das unmittelbar Aus-Schreiben wird, das schriftlich, allerdings nicht zum Schreiben von Büchern wird. Und so kennzeichnet dem Feldforscher gegenüber dieser Gelehrte sich selbst:

> „[...] ists unmöglich, zugleich viel zu lesen und viel zu merken. – Was soll man da machen? – Bloß Exzerpten. Ich fing mir anfangs aus jedem Buche zwei, drei Sonderbarkeiten wie Schmetterlinge aus und machte sie durch Dinte in meinem Exzerptenbuche fest. Ich hob aus allen Wissenschaften meine Rekruten aus. Drei Zeilen Platz, mehr nicht, räumt' ich jeder Merkwürdigkeit ein."[16]

In Bezug auf diese Metaphoriken der *Memoria* wäre einiges zu sagen, aber nicht an dieser Stelle. Hervorheben will ich nur, wie mit der durch christliche Gleichnisrede

---

11 *Die Taschenbibliothek*, Jean Paul, Werke (wie Anm. 1), II/3, S. 769-73.
12 Jean Paul, Werke (wie Anm. 11), S. 772.
13 Jean Paul, Werke (wie Anm. 11), S. 769.
14 Jean Paul, Werke (wie Anm. 11), S. 769.
15 Jean Paul, Werke (wie Anm. 11), S. 770f.
16 Jean Paul, Werke (wie Anm. 11), S. 771.

dignifizierten Metapher von der „Kelter“ (vom Weinstock usf.), das *Exzerpten*-Machen, Produktionsprinzip der „Taschenbibliothek“, zur Memoriervorrichtung wird:

> „Oft besteht aller Geist, den ich mit meiner Kelter aus einem Buche bringe, in einem einzigen Tropfen; ich hab' aber dann nach zehn Jahren noch etwas, noch einen Vorteil vom Buche aufzuweisen, nämlich meinen Tropfen. Diese Exzerpten zieh' ich wie Riechwasser überall aus der Tasche, auf der Straße, im Vorzimmer, auf dem Tanzboden, und erquicke mich mit einigen Lebenstropfen. Wäre mein Gedächtnis noch schwächer: so läs' ich sie noch öfter.“[17]

Und in deren Fortführung wird das Exzerpieren zum Prinzip wiederholter Anwendungen auf sich selbst:

> „Die Hauptsache ist, daß ich [so weiter der Tanzlehrer Aubin] Exzerpten aus meinen Exzerpten mache und den Spiritus noch einmal abziehe. Einmal les' ich sie z.B. bloß wegen des Artikels vom *Tanze* durch, ein anderes Mal bloß über die Blumen, und trage dieses mit zwei Worten in kleinere Hefte oder Register und fülle so das Faß auf Flaschen.“[18]

Die Funktion der „Exzerpten“ ist Wiederholung, wiederholend dissoziierende Lektüre, die sich in „Exzerpten von Exzerpten“,[19] wie „Registern“,[20] die die Relektüre und das anschließende Weiter-/ Wiederschreiben ermöglichen werden, niederschlagen, sonst wäre alles bloß aufgeschrieben, um gesammelt in der Schrift vergessen zu sein.

Diese Lesergeschichte des zweckfrei memorierenden Aubin markiert den *einen* Pol des Feldes der Jean Paulschen Gelehrten, dessen „Gegenstück“ die Schreibergeschichte des *Schulmeisterlein Wutz* abgibt: „Während Aubin liest, ohne zu schreiben“, ohne etwas anderes als sein Lesen zu schreiben, „schreibt Wutz, ohne zu lesen und damit ohne jede Kenntnis der für seine Themen einschlägigen ‚Realien‘“.[21]

Man hat sich inzwischen daran gewöhnt, zu wissen, was das (fiktive) ‚Erzähler-ich‘ der „Taschenbibliothek“ dem Aubin gegenüber ausspricht: „Ich mußte [...] es ihm gestehen, daß ich beinahe auf demselben Wege seit dem 14ten Jahre gehe“.[22] Das wird

---

17 Jean Paul, Werke (wie Anm. 11), S. 771.

18 Jean Paul, Werke (wie Anm. 11), S. 772.

19 Vgl. Götz Müller, Jean Pauls Exzerpte, Würzburg 1988.

20 Faszikel 3a u. 3b; vgl. alphabetisches Register der Exzerpte nach Stichworten, ein Verzeichnis der Registerartikel und vier ausgewählte Registerartikel im ‚Anhang‘ zu Müller, Jean Pauls Exzerpte (wie Anm. 19). „Die Registerartikel bieten einen exemplarischen Ausschnitt der Erkenntnisinteressen Jean Pauls. Im Register ordnete Jean Paul die gesammelten Wissensschätze“. Müller, Jean Pauls Exzerpte (wie Anm. 19), S. 11.

21 Schmidt-Hannisa, Lesarten (wie Anm. 9), S. 39. Mit dem „Leben des vergnügten Schulmeisterlein Maria Wutz in Auenthal“, der *Die Unsichtbare Loge* beigeleimten Idylle, wird der „Status des Buches“ in der Relation von Lesen und Bücherschreiben erkundet: „Sie diskutiert, unumwundener, buchstäblicher genommen, das Bibliographieren.“ (Thomas Schestag, Bibliographie für Jean Paul, in: Modern Language Notes 113 Heft 3 (1998), S. 465-523, hier S. 477).

22 Jean Paul, Werke (wie Anm. 11), S. 772.

auf den realen Autor ausgelegt und in der Aubinschen Merktechnik als die Technik der Invention von Jean Paul selbst erkannt.[23]

Das Prinzip des Aubinschen Memorierens durch Ausschreiben und schreibendes Repetieren des Gelesenen stelle demnach das Schema von Jean Pauls *eigener* Produktion vor. Jean Paul selbst (oder muss es hier heißen: Friedrich Richter?) las exzerpierend, legte bereits 1778 den ersten Exzerptband und bis 1823 110 Hefte oder Bände zwischen 30 und 360 Seiten an; nach den 15 Bänden seiner Schüler- und Studentenzeit, ein Journal seiner auf ein Theologiestudium hin geordneten Bildungslektüre, exzerpierte Jean Paul seit 1782, mit dem Entschluß, nicht Theologe, sondern Schrift-Steller zu werden, anders: in der Form von *Miscellanea.* Sie „enthalten" „ungeordnete Textauszüge, wie man ihnen zufällig bei schnell wechselnder Lektüre begegnet".[24] Das erste Konvolut dieser Exzerpte (wie auch einige andere) überschreibt Jean Paul übrigens mit dem Titel *Geschichte,* d.i. Geschichte als ‚Res gestae', Religion, Philosophie, Sitten und Natur, gemäß der „ekklektizistischen Tradition der ‚loci communes', des ausschließlich aus literarischen Quellen gesammelten Wissens. Naturgeschichte und Medizin nicht als ein empirisch gewonnenes Wissen", sondern als „historisches Konvolut von Beobachtungen und Meinungen seit der Antike".[25]

Und ‚wie Aubin' (um das abgekürzt zu sagen) legt Jean Paul Exzerpte von Exzerpten und ein Register an, das seine Zugriffe auf das Gespeicherte darstellt: ein Konvolut von 1244 Seiten alphabetisch nach selbstgewählten Stichwörtern geordnet, „kein Sachwortverzeichnis mit Stellenangaben", und allerdings auch keine klassifizierende Systematisierung des Überlieferten, „sondern höchste Konzentration des Exzerpts in Kurzsätzen, die unter Stichwörtern versammelt werden".[26]

Zur Kennzeichnung der Jean Paulschen Wissens-Verarbeitung fallen immer wieder die Stichworte ‚barock' und ‚Polyhistor'. Hegel bereits sprach von „barocke[n] Zusammenstellungen von Gegenständen, welche zusammenhanglos auseinander liegen, und

23 So etwa Müller wie Birus, die in der Erzählung „Die Taschenbibliothek" „in nuce eine Poetik des Exzerpts" lesen, die sich mit Jean Pauls Praxis und Reflexion auf diese [...] deckt" (Caroline Pross, Falschnamenmünzer. Zur Figuration von Autorschaft und Textualität im Bildfeld der Ökonomie bei Jean Paul, Frankfurt / M. u.a. 1997, S. 21f.).

24 Zu diesen Heften und zum Funktionswechsel des Exzerpts zur Florilegiensammlung; Müller, Jean Pauls Exzerpte (wie Anm. 19) S. 11.

25 Müller, Jean Pauls Exzerpte (wie Anm. 19), S. 323; „er notierte nie den Streit der Kommentatoren oder die Kritik der überlieferten Ansichten, sondern nur diese selbst"; z.B.: „Im Gegensatz zur Quelle lässt Jean Pauls Exzerpt Bayles Abscheu gegen diese ketzerische Rotte im frühen Christentum vermissen". „Schoekhs einschlägiges Kapitel trägt die Überschrift: *Irrlehren der Orphiten, des Cerdo und Marcion.* Jean Paul notiert nur die Sache selbst, von Irrlehren ist nicht die Rede." Müller, Jean Pauls Exzerpte (wie Anm. 19), S. 326f.

26 Müller, Jean Pauls Exzerpte (wie Anm. 19), S. 327f. Wenn Register „die chaotisch angehäuften Wissenspartikel zu neuem Sinn" ordne (S. 322), so fragt sich, was für eine ‚Ordnung' sich hier finde. Kaum wird man „von einer ‚Systematisierung' des Überlieferten im Register sprechen" können: der Registerartikel als Exzerpt des Exzerpts stößt „keineswegs zu Klassifikationen in modernem Sinne vor" (so auch Müller, S. 329).

deren Beziehungen, zu welchen der Humor sie kombiniert, sich kaum entziffern lassen".[27] Zu erinnern ist Daniel Georg Morhofs *Polyhistor* (Lübeck 1688; 4. Aufl. 1747), „der in *De excerpiendi ratione* die Anhäufung von Wissen als Basis für ‚neue Gedanken und Erfindungen' rühmt", für die *inventio* im Sinne des „topischen Suchsystems, das für die Zuordnung des allgemeinen Materials (der *loci comunes*) mit dem besonderen Redegegenstand zuständig ist".[28] Jean Paul ‚zitiert' diesen Typus des Gelehrten, also den der soeben veralteten Wissensform, und exponiert diese in der Verfasstheit seiner eigenen Textualität. Diese Wissensform (der barocken Datensammlungen und gelehrten Verarbeitung) „begann im 18. Jh. obsolet zu werden": Die „Geschichte der Lehrmeinungen und Autoritäten" war „unvereinbar" geworden „mit der ‚wahren', der ‚eigentlichen' Wissenschaft; Überlieferung und Empirie wurden voneinander getrennt".[29] An die Stelle des Polyhistorismus trat die Enzyklopädie. Jean Paul, der den letzten Polyhistor, den Wiener Bibliothekar Michael Denis, bzw. dessen *Einleitung in die Bücherkunde*, als erstes Buch am Beginn seiner miszellanischen Periode zitierte,[30] war allerdings selbst ebenso „begeisterter Leser von Enzyklopädien, er exzerpierte ständig Zedlers *Universallexikon*, Pierre Bayles *Historisches und Critisches Wörterbuch* und die *Oekonomische Enzyklopädie* von Johannes Georg Krünitz" und fasst sie – exzerpierend – als „Anhäufung von Wissen" auf, als eine Unzahl von „potentiell alle gleichwertigen" Einzelinformationen, „in [bloß] alphabetischer Ordnung".

Wenn Jean Paul diese Wissensform zitiert, so ist sie allerdings nicht dieselbe geblieben. „Jean Paul [macht] sein Exzerptenreservoir zur Basis von Autorschaft und stellt seine Lektüre damit in den Dienst des Schreibens".[31] „Schreiben heißt ihm keineswegs nur, sein Schreiben, sondern mindestens ebenso sehr sein Lesen zu schreiben. Bevor jedoch ‚Lesefrüchte' Eingang in seine Texte finden, haben sie stets – und genau dies begründet seine Sonderstellung – bereits einen hoch komplexen Prozeß der Datenverarbeitung durchlaufen".[32] Diese Form der „Datenverarbeitung" verträgt sich allerdings

27 Georg W. F. Hegel, Vorlesungen über die Ästhetik, Werke, hg. v. Eva Moldenhauer / Karl Markus Michel, Frankfurt / M. 1970, Bd.13, S. 382.

28 Vgl. Müller, Jean Pauls Exzerpte (wie Anm. 19), S. 321. „Das Exzerpiersystem, das Jean Paul entwickelt und das maßgeblich für sein Lektüreverhalten wird, [...] funktioniert offenkundig nach dem Modell der barocken Kollektaneen. Der barocke Autor [...] war gehalten, aus unterschiedlichsten Bereichen der Gelehrsamkeit ‚Realien' zusammenzutragen und festzuhalten, die dem *poeta doctus* dann Stoff zur rhetorischen-poetischen *inventio* bieten sollten". Schmidt-Hannisa, Lesarten (wie Anm. 9), S. 37f.

29 Müller, Jean Pauls Exzerpte (wie Anm. 19), S. 333. „Spätestens seit dem 18.Jh., eigentlich schon seit Descartes, war der wissenschaftliche Diskurs von Ausgrenzung bestimmt. Die Geschichte der Lehrmeinungen und Autoritäten wurde unvereinbar mit der ‚wahren', der ‚eigentlichen' Wissenschaft; Überlieferung und Empirie wurden voneinander getrennt. Auf der einen Seite gab es die ‚Erudition', die Lektüre der Autoren und das Spiel ihrer Meinungen, auf der anderen die Sphäre der ‚gesicherten Urteile' als alleiniger Bestand der Wissenschaft." Müller, Jean Pauls Exzerpte (wie Anm. 19), S. 346.

30 Michael Denis, Einleitung in die Bücherkunde, Wien 1778. zit. Fasz. 2a, „Geschichte. 1. 1. Bd. 1782", S. 3f., vgl. Müller, Jean Pauls Exzerpte (wie Anm. 19), hier und das Folgende S. 345.

31 Schmidt-Hannisa, Lesarten (wie Anm. 9), S. 39

32 Schmidt-Hannisa, Lesarten (wie Anm. 9), S. 37.

mit der Funktion des Autors, deren Aufkommen um 1800 datiert wird, nicht. Denn sie bindet die literarische Produktion ans ‚Vielwissen', an die Bücherwelt, ans Lesen zurück, während im Namen des Autors Wörter und Texte dadurch unterschieden und geordnet sind, daß sie *dem* zugeordnet und zugeeignet sind, der (und „weil er – und eben nur er" –) „in ihnen zu einem unverwechselbaren Ausdruck gelangt".[33]

Die Verarbeitung, durch die der *tesaurus* an ‚Exzerpten' bei Jean Paul inventorisch[34] wird, ist gekennzeichnet worden als „promiscue" Verbindung[35] oder (mit Jean Pauls Wort) „Kopulation". Jean Pauls Poesie der entfernten Ähnlichkeiten ist instabil,[36] d.h. sie führt nicht erneut zu Daten des Wissens.

> „Von Bedeutung sind nicht mehr die Daten in ihrer Positivität, sondern es ist jeweils ihre originelle Verknüpfung und Rekontextualisierung, auf die es ankommt. Dieser Vorschlag ist folgenreich auch für die Lektüre Jean Paulscher Texte: Diese lassen sich nicht mehr mit den Lektüretechniken des Barock lesen, also nicht mehr exzerpieren. Die Gelehrsamkeit, die sie transportieren, verzehrt sich im kontextgebundenen witzig-poetischen Effekt; sie wird nicht mehr exponiert, um erneut im Datenspeicher eines Lesers aufgefangen zu werden."[37]

Jean Pauls Texte treiben – und das ist Programm – „eklektisch Informationen und Lehrmeinungen aus allen Ecken der Welt zusammen", um sie neu zu kombinieren; das Verknüpfungsprinzip heißt Witz, das „ein gewisses Vielwissen zumuten will".[38] Hegel, der, wie zitiert, von den „barocken Zusammenstellungen" sprach, wertete dies wie folgt:

> „Dergleichen hat selbst der größte Humorist nicht im Gedächtniß präsent, und so sieht man es denn auch den Jean Paul'schen Kombinationen durchaus an, daß sie nicht aus der Kraft des Genie's hervorgegangen, sondern äußerlich zusammengetragen sind."[39]

---

33 Stefan RIEGER, Autorfunktion und Buchmarkt, in: Einführung in die Literaturwissenschaft, hg. v. Miltos PECHLIVANOS / Stefan RIEGER / Wolgang STRUCK / Michael WEITZ, Stuttgart 1995, 147-163, insb. 149ff.; Friedrich KITTLER, Aufschreibesysteme 1800/1900, 2. Aufl., München 1987 [1985].

34 Zur Unterscheidung von der rhetorischen *inventio*, vgl. SCHMIDT-HANNISA, Lesarten (wie Anm. 9), S. 39f.

35 Das erinnert eine Metapher für den Witz aus Jean Pauls *Vorschule der Ästhetik*; vgl. auch: „wenn eine Gemeinschaft der Ideen herrscht wie der Weiber in Platons Republik und alle sich zeugend verbinden – wenn zwar ein Chaos da ist, aber darüber ein heiliger Geist", wenn „alles sich untereinandermischt, um etwas Neues zu gestalten", dann sei „der Weg zur dichterischen und zur philosophischen Freiheit und Erfindung aufgetan, und seine Findkunst (Heuristik) wird jetzo durch ein schöneres Ziel bestimmt." *Vorschule der Ästhetik,* Jean Paul, Werke (wie Anm. 1), I.5, S. 202.

36 Vgl. Götz MÜLLER, Mehrfache Kodierung bei Jean Paul, in: Jahrbuch der Jean-Paul-Gesellschaft 27 (1992), S. 67-91, hier S. 91.

37 SCHMIDT-HANNISA, Lesarten (wie Anm. 9), S. 40.

38 „Der Gottes- und der Rechts-Gelehrte fassen einander nicht – der Großstädter fasset tausend Kunstanspielungen, die dem Kleinstädter entwischen – der Weltmann, der Kandidat, der Geschäftmann, alle haben verschiedene Kreise des Wissens – der Witz [...] muß den Mittelpunkt aller fodern und bilden" [...] „das Meer der Kunst muß die Weltteile verbinden; und so kann die Kunst ein gewisses Vielwissen zumuten." Jean Paul, Werke (wie Anm. 1), I/5, S. 205.

39 Hegel, Ästhetik, (wie Anm. 27), S. 382.

Diese *Äußerlichkeit* ist die der *anderen* Schriften.

> „Jean Paul hat deshalb auch, um immer neues Material zu haben, in alle Bücher der verschiedensten Art, botanische, juristische, Reisebeschreibungen, philosophische, hineingesehen, was ihn frappierte, sogleich notiert, augenblickliche Einfälle dazugeschrieben und wenn es nun darauf ankam, selber ans Erfinden zu gehen, äußerlich das Heterogenste – brasilianische Pflanzen und das alte Reichskammergericht – zueinandergebracht."[40]

Wenn Schrift sich von Schrift nährt, dann folgt sie nicht der seit Mitte des 18. Jh.s formulierten Konzeption des Ästhetischen. Dieser zufolge sollte das Werk in sich selbst, d.h. in „der Kohärenz stiftenden Innerlichkeit eines genialen Subjekts",[41] begründet sein, nicht aber in einem diesem vorausgehenden Wissen und dessen Formen. Dieses heißt in termini dieser Ästhetik nur noch äußerlich, zufällig.

Jean Paul selbst hat sein Verfahren, das mit der *Vorschule der Ästhetik* ein witziges heißen darf, als ein solches konzipiert, das die Geburt des Textes dem Zufall aussetzte. Seine Exzerpten eröffnen den Raum eines „Zufallsverfahrens"[42] der Produktion:

> „Ideen aus allen Wissenschaften ohne bestimmtes gerades Ziel – weder ein künstlerisches noch ein wissenschaftliches – [sollen] sich nicht wie Gifte, sondern wie Karten misch[]en" [so daß sie] folglich, ähnlich dem Lessingschen geistigen Würfel, dem etwas eintrügen, der durch Spiel zu gewinnen wüsste, was aber die Sammlung anbelangt, so habe ich sie und vermehre sie täglich."[43]

Moses Mendelsohn hatte berichtet von „der Gewohnheit Lessings, in seiner Laune die allerfremdesten Ideen zusammen zu paaren, um zu sehen, was für Geburten sie erzeugen würden. Durch dieses ohne Plan hin und her Würfeln der Ideen entstanden zuweilen ganz besondere Betrachtungen, von denen er nachher guten Gebrauch zu machen wusste'".[44] Wenn und insofern „[z]wischen Lesen und Schreiben [...] ein technisches System" tritt, so will es mit diesem aber gerade auf den Zusammenhang von Einfall und Zufall (der Verknüpfungen) hinaus.

Die Gelehrtenleben, die Jean Paul vorstellt, werden dadurch präsentiert, dass deren (jüngst veraltete) Wissensformen in der textuellen Verfasstheit seiner Texte entfaltet werden. Diese selbst präsentieren sich als Texte, die aus Exzerpten, aus Abschriften von Ab- und Aus-Schriften ‚geboren' sind, und sie tun dies durch die Exposition ihrer

40 Hegel, Ästhetik, (wie Anm. 27), S. 382.

41 Schmidt-Hannisa, Lesarten (wie Anm. 9), S. 42f.

42 Müller, Jean Pauls Exzerpte (wie Anm. 19), S. 321.

43 Jean Paul, Studier-Reglement, in: Eduard Berend (Hg.), Jean Pauls sämtliche Werke. Historisch-kritische Ausgabe, Weimar 1927ff. [ab 1952 Berlin], Abt. 2, VI/1, S. 586.

44 Jean Paul, Werke (wie Anm.1), I/5, S. 1221 [Kommentar]; sowie in Müller, Jean Pauls Exzerpte (wie Anm. 19), S. 321.

heterogenen Zusammengesetztheit. Die Form oder Unförmigkeit (im Sinne des in sich selbst sich schließenden Werks) dieser Texte zitiert die Formen, Techniken und Handhaben dieses gelehrten Wissens. So geben die literarischen Texte in Zettelkästen und Nachschriften, Vorreden, deren Kunst oder Manier Jean Paul wie kein anderer entwickelte, durch die Einkoppelung anderer Textsorten, wie Rezensionen und andere, die sie als Textsorten zitieren, ihre eigene Integrität preis.[45] Die ‚Geburt' des Textes aus vorangehenden Schriften macht sich derart und bleibt merklich.

So bezeugt Jean Pauls *Das Leben Fibels, des Verfassers der Bienrodischen Fibel* eine schreibende Praxis, die Praxis eines Schreibens – und zwar geschieht dies mindestens doppelt, zweifach:

Das Leben Fibels stellt zunächst die Geburt eines Gelehrten, seines Lebens aus der Schrift im wörtlichsten oder vielmehr buchstäblichsten Sinne vor.[46] Diese Produktion eines Lebens geschieht im Modus des *misreadings*: In Verkehrung der metonymischen Relation von Autor und Werk, die es konventionell ermöglicht, ein Werk mit dem Namen des Autors zu bezeichnen,[47] wird in einem rückwirkend konstituierenden Akt dem Werk ein Autor als dessen Ursache vorausgesetzt, wird aus dem ABC-Buch, der *Fibel*, als dessen metaleptischer Effekt ein Autor hervorgebracht worden sein,[48] dessen Leben[49] uns mit dem *Leben Fibels* vorliegt.

---

45 Vgl. die Zusammengesetztheit von Jean Pauls *Quintus Fixlein.* Neben der Fülle des Zitierten und Angespielten, des aus den Exzerpten aus- und beigezogenen, das und dessen Zitiertheit im Text merklich bleibt, übernimmt Jean Paul auch Textsorten, d.i. Zitation als Systemreferenz. Vgl.: Hans Esselborn, Intertextualität und Selbstbehauptung des Autors in Jean Pauls Werken, in: Geneviève Espagne, Christian Helmreich (Hg.), Schrift- und Schreibspiele. Jean Pauls Arbeit am Text, Würzburg 2002, S. 59-79; hier S. 75f.

46 Ralf Simon, Allegorie und Erzählstruktur in Jean Pauls „Leben Fibels", in: Jahrbuch der Jean-Paul-Gesellschaft 26/27 (1991/1992), S. 223-241; hier S. 228; Pross, Falschnamenmünzer (wie Anm. 23), S. 86-109. Die leibliche *Geburt* des Protagonisten Fibel ist als ein Aus(heraus)ziehen dem Prozedieren des gelehrten Schreibens: des Exzerpierens, das das „Vor-Kapitel" wörtlicher vorstellt, analog (vgl. Thomas Schestag, Bibliographie für Jean Paul (wie Anm. 21), S. 509ff., S. 517).

47 Rhetorisch ist die Verkehrung der Metonymie von Ursache und Wirkung eine Metalepsis.

48 Von seinem Buch sagt der Ich-Erzähler der „Vorgeschichte" im „Vor-Kapitel", dass es „historisch dartut, daß *Fibel* das Werk gemacht, daher ja eben später allen Abcbüchern der Name Fibel geworden, wie man etwa raffaelische Gemälde Raffaele nennt"; das ist eine Begründung durch die Metonymie von Autor und Werk (*Leben Fibels*, Jean Paul, Werke (wie Anm. 1), S. 370). Die Metalepsis stellt auch der fiktive Herausgeber des *Leben Fibels* und der Erzähler der „Vorgeschichte" selbst als ein misreading und dieses als ein glückliches vor, wenn ein Buch, auf dessen Titelblatt „gedruckt" steht, unter einem Herrn „Gedruckt" aufgeführt wird (S. 389). Es handelt sich um die „Genese von Autorschaft" (Uwe Wirth, Die Schreib-Szene als Editions-Szene. Handschrift und Buchdruck in Jean Pauls *Leben Fibels,* in: „Mir ekelt vor diesem tintenklecksenden Säkulum". Schreibszenen im Zeitalter der Manuskripte, Martin Stingelin (Hg.), München 2004, S. 156-174, hier S. 161).

49 *biblos* wird als Matrix von *bios* aufgefaßt (vgl. Thomas Schestag, Bibliographie für Jean Paul (wie Anm. 21), S. 509); die theologische Unterfütterung wird durch die krude Evokation von Wort und Fleisch (nach Johannes Evangelium) aufgerufen (Schestag, Bibliographie für Jean Paul (wie Anm. 21), S. 510 u. 513; vgl. 13. Kap. „Papierdrache. Erfindung und Erschaffung des sächsichen Abc's").

„Um nun mit einem Manne bekannt zu werden und bekannt zu machen, mit einem Fibel, den ich früher gelesen als Bibel und Homer“, lautet das Programm.[50] Bezeichnet ist damit eine Priorität eigener Art: Das Werk Fibels, „das mit den Elementen aller Wissenschaften, nämlich mit dem Abcdf etc. etc. – zugleich eine kurze Religionslehre, gereimte Dichtkunst, bunte Tier- und Menschenstücke und kleine Still-Leben dazu, eine flüchtige Natur- und Handwerks-Geschichte darbringt“[51] und insofern dem „dickbändigen Homer“ gleichkomme, der den Alten die „Enzyklopädie aller Wissenschaften“ bot,[52] habe – so sagt das „Vor-Kapitel“ – „Millionen Leser nicht bloß gefunden, sondern vorher dazu gemacht“.

> „Wer schon bloß bedenkt, was Buchstaben sind“, [...] „wer nur obenhin erwägt, daß über diese Vierundzwanziger kein Gelehrter und keine Sprache hinauszugehen vermag, sondern daß sie die wahre Wissenschaftslehre jeder Wissenschaftslehre sind und die eigentliche, so lange gesuchte und endlich gefundne allgemeine Sprache, aus welcher nicht nur alle wirkliche Sprachen zu verstehen sind, sondern auch noch tausend ganz unbekannte, indem 24 Buchstaben können 1391724288887252999425128493402200 mal versetzt werden [...], würde schwerlich sich der Frage enthalten: wer ist wohl größer als Fibel?“[53]

Das (vermeintliche) Werk Fibels spricht vom Schreiben und Lesen als Kombinatorik über jene selbst asemantischen Elemente, die die Lettern sind. Als solches stelle die Fibel das „Buch der Bücher“ vor.[54] Drunter tut's der Text nicht. Er weiß von einer Berufungsszene des Fibels, in der „eine Stimme mehr aus dem Himmel“ erschallt: „Sitze ab, Student, und ziehe aus eine Schwanzfeder dem Hahn und setze auf damit das Buch der Bücher, voll aller matres et patres lectionis, [...]; schreibe dergleichen, *mein* Fibel, und die Welt liest'“.[55] *Fibel* liest *Bibel* neu: entstellt, als Schrift, in Perspektive ihrer Letteralität; tatsächlich erläutert Grimms *Deutsches Wörterbuch* das Wort „Fibel“ als eine verwechselnde Bildung aus „Bibel“, als „entstellung des wortes *bibel*“.[56] Schrift

---

50 *Leben Fibels*, Jean Paul, Werke (wie Anm. 1), I/6, S. 370f.

51 Jean Paul, Werke (wie Anm. 50), S. 369.

52 Jean Paul, Werke (wie Anm. 50), S. 490f. Fibels Biograph Pelz kennzeichnet die Fibel als „poetische Enzyklopädie; sie behandle „Geographie, Kriegskunst, Mystizismus, Theologie und andere Wissensgebiete“ (S. 490).

53 Jean Paul, Werke (wie Anm. 50), S. 489.

54 Jean Paul, Werke (wie Anm. 50), S. 427.

55 Jean Paul, Werke (wie Anm. 50), S. 427; vgl. „Papierdrache. Erfindung und Erschaffung des sächsichen Abc's“ (425ff.); die theologischen Prätexte sind u.a. die Taufe Jesu im Jordan und die Apokalypse.

56 Grimm, Deutsches Wörterbuch, Bd. 3, Leipzig 1862, Sp. 1611; vgl. Jean Paul, Werke (wie Anm. 50), S. 535; dies ist bereits wiederholt bemerkt worden, vgl. Pross, Falschnamenmünzer (wie Anm. 23), S. 112; Monika Schmitz-Emans, Der verlorene Urtext. Fibels Leben und die schriftmetaphorische Tradition, Jahrbuch der Jean-Paul-Gesellschaft 26/27 (1991/1992), S. 197-222, hier S. 221. Der (fiktive) Verfasser führt die gelehrte Ableitung an, die „aus Unwissenheit über den Verfasser sagen *die* Fibel und es (fast zu lächerlich) von Fibula ableiten“ (Jean Paul, Werke (wie Anm. 50), S. 370); der Kommentar weiß dazu: „Die falsche Ableitung von lat. ‚fibula‘ war damals sehr verbreitet“ (S. 1269).

wird in ihren buchstäblichen Elementen aufgefasst „als matres et patres lectionis" einer buchstäblich arbiträren Produktion von Affe, Apfel, Wolf, Quarkkäse, Hure, Drache, Mönch, Nonne, Lämmlein, Ochse, Ziegenböck und Zählbrett, wie sich in der dem *Leben Fibels* – als dessen Prätext – angeleimten *Bienrodischen Fibel* nachvollziehen lässt. Es sind die Kontingenzen der arbiträren Elemente, die die Buchstaben sind, die selbst sinnlos die generative Matrix dessen abgeben, wovon das „Buch der Bücher" oder die „Enzyklopädie aller Wissenschaften" wüsste[57] – oder was schlicht alles und nichts wäre.[58] Die ernsthafteste Erörterung der Sinn-Produktion aus dem Unsinn der Lettern gehört dem *Leben Fibels* ebenso wie deren Albernheit an.[59] Die *Fibel*, die Lesen als buchstäbliche Kombination und Permutation der Elemente vorstellt, wird – wenn sie lehren können soll, was mit ihr gelernt werden soll, – jeden Gehalt, jeden Satz und jedes Wort an ihre Zerlegbarkeit und derart an ihre Elemente zurückverweisen.[60]

Wenn ich *Das Leben Fibels* als einen Fall der Gelehrten(auto)biographie zu lesen vorschlage, dann aber nicht nur dieses gelehrten Fibel wegen, und nicht bloß weil die Gelehrtenbiographie in diesem Buch als Genre thematisiert wird – möglicherweise,

57 „Nirgends besser als hier lernt man begreifen, wie die Alten im dickbändigen Homer die Enzyklopädie aller Wissenschaften finden konnten, wenn man in einem so schmalen Werkchen nicht weniger antrifft, indem darin bald Geographie vorkommt, z.B. polnische (Wie grausam ist der wilde Bär, Wenn er vom Honigbaum kommt her) oder arabische (Camele tragen schwere Last) oder italienische in M (Mit Messern stich bei Leibe nicht) – bald Kriegskunst in D (Soldaten macht der Degen kund) – bald Mystizysmus in L (Geduldig ist das Lämmelein. Das Licht gibt einen hellen Schein) – bald Teleologie in O (Das Ohr zu hören ist gemacht)." (Jean Paul, Werke (wie Anm. 50), S. 490f.).

58 SCHMITZ-EMANS, Der verlorene Urtext (wie Anm. 56), S. 207, S. 211, S. 215; mit Bezug auf die Traditionen des Alphabetismus, Kabbalisten, Dadaisten S. 218-221; vgl. Timothy J. CHAMBERLAIN, Alphabet und Erzählung in der ,Clavis Fichtiana' und im ,Leben Fibels', in: Jahrbuch der Jean-Paul-Gesellschaft 24 (1989), S. 75-92.

59 So stehen Kommentar- und Meta-Ebenen des Buches in diesem bereits nebeneinander und drehen sich ineinander ein: „die ungleichartige Zusammenstellung des 18.ten Gesangs" des Fibelschen Werkes, d.i. *„Die Sau im Koth sich wälzet sehr./ Das Scepter bringet Ruhm und Ehr"* wird „auf eine leichte Weise" „aus einer fürstlichen Saujagd-Partie" erläutert; eine andere Erklärung gibt der Biograph Pelz (oder die Laus im Pelz) mit dem Kartenspiel, in dem „die Sau regelmäßig den König steche" (Jean Paul, Werke (wie Anm. 50), S. 496f.). Auch zu den Reimen handelt der Text selbst (S. 490). Eingelagert ist eine Rezension, bzw. „gelehrten Angriffe" sind „in die gefällige Form einer Rezension, mit Auslassung seiner Sprache" gefaßt (aus „Oberdeutsche Literaturzeitung, No. 0000001 *Pädagogik* Rez. Von: Abcdefgh usw. (von Herrn Gotthelf Fibel) ohne Druckort (In Heiligengut bei dem Verfasser)" (S. 502; darin auch über die sexuellen, politischen, antisemitischen Implikationen, sowie über die Bilderkombinationen zu jedem Buchstaben, S. 504ff.).

60 Wenn die Einträge zu A: *Affe* und *Apfel* deutbar sind in Richtung der „Idee einer adamitischen Ursprache, in der das Wesen der Dinge durch das Wort sich aussprach" (so SCHMITZ-EMANS, Der verlorene Urtext (wie Anm. 56), S. 208): der Name ,Adam' werde ,im Anfang' explizit überschrieben durch den „Affen" (Jean Paul, Werke (wie Anm. 50), S. 433) durch sein „apfelessendes Zerrbild", der im Anfang für die Wiederholung als Verfehlung stehe; so ist doch der eigentliche Sinn der Fibel, aus allen Worten den Buchstaben zu lehren und daher auszufällen: A.

wie es heißt, in satirischer Absicht angesichts der grassierenden Kant-Biographien nach dessen Tode 1804[61] – und auch nicht einmal, weil dieser Text die Tradition der Gattung Gelehrtenbiographie abruft und die Gattungsmerkmale entfaltet (d.i. „Der kleine Plutarch"), die mit größter Präzision abgedient worden seien[62] von jenem Schreiber, den der fiktive Herausgeber als seinen fiktiven Vorgänger und „Mit-Plutarch" vorgibt.[63] Es handelt sich vielmehr auch in diesem Falle um die Auto-Graphie einer schreibenden Praxis in der Fiktion eines sich schreibend bezeugenden und sein Schreiben (mit-)erzählenden Gelehrten. Sein Unternehmen wird im (die „Vorgeschichte" der Produktion des Buches, das uns als *Das Leben Fibels* vorliegt, erzählenden) „Vorkapitel" als gelehrtes[64] und genauerhin als ein *historisches* entworfen, als eine Suche nach

61 Genannt werden neben Kants auch Schillers Lebensbeschreiber und deren Konjunktur, vgl. Jean Paul, Werke (wie Anm. 50), S. 513ff.; S. 516; die Vorarbeiten zum Leben Fibels beginnen 1806, sie wurden 1811 abgeschlossen (Jean Paul, Werke (wie Anm. 50), Kommentar S. 1268).

62 *Das Leben Fibels* taugt zu einer Erkundung, was die Gattung Biographie ausmacht und macht die Tradition explizit (Jean Paul, Werke (wie Anm. 50), S. 491): sein „Mit-Plutarch Pelz", der Verfasser der 40bändigen Lebensbeschreibung Fibels, auf deren Trümmern das *Leben Fibels* beruht (S. 496), dient alle vorgeschriebenen „lebensbeschreibenden Artikel" präzise ab, als da sind: ‚Latinität, Gräzität, Hebräizität, Arabizität des seligen Mannes', ‚Fürstliche Gnadenbezeugungen gegen den Helden', ‚Hauptwerk, welches der Gelehrte geschrieben', ‚Andere Werke, welche des Seligen Namen tragen'. „Andere versprochene lebensbeschreibende Artikel tat Pelz kürzer ab; nämlich bei dem Artikel ‚Latinität, Gräzität, Hebräizität, Arabizität des seligen Mannes' führte er dessen Kenntnis und Schreibung der lateinischen, griechischen, hebräischen Alphabete und die ähnlichen Vaterunser an" (S. 499) Dieser wie der „Artikel ‚Fürstliche Gnadenbezeugungen gegen den Helden'" wurden bereits erzählt", ebenso der „Artikel: ‚Hauptwerk, welches der Gelehrte geschrieben' [...] das Abcbuch"; der „Artikel: ‚Andere Werke, welche des Seligen Namen tragen', bekanntlich die anonymen, auf deren Titelblatt Fibel elendiglich seinen Namen einschwärzte, [...] [um] durch das Titelblatt [...] auf die Gedanken zu bringen, daß Fibel sie gemacht" (S. 499).

63 Im 27. Kapitel holt die Erzählung sich selbst ein; die Lebensbeschreibung trifft auf die Produktion der ‚Lebensbeschreibung', die ihre Voraussetzung ist: „Die Leser wissen schon seit mehreren Bogen, daß der Magister Pelz alle Pflichten guter Lebensbeschreiber in den Sessionen erfüllt und des Helden Vergangenheit ausführlich abgehandelt – denn woher sollt' ich die vorigen Kapitel sonst darüber nehmen, falls ich sie nicht geradezu erfabeln wollte?" (Jean Paul, Werke (wie Anm. 50), S. 498). Das ist von einer eigenartigen Zirkularität, „daß ich immer mehr den Lebensbeschreiber der Lebensbeschreiber mache" (S. 499), d.i. so rückwärts bestätigend, wie selbstdementierend; denn „die Erzählung [ist] bei dem temporalen Kurzschluß angelangt, wo das Erzählen sich selbst zu erzählen beginnt, weil die Erzählsituation nicht mehr vom Erzählten getrennt werden kann." (Simon) Das sei „anstelle einer wohlgeordneten Rückkoppelung eine Verdoppelung", die mit der Erzählung der Voraussetzung in der des Lebens gehindert ist: als „Lebensbeschreiber der Lebensbeschreiber" (S. 499), oder in eine Wiederholung gebannt: „der Chronologie folgen[d]" nur „wiederholen[d], was bis dorthin als Lebensbeschreibung zu lesen war" (Simon, Allegorie und Erzählstruktur in Jean Pauls „Leben Fibels" (wie Anm. 46), S. 227).

64 Vgl. für die „gelehrte" Suche und ihre „gelehrten" Mittel Jean Paul, Werke (wie Anm. 50), S. 371f.; das Buch als „historische" Darlegung und Beweis (S. 370).

„historischen Quellen",[65] als historische Erkundung des ‚wahren' Urhebers oder der ‚Wahrheit über –'.[66]

Die „Vor-geschichte" der „Lebens"-beschreibung stellt die fiktive Szene der Produktion jenes heterogenen Textes, den wir als *Das Leben Fibels* (nach (?) diesem „Vor-Kapitel")[67] lesen. Es handelt sich um die Szene einer multiauktoralen Produktion, und zwar als das Szenario gelehrten Forschens und Schreibens. Diese gibt die metapoetische Fiktion des Textes vor. Und so sehr dies Fiktion ist, ist doch die hier fiktiv verwörtlichend ausgeführte und derart ausgestellte Produktivität aus Exzerpten mehr als das, nämlich das Prinzip der Jean Paulschen Texte: Im Szenario einer (fiktiv) viel-händigen Produktion wird Autorschaft suspendiert (während umgekehrt gerade dadurch im *Leben Fibels* die Parameter von Autorschaft, die Grenzen des Buches und seine Paratexte erkundet werden und erkundet werden können).[68] Der Verfasser modelliert sich als den (bloßen) Herausgeber des Gefundenen, der Spuren des Leben des Fibel, des ‚wahren Verfassers' der sog. Bienrodischen Fibel,[69] der „Trümmer von historischen Quellen", das sind die einer aufgefundenen 40bändigen Lebensbeschreibung: „Curieuse und sonderbare Lebens-Historie des berühmten Herrn Gotthelf Fibel, Verfassern des neuen Markgrafluster, Fränkischen, Voigtländischen und Kur-Sächsischen Abc-Buchs".[70]

65 „Ich zitiere meine Quellen –" (Jean Paul, Werke (wie Anm. 50), S. 372); vgl. für Art und Fundorte der „historischen Quellen" (S. 374ff.).

66 Für Suche und Beweis des ‚wahren' „Verfasser[s]", in Auseinandersetzung mit den und Widerlegung der konkurrierenden Annahmen, vgl. Jean Paul, Werke (wie Anm. 50), S. 369f.

67 Diesem geht eine „Vorrede" noch voran (gezeichnet durch „Jean Paul Fr. Richter). Das Vor- kann sich nicht entscheiden, ob es schon Teil des Textes ist oder doch noch vor ihm verbleibt, den Anfang des Textes aufschiebend, die Grenzen des Werkes (das nicht eines ist) so sehr markierend, wie in Oszillationen versetzend. Das „Vor-Kapitel" ist nochmals auktorial gezeichnet und datiert (Jean Paul, Werke (wie Anm. 50), S. 377); der Kommentar sagt: ein Fehler („Datum und Unterschrift sind versehentlich stehengeblieben, da das Kapitel ursprünglich als Vorrede gedacht war.") (Jean Paul, Werke (wie Anm. 50), Anmerkungen S. 1270)

68 Vgl. PROSS, Falschnamenmünzer (wie Anm. 23), S. 86-109. Durch parasitäre Aufpfropfung wird man zum Autor: durch Imprints, durch Eindrucken des Namens auf das Titelblatt vor dem, was durch dieses zum Werk wird; auch Pelz, der Biograph des Fibel, sei wörtlich auszulegen auf das Pfropfen (Pelzen), vgl. das „Pelz-Kapitel"; vgl. WIRTH, Die Schreib-Szene als Editions-Szene (wie Anm. 48), S. 169-174).

69 Befestigt wurde die Produktion eines Autors als vermeintliche ‚Ursache' eines Werks als deren ‚Wirkung' durch weitere Werke, durch die auf der „verbotne[n] Bücher-Versteigerung" eines „getauften Juden" gefundenen „135 Bänden jeden Formats und jeder Wissenschaft, aber sämtlich (zufolge des Titelblattes) von *einem* Verfasser namens Fibel geschrieben. Vierzigjährige Literatoren wie ich können nicht genug darüber erstaunen über ihre sämtliche Unkenntnis eines solchen vielbändigen Verfassers". Verzeichnet werden dann 10 Fibelsche Schriften (Jean Paul, Werke (wie Anm. 50), S. 373), zu denen der Kommentar zu Jean-Paul *Sämtliche Werke* weiß, dass sie alle tatsächlich, aber anonym erschienen sind.

70 „und da fand ich nicht nur im ersten Bande noch anderthalb Ruinen Blätter, sondern unter diesen zum höchsten Erstaunen folgendes Titelblatt: ‚Curieuse und sonderbare Lebens-Historie des berühmten Herrn Gotthelf Fibel, Verfassern des neuen Markgrafluster, Fränkischen, Voigtländischen und Kur-Sächsischen Abc-Buchs, mit sonderbarem Fleiße zusammengetragen und ans Licht gestellt von

Ausgesetzt wird Autorschaft an Kontingenz – in der metapoetischen Phantasie einer verwörtlichenden Ausführung einer Produktion aus Exzerpten. Wörtlich genommen wird das Extrahieren oder Exzerpieren, das Aus-Ziehen der „noch anderthalb Ruinen Blätter" dieser Lebens-Historie: „alles [verbliebene] Gedruckte aus den Werken [„in welchen oft über zwei bis dritthalb Bogen stehen geblieben"] [sei] auszuziehen, nämlich auszureißen".[71] Es handelt sich mit dieser Zerlegung um eine Analyse der Bücher, die zum einen nicht um des Ausgezogenen, sondern um der verbleibenden leeren (Buch-)Schalen willen (die der Buchhändler weiterverkaufen wird),[72] und zum anderen um des Papiers als solchen, nicht um des Textes willen ‚aus-einander-gerissen' und verwendend zerstreut wurden. Am „Geburtsdorfe Fibels" sucht derjenige, der zum (zweiten) „fibelschen Lebensbeschreiber" werden will, „mich da ein wenig anzusetzen, um wenigstens noch so viele aufzutreiben, als etwa nötig wären, um aus allen biographischen Papierschnitzeln geschickt" ein ‚Werk' „zusammenzuleimen".[73] Erzählt wird die Einrichtung einer multiplen Autor- und Beiträgerschaft, die als das Prinzip gelehrten Schrifttums vorgestellt wird, als das von gelehrten Zeitschriften und von wissenschaftlichen Akademien.

> „So wäre denn nun wieder durch Gesamt-Wirkung vieler das entstanden, was man ein Werk nennt, eine Lebensbeschreibung durch Jungen, zwei Beschreiber [‚ich' und der Vorgänger Pelz] und den Helden selber. Ja vielleicht stell' ich im kleinen persönlich eine große Académie des Inscriptions vor – weil die Jungen deren korrespondierende Mitglieder sind und ich zeitiger Präsident und beständiger Sekretär oder Erzschreinhalter -; oder ich bin, will ich jenes nicht, doch jene Gesellschaft in Edimburg persönlich, welche Ossians Überbleibsel sammelt und prüft./ Das folgende Buch ist demnach der treue Auszug aus den 40 bruchstücklichen Bänden des Christen-Judas [des wieder und wieder getauften jüdischen Buchhändlers] und meiner Jünger, und das Dorf Heiligengut hebt sich zu einer biographischen Schneiderhölle voll zugeworfener Papier-Abschnitzel."[74]

Joachim Pelz, der heil. Gottesgelahrtheit Beflissenen. Erster Tomus, so desselbigen Fata im Mutterleibe enthält.' [...] Seid außer euch, ihr sämtlichen Literatoren dieser Zeit! – Und noch ganze 39 Bände waren da, welche den Teil seines Lebens *nach* der Geburt berührten, und in welchen oft über zwei bis dritthalb Bogen stehen geblieben." (Jean Paul, Werke (wie Anm. 50), S. 374; Kontrafakturen und intertextuelle Spuren, vgl. Kommentar S. 1270).

71 Jean Paul, Werke (wie Anm. 50), S. 374 u. 375.

72 „Ich kaufte dem Judenchristen leicht um den Ladenpreis die Erlaubnis ab, alles Gedruckte aus den Werken auszuziehen, nämlich auszureißen, sobald ich die Einbände verschonte. So setzt' ich mich instand, in folgender Lebensbeschreibung Kapitel, die aus ausgezogenen Blättern ausgezogen waren, gleichsam wie mit Judeneiden und Urkunden zu verbriefen, indem ich über ein solches setzte: *Judas*-Kapitel." (Jean Paul, Werke (wie Anm. 50), S. 375).

73 Jean Paul, Werke (wie Anm. 50), S. 375.

74 Jean Paul, Werke (wie Anm. 50), S. 376; vgl. 374f. Die Fiktion wird gestärkt durch die fiktive Reue: „daß ich nicht das Ganze für mein eigenes Gemächt ausgegeben; denn ich fragte mich: welcher kann mich denn einen Plagiarius (Gedanken-Dieb oder Geistes-Räuber) schelten", da seine „Beiträger nicht einmal lesen [...] - - geschweige [denn] schreiben" konnten (S. 377).

Die Beiträgerschaft „namentlich" der „Schwein- Schaf- und Gäns-Hirten", „welche zu Kompilatoren der im Dorfe zerstreueten Quellen tüchtig waren",[75] entspricht in ihrer kontingenten Ausstreuung derjenigen der ver-wendeten Papiere, die verschlagen wurden an die heterogensten Orte und Aborte.

> „die Marodeurs hatten die Lebensbeschreibung, diese herrliche historische Quelle für uns alle, zerschnitten und aus dem Fenster fliegen lassen und die besten Notizen sonst schlecht gebraucht. Aber zum Glücke für uns alle lasen [..] die guten Heiligenguter alle übriggebliebenen Quellen auf und verschnitten sie zu Papierfenstern, Feldscheuen und zu allem – Daraus war immer etwas zu machen – wenigstens *ein* Buch... ."[76]

Die „guten (Heiligenguter) Papieren", „Kaffee-Düten, Heringspapiere[] und ander[e]", die „Fidibus, [...] Stuhlkappen, Papier-Drachen und andere *fliegende* Blätter fiblischen Lebens (und mancher Wisch ist oft ein Kapitel stark), welche mir die Knaben-Knappschaft täglich einbrachte", machen zum einen den, der als „ich" der „Vorgeschichte" (des Schreibens) spricht, „vermögend, gegenwärtiges Leben oder Buch anzufangen".[77] Zum andern delegiert sich der Text in dieser Fiktion eines Produktionsszenarios, im Parergon zum Werk, das sich derart nicht schließen wird können, an die Heterogenität seiner Herkünfte, an die Kontingenzen des Verbleibs und Zu-Trags durch „meine[] nackte[] Pennypost".[78]

Explizit gemacht wird der Witz der Herkünfte des Textes aus den wahren historischen Quellen, den Exzerpten als Schnipsel, Abfälle und Überbleibsel. Denn diese geben zum einen noch die Reste (eines vermeintlichen ‚ursprünglichen Werks') zu lesen, und sie lassen *als Reste* auch in ihrer Kombination zu einem Text noch mitlesen, wohin es sie verschlug und woher sie zugetragen wurden. Die Kapitelüberschriften binden – in markierter Kontingenz – den Text, der abgeschrieben von einem Rest

75 Jean Paul, Werke (wie Anm. 50), S. 376.

76 „wenigstens *ein* Buch aus den Vierzigern, welches nicht leicht aus den 40 französischen Generalpächtern und nicht immer aus den 40 geistigen der Akademisten zu destillieren war." (Jean Paul, Werke (wie Anm. 50), S. 374f.).

77 Jean Paul, Werke (wie Anm. 50), S. 376. Auch Fibels Lesestoff waren die Papiere: Tüten der Gewürzhändler („5. Herings-Papiere. Die Studien") „jetzt konnt' er alles lesen, was er poetisches, juristisches, chemisches Gedrucktes aus dem Gewürzladen, seiner Lese-Bibliothek, vorbekam." (S. 388) Derart habe er sein „Vielwissen" ausgebildet: „floß die Makulatur so schön auf Fibels Leben ein wie eine zweite allgemeine deutsche Bibliothek und vertrat deren Stelle. Jene bildete ihn – da er vom Würzhändler Düten aus allen Fächern bekam – zu jenem Vielwisser, als welchen er sich im Abc-Buch überall durch Tierkunde, Erziehungs- und Sittenlehre, Poesie und Prose zeigt." Das wird zum einen mit „Nicolais Bibliothek" parallelisiert, aus der „die jetzigen Viel- und Zuviel-Wisser hervorgegangen" seien (die „nicht [bloß wie Fibel] umsonst gekauft, sondern auch gelesen haben" (S. 389), sondern auch das, was der Witz, die Poesie der entfernten Ähnlichkeit voraussetzen muss und darf (so Jean Pauls „Vorschule der Ästhetik").

78 „In wenigen Wochen war ich vermögend, gegenwärtiges Leben oder Buch anzufangen – in so außerordentlichem Grade wurd' ich von meiner nackten Pennypost unterstützt durch Fidibus [...] und andere *fliegende* Blätter fiblischen Lebens" (Jean Paul, Werke (wie Anm. 50), S. 376).

(erneut) zum Teil des Werks wird, an die Herkünfte, aus denen sie zusammen- und herbei-getragen wurden, zurück.

So sehr diese Herkünfte, die Verwendungen, Missbräuche und Speicherorte[79] der ‚ausgezogenen' Überreste des ‚verlorenen Textes' nach Kriegsfledderung und vor Marodeuren, aus denen sie von den leseunkundigen ‚Kompilatoren' beigetragen werden, dem, was in den Papieren zu lesen war, kontingent äußerlich sind, so sehr schlägt das: der Zufall des Verbleibs der Überreste, doch in das, was sie zu lesen geben, durch: Was als papierenes „Haubenmuster" aus der „Schneiderhölle" beigebracht wurde, lässt vom Ehestand der Mutter lesen, und das „Leibchenmuster" enthält winterliche Szenen.[80]

Die Materialität nicht nur der Lettern und ihrer Rekombinierbarkeit als bewegliche diskrete Elemente, sondern auch die von deren sinnlosen Träger, dem Papier selbst, greift durch ins Semantische, den Sinn. Dieser ist mit seinem vermeintlich ‚bloßen Träger' dem ausgesetzt, was diesem in seiner Physis: bloß Papier zu sein, zustieß. Die Verwendungen, die Verbleibe oder Speicherungen, die keineswegs der Schrift, sondern dem Papier in seiner Materialität galten, ausgewiesen als die Bedingung der Möglichkeit des ‚Werks' der ‚Lebens-Beschreibung', leisten gleichsam die Analyse der Medialität des Textes. Die *histoire* des Lebens Fibels ist – mit seinem *discours* (dessen fiktive Historie oder „Vor-geschichte" *vor*gestellt ist) – kontaminiert durch den materialsten Träger und das, was das physische Material ausmacht: verwendet zu werden, zu zergehen, der Zeit und dem Zufall preisgegeben zu sein.

Die Angewiesenheit des Werkes auf das, was es nicht selbst ist und sich nicht verstehend integriert, worüber kein Autor verfügt, stellt der Erzähler der Lebensbeschreibung und der der Entstehung des *Lebens* (des Werks) vor, indem er sein Werk als Herausgabe, als Dokumentation, als Transkription und Ausschrift von Vorgänger-Schrift(en), bzw. hier: deren wörtlich ausgezogenen, ausgerissenen, verstreuten, anderen Nutzungen zugeführten und aus der Verstreuung beigetragenen Überresten ausgibt. Die Produktion des Werkes delegiert sich an Zuträgerschaften: im *Leben Fibels* an die aus allen Orten und Aborten Papier-Reste im wörtlichen Sinne beitragenden Dorfjungen, wie im *Hesperus. Oder Hundposttage* an den tierischen Dokumentenlieferanten, den Spitzhund,[81] damit der Text und das erzählte Leben in ihm fortgehe, oder aber, wo

79 Das Dorf Heiligengut als solches „hebt sich", so der Herausgeber, transfiguriert sich „zu einer biographischen Schneiderhölle voll zugeworfener Papierabschnitzel" (Jean Paul, Werke (wie Anm. 50), S. 376); es handelt sich, wie im Kommentar zu lesen ist, um den „Kasten unter dem Tisch des Schneiders, in den die Tuchreste geworfen werden" (S. 1270).

80 „(und mancher Wisch ist oft ein Kapitel stark), welche mir die Knaben-Knappschaft täglich einbrachte, daß ich also sofort anfangen und nach den eingebrachten papiernen Verkröpfungen gut das Kapitel benennen konnte; so ist z.B. schon das dritte Haubenmuster-Kapitel benannt und das vierte Leibchen Muster." Jean Paul, Werke (wie Anm. 50), S. 376). Vgl. zum metonymischen Bezug Haube-Ehe (S. 381), Leibchen-Winter (S. 384).

81 „Ich habe noch keine Antwort und auch noch kein zweites Kapitel: jetzo kommt es ganz auf den Spitzhund an, ob der der gelehrten Welt die Fortsetzung dieser Historie schenken will oder nicht." (*Hesperus*, Jean Paul, Werke (wie Anm. 1), I/1, S. 510) Den Hundposttagen, die den Autor mit dem

der Nachschub an Fragmenten und Überresten ausbleibt, aussetzen oder in sich selbst kreisen muss (als ‚Lebensbeschreibung der Lebensbeschreibung'), unvollendet bleibt. Wo er aber unvollendet bleibt, wäre er doch – das ist die andere Seite – stets noch fortzuschreiben. Aus Resten muss der Text gebastelt werden – wie und als ein „Papierdrachen" im *Leben Fibels*.[82] Und bastelnd zusammengeleimt überschreitet der Text „die Grenzen des Buches"[83] und suspendiert seine Integrität als *ein* Werk. Die Texte wollen nicht fertig sein, sondern in anderen fortgeschrieben werden – so dass des Schreibens und Lebens kein Ende ist.[84]

(fiktiv) vorliegendem Faktenmaterial versorgen, entsprechen die papierenen Überreste von Fibels Biographie, die Zettelkästen Fixleins, die Depeschen Hasenreffers.

82 Oder auch „jenen Luftballon zusammenzuleimen, welcher, sobald ich mein Feuer dazufüge, aufgeblasen und rund genug wird, um den unten darangehängten Helden Fibel (in Paris stieg zuerst nur ein Hahn gleich dem bekannten *Fibelhahn* empor) von der Erde in die Höhe und in den Himmel zu tragen" (Jean Paul, Werke (wie Anm. 50), S. 375); das sind verwörtlichte Metaphern des Sich-auf-Papier-Erhebens, vgl. Helmut Pfotenhauer, Das Leben schreiben – das Schreiben leben. Jean Paul als Klassiker der Zeitverfallenheit, in: Jahrbuch der Jean-Paul-Gesellschaft 35/36 (2001), S. 46-59; hier S. 52.

83 „Als ob das Buch als Form nicht genügte und immer seine fertige Gestalt verfehlte, wuchert Jean Pauls Schreiben über die Ränder der Bücher hinaus. Es ist, als ob Jean Paul versucht habe, das Buch über die Grenzen des Buches hinauszutreiben, als ob seine Bücher Experimente mit der Diskursform Buch wären" (Armin Schäfer, Jean Pauls monströses Schreiben, in: Jahrbuch der Jean-Paul-Gesellschaft 37 (2002), S. 216-235; hier S. 220).

84 Die Zirkularität, mit der die Lebensbeschreibung (im 27. Kap) fiktiv sich ins beschriebene Leben gedreht hat, und die Zirkularität, mit der das „Vor-Kapitel" (vor Beginn), das Ende des angeleimten Textes zitiert „Das Zählbrett hält der Ziegenbock" (Jean Paul, Werke (wie Anm. 50), S. 369), und umgekehrt damit die letzte Zeile der berühmten Fibel (S. 562) zugleich in den Anfang verweist (der sie als die ‚sieben letzten Worte' des Verfassers kennzeichnet, vgl. auch S. 508), haben ihr Pendant in der *histoire* des *Leben Fibels* als Zirkularität, die der fiktiv Beschriebene selbst als Leierkastendreher ausführt; wenn der fortlebende Protagonist sich der Bewegung der Drehorgel „und damit einem weiteren Durchlauf [des Lebens] überantwortet", breche Jean Paul in Gestalt seines fiktiven Herausgebers und Erzählers die Fortführung ab „mit der prosaischsten aller Haltungen des Autor-Biographen gegenüber der Unendlichkeit der Schrift – einfach wegzugehen" (Simon, Allegorie und Erzählstruktur in Jean Pauls „Leben Fibels" (wie Anm. 46), S. 228). Aber diese Vermeidung eines Endes, das Telos und Abschluss wäre, lässt die Fortsetzung der Schrift stets offen.

Peter Schöttler

Die autobiographische Versuchung

Hans Medick zum 65. Geburtstag.

Der Trend zur autobiographischen Redeweise – vor ein paar Jahren hätte man noch gesagt: zum autobiographischen ‚Diskurs' – scheint in der Geschichtswissenschaft fast ebenso unaufhaltsam wie der Trend von der bitteren zur Milchschokolade (oder ist es umgekehrt?) in den Essgewohnheiten westlicher Gesellschaften. Auch wer sich selbst nicht zu einer ‚*ego-histoire*' bereitfindet, kann sich dieser ‚zartesten' Versuchung kaum vollständig entziehen. Das ist relativ neu, selbst wenn es Anzeichen in dieser Richtung schon früher gab, oder vielmehr, schon immer autobiographische Texte oder Textpassagen in diese Richtung zu weisen schienen.

Ich will versuchen, in diesem Zusammenhang drei Fragen nachzugehen: (1) Was bedeutet der neue autobiographische Ton in der Geschichtswissenschaft? (2) Handelt es sich tatsächlich um eine Fortschreibung älterer Tendenzen oder um eine qualitativ neue Entwicklung? Und (3): Wie kann oder wie sollte man sich als Historiker oder Historikerin gegenüber diesen Tendenzen verhalten?

Zunächst: Es unterliegt keinem Zweifel, dass sich die modernen Wissenschaften – und darunter auch die Geschichtswissenschaft – gegen die subjektive Spekulation und das individuelle Meinen konstituiert haben. Das private Leben eines Gelehrten sollte ganz in seiner objektiven Forschung aufgehen, so dass tendenziell auch seine Biographie hinter dem Werk verschwand. Allenfalls nach dem Tod des Gelehrten wurde über sein Leben berichtet – allerdings nach dem Motto: keine kritische Analyse, sondern Hagiographie. Der Satz von Bacon, „*de nobis ipsis silemus*", stand bekanntlich nicht nur am Anfang von Kants *Kritik der reinen Vernunft*, sondern bildete das Motto einer ganzen Wissenschaftskultur. Auch bei Ranke heißt es, wie jeder Historiker gelernt hat: „Ich wünschte mein Selbst gleichsam auszulöschen, und nur die Dinge reden, die mächtigen Kräfte erscheinen zu lassen".[1] Oder in Frankreich bei Fustel de Coulanges: „Der beste Historiker ist der, welcher am meisten von sich selbst abstrahiert".[2]

Da aber heute weder Bacon, noch Kant, noch Ranke oder Fustel als letzte Instanzen gelten, sei noch ein weiterer Autor zitiert, der höchste Autorität genießt: Max Weber. In seinem immer wieder erstaunlichen Text *Wissenschaft als Beruf* hat Weber bekanntlich mit großem Nachdruck nicht nur gegen „Werturteile" in der Wissenschaft polemisiert,

---

1 Leopold von Ranke, Englische Geschichte, in: Ranke, Sämtliche Werke, Leipzig 1867ff., Bd. 15, S. 103.

2 Zit. nach Camille Jullian, Extraits des historiens français du XIXe siècle, Paris 61910, S. 661.

sondern überhaupt vor der Einbeziehung persönlicher Erlebnisse gewarnt: Denn sie lenken den Gelehrten von „der Sache“ ab und suggerieren ihm eine subjektive Autonomie, die es im Kontext des kollektiven historischen Fortschritts so gar nicht geben könne. Ich brauche hier nicht noch einmal die langen Passagen zu zitieren, in denen Weber seine Deontologie der modernen Wissenschaft entfaltet. Doch ein Absatz scheint mir in unserem Zusammenhang von ganz besonderem Interesse. Er lautet: „‚Persönlichkeit‘ auf wissenschaftlichem Gebiet hat nur der, der rein der Sache dient. Und nicht nur auf wissenschaftlichem Gebiet ist es so. Wir kennen keinen großen Künstler, der je etwas anderes getan hätte, als seiner Sache und nur ihr zu dienen.“ Dann kommt seine vorsichtige Kritik an Goethe, der sein Leben zum Kunstwerk machen wollte, aber eben auch ein Genie gewesen sei. Doch genau darum kann es in der Wissenschaft nicht gehen. Ich zitiere weiter: „Auf dem Gebiet der Wissenschaft [...] ist derjenige ganz gewiß keine ‚Persönlichkeit‘, der als Impresario der Sache, der er sich hingeben sollte, mit auf die Bühne tritt, sich durch ‚Erleben‘ legitimieren möchte und fragt: Wie beweise ich, daß ich etwas anderes bin als nur ein ‚Fachmann‘, wie mache ich es, daß ich, in der Form oder in der Sache, etwas sage, das so noch keiner gesagt hat wie ich? – eine heute massenhaft auftretenden Erscheinung, die überall kleinlich wirkt, und die denjenigen herabsetzt, der so fragt, statt daß ihn die innere Hingabe an die Aufgabe und nur an sie auf die Höhe und zu der Würde der Sache emporhöbe, der er zu dienen vorgibt.“[3]

Noch 1919 – oder *schon* 1919! – warnte Max Weber also davor, dass sich ein Wissenschaftler zu seinem eigenen Impresario machen könnte – heute würden wir sagen: zu seinem eigenen ‚PR-Agenten‘; dass er sein eigenes Erleben, seine Persönlichkeit, seine Biographie usw. in den Vordergrund stellen, bzw. neben dem wissenschaftlichen ‚Werk‘ mit auf die Bühne der Öffentlichkeit bringen könnte.

Bedenkt man den Status, den gerade dieser Text von Weber heute weltweit besitzt, ist der Kontrast um so verblüffender: zwischen Webers Plädoyer und einer universitären Entwicklung, in der genau das eingetreten ist, wogegen er sich wandte. Ich will hier nur einige Stichworte nennen, die man leicht vermehren und weiter ausführen könnte:

1. und grundsätzlich: Eine erfolgreiche akademische Laufbahn – von anderen Karrieren mit akademischem Ausgangspunkt ganz zu schweigen – ist heute zwar nach wie vor, mit Weber gesprochen, eine Frage des Zufalls – also „wilder Hasard“[4] –, doch kann man diesem Zufall offenbar etwas nachhelfen, indem man ‚Aufmerksamkeit‘ erzielt, das heißt seine Chancen erhöht, im Wettkampf um die vorhandenen Ressourcen und Stellen den Zuschlag zu bekommen. Das bestimmt sowohl die Wahl des Forschungs-

3 Max Weber, Gesammelte Aufsätze zur Wissenschaftslehre, hg. v. Johannes Winckelmann, 7. Aufl., Tübingen 1988 [1922], S. 591f.
4 Weber, Gesammelte Aufsätze, S. 588.

feldes als auch des einzelnen Themas – ob Dissertation oder Habilitationsschrift – als auch die Präsentation der Forschungsergebnisse.

2. Wie von vielen Beobachtern, manchmal sogar statistisch, festgehalten, gibt es thematische Trends, die sich verblüffend leicht mit außerwissenschaftlichen Ereignissen korrelieren lassen. So strukturieren das Kalenderjahr und die Abfolge runder Jubiläen nicht nur den historischen Buchmarkt – hierfür gibt es ein massives ökonomisches Interesse der Verlage –, sondern auch den Forschungsmarkt, bzw. die Verwertung von Forschung. Wer also sein Dissertations- oder Habilitationsthema oder ein sonstiges Forschungsprojekt geschickt am Kalender ‚wichtiger' Jubiläen orientiert – wobei gewisse Medien erst definieren, was wichtig ist und was nicht –, wird immer vergleichsweise mehr Geld bekommen als sonst, wird stets an exponierterer Stelle veröffentlichen können und wohl auch eher eine akademische Anstellung finden oder sich zumindest verbessern können – im Vergleich zu anderen Historikerinnen und Historikern, die sich mit sogenannten ‚abgelegenen' Themen befassen. Am offensichtlichsten ist dieser Konzentrations- und Sogeffekt natürlich im Bereich der ‚Zeitgeschichte' zu beobachten, wo vor allem die Holocaust- und NS-Forschung fast automatisch mehr Aufmerksamkeit bekommt als alles andere.

3. Eine direkte Folge dieser Art von Themenwahl ist nicht nur die Nachfrage gegenüber dem fertigen Produkt, sondern bereits gegenüber den ersten, noch völlig provisorischen und oft unverifizierten Forschungsergebnissen. Um das eigene Thema, de facto aber auch die eigene Person, möglichst frühzeitig zu lancieren, beteiligen sich deshalb auch junge Doktorandinnen und Doktoranden immer früher am akademischen Tagungszirkus, was nicht ohne Risiken ist – für die Betreffenden ebenso wie für die Forschungsthemen.[5] Erneut bieten zeitgeschichtliche Themen offenbar den leichtesten Einstieg, aber auch andere, besonders ‚markierte' Fragen können unverhältnismäßig schneller zur Einbeziehung von Nachwuchswissenschaftlern führen als Themen, die kein außerakademisches Publikum haben oder innerakademisch marginalisiert, ja gleichsam ‚vereinsamt' sind.

Damit man mich nicht missversteht: Es geht natürlich nicht darum, die frühzeitige Einbeziehung junger Historiker in die Forschungspraxis und deren kollektive Diskussion auf Tagungen, Kongressen usw. zu bedauern. Diese Tendenz der letzten zwanzig Jahre ist im Gegenteil sehr erfreulich und hat ja eine oppositionelle Vorgeschichte, die in der Regel verschwiegen wird: So als ob sich die deutschen Universitäten wie durch ein Wunder ‚nach unten' geöffnet hätten. Dabei war dazu weit mehr als nur ein Generationenwechsel nötig. Was ich andeuten will, ist lediglich, dass auch auf diesen Foren von Nachwuchswissenschaftlern die Tendenz zur Selbstvermarktung gefördert,

5 Zur inflationären Entwicklung des Tagungswesens, den Negativeffekten von Graduiertenkollegs und überhaupt zu den Paradoxien der Hochschulentwicklung vgl. den erfrischenden Beitrag von Albrecht Koschorke, Wissenschaftsbetrieb als Wissenschaftsvernichtung. Einführung in die Paradoxologie des deutschen Hochschulwesens, in: Dothee Kimmich / Alexander Thumfart (Hg.), Universität ohne Zukunft?, Frankfurt / M. 2004, S. 142-157.

ja gefordert wird. Besonders deutlich wird dies auf Historikertagen, wo es eben nicht nur um ‚die Sache' geht, sondern um Jobs.

4. Die immer noch wichtigste Selbstpromotion erfolgt schließlich in den Publikationen. Das ließe sich an unzähligen Büchern und Aufsätzen von der Titelformulierung, über die Widmung, das Vorwort, die Danksagung und den eigentlichen Text bis hin zur Bibliographie oder zum Waschzettel zeigen. In Amerika kommt noch der ‚blurb' dazu, und auch bei uns gibt es immer mehr Verlage, die diese Art der Werbung mit Zitaten mehr oder weniger prominenter Vorweg-Leser verwenden.[6]

Mit Hilfe einer Paratextanalyse à la Gérard Genette[7] könnte man leicht das ganze Spektrum dieser manchmal sehr bewussten, manchmal auch völlig naiven, aber deshalb nicht weniger problematischen Selbstinszenierungen aufzeigen. Während die Verlage – als Wirtschaftsunternehmen – verständlicherweise ihre Bücher anpreisen, wird heute auch von den Autoren in zunehmendem Maße erwartet, dass sie sich – je nach Thema, je nach Prominenz, Status und Profil – selbst anpreisen. So kommt es zu jenen, manchmal geradezu lachhaften, Vorworten, Nachworten und Danksagungen (*acknowledgements*), die wir alle kennen – und in denen sich der Autor oder die Autorin bei Geldgebern und berühmten Kollegen sowie traditionell auch bei ihrer Familie für all die selbstlose Hilfe bedanken. Bereits auf diesen ersten Seiten eines Buches schlägt dann auch die Stunde der Autobiographie, etwa wenn eine Autorin ganz ernsthaft gesteht, dass das betreffende Thema „needed me, that I had been born in order to write this book".[8] Auch das erste Kapitel dieses Buches beginnt natürlich mit einem autobiographischen Satz, der die Wichtigkeit des Themas noch einmal mit der Wichtigkeit der Autorperson verknüpft.

Vermutlich kennt jeder ähnliche Beispiele. Was Max Weber dazu gesagt hätte, liegt auf der Hand. Doch was sagen wir dazu? Für manche ist die Sache klar: Hier äußert sich nicht nur ein Verfall akademischen Sitten, vielmehr eine bewusste Abkehr von epistemologischen Essentials des Faches. Daher spielt dieser Aspekt eine gewisse Rolle in der Polemik gegen die sogenannte ‚postmoderne Geschichtsschreibung', der häufig vorgeworfen wird, die Historiker wichtiger zu nehmen als die Historie oder gar die Geschichte als solche. So heißt es etwa bei Richard Evans: „Die postmoderne Legitimation von Subjektivität in der Geschichtsschreibung ermutigt Historiker, sich selbst bis zu einem solchen Grad in den Text hineinzudrängen, daß das historische Subjekt geradezu ausgelöscht wird. Auf den ersten vier Seiten des Buches der postmodernen Historikerin Diane Purkiss ‚*The Witch in History*' beispielsweise erscheinen die Wörter ‚ich', ‚mich' oder ‚mein' nicht weniger als achtundachtzig Mal. Wo bleibt bei alledem eigentlich die Hexe? Purkiss wirft männlichen akademischen Hexenhistorikern vor,

6 Ein weiteres, neues Genre, das mittlerweile die Historikerwelt erfaßt, ist die personalisierte Webseite, möglichst mit eigenem „blog", also einer Art öffentlichem Tagebuch.

7 Vgl. Gérard Genette, Paratexte. Das Buch vom Beiwerk des Buches, Frankfurt / New York 1989.

8 Wörtliches Zitat aus dem Vorwort zu einer amerikanischen Studie über die jüdische Oberschicht in Preußen.

die Hexe für ihre eigene akademische Karriere zu instrumentalisieren, sie denkt aber keinen Augenblick darüber nach, daß sie exakt das gleich tut. [...] Wenn Historiker damit anfangen, sich für wichtiger zu halten als die Leute, über die sie schreiben, wenn sie anfangen, sich mehr aufeinander und auf sich selber zu beziehen als auf die Vergangenheit [...], dann kann dies nur zu aufgeblasener Wichtigtuerei, Solipsismus und Anmaßung führen."[9]

Auch wenn Evans damit nicht die postmoderne Perspektive als solche aushebelt – denn es waren ja gerade Autoren wie Foucault, Barthes oder Derrida, die als erste den Narzissmus des Autorsubjekts in Frage stellten –, trifft er doch einen wunden Punkt: In manchen neueren Publikationen überschreitet der selbstbezogene, autobiographische Ton eine Grenze, hinter der nicht etwa der reine Text oder gar die ‚Literatur' liegt, sondern vielmehr eine neue Variante von akademischem Kitsch...

Nun wird man vielleicht einwenden, das alles sei gar nicht so neu. Denn ebenso wie das von Pierre Nora in den achtziger Jahren vollmundig aus der Taufe gehobene Projekt der *Ego-Histoire* schon in den zwanziger Jahren in der Buchreihe des Meiner-Verlages *Die Wissenschaft der Gegenwart in Selbstdarstellungen* seinen Vorläufer hatte[10] – von zahllosen Historiker-Autobiographien in Buchform ganz zu schweigen –, haben auch Vorworte, Widmungen usw. schon immer dazu gedient, ein Buch – wenn auch manchmal sehr diskret – autobiographisch zu situieren. Und erst recht erwartete man von Vorwort oder Einleitung, dass sie die Leser in das Thema hineinzogen, was nicht selten dadurch geschah, dass ein Autor von seiner eigenen Faszination für dieses Thema berichtete. So beginnt eines der wichtigsten und folgenreichsten Geschichtsbücher des 20. Jahrhunderts, Fernand Braudels *Méditerranée*, bekanntlich mit dem Satz: „Ich habe das Mittelmeer leidenschaftlich geliebt, vermutlich weil ich – wie so viele andere und nach so vielen anderen – aus dem Norden kam".[11] Auch Braudels letztes Werk, sein *Frankreich*-Buch von 1985, beginnt mit einem autobiographischen Bekenntnis: „Gleich zu Anfang möchte ich es ein für allemal betonen: Ich liebe Frankreich mit derselben, gleichermaßen anspruchsvollen und komplizierten Leidenschaft wie Jules Michelet".[12] Aber dann fügt er sofort hinzu: „Diese Leidenschaft soll auf dieses Buch keinen Einfluß haben. Ich werde sie ganz bewußt im Zaum halten." Und etwas weiter: „Denn ich möchte über Frankreich sprechen, als ob es sich um ein anderes Land

9 Richard J. Evans, Fakten und Fiktionen. Über Grundlagen historischer Erkenntnis, Frankfurt / New York 1998, S. 190f.

10 Neben Bänden zur Philosophie, Medizin, Kunstwissenschaft, Theologie usw. gab es auch zwei Bände über Historiker: Die Geschichtswissenschaft der Gegenwart in Selbstdarstellungen, hg. v. Sigfrid Steinberg, Leipzig 1925. Für den Versuch einer soziologischen Analyse dieses Materials vgl. Ekkehard Klausa, Vom Gruppenbewußtsein akademischer Subkulturen: Deutsche Fakultäten um 1900. Ein inhaltsanalytischer Vorstoß in wissenschaftssoziologischer Absicht, in: Kölner Zeitschrift für Soziologie und Sozialpsychologie 33 (1981), S. 329-344.

11 Fernand Braudel, Das Mittelmeer und die mediterrane Welt in der Epoche Philipps II., Frankfurt / Main 1990, Bd. I, S. 15.

12 Fernand Braudel, Frankreich, Bd. I, Stuttgart 1988 S. 11. Dort auch die weiteren Zitate.

handelte, ein anderes Vaterland, eine andere Nation." Und noch ein paar Zeilen weiter heißt es schließlich, dass „der Beruf des Historikers [uns ...] zu einer gewissen Trockenheit, zur Ausklammerung des Herzens [verurteilt]. Aber nur so kann die Geschichte, die so gerne den Kontakt zu den anderen Humanwissenschaften pflegt, zu einer echten Wissenschaft werden – wenn auch zu einer unvollständigen."

Damit wird eine Art goldener Mittelweg angezeigt, der den meisten Historikern spontan zusagen dürfte: ein persönlicher Einstieg kombiniert mit methodischen Einschränkungen und einem *caveat* vor allzu großer Nähe zum Gegenstand. Vorbei also die Zeiten, wo Historiker die erste Person Singular um jeden Preis zu vermeiden suchten und sich stets hinter einem Bescheidenheitsplural verbargen: ‚wir', ‚man' usw.[13] Im übrigen waren diese ‚Distanz', diese ‚Kühle', dieser ‚Objektivismus' natürlich nicht nur eine epistemologische Wahl und auch nicht bloß Ausdruck von Bescheidenheit, sondern zugleich ein mentaler Reflex, begründet in einer sozialen Hierarchie: Die Distanz der Wissenschaft war die Distanz des ‚Professors', der als Individuum völlig unzugänglich war, sich nicht ‚öffnete' usw. Mit der Aufkündigung und dem zeitweiligen Zusammenbruch dieser Hierarchien in den 60er und 70er Jahren musste sich auch die akademische Redeweise neu definieren. Sie tat es, indem sie das subversive ‚Ich' in den akademischen Diskurs ein Stück weit integrierte. Die eigentliche Problematik der autobiographischen Redeweise wurde dabei aber nicht thematisiert, sieht man von Außenseitern wie Foucault, Barthes oder – für den Bereich der Geschichtswissenschaft – Régine Robin einmal ab.[14] Erst der *linguistic* und dann der *cultural turn* haben daran etwas geändert.

Was könnte nun – positiv gewendet – der *neue* autobiographische Ton in der Geschichtswissenschaft bedeuten? Worauf könnte er hinweisen? Drei Aspekte scheinen mir besonders wichtig:

1. Die autobiographische Rede signalisiert eine Anerkennung von Subjektivität. Auch wenn der oder die Autorin einen wissenschaftlichen Anspruch erhebt, weiß er oder sie, dass sich das Autorsubjekt nicht auslöschen lässt. Erst der Historiker konstruiert Geschichte, allerdings nicht willkürlich. Über seine Spielräume wird gestritten – von Hayden White bis Carlo Ginzburg und Hans Medick –, aber es sind eben nur Spielräume, und an der Grenze zwischen konstruierten Fakten und konstruierter Fiktion, ‚Wahrheit und Dichtung', siedelt sich das Autobiographische an. Es geht hier um die Phantasie des Historikers, bzw. der Historikerin, und diese Phantasie hat etwas mit ihrem Leben – mit ihren Wünschen (vor allem natürlich ihren unerfüllten!) und wie wir inzwischen gelernt haben: mit ihrem Geschlecht – zu tun. Selbst wenn man die Produktion von Geschichtsschreibung ganz kühl und ‚szientifisch' als eine geregel-

---

13 Philippe CARRARD hat am Beispiel einiger *Annales*-Autoren diesen Übergang vom ‚Wir' zum ‚Ich' sehr genau nachgezeichnet: Poetics of the New History. French Historical Discourse from Braudel to Chartier, Baltimore / London 1992, S. 84ff.

14 Vgl. als Rückblick: Régine ROBIN, Le roman mémoriel. De l'histoire à l'écriture du hors-lieu, Montreal 1989.

te Praxis ohne existentielle oder politische Sinnstiftung betrachtet,[15] ist sie in hohem Maß von der Subjektivität des Historikers abhängig. Und dies gilt um so mehr, als dies dem Historiker unbekannt bleibt, das heißt: er sich weiterhin als allmächtiges Autor-Subjekt imaginiert.

2. Die autobiographische Rede signalisiert den Gegenwartsbezug der Historie. Als Wissenschaft steht die Geschichtsschreibung nicht außerhalb der Zeit, sie ist im Gegenteil immer schon Zeitgeschichte. Ihre Fragestellungen und Begriffe bezieht sie vor allem aus der wissenschaftlichen Gegenwart des Historikers. Das heißt zwar nicht, dass dieser sie den historischen Dokumenten einfach überstülpen könnte, aber die sogenannten Quellen sprechen nie ‚für sich' und nie von allein. Auch die sogenannten historischen Fakten müssen – ähnlich wie übrigens in den Naturwissenschaften – vom Historiker allererst (re-)konstruiert werden.

3. Die autobiographische Rede signalisiert eine Selbsthistorisierung der Geschichtswissenschaft. Ohne methodologische und historiographische Selbstreflexion ist Geschichtsschreibung heute nicht mehr denkbar. Dabei geht es nicht um eine separate ‚Geschichtsphilosophie', sondern eine Selbstbeobachtung, die sich auf ein eigenes Forschungsfeld, die Historiographie-Geschichte, stützen kann.

Ähnlich wie die Historiographie-Geschichte hat auch die autobiographische Reflexion mit besonderen Schwierigkeiten zu kämpfen: Als Feierabendhistorie werden beide oft ‚forschungsfrei' betrieben, stehen daher in der Gefahr der Hagiographie oder der unkritischen Selbstbespiegelung. Jeder und jede hat die eigene Fachgeschichte ‚ganz persönlich' erlebt und kann darüber autobiographisch berichten. Eine objektive Historiographie-Geschichte scheint daher ebenso unmöglich wie eine objektive Lebensgeschichte. Das könnte die ausweichende Tendenz zum Lexikon oder zur kommentierten Bibliographie erklären, deren Kriterien sich scheinbar leicht formalisieren lassen.[16] Neue, experimentelle Formen haben es dagegen schwer: Wer kennt schon die ungewöhnlichen autobiographischen Versuche etwa von Régine Robin oder Luisa Passerini?[17] Demgegenüber werden Selbstdarstellungen prominenter Historikerinnen

---

15 Siehe das klassische Beispiel von Marc Bloch, Apologie der Geschichtswissenschaft oder Der Beruf des Historikers, dt. neu hg. v. Peter Schöttler, Stuttgart 2002 [1949].

16 Vgl. etwa das von Rüdiger vom Bruch und Rainer A. Müller publizierte „Historikerlexikon", das sich 1991 seiner Auswahlkriterien so sicher wähnte, dass sogar das Abkürzungsverzeichnis auf „bewährte Vorbilder" zurückgriff und einige Historiker kurzerhand als „Isr." (für ‚Israeliten'!) bezeichnet wurden. Eine spätere Überarbeitung hat dies zwar korrigiert, doch noch immer leidet das Projekt an seinem Konformismus. Vgl. meine Rezensionen in: Werkstatt Geschichte (1993), Heft 6, S. 97-99, sowie: Sozial.Geschichte 18 (2003), Heft 2, S. 151-152 u. 158. Ähnliche Bedenken könnten auch gegenüber einem französischen Lexikon formuliert werden: Christian Amalvi (Hg.), Dictionnaire biographique des historiens français et francophones, Paris 2004.

17 Régine Robin, Le cheval blanc de Lénine ou l'Histoire autre, Paris 1979; erneut in: Régine Robin, Le naufrage du siècle, Paris 1995, S. 105ff. Siehe außerdem Robins ‚autobiographische' Internetseite: URL: <www.er.uqam.ca/nobel/r24136/> , [01.09.2006]; Luisa Passerini, Autorittrato di gruppo, Firenze 1988; engl. Übers. Autobiography of a Generation. Italy, 1968, Hanover, NH 1994. Vgl. in

und Historiker häufig als verlegerische Auftragswerke verfasst. Ihr Zuschnitt ist entsprechend konventionell. Besonders auffällig ist die neue Untergattung des Interview-Buches: Aus Zeitmangel wird der berühmte Autor nur befragt, braucht selbst nicht zu schreiben. Verleger lieben das, weil solche Bücher ‚leicht zu lesen' seien. Es wird eben nur geredet, wie bei einer Talkshow. Das hat den merkwürdigen Effekt, dass man auch ganz schnell vergisst, was man gelesen hat – wie bei einem Fernseh-Interview.

Dieser verlegerische Druck verweist nun ausdrücklich auf die negativen Seiten des autobiographischen Trends. Marketingüberlegungen gewinnen gegenüber den schon erwähnten selbstreflexiven Begründungen die Oberhand. So wie es heute Filme und Bücher zur Entstehung eines Films gibt, werden offenbar auch Autobiographien (oder gar Biographien) in Auftrag gegeben als Einführungen und Begleitbücher zum Oeuvre von Berühmtheiten.

Ein anderer nicht-intellektueller Grund für die Entstehung autobiographischer Texte ist – zumindest in Frankreich – das Ende der achtziger Jahre eingeführte akademische Diplom der „HDR", der *habilitation à diriger des recherches*. Anders als bei der deutschen Habilitation wird dabei das gesamte Oeuvre eines Kandidaten, einschließlich Dissertation, zur Bewertung und Disputation eingereicht und vom Kandidaten mit einem autobiographischen Text präsentiert, der zwangsläufig legitimatorischen, ja im wörtlichen Sinne *apologetischen* Charakter trägt. Dennoch werden viele dieser Texte anschließend publiziert. So hat man das Genre und den Gestus der *Ego-Histoire* gleichsam institutionalisiert. Dass damit die problematischen Seiten des Projekts auf die Spitze getrieben werden, liegt auf der Hand. Von Karrierezwängen und Prüfungsritualen umstellt, ist eine kritische Autobiographik jedenfalls undenkbar.

Abschließend bleibt die Frage, wie man sich als Historiker (oder Historikerin) gegenüber diesen autobiographischen Zumutungen verhalten könnte oder sollte. Ein bloßes Ignorieren dürfte kaum helfen, denn der Trend ist kaum mehr umkehrbar. Vielleicht sollten auch wir Historiker etwas häufiger über die ‚Ethik' unseres Faches – und zugleich über die *Geschichte* dieser ‚Berufsethik' – nachdenken.[18] Solche ‚ungeschriebenen Regeln' haben nämlich den Nachteil, dass man ihren Wandel kaum oder zu spät bemerkt. Dazu ein paar triviale Beispiele: Während es früher durchaus vorkam, dass Gelehrte ihre eigenen Publikationen in einschlägigen Fachzeitschriften durch ‚Selbstanzeige' bekannt machten (heute würde man das *abstract* nennen) – was eine spätere Besprechung, auch einen Verriss in derselben Zeitschrift keineswegs ausschloss –, waren Gefälligkeitsrezensionen unter befreundeten Kollegen oder gar unter Abhängigen (z.B. eines Doktorvaters über die Dissertation eines Schülers) streng verpönt. Außerdem

---

diesem Zusammenhang auch den paradoxen Versuch von Bourdieu, kurz vor seinem Tod noch eine Art Anti-Autobiographie zu schreiben: Pierre BOURDIEU, Ein soziologischer Selbstversuch, Frankfurt / M. 2002.

18 Interessante Ansätze dazu – allerdings mit äußerst konservativen Vorzeichen – bei Guy THUILLIER, L'histoire entre le rêve et la raison. Introduction au métier d'historien, Paris 1998.

galt es als unseriös, in den Fußnoten von Veröffentlichungen auf eigene Werke hinzuweisen – dafür musste man sich jedes Mal entschuldigen, etwa mit Formulierungen wie: „dazu *erlaube ich mir* auf meinen Aufsatz in NN zu verweisen". Und als Marc Bloch auf dem internatonalen Historikerkongress von Oslo sein (heute berühmtes) Plädoyer „Für eine vergleichende Geschichte der europäischen Gesellschaften" vortrug, entschuldigte er sich als erstes dafür, auf eigene Forschungsbeispiele zurückzugreifen: „Nur ungern schiebe ich mich derart in den Vordergrund [*Je ne me mets moi-même en scène qu'avec regret*]. Aber da die Historiker im allgemeinen nicht die Mühe auf sich nehmen, ihre Vorarbeiten und diversen Versuche zu schildern, liefert mir die Literatur kein Beispiel, das meine persönlichen Erfahrungen ersetzen könnte."[19]

Demgegenüber haben sich nicht nur die Verhaltensregeln im Rezensionswesen gelockert – besonders drastisch ist das im Internet zu beobachten –, sondern es ist auch allgemein üblich geworden – oder gar unumgänglich? –, sich in Publikationen immer wieder auf die eigenen Schriften zu beziehen, d.h. für diese zu *werben*. Natürlich gab es schon immer eine *Politik* der Rezension und der Fußnote,[20] doch Missbräuche waren kritisierbar und ernsthafte Kritik hatte Folgen. Heute dagegen gilt fast jede ‚Regelverletzung' als legitim – von der Gefälligkeitsrezension oder der Eigenwerbung bis zum ‚kleinen', unauffälligen Plagiat. Auch wirkt schnelles Lob in der Tagespresse – aus welcher Feder auch immer – weit nachhaltiger als detailgenaue Kritik in einer Fachzeitschrift. Überhaupt gelten – frei nach dem Motto *„honni soit qui mal y pense"* – eher die unnachgiebigen Kritiker denn die Aufschneider und Regelverletzer als Störenfriede der Zunft.

All das ließe sich freilich noch in der einen oder anderen Form kodifizieren, wie dies etwa in den USA in Form von „standards of professional conduct" versucht wird (teilweise auch mit problematischen Folgen).[21] Erheblich schwieriger wird es jedoch bei Regeln, die nicht die äußeren akademischen Praktiken, sondern die wissenschaftliche Arbeit im Labor oder am Schreibtisch betreffen. Denn die lässt sich kaum normieren oder formalisieren. Auch wird gerade hier das ‚subjektive Moment' wichtig, die Phantasie des Forschers oder der Forscherin, die ihn oder sie allererst auf Ideen bringt, neue Zusammenhänge stiftet und ungewöhnlichen Thesen provoziert. Ohne ein Minimum

19 Marc Bloch, Aus der Werkstatt des Historikers. Zur Theorie und Praxis der Geschichtswissenschaft, hg. v. Peter Schöttler, Frankfurt / New York 2000, S. 128.

20 Vgl. Bertrand Müller, Lucien Febvre, lecteur critique, Paris 2003; Anthony Grafton, Die tragischen Ursprünge der deutschen Fußnote, Berlin 1995; Michael Cahn, Die Rhetorik der Wissenschaft im Medium der Typographie, in: Hans-Jörg Rheinberger (Hg.), Räume des Wissens, Berlin 1997, S. 91-109.

21 Vgl. das ältere Material in Peter Novick, That Noble Dream. The „Objectivity Question" and the American Historical Profession, Cambridge 1988, S. 573ff. Zur neueren Diskussionen siehe bes. die Zeitschriften der American Historical Association, „Perspectives", und der Historical Society, „Historically Speaking". Zur deutschen Diskussion siehe etwa das Schwerpunktheft der Zeitschrift Gegenworte 1 (1998), Heft 2 („Lug und Trug in den Wissenschaften"), darin bes. Peter Weingart, Ist das Wissenschafts-Ethos noch zu retten?, S. 13-17.

an subjektiver Überhöhung ist all das nicht zu haben. Gleichzeitig ist aber auch Skepsis erforderlich, denn nur wer sich sein Nichtwissen eingesteht, kann Neues wahrnehmen. Ein bißchen Autobiographik im Sinne von kritischer Selbstreflexion, von Distanz gegenüber den Zumutungen des Betriebes und nicht zuletzt den Folgen des „morbus academicus" (Marc Bloch) kann dabei hilfreich sein. Allerdings unter der Bedingung, und darin liegt die entscheidende Schwierigkeit, dass sich diese Selbstthematisierung gerade *nicht* an die Öffentlichkeit richtet. Nur wenn die Autobiographik ein internes, unzensuriertes Moment der kritischen Auseinandersetzung mit der eigenen Lebens- und Forschungspraxis bleibt – vergleichbar dem Forschungstagebuch eines Ethnologen[22] – und nicht auf literarische Effekte zielt oder gar kommerziellen Interessen dient (wie dies bei Büchern in großen Publikumsverlagen unweigerlich der Fall ist), kann sie wissenschaftlich produktiv sein, statt zu einer bloßen Verbrämung oder gar Selbstaufwertung und Selbstvermarktung zu führen. Öffentlich auswirken sollte sie sich aber wohl. Zum Beispiel: in gezielten Hinweisen auf eigene Irrtümer in früheren Publikationen; in Hinweisen auf Wissenslücken, die ja nicht bloß die Forschungslücken der *anderen* sind; in der systematischen Verweigerung von Gefälligkeitsrezensionen und -gutachten, von Zitierkartellen und anderen Mogelfaktoren. Kurzum, in einem nonkonformistischen Wissenschaftsstil, der sich zwar per definitionem nicht vorschreiben oder erzwingen lässt, jedoch eine der Voraussetzungen dafür bildet, daß der Freiraum „Wissenschaft" gegenüber den Zumutungen der Kulturindustrie überhaupt noch eine Chance hat.

22 Vgl. Florence WEBER, Journal de terrain, journal de recherche et auto-analyse, in: Genèses. Sciences sociales et histoire 1 (1990), Heft 2, S. 138-147.

Rudolf Dekker

Fiktion ist stärker als die Wirklichkeit: Über akademische Memoiren und Romane sowie deren Autoren und Figuren[1]

Ein weit ausgreifendes Projekts, bei dem es um eine Bestandsaufnahme niederländischer Selbstzeugnisse vom Mittelalter bis 1814 ging, zeigte vor wenigen Jahren, dass der älteste Text von einem Gelehrten stammte, von Desiderius Erasmus. Eine grosse Überraschung war dies nicht, denn gerade Gelehrte scheinen verhältnismäßig viel über sich selbst geschrieben zu haben. Die Fortsetzung des genannten Inventarisierungsprojekts für die Zeit von 1814-1914 bestätigt diesen Eindruck.[2] Auch anderswo in Europa besaßen Gelehrte eine besondere Affinität zum autobiographischen Genre. In der Forschung erfahren die Selbstzeugnisse von Gelehrten deshalb regelmäßig Beachtung, wie etwa kürzlich in den Studien Gadi Algazis über den deutschen Humanisten Hieronymus Wolf oder Anthony Graftons über den italienischen Arzt und Physiker Gerolamo Cardano.[3] Arbeiten, in denen ein ganzes Ensemble solcher Texte ausgewertet werden, liegen jedoch kaum vor; eine Ausnahme stellt die anregende Studie dar, die Jeremy Popkin unlängst über Autobiographien von Historikern seit dem 18. Jahrhundert publiziert hat.[4] Ungeachtet dieses Mangels an Vorarbeiten fallen einige Konstanten

1 Dieser Artikel steht in Zusammenhang mit dem NWO-Erneuerungsimpuls-Projekt „Controlling Time and Shaping the Self: Education, Introspection and Practices of Writing in the Netherlands, 1750-1914“ unter der Leitung von Dr. Arianne Baggerman, Historische und Kunstwissenschaftliche Fakultät der Erasmus Universität Rotterdam. Für Kommentare danke ich Arianne Baggerman, Lotte van de Pol und Gert-Jan Johannes, ebenso André Jäger für Information über *De koekoek in de klok*. Ausführlichere Informationen über Autoren und Bücher, die in diesem Aufsatz genannt werden, sind in den Arbeiten und auf den Internetseiten zugänglich, die in Anm. 2 (niederländische Texte) und Anm. 4 bis 6 (andere Sprachen) angeführt werden.

2 Rudolf Dekker / Ruud Lindeman / Yvonne Scherf, Egodocumenten van Noord-Nederlanders uit de zestiende tot begin negentiende eeuw. Een chronologische lijst, Rotterdam 1993 und Reisverslagen van Noord-Nederlanders uit de zestiende tot begin negentiende eeuw. Een chronologische lijst, Rotterdam 1994, auch: URL: http://www.egodocument.net, [30.08.2006]; Arianne Baggerman / Hans de Valk / Gerard Schulte Nordholt, Repertorium van gedrukte egodocumenten 1814-1914: URL: http://www.inghist.nl/Onderzoek/Projecten/Egodocumenten, [30.08.2006].

3 Erschienen in: Rudolf Dekker (Hg.), Egodocuments and History. Autobiographical Writing in its Social Context since the Middle Ages, Hilversum 2002; Anthony Grafton, Cardano's cosmos. The world and works of a Renaissance astrologer, Harvard 1999.

4 Jozef Ijsewijn, ‚Humanistic Autobiography‘, in: Eginhard Hora / Eckhard Kessler (Hg.), Studia Humanitatis. Ernesto Grassi zum 70. Geburtstag, München 1973, S. 209-219; Jeremy D. Popkin, History, Historians, and Autobiography, Chicago / London 1985.

auf, lässt man die Gelehrten-Autobiographie über die Jahrhunderte Revue passieren. Schon seit Erasmus', Wolfs und Cardanos Zeiten steckten beispielsweise praktisch alle Gelehrten von Kindesbeinen an ihre Nase in Bücher, was sie mit Vorliebe auch in ihren Memoiren betonten.

Academic novel

Gelehrte kommen nicht nur in Selbstzeugnissen vor, sondern wir finden sie ebenso als Figuren in der Parallelwelt der fiktiven Literatur. Es gibt Romane, in denen praktisch ausschließlich Gelehrte vorkommen; dieses Genre, die ‚academic novel', ist gegenwärtig sehr verbreitet. Ihr hat die Literaturwissenschaftlerin Elaine Showalter unlängst eine umfassende historische Studie gewidmet.[5] Bereits früher erschienen ist die ebenfals breit angelegte Arbeit von A. D. Nuttal *Dead from the Waist Down.*[6] Fiktive und autobiographische Berichte sind im Übrigen nicht immer deutlich zu unterscheiden. Einerseits handelt es sich bei der Autobiographie um einen narrativ ausgestalteten Text, in dem Wahres und Erdichtetes eine Verbindung miteinander eingehen. Andererseits weisen viele *academic novels* Wirklichkeitsbezug auf, oft sind es Schlüsselromane. Sogar dem berühmtesten Gelehrten der Literaturgeschichte, Edward Casaubon aus George Elliotts *Middlemarch*, stand ein echter Philologe namens Mark Pattison Pate. Es ist zudem bezeichnend, dass verschiedene englische Wissenschaftler für sich in Anspruch nehmen, ‚the history man' zu sein, die Hauptfigur des gleichnamigen Buchs von Malcolm Bradbury aus dem Jahr 1975. Die Hauptperson in *The History Man* ist übrigens – merkwürdig genug – ein Soziologe. Dieses Buch stand am Anfang einer wahren Hausse akademischer Literatur, zu der David Lodge, Alison Lurie und Howard Jacobson mit ihren Büchern *Changing Places*, *Small World*, *Foreign Affairs* und *Coming from Behind* ebenfalls ihren Beitrag leisteten. Diese Autoren bilden den harten Kern der universitären *sitcom*, in der vor allem Kulturwissenschaftler und Soziologen auftreten, jedoch ab und zu auch Historiker. Der bekannteste aus dieser Gruppe ist Lucky Jim aus dem gleichnamigen Roman von Kingsley Amis aus dem Jahre 1954. Legendär wurden die Worte ‚this strangely neglected topic', welche die Hauptfigur in Amis Roman an den Anfang eines Artikels über den Einfluss ökonomischer Faktoren auf den Schiffsbau zwischen 1450 und 1485 setzte. Der Spruch entwickelte sich daraufhin unter Wissenschaftlern zu einem wahren *running gag*.

Die *academic novel* ist häufig ein Schlüsselroman. Überhaupt scheint es momentan das höchste Ziel für Wissenschaftlerinnen und Wissenschaftler zu sein, als Romanfigur verewigt zu werden, denn das Fortleben in einem Roman bringt mehr *enduring fame*

5 Elaine Showalter, Faculty Towers. The Academic Novel and Its Discontents, Philadelphia 2005.

6 A.D. Nuttal, Dead from the Waist Down. Scholars and Scholarship in Literature and the Popular Imagination, Yale 2003.

als das wissenschaftliche Werk selbst. Das klassische Modell dafür ist der amerikanische Professor Morris Zapp (State University of Euphoria) aus *Changing Places* von David Lodge. Als Vorbild für diese frohsinnige Figur, voller Gier nach Sex, Macht und Geld, diente der renommierte Literaturwissenschaftler Stanley Fish. In einem Porträt im *New Yorker* heißt es, dass Fish sich sehr geschmeichelt fühlte, und im Klappentext zu seinen neueren Büchern wird sogar darauf hingewiesen, dass Fish eigentlich Morris Zapp sei – oder umgekehrt.[7] Logisch, denn die Figur Zapp ist bekannter und deshalb kommerziell interessanter als der Gelehrte Fish. Elaine Showalter schreibt, dass sie selbst in einem der Gespräche Zapps beiläufig erwähnt werde, was für sie ihre persönliche Variante von ‚my fifteen minutes of fame' darstellt. In einem anderen Buch komme sie als Person sogar leibhaftig vor, ohne dass sie der Name des Buchs nennt. Dies ist charakteristisch für die ambivalente Haltung vieler Wissenschaftlerinnen und Wissenschaftler, die sie diesen Büchern gegenüber haben, denn durch Autoren wie Bradbury oder Lodge verewigt zu werden ist zwar ehrenvoll, jedoch auch etwas peinlich. Zwischen Fiktivem und Nicht-Fiktivem bestehen übrigens weitere Mischformen, wie etwa Peter Burkes anthropologische Studie über den ritualisierten Alltag in seinem Cambridger Emmanuel College; er publizierte diesen Artikel unter dem Pseudonym William Dell in der renommierten Zeitschrift *Actes de la recherche en Sciences Sociales*.[8]

Vergleicht man fiktive und nicht-fiktive Gattungen, fallen sogleich einige interessante Aspekte auf. Während Popkin feststellt, dass praktisch alle autobiographisch tätigen Historiker sich über ihr akademisches Leben ausschweigen – mit der Begründung, dass es ziemlich langweilig gewesen sei –,[9] beschreiben *academic novels* universitäre Fakultäten als Schauplätze politischer Intrigen und verwickelter Liebesbeziehungen, bevölkert mit Mitspielern, die sowohl *Il Principe* als auch *Romeo und Julia* genauestens gelesen haben. Häufig findet sich darin auch die klassische Gegenüberstellung von Hölle (die eigene Fakultät) und Himmel (wie das italienische Study Center des Rockefeller Foundation in Bellagio). Die bekannteren *academic novels* haben zwar ihren Schauplatz in England oder Amerika, doch jedes Land besitzt seine Vertreter, wie etwa in Deutschland *Der Campus* von Dietrich Schwanitz oder in Israel das besonders bittere Buch *Shira* von Agnon. In Belgien schrieb Ward Ruyslinck das nicht weniger bittere *De uilen van Minerva* (1985) und vor nicht allzu langer Zeit erschien dort auch August Thierrys Buch *Onder assistenten* (1993), in dem sich die Löwener universitäre Gemeinschaft wieder erkennen konnte. Auch mehrere französische Beispiele wären zu nennen, darunter natürlich Simone de Beauvoirs Klassiker *Les mandarins*, der mehr im intellektuellen Kreis als im universitären Kreis spielt (und das ist nicht immer dasselbe).

---

7 Showalter, Faculty Towers (wie Anm. 5), S. 65f.

8 William Dell, St. Dominic's. An Ethnographic Note on a Cambridge College, in: Actes de la recherche en sciences sociales 70 (1987), S. 74-82.

9 Popkin, History (wie Anm. 4), S. 151.

Der Historiker als Autobiograph

Für Historikerinnen und Historiker hat, wie Jeremy Popkin betont, das Verfassen einer Autobiographie eine spezielle Bedeutung, denn sie müssen nun über ihre eigene Geschichte Rechenschaft ablegen; sie können nun nicht mehr nur analytisch ans Werk gehen, sondern müssen die Grenze zwischen Wahrheit und Dichtung überschreiten, um ihre eigene Vergangenheit zu vergegenwärtigen.[10] Dies konfrontiert sie mit den Grenzen der historischen Wissenschaft, und eine solche Erfahrung kann durchaus einen läuternden Effekt haben.

Vielleicht müsste jede Historikerin und jeder Historiker an einem bestimmten Punkt der Karriere eine Autobiographie schreiben; oder eine *academic novel* natürlich, denn auch dies kann sehr lehrreich sein. Vielleicht spielt es nicht so sehr eine Rolle, welches Genre man wählt, denn Autobiographie und Fiktion sind näher miteinander verwandt, als es die Geschichtswissenschaft lange glauben wollte. Denn beide Gattungen vermischen Vergangenheit und Phantasie, Öffentliches und Privates, Wahres und Erdichtetes. Diese Ambiguität kann den Leser verwirren und endlose Diskussionen über den fiktionalen Charakter von Autobiographien bzw. den Realitätsbezug von Fiktion zur Folge haben.

Academic novels in den Niederlanden

In den Niederlanden publizierte Willem Frederik Hermans *Onder professoren* als seine persönliche Abrechnung mit der Universität Groningen, an der er als Geologe wirkte. Die akademische Gemeinschaft reagierte geschockt, insbesondere die Professoren, die sich im Buch wiedererkannten. Für Hermans, einen der grössten niederländischen Schriftsteller, ist eigentlich ein Denkmal geplant, doch seit Jahren wird diesem Vorhaben entgegengewirkt. Sobald Hermans von seinen Einkünften als Autor leben konnte, gab er seine Position als Dozent an einer Universität auf. Noch besser und auch giftiger ist *De koekoek in de klok* aus dem Jahre 1969 von Judicus Verstegen, der darin ein entlarvendes Bild der geologischen (in Wirklichkeit chemischen) Fakultät der Universität Amsterdam zeichnete. Im Grunde genommen geht es in diesem Roman um eine Frage, die auch die Geschichtswissenschaft beschäftigt: Machen Menschen die Geschichte oder macht die Geschichte die Menschen? Das Buch handelt davon, dass ein Dr. Kommer Ezemer (in Wirklichkeit Johan van Dranen) die Entdeckung macht, dass das Laboratorium für physikalische Chemie (es ist das Laboratorium Allgemeine und Anorganische Chemie) durch dessen Direktor Professor Jaap Gordijn (er ist Prof. Dr. J.A.A. Ketelaar) für private Zwecke genutzt wird. Er und andere erhalten dafür Geld aus der Privatwirtschaft, darunter von der Firma Delfstoffen NV (das ist

10 Popkin, History (wie Anm. 4), S. 23 und passim.

Shell). Zum Hintergrund der Geschichte gehört, dass Ketelaar während des Zweiten Weltkriegs in die Entwicklung einer Atombombe für Hitler involviert war. Van Dranen war der ‚koekoek in de klok [= Kuckuck in der Uhr; Anm. d. Ü.]', was heute ‚klokkenluider [= Glöckner; Anm. d. Ü.]' genannt wird. In einem Erinnerungsbuch von 1996 wird konstatiert, dass diese Affäre Van Dranen die Karriere kostete.[11] Auch der Autor des Romans, Judicus Verstegen, wurde hart angegangen. Als sich einzelne Professoren darin wieder erkannten, zogen sie vor Gericht und erreichten ein Verbot des Buches. In der Studentenschaft zirkulierten damals Matrizen, auf denen die einzelnen Dozenten identifiziert waren. Da die gesamte Auflage vernichtet wurde, ist das Buch nunmehr äußerst selten. Der Autor, Judicus Verstegen, wurde mehr und mehr paranoid, verließ seinen Job bei Philips, wo er ein erfolgreicher Wissenschaftler und Erfinder war; seit nunmehr dreißig Jahre lebt er in einer Einrichtung für geistig Behinderte. Weiterhin schreibt er einen Roman pro Jahr – sie werden allerdings nicht mehr veröffentlicht.

Auch in niederländischen Romanen ist die Universität ein wiederkehrender Schauplatz. Ein aktuelles Beispiel ist *De profielschets* von Joke J. Hermsen aus dem Jahr 2004, eine Geschichte über Intrigen im Zusammenhang einer Berufung eines Professors an die philosophische Fakultät der Universität Amsterdam. In *Emoticon* von Jessica Durlacher gibt es sogar eine Figur, die Selbstzeugnisse untersucht. Damit ist die fiktionale Literatur bereits in die Nähe unseres eigenen Inventarisierungsprojekts gerückt.

Nur wenige Historikerinnen und Historiker haben sich bisher als Verfasser einer *academic novel* hervorgetan, auch wenn nicht vergessen werden darf, dass Jacques Presser einen Detektivroman publiziert hat (*Moord in de Poort*), mit der Universität Amsterdam als *setting*. Zudem fällt auf, dass von denjenigen, die sich mit Selbstzeugnissen beschäftigt haben, viele auch als Romanschriftsteller tätig waren und Geschichten geschrieben haben, die mit der Grenze zwischen Autobiographie und Fiktion spielen. Zu nennen ist hier beispielsweise Raymonde Padmos, der die wichtigste niederländische Autobiographie des 19. Jahrhunderts, jene von Willem van den Hull, herausgegeben hat, oder Solange Leibovici, die mit *Zonsondergang over Slotervaart* eine ‚autobiographische Erzählung' vorlegte (die Umschreibung stammt aus dem Kolophon), während Philo Bregstein, der die Lebensgeschichte Pressers verfilmt hat, einen Roman publiziert hat (*Het sabbatjaar*), dessen Hauptfigur ein niederländischer Professor an einer amerikanischen Universität ist.

11 Jaarboek 1996 ten behoeve van Amsterdamse scheikundigen in de jaargangen 1937-1947 (s.l., s.a.), S. 21.

Akademische Memoiren in den Niederlanden

Niederländische Gelehrte haben deutlich mehr Memoiren als Romane publiziert. Bei den Historikerinnen und Historikern kommen sie dutzendweise vor. Beginnen können wir mit Johan Huizingas ‚Mein Weg zur Geschichte'. Nach ihm folgte unter anderen Jacques Presser, der Erfinder des Wortes *egodocument*, und sein Amsterdamer Kollege Jan Romein, dessen Memoiren allerdings nie veröffentlicht wurden, im Gegensatz zu denjenigen seiner Frau Annie Romein-Verschoor. Später folgte Lou de Jong, bekannt durch seine mehrteilige Geschichte der Niederlande während des Zweiten Weltkriegs, danach unter anderen G. Puchinger, Ger Harmsen, Peter Klein und Richter Roegholt. Vor allem anhand von englischen und amerikanischen Memoiren hat Jeremy Popkin dabei beobachtet, dass Historiker nur zurückhaltend über ihr wissenschaftliches Leben und die tägliche Routine des universitären Unterrichts berichten. Lieber wollten sie zeigen (ohne Zweifel in den letzten Jahrzehnten), dass sie keine Stubengelehrten sind, wie etwa George Elliotts Schreckgespenst Casaubon. Das Privatleben wird deshalb in den Memoiren häufig prominent abgehandelt.[12]

Bei den Lebensbeschreibungen niederländischer Historikerinnen und Historiker handelt es sich sicherlich nicht um langweilige Bücher, denn die Autorinnen und Autoren schrieben oft in einem offenherzigen Ton. Annie Romein etwa hat mit *Omzien in verwondering* eine wunderbare Autobiographie verfasst, die zum Bestseller wurde und inzwischen als Klassiker gilt. Einen zentralen Platz in ihrem Lebensbericht nimmt der Generationenkonflikt ein, den sie mit ihrer Mutter austrug. So gelungen ihre Arbeit als Autobiographie auch ist, so unbrauchbar ist sie als historische Quelle, da Annie Romein gemäß ihrer Biografin Angenies Brandburg viele Fakten unrichtig wiedergegeben hat. Einen ungeschminkten Einblick in sein persönliches Leben gibt auch Lou de Jong, so dass der NRC-Handelsblad-Kritiker Gerard Mulder dessen Bekenntnisse als ‚eine rückwärts abgespielte Bandaufnahme einer Psychoanalyse' bezeichnet hat.

Die Universitätspolitik ist in diesen Autobiographien ein häufig gewähltes Thema, wenn auch weniger im Sinne einer Darlegung ihrer Funktionsweise, sondern vielmehr als deren Fortsetzung, um noch offene Rechnungen zu begleichen, was vor allem für Harmsen gilt. Wenn Fakultätsintrigen zur Sprache kommen, erfolgt dies zudem nie auf humoristische Art, was vermutlich der bedeutendste Unterschied zu den akademischen Romanen darstellt. Letztere dürften überhaupt das Bild, das sich die lesende Allgemeinheit von der Universität macht, eher geprägt haben als die Memoiren der Gelehrten selbst.

---

12 POPKIN, History (wie Anm. 4), S. 151.

Het Bureau

Kein Buch hat in den letzten Jahren die öffentliche Meinung in den Niederlanden über die Welt der Wissenschaftler so sehr geprägt wie *Het Bureau* von J.J. Voskuil. Voskuils Buch stellt einen niederländischen Rekord dar, denn mit seinen 5035 Seiten ist es der weitaus längste Roman in niederländischer Sprache. Er erschien seit 1996 in sieben jährlichen Lieferungen, nicht im Sinne eines Zyklus, sondern als Fortsetzungsgeschichte. Jeder neue Band kam sorgfältig geplant kurz vor Weihnachten auf den Markt; das Buch wurde zum Bestseller mit einer enormen Auflage. Mittlerweile gibt es Hunderte von Rezensionen und Artikel über den Roman, sogar eigene Sammelbände und selbst verschiedene TV-Sendungen. Gegenwärtig wird das Buch auch als Hörspiel in 360 Folgen von April 2004 bis in den Frühling 2006 im Radio gesendet; das Hörspiel kann via Internet auch in voller Länge abgehört werden.[13]

Der Inhalt dieser gut 5000 Seiten lässt sich ohne Mühe zusammenfassen, denn es dreht sich alles um den Alltag der Hauptperson Maarten Koning, insbesondere dessen Büroalltag. In der Koning-Figur ist Voskuil selbst einfach wieder zu erkennen; in Interviews sagt er denn auch rundweg: ‚Maarten Koning, das bin ich'. Das Büro ist eine Abteilung der Königlichen Akademie der Wissenschaften, in Wirklichkeit geht es um das Institut für Dialektologie, Volkskunde und Namenskunde. Das Institut war 1930 durch P.J. Meertens gegründet worden, der im Roman den Namen Beerta trägt und als umgänglicher Scharlatan beschrieben wird, dem es gelingt, eine Fassade von Wissenschaftlichkeit aufrecht zu erhalten. Die Abteilung Volkskunde beispielsweise, in der Koning seit den 1950er Jahren arbeitet, beschäftigt sich mit der Frage nach der Verbreitung des Glaubens an Heinzelmännchen oder der Geschichte des Weihnachtsbaums. Nicht nur solche Projekte, sonder auch die Wissenschaft im Allgemeinen hält Voskuil alias Koning für unsinnig. Er weigert ein Dissertation zu schreiben und sich zu promovieren, fühlt sich jedoch verantwortlich für die Abteilung, so dass er sie bald leitet.

Ohne große Entwicklung schildert das Buch in der Folge das Wohl und Weh des Büroalltags in einem wissenschaftlichen Institut, in dem ein Dutzend merkwürdiger Gestalten sich mit quasi-wissenschaftlichen Themen beschäftigen. Es ist eine *soap*, von der wie bei vergleichbaren TV-Formaten eine hypnotisierende Wirkung ausgeht. Das Buch ist erstaunlich detailliert und wirkt dadurch authentisch. Das tägliche Leben im Institut wird bisweilen von Tag zu Tag, ja von Stunde zu Stunde minutiös nachgezeichnet. Kaffeegespräche im Pausenraum scheinen oft wortwörtlich wiedergegeben. Auch das Amsterdam der 1950er und 1960er Jahre wird eingefangen, nicht zuletzt durch die Beschreibung der Spaziergänge Maarten Konings durch die Stadt. Seine Kollegen und Untergebenen stellt Voskuil als machtgierige Manipulatoren oder als schlappe, unge-

13 Informationen hierüber auf folgenden Websiten: URL: <http://www.jdivh.dds.nl/voskuil.htmal>, [30.08.2006] oder URL: <http://www.vanoorschot.nl>, [30.08.2006].

hobelte Leicht- bis Schwerst-Gestörte dar. Aber aufgrund des lakonischen Erzähltons erscheint alles realistisch und für viele nachvollziehbar. Nicht selten befinden sich die durch Voskuil eingeführten Personen in unangenehmen Situationen: Sie stellen sich bei Voskuil vor, sie verhandeln über ihren Lohn oder sie möchten einen Artikel in der durch ihn redigierten Zeitschrift platzieren, obwohl er sie selbst für unzureichend kompetent hält. Voskuil hat sein autobiographisches Buch in gefahrlosen Unabhängigkeit verfasst, denn er begann damit erst nach seiner Pensionierung.

Der Mega-Roman Voskuils hat viel Staub aufgewirbelt, unter anderem weil das Buch sowohl der fiktiven als auch der nicht-fiktiven Welt angehört. Beide Bereiche sind permanent anwesend, und welcher als vorherrschend empfunden wird, hängt davon ab, welche Kriterien man anlegt. Für das Etikett Fiktion spricht die Präsentation als Roman und die literarische Darstellung, da sich Beschreibungen und Dialoge abwechseln. Für das Etikett Autobiographie spricht die öffentliche Identifikation des Autors mit seiner Hauptfigur (gemäss der Idee des *pacte autobiographique* im Sinne Philip Lejeunes)[14] sowie zahlreiche weitere Hinweise. So haben beispielsweise viele Universitätsbibliotheken und andere wissenschaftliche Einrichtungen das Buch angeschafft, obwohl sie üblicherweise keine Romane besitzen. Für besonders interessierte Leser wurden eine Zeit lang Rundgänge durch das richtige Büro angeboten, einem großen Gebäude an der Keizersgracht in Amsterdam. Weiter erhielt das Buch wie bei einer wissenschaftlichen Studie ein Register. Auch das Meertens Institut selbst liefert mittlerweile auf ihrer Website (www.meertens.knaw.nl) Informationen zum Roman und gibt Links zu anderen Websites über das Buch an. Ein Mitarbeiter des Instituts, Rob Rentenaar, der selbst prominent im Buch vorkommt, hat einen Index erstellt, in dem fast alle Namen identifiziert werden.[15] Darunter befindet sich nicht wenig Prominenz aus der akademischen Welt der Niederlande, etwa Prof. Dr. D.P. Blok, Prof. Dr. Maartje Draak, Prof. Dr. B.H. Slicher van Bath und Prof. Dr. D.Th. Enklaar. Auch eine Anzahl ausländischer Wissenschaftler kommen vor, beispielsweise Dr. Dietmar Sauermann aus Münster und Dr. Gerda Grober-Glück aus Bonn.

Fiktion ist stärker als die Wirklichkeit

Die Wissenschafler, die sich in *Het Bureau* wieder erkannt haben, muessen durch ihr eigenes Vorkommen in diesem Werk einen völlig neue Sichtweise auf das problematische Verhältnis zwischen Fiktion und Wirklichkeit bekommen haben. Aber werden die Kollegen Maarten Konings wirklich lebensecht dargestellt? Und was meinen sie selbst

14 Philippe LEJEUNE, Le pacte autobiographique, Paris 1975.

15 Ingrid HARMS, Het bureau 2a. Het bureau slaat terug. De personages van Voskuil over hun karikatuur, Zoetermeer 2000. Siehe auch: URL: <http://www.neder-l.nl>, [01.03.2004]. Der Roman besitzt ein Personenregister: J.J. VOSKUIL, Ingang tot Het Bureau, Amsterdam 2000.

dazu? In der Autobiographie- und Romanforschung hat man den Reaktionen derjenigen bisher wenig Beachtung geschenkt, die in den Büchern selbst vorkommen. Für Historikerinnen und Historiker ist dies noch ein völlig unerforschtes Terrain. Ohne Zweifel können solche Publikationen einen großen Effekt auf das Leben der Porträtierten haben, was bereits daran ersichtlich ist, dass es im letzten Jahrhundert eine ganze Serie an Klagen von Personen gegeben hat und gibt, die sich geschädigt fühlen. Dies geht bis auf den Onkel Thomas Manns zurück, der sich selbst in den *Buddenbrooks* zu wenig vorteilhaft dargestellt glaubte.[16] In den vergangenen Jahrzehnten scheint sich in den Niederlanden diesbezüglich allerdings ein Wandel vollzogen zu haben. Denn während die Amsterdamer Professorenschaft in den 60er Jahren noch mit Erfolg einen Prozess gegen Judicus Verstegen anstrengen konnte, mussten die durch Voskuil Porträtierten ergeben abwarten, was ihr ehemaliger Chef in seinen jährlichen Lieferungen nun wieder über sie schreiben würde.

Etwas von ihren Reaktionen ist allerdings bekannt, denn in verschiedenen Radio- und TV-Sendungen sind die in *Het Bureau* vorkommenden Personen zu Wort gekommen: Kaum einer lehnte es ab, ins Scheinwerferlicht zu treten. In den meisten Fällen waren die Reaktionen freilich gemischt. Einerseits bewunderte man das Buch als literarische Leistung, kritisierte jedoch andererseits die Art und Weise, wie das Privatleben der engsten Mitarbeiter Voskuils ans Licht gezogen werde. Mehrfach wies man darauf hin, dass Voskuil lediglich bestimmte Aspekte in den Vordergrund rücke, so dass manche sich nur als Karikatur wiedererkannten. Die meisten konnten den komischen Aspekten des Buchs, die der Roman auch tatsächlich hat, durchaus etwas abgewinnen. Aber solche Äußerungen wurden in der Öffentlichkeit mit einem Mikrofon oder einer Kamera in der Nähe gemacht.

Vielen Personen aus *Het Bureau* bin ich selbst begegnet, und einige kenne ich seit vielen Jahren, einschließlich der wichtigsten Figur neben dem Erzähler, Herr Beerta, in Wirklichkeit Piet Meertens, der als Direktor das Institut jahrelang auf eigene Weise geleitet hatte. Ihn besuchte ich um 1980 in einem Altersheim, um ihn über seinen Studienfreund Johan Brouwer zu interviewen, über den ich gerade eine Biographie schrieb. Meertens hatte bereits einen Herzinfarkt gehabt, der ihm das Sprechen praktisch unmöglich machte. Trotzdem konnten wir noch recht vernünftig miteinander kommunizieren. Wenn es wichtig wurde, nahm Meertens seine Schreibmaschine und tippte die Antwort. Herr Beerta alias Meertens, der dem Institut den Namen gegeben hat, erwies sich dabei als überaus angenehmer Gesprächspartner, der offensichtlich wenig Besuch bekam und meine Gesellschaft sichtlich genoss. Beim Abschied tippte er auf seiner alten Schreibmaschine die folgenden Worte: Ich bin glücklich. Nur schon

---

16 Ken Moulden / Gero von Wilpert (Hg.), Buddenbrooks-Handbuch, Stuttgart 1988, S. 322-325. Dieser Onkel war Friedrich Mann, der eine Anzeige in eine lokale Lübecker Zeitung gesetzt hatte, in der er seinen Neffen beschuldigte, seine eigene Familie in den Dreck zu ziehen. Siehe auch Alan Bold / Robert Giddings, Who Was Really Who in Fiction, Harlow 1987.

anhand dieser einen Begegnung lässt sich vermuten, dass Beerta in Voskuils Buch eine ziemlich eindimensionale Behandlung erfuhr. Auch Voskuil bin ich einmal begegnet, und zwar an einem Kongress, der wie üblich in *Het Bureau* sodann seine detaillierte Beschreibung gefunden hat.

Als die erste Lieferung von *Het Bureau* erschien, war Meertens schon seit vielen Jahren gestorben. Auf noch lebende Personen hat das Buch hingegen einen großen und bleibenden Einfluss ausgeübt. Wer unter vier Augen mit den Menschen spricht, die im Roman vorkommen, erhält einen anderen Eindruck, als wenn man sie in der Öffentlichkeit über ihre Rolle reden hört. Für praktisch alle ist die gewonnene Publizität unerwünscht und eine Belastung. Überall werden sie auf ihr Alter Ego in *Het Bureau* angesprochen, für ihr Umfeld erscheinen sie identisch mit ihrer literarischen Figur. Über sieben Jahre hinweg erschien während der Festtage immer eine neue Lieferung von *Het Bureau*. Alle Betroffenen sahen dem Erscheinungstag jeweils mit Angst und Bangen entgegen. Alle gingen sofort auf die Suche nach Passagen, in denen sie selbst vorkamen, und die große Frage war dabei stets, wie lächerlich man dargestellt würde. Am Tag danach bildeten sich im echten Büro Grüppchen, in denen alles besprochen wurde. Für diese Leser, die zugleich auch literarische Figuren waren, fielen Fiktion und Wirklichkeit sowie die papiererne und wirkliche Person zusammen. Man kann dies auch als eine besondere Variante des *pacte autobiographique* verstehen.

Was jedoch tatsächlich passierte, ist, dass die Fiktion die Wirklichkeit überwältigt hat. So erzählte mir ein Informant, dass im Roman eine lange, für ihn peinliche Passage vorkommt, die jedoch fiktiv und nachweislich falsch ist. Als er dies seinen Freunden erzählte, wollten sie ihm nicht glauben. Was in *Het Bureau* stand, galt als wahr, und den entsprechenden Vorfall sahen sie im Gegenteil gerade als äußerst charakteristisch für die reale Person an. Mit seinem Widerspruch hatte er keinen Erfolg, und die papiererne Figur erwies sich als stärker als die lebende Person. Aus solchen bisher kaum erforschten Beobachtungen könnte die Geschichtswissenschaft viel lernen, um die Relativität der von ihr hochgehaltenen Trennung von Fiktion und Wirklichkeit zu erkennen.

Aus dem Niederländischen übersetzt von Lorenz Heiligensetzer

Selbstbeobachtungen

Andreas Bähr

Erkenntnis-Arbeit eines Un-Gelehrten: Ludwig Wittgenstein*

I.

„Ich *belagere* jetzt mein Problem –". So notierte der Kriegsfreiwillige Ludwig Wittgenstein am 24. Oktober 1914 in sein Tagebuch, als er mit dem k. u. k. Wachschiff *Goplana* auf der Weichsel in Richtung Krakau fuhr. Und fünf Tage später: „Sehr viel gearbeitet. Belagere noch immer mein Problem, was schon viele Forts genommen". Und nach zwei weiteren Tagen: „Den ganzen Tag gearbeitet. Habe das Problem vergebens gestürmt! Aber ich will eher mein Blut vor dieser Festung lassen, ehe ich unverrichteter Dinge abziehe."[1]

Ein Philosoph im Krieg; doch nicht nur das: Ein Philosoph, der im Krieg – als Philosoph – arbeitet: für den der Krieg einen besonderen Ort philosophischer Erkenntnisgewinnung darstellt, einer Erkenntnisgewinnung, die als Arbeit verstanden wird. Die kriegerische Metaphorik in der Beschreibung des eigenen Erkenntnis- und Arbeitsprozesses, wie sie sich in den Kriegstagebüchern aus den Jahren 1914 bis 1916 findet, bringt besonders deutlich zum Ausdruck, was Hans Blumenberg „doppelte Buchführung" genannt hat:[2] die Parallelität und die konstitutive Verbindung zwischen dem in der Suhrkamp-Ausgabe veröffentlichten Teil der Tagebücher, der die sprachphilosophische Grundlage des späteren *Tractatus logico-philosophicus* bildet,[3] und dem geheimen, verschlüsselten Teil, dem Wittgenstein Gedanken und Reflexionen anvertraute, die allein das Auge seiner selbst als Leser vorsahen. Und in dieser Metaphorik zeigt sich in nuce, worum es mir im Folgenden gehen soll.

Inwiefern, so fragt sich zunächst, erscheint hier das Gewinnen philosophischer Erkenntnis als Arbeit? Und was sagt dieses Verständnis von Philosophie und das damit

---

* Der vorliegende Text ist entstanden im Rahmen der DFG-Forschergruppe „Selbstzeugnisse in transkultureller Perspektive". Für Anregungen und Hinweise danke ich Reinhard Laube, Alf Lüdtke, Bettine Menke und Silke Strauf.

1 Ludwig Wittgenstein, Geheime Tagebücher 1914-1916, hg. und dokumentiert v. Wilhelm Baum, mit einem Vorwort v. Hans Albert, 3. Aufl., Wien 1992, H. 1, S. 47 und 51 f., H. 2, S. 2. Vgl. auch den Eintrag vom 12.11.14 (H. 2, S. 14). Sämtliche Tagebücher werden hier und im Folgenden in der Paginierung der Originalmanuskripte zitiert. In der Lesart „vergebens" folge ich Hans Blumenberg, Doppelte Buchführung – Wittgensteins Kriegstagebücher 1914-1916, in: Hans Blumenberg, Lebensthemen. Aus dem Nachlaß, Stuttgart 1998, S. 120-128, hier 124.

2 Ebd.

3 Ludwig Wittgenstein, Tractatus logico-philosophicus (Werkausgabe 1), 10. Aufl., Frankfurt/M. 1995, S. 7-85; Wittgenstein, Tagebücher 1914-1916, ebd., S. 87-187.

verbundene Verständnis von Arbeit über Wittgensteins Verständnis seiner selbst als Philosoph aus? Inwiefern zeigt bereits die Metaphorik des Belagerers, dass Wittgenstein sich in diesem Verständnis von philosophischer Arbeit nicht als akademischer Gelehrter verstand? In der Suche nach einer Antwort auf derartige Fragen wird Wittgenstein philosophisch weniger als Sprachanalytiker denn als Mystiker erscheinen, zudem als religiös und moralisch Selbstzweifelnder: als an sich selbst und der ‚Arbeit' des Erkennens fast *Ver*zweifelnder.

Aufschlüsse geben hier die Selbstbeschreibungen Wittgensteins: seine Tagebücher und Briefe, in denen nicht allein vorläufige Ergebnisse seiner philosophischen Arbeit, sondern auch das Arbeiten – bzw. Nichtarbeiten – selbst mit großer Regelmäßigkeit beobachtet und protokolliert werden. Diese Selbstbeschreibungen jedoch geben ihren Aufschluss natürlich nur dann, wenn sie im Kontext der philosophischen Schriften Wittgensteins gelesen werden. In der Prüfung der Bücher zeigt sich dann, dass die Kriegsmetaphorik im Erkenntnisprozess signifikant ist: dass sie auf die Konstitutionsbedingungen und Implikationen der Philosophie Wittgensteins selbst verweist. Und damit verweist sie auf Möglichkeiten und Grenzen der Selbsterhaltung in der Erkenntnisarbeit: auf ein Problem, das zu Beginn des 20. Jahrhunderts in besonderer Weise virulent wurde, als tradierte metaphysische Fundamente und Gewissheiten in bisher ungekannter Weise an Glaubwürdigkeit verloren, um einem zunehmenden Bewusstsein für die Relativität und historisch-kulturelle Bedingtheit allen Wissens zu weichen. Vor diesem Hintergrund ergibt sich für das Folgende eine konstitutive Verbindung zwischen dem Problem der Selbsterhaltung in der gelehrten – oder ungelehrten – Arbeit und der subjektiven Reflexion auf dieses Problem: in der Selbst*beschreibung*.

II.

Wittgensteins Tagebücher aus dem 1. Weltkrieg protokollieren einen Erkenntnisprozess, der zum einen durch Fortschritte in der logischen Analyse, zum anderen jedoch durch die Unmöglichkeit gekennzeichnet ist, den entscheidenden Gedanken zu fassen. Notat vom 22. August 1914: „Kann noch immer auf nichts Festes kommen."[4] Zunächst verspürt der Schiffer zumindest, dass der Landgang möglich, dass der feste Boden erreichbar ist: „Es scheint mir fast, als stünde ich knapp vor einer Lösung"[5], „vor der Lösung der tiefsten Fragen"[6]. Aber eben nur knapp: „[N]och immer kann ich das eine erlösende Wort nicht aussprechen."[7]

4 Wittgenstein, Geheime Tagebücher (wie Anm. 1), H. 1, 22.8.14, S. 7.
5 Wittgenstein, Geheime Tagebücher (wie Anm. 1), H. 1, 15.10.14, S. 43.
6 Wittgenstein, Geheime Tagebücher (wie Anm. 1), H. 2, 16.11.14, S. 18.
7 Wittgenstein, Geheime Tagebücher (wie Anm. 1), H. 2, 21.11.14, S. 24.

Und die Erlösung findet am Ende nicht statt. Im April 1915 resigniert Wittgenstein über dem Versuch, „das Wesen allen Seins" dadurch „angeben" zu wollen, „das Wesen des Satzes zu erklären".[8] Dessen ungeachtet stellte Wittgenstein nach seiner Rückkehr aus italienischer Kriegsgefangenschaft den *Tractatus* fertig. In der Zwischenzeit war an die Stelle der vermissten Erleuchtung eine andere Einsicht getreten. Am Ende der Sprachanalyse stand die Erkenntnis, dass es etwas gibt, das nicht ausgesprochen werden kann. Die Analyse der Sprache verweist hier nicht auf das „Wesen allen Seins", sondern auf deren eigene Grenze. Sie zeigt, dass das, worum es Wittgenstein in seiner philosophischen Suche eigentlich geht, als nicht sagbar erscheint. Dies gibt dem *Tractatus* seine mystische Dimension. Bekannt sind die Sätze, deren Bedeutsamkeit in der logisch-positivistischen *Tractatus*-Rezeption lange Zeit übersehen worden ist: „Die Grenzen meiner Sprache bedeuten die Grenzen meiner Welt."[9] Das Subjekt gehört nicht zu dieser Welt des Sagbaren; es ist eine ihrer Grenzen.[10] Wie Gott auch wird es zur Möglichkeitsbedingung des Sagbaren, als Sagbares selbst dagegen fällt es aus. Dies bedeutet nun nicht, dass es dieses Unsagbare nicht gibt: „Es gibt allerdings Unaussprechliches. Dies *zeigt* sich, es ist das Mystische."[11] Der Sprachanalytiker weist diejenigen in die Schranken, die über das sprechen, über das sie nicht sprechen können: „Wovon man nicht sprechen kann", so endet der *Tractatus*, „darüber muß man schweigen."[12]

Diese Wendung steht am Ende eines Arbeitsprozesses, der Wittgenstein an den Rand der Verzweiflung geführt hatte. Die Unfähigkeit, in der eigenen Arbeit die angestrebte Erkenntnis zu erlangen, schien ein Weiterleben unmöglich zu machen. Der drohende Schritt in den Tod konnte dann nur verhindert werden, weil Wittgenstein es vermochte, das Ausbleiben der erlösenden Erleuchtung, die Unfähigkeit zu metaphysischer Einsicht in die „tiefsten Fragen" in eine andere Einsicht zu transformieren: in die Einsicht der Unmöglichkeit einer derartigen Einsicht. Die Unsagbarkeit des „Wesen[s] allen Seins" war nun nicht länger ein Ergebnis der eigenen Schwäche, sondern wurde zum Gebot an die anderen: Schweigt, wo ihr nicht reden könnt.

---

8 WITTGENSTEIN, Tagebücher 1914-1916 (wie Anm. 3), 22.1.15, S. 129; vgl. 15.4.14, S. 132.

9 WITTGENSTEIN, Tractatus (wie Anm. 3), § 5.6.

10 WITTGENSTEIN, Tractatus (wie Anm. 3), § 5.632.

11 WITTGENSTEIN, Tractatus (wie Anm. 3), § 6.522.

12 WITTGENSTEIN, Tractatus (wie Anm. 3), § 7. Im August 1919 schreibt Wittgenstein an Bertrand Russell: „Nun habe ich die Befürchtung, daß Du meine wesentliche Behauptung, zu der die ganze Sache mit den logischen Sätzen nur ein Zusatz ist, nicht erfaßt hast. Die Hauptsache ist die Theorie über das, was durch Sätze – d.h. durch Sprache – gesagt (und, was auf dasselbe hinausläuft, *gedacht*) und was nicht durch Sätze ausgedrückt, sondern nur gezeigt werden kann. Dies ist, glaube ich, das Hauptproblem der Philosophie" (Wittgenstein an Russell, 19.8.1919, in: WITTGENSTEIN, Briefe: Briefwechsel mit B. Russell, G. E. Moore, J. M. Keynes, F. P. Ramsey, W. Eccles, P. Engelmann und L. von Ficker, hg. v. Brian F. MCGUINNESS / Georg Henrik VON WRIGHT, Frankfurt/M. 1980, S. 88-90, hier 88).

Die drohende Verzweiflung schlägt einen semantischen Bogen zwischen den autobiographischen und den philosophischen Texten, zwischen Leben und Werk. Sie stiftet die moralische Einheit der doppelten Buchführung, die bei Blumenberg nur angedeutet, jedoch nicht weiter verfolgt wird.[13] Am 26. Februar 1915 notiert Wittgenstein: „Nicht gearbeitet! Werde ich je wieder arbeiten?!? Trüber Stimmung. Keine Nachricht von David. Bin ganz verlassen. Denke an Selbstmord. Werde ich je wieder arbeiten??!"[14] Einsamkeit entsteht angesichts der Abwesenheit des geliebten Freundes. Die Unklarheit jedoch, ob Wittgenstein überhaupt wird weiter leben können, ist an die Unklarheit über die Möglichkeit seiner Arbeit gebunden. Am 29. März 1916 war Wittgenstein „der Verzweiflung nahe. Ich habe schon seit mehr als einer Woche nichts mehr gearbeitet. *Ich* habe *keine Zeit*! Gott! Aber es ist ja natürlich, denn wenn ich tot sein werde, werde ich auch keine Zeit zum Arbeiten haben."[15] Die Verzweiflung folgt daraus, dass die Unmöglichkeit erfolgreich zu arbeiten den Tod bedeutet. Der (potentielle) „Selbstmord" erscheint hier als Herbeiführung und Bestätigung eines Zustandes, der in der gegebenen Lage bereits eingetreten ist. Anders wäre dieser Schritt für Wittgenstein auch gar nicht denkbar, und das heißt: Der „Selbstmord" *ist* nicht denkbar: „Ich weiß", so Wittgenstein an Paul Engelmann, „daß der Selbstmord immer eine Schweinerei ist. Denn seine eigene Vernichtung *kann* man gar nicht wollen und jeder, der sich einmal den Vorgang beim Selbstmord vorgestellt hat, weiß, daß der Selbstmord immer eine *Überrumpelung* seiner selbst ist. Nichts aber ist ärger, als sich selbst überrumpeln zu müssen."[16]

Der „Selbstmord", das besagt schon der Name, erscheint als äußerster Widerspruch des Menschen gegen sich selbst: als *moralischer* Widerspruch. Sich selbst überrumpeln „muss" (!), wer moralisch am Nullpunkt angelangt ist. Dort sah sich Wittgenstein immer wieder, und daher seine Neigungen, den tödlichen Schritt zu tun. Eben die moralische Dimension dieser Begründung war es aber auch, die ihn davon abhielt. Es ist paradox: Wittgenstein dachte daran, sich das Leben zu nehmen, als und weil er nicht arbeiten: weil er sich nicht selbst erhalten konnte. In seinen Augen durfte er sich jedoch nicht töten, weil er dann nicht mehr hätte arbeiten können: weil ein derartiger Schritt die Selbstzerstörung, die widersprüchliche und damit unmögliche Aufhebung der Selbsterhaltung war: Der Mensch konnte seine eigene Vernichtung nicht wollen, er konnte sich nicht selbst „morden". „Selbstmord" war Selbstaufgabe; er bedeutete den Selbstverlust, der ihn erst nahe legte.[17]

---

13 BLUMENBERG, Doppelte Buchführung (wie Anm. 1), S. 127.

14 WITTGENSTEIN, Geheime Tagebücher (wie Anm. 1), H. 2, 26.2.15, S. 63.

15 WITTGENSTEIN, Geheime Tagebücher (wie Anm. 1), H. 3, 29.3.16, S. 2.

16 Wittgenstein an Engelmann, 21.6.20, in: WITTGENSTEIN, Briefe (wie Anm. 12), S. 112 f.

17 Dementsprechend konnte der „Selbstmord" auch keine Besserung, keine Leidensminderung darstellen: „Die Verzweiflung hat kein Ende & der Selbstmord endet sie nicht, es sei denn, daß man ihr ein Ende macht indem man sich aufrafft" (DERS., Denkbewegungen. Tagebücher 1930-1932/1936-1937, hg. v. Ilse SOMAVILLA, Teil I: Normalisierte Fassung, Innsbruck 1997, S. 119).

Das Problem und die Notwendigkeit der Selbsterhaltung hat Wittgenstein in seinen Tagebüchern immer wieder reflektiert. Gerade angesichts der Widrigkeiten des alltäglichen Dienstes auf der *Goplana* sah sich Wittgenstein mit der Gefahr konfrontiert, sich selbst zu verlieren. Die entscheidende Gefahr stellte hier nicht die Gefahr des Lebens in den „Schrecken des Krieges"[18] dar, sondern ein soziales Umfeld, das Wittgenstein als „gemein", „böse" und „herzlos" beschrieb.[19] Dieses Umfeld hinderte ihn, so schien es, an moralischer Besserung und philosophischen Fortschritten. Diese Gefahr war eine Gefahr, weil sie sich als eine ‚*innere*' darstellte. Die ‚äußeren' Gefahren des Krieges konnten zum Verlust des Lebens, nicht jedoch zum Verlust seiner selbst führen. Im Gegenteil: Die Nähe des Todes war es, die dem Kriegsfreiwilligen Wittgenstein eine besondere Möglichkeit bot, zu sich selbst zu kommen, „ein anderer Mensch zu werden"[20]. Wie anderen seiner Zeitgenossen auch, erschien sie ihm nicht als Gefahr, sondern als Möglichkeit sühnender Selbstläuterung. Mit der Todesnähe an der Front suchte Wittgenstein nicht den Tod, nicht die Selbstzerstörung, sondern das Leben.[21] Als Wittgenstein vom Frontgeschehen ins Hinterland abgeordert zu werden drohte, notierte er: „Wenn das geschieht, werde ich mich umbringen."[22]

Der Kampf des Krieges stand in unmittelbarer metaphorischer Verbindung mit dem Kampf des Lebens und mit dem Kampf des Arbeitens und Erkennens.[23] (Auch) als moralische *Selbst*erkenntnis konnte dieser Kampf ans „Wesen" der Dinge nicht gelangen, weil seine Erfolglosigkeit als seine Möglichkeitsbedingung erschien. Wittgenstein bewies seine moralische Sensibilität im Wissen um seine moralische Schlechtigkeit[24] und im Bemühen um eine Besserung, die ihr Ziel a priori nicht erreichen konnten.[25] Vor diesem Hintergrund führte dieser Kampf jedoch auch nicht in den

18 Wittgenstein, Geheime Tagebücher (wie Anm. 1), H. 1, 18.8.14, S. 6 f., zit. 6.

19 Wittgenstein, Geheime Tagebücher (wie Anm. 1), H. 2, 7.3.15, S. 66; 29.3.15, S. 70; 29.4.15, S. 72; 25.5./8.6.15, S. 74; H. 3, 7.4.16, S. 4; 27.4.16, S. 7.

20 So Hermine Wittgenstein, Ludwigs Schwester, zit. nach Ray Monk, Wittgenstein. Das Handwerk des Genies, Stuttgart 1994, S. 129. Vgl. auch Wittgenstein, Geheime Tagebücher (wie Anm. 1), H. 1, 15.9.14, S. 24: „Gott mit mir! Jetzt wäre mir Gelegenheit gegeben, ein anständiger Mensch zu sein, denn ich stehe vor dem Tode Aug in Auge. Möge der Geist mich erleuchten." Und am 15.4.16 (H. 3, S. 5): „In 8 Tagen gehen wir in Feuerstellung. Möchte es mir vergönnt sein, mein Leben in einer schweren Aufgabe aufs Spiel zu setzen!"

21 Wittgenstein, Geheime Tagebücher (wie Anm. 1), H. 3, 4.5.16, S. 9.

22 Wittgenstein, Geheime Tagebücher (wie Anm. 1), H. 3, 2.4.16, S. 4.

23 Diese Verbindung von Todesnähe und Arbeit zeigte sich dann noch einmal, als Wittgenstein im Februar 1951 mitgeteilt wurde, dass er nur noch wenige Monate zu leben habe. Seine Reaktion: „Jetzt werde ich arbeiten wie noch nie in meinem Leben." In dieser Zeit entstand mehr als die Hälfte der Bemerkungen *Über Gewißheit* (Werkausgabe 8, 6. Aufl., Frankfurt/M. 1994, S. 113-257; vgl. Monk, Wittgenstein [wie Anm. 20], S. 610 f., das Zitat: 610).

24 Vgl. dazu Wittgenstein, Denkbewegungen (wie Anm. 17), 11.1.32, S. 136.

25 Die Unmöglichkeit moralischer Selbsterkenntnis lag zum einen in ihrer Notwendigkeit: im Postulat der Besserung begründet, zum anderen darin, dass die Selbsterkenntnis (allein) in der Erkenntnis der eigenen Verhinderung dieser Erkenntnis bestand: „Meine Selbsterkenntnis steht so: Wenn eine gewis-

Tod. Die Reflexionen auf die eigenen Neigungen, sich das Leben zu nehmen, erscheinen bei Wittgenstein als Teil der Vergewisserung über die eigene Schlechtigkeit, in der (und allein in der) sich das eigene Potential zum Guten bewies. So setzten diese Reflexionen die Überwindung der Neigungen voraus, auf die sie reflektierten: die Selbstdistanzierung in der Selbstbeobachtung.

Nicht nur in dieser Form der Selbstreflexion, sondern auch in seiner Bindung an die Arbeit philosophischer Erkenntnis erweist sich das Problem der Selbsterhaltung, wie es sich hier manifestiert, in einer spezifischen Modernität, wie es seit der Aufklärung mit der Emanzipation des vernünftigen Subjekts ausgeprägt worden ist. Dem steht auch nicht entgegen, dass Wittgenstein in seiner Suche nach Selbsterhaltung und Erkenntnis immer wieder auf Gottes Unterstützung und Inspiration hofft und vertraut. Das Subjekt, das sich hier von Gott abhängig weiß, ist ein Subjekt, das sich mit Kant bemüht, seine Pflichten nicht um Gottes, sondern um ihrer selbst willen zu tun.[26] Darüber hinaus ist Wittgensteins Verhältnis zu Gott Indikator einer Mystik der Moderne, die eine Erscheinung der Wende zum 20. Jahrhundert darstellt.[27]

Wittgensteins philosophische Belagerungsarbeit vollzieht sich in einem historischen Rahmen, in dem nicht allein die Feste des Wesens allen Seins, sondern auch und damit der christlich-aufklärerischen Tradition zur Eroberung anstand. Die Arbeit, die zentral für Wittgensteins religiöses und moralisches Selbstverständnis ist, bedeutet, auch und gerade im Blick auf das Spätwerk[28], eine Infragestellung tradierter Metaphysik und

---

se Anzahl von Schleiern auf mir gelassen werden, sehe ich noch klar, nämlich die Schleier. Werden sie aber entfernt, so daß mein Blick meinem Ich näher dringen könnte, so beginnt mein Bild sich mir zu verwischen" (WITTGENSTEIN, Denkbewegungen [wie Anm. 17], S. 90 f.). Und: „Man könnte von einer Selbstbiographie sagen: dies schreibt ein Verdammter aus der Hölle" (S. 96). Am 13.3.37 (S. 212 f.): „Wie schwer ist es sich selbst zu kennen, sich ehrlich einzugestehen, was man ist!" Und zwei Tage später (S. 213): „Sich selbst zu erkennen ist furchtbar, weil man zugleich die lebendige Forderung erkennt, &, daß man ihr nicht genügt." Das religiös-moralische sowie psychoanalytische Problem wurde später gewissermaßen als das einer psychologischen Unschärferelation formuliert: „[W]enn man sich also mit der Beobachtung der eigenen geistigen Vorgänge beschäftigt, kann es sein, daß man sie verändert und neue erzeugt; [...]. Die geistigen Phänomene der anderen kann ich nicht beobachten, und meine eigenen kann ich im eigentlichen Sinne von ‚beobachten' auch nicht beobachten" (Ludwig WITTGENSTEIN, Vorlesungen über die Philosophie der Psychologie 1946/47, hg. v. Peter T. GEACH, Frankfurt/M. 1991, S. 371 f.).

26 Vgl. WITTGENSTEIN, Geheime Tagebücher (wie Anm. 1), H. 1, 7.10.14, S. 36.

27 Vgl. Martina WAGNER-EGELHAAF, Mystik der Moderne. Die visionäre Ästhetik der deutschen Literatur im 20. Jahrhundert, Stuttgart 1989, zu Wittgenstein: S. 31 f.; Wilhelm BAUM, ‚Was ich erfinde, sind neue Gleichnisse'. Transzendenz, Mystik, Metaphysik bei Ludwig Wittgenstein, in: Transzendenz-Natur-Gesellschaft 8/2 (1991), S. 40-46. Zentral war hier Wittgensteins Lektüre von Tolstois *Kurzer Erläuterung des Evangeliums.* Vgl. dazu Edith HANKE, Das „spezifisch intellektualistische Erlösungsbedürfnis". Oder: Warum Intellektuelle Tolstoi lasen, in: Gangolf HÜBINGER / Wolfgang J. MOMMSEN (Hg.), Intellektuelle im Deutschen Kaiserreich, Frankfurt/M. 1993, S. 158-171.

28 V. a. WITTGENSTEIN, Philosophische Untersuchungen (Werkausgabe 1), 10. Aufl., Frankfurt/M. 1995, S. 225-580.

Wissenschaft, mit der sich Wittgenstein am Ende als das Ende, als „Terminus ad quem" der philosophischen Tradition betrachten konnte.[29] Die Aufgabe dieser Philosophie war es nicht mehr, ein philosophisches Lehrgebäude einzureißen, um ein neues zu errichten; ihre Aufgabe war es, Philosophie als Lehrgebäude zu destruieren. Am Ende dieser „Denkbewegung"[30] hat ‚Gott' – nach der kantischen Reduktion auf eine Idee der Vernunft – eine weitere Herabstufung hinnehmen müssen: auf ein sprachliches Ereignis, in Wittgensteins Worten: auf eine „Grammatik"[31]. Damit war Gott keineswegs tot. Nur war er, als ein außersprachliches Sein, nicht sagbar. Sagbar allein war, was wir sagen und was wir tun, wenn wir von Gott sprechen.

Vor diesem Hintergrund sind die Reflexionen über die eigene Selbsttötung, in denen sich Wittgenstein auch mit Nietzsche auseinandersetzte,[32] primär die eines aufklärerischen Subjektes, das den letzten Schritt nur deswegen nicht vollzieht, weil die Arbeit am Ende doch noch den Nutzen erbrachte, den sie zunächst vermissen zu lassen schien. So ist es die Affirmation und nicht eine Erschütterung[33] des Konzeptes des Subjekts, das die Möglichkeit der Selbsttötung aufscheinen lässt.[34] Und das heißt: Wittgenstein hat die philosophische Erkenntnis zunächst der Unzugänglichkeit, dann und vor allem jedoch der Sprachlichkeit dieses Subjekts nicht in die Verzweiflung gestürzt, die etwa der Kultursoziologe Alfred Seidel 1924 von sich beschrieb.[35]

---

29 Wittgenstein, Denkbewegungen (wie Anm. 17), 7.2.31, S. 64.

30 Wittgenstein, Denkbewegungen (wie Anm. 17), o. D., S. 125.

31 Wittgenstein, Denkbewegungen (wie Anm. 17), 23.2.37, S. 203.

32 Wittgenstein, Geheime Tagebücher (wie Anm. 1), H. 2, 8.12.14, S. 41 f.: „Bin stark berührt von seiner [Nietzsches] Feindschaft / gegen das Christentum. Denn auch in seinen Schriften ist etwas Wahrheit enthalten. Gewiß, das Christentum ist der einzige *sichere* Weg zum Glück. Aber wie, wenn einer dies Glück verschmähte?! Könnte es nicht besser sein, unglücklich, im hoffnungslosen Kampf gegen die äußere Welt zugrunde zu gehen? Aber ein solches Leben ist sinnlos. Aber warum nicht ein sinnloses Leben führen? Ist es unwürdig? Wie verträgt es sich mit dem streng solipsistischen Standpunkt? Was muß ich aber tun, daß mein Leben / mir nicht verlorengeht? Ich muß mir seiner immer – des Geistes immer – bewußt sein."

33 Zum Paradigma der Krise der Moderne vgl. v. a. Jacques Le Rider / Gérard Raulet (Hg.), Verabschiedung der (Post-) Moderne? Eine interdisziplinäre Debatte, Tübingen 1987; Jacques Le Rider, Das Ende der Illusion. Die Wiener Moderne und die Krisen der Identität, Wien 1990.

34 Zum Verhältnis von moralischer Selbsterhaltung und Selbsttötung des aufklärerischen Subjekts vgl. Andreas Bähr, Der Richter im Ich. Die Semantik der Selbsttötung in der Aufklärung (Veröffentlichungen des Max-Planck-Instituts für Geschichte 180), Göttingen 2002; Andreas Bähr, Selbsttötung und Selbsterhaltung. Die Semantik der Selbsttötung in der Aufklärung, in: Das achtzehnte Jahrhundert 28 (2004), S. 65-82.

35 Alfred Seidel, Bewußtsein als Verhängnis. Aus dem Nachlasse hg. v. Hans Prinzhorn, Bonn 1927. Seidel war geprägt vom Denken Max Webers und Karl Mannheims sowie von den Analysen Nietzsches und Freuds. Für ihn war das Wissen um die Ideologie- und Wertgebundenheit wissenschaftlicher Erkenntnis, das Wissen um deren Rückführbarkeit auf ein triebgesteuertes und nach Macht strebendes Subjekt verbunden mit dem Wissen um den mit derartiger Erkenntnis verbundenen existentiellen Verlust (bes. S. 71-124, 202-205). Seine Schrift *Bewußtsein als Verhängnis*, die nach Seidels eigenem Bekunden auch als eine Begründung seiner Selbsttötung gelesen werden sollte, ist eine Prognose der Selbstzerstörung, der „großen Verzweiflung der abendländischen Kultur" in deren Wissen um die

Wittgenstein, der in seinen Tagebüchern von wenigem so viel spricht wie von Gott, wusste, dass da niemand war.[36] Doch er hat den Verlust der Metaphysik positiv gewendet: in eine negative Philosophie. Diese Philosophie Wittgensteins, der sich rühmte, nie eine Zeile Aristoteles gelesen zu haben, bedeutete auch eine Abkehr von der philosophischen Gelehrsamkeit, von der akademischen Philosophie seiner Zeit.

Diese Abkehr manifestierte sich zunächst in der philosophischen Aussage selbst. Die entscheidende Aussage des *Tractatus* liegt auf einer Ebene, die die wissenschaftliche Philosophie (lange) nicht wahrnahm. Im wissenschaftskritischen Spätwerk dann unterzog Wittgenstein philosophische und wissenschaftliche Theorien einer Begriffskritik, die die Menschen von durch die Sprache produzierten Verwirrungen zu befreien sucht. Die Methode der *Philosophischen Untersuchungen* zielt nicht auf richtige Antworten, sondern auf die Vermeidung falscher Fragen. Grundlegend ist hier die Unterscheidung zwischen Sagen und Zeigen, die die Hybris kausallogischer Erklärungsmodelle in die Schranken weist. Wittgensteins Philosophie – als Haltung und Methode – ist somit nicht allein eine Kritik an bestehenden Systemen, um, wie es sich für gelehrten wissenschaftlichen Fortschritt gehörte, ein neues zu errichten, vielmehr ist sie eine grundsätzliche Kritik an der Errichtung von Systemen. Mit Wittgenstein gesagt: Sie sucht kein Fundament eines Hauses zu legen, sondern in bestehenden Häusern ein Zimmer aufzuräumen.[37]

Dies manifestiert sich dann, zweitens, auch in der aphoristischen Form der Wittgensteinschen Texte: im minutiös gegliederten *Tractatus*[38] nicht anders als in den posthum publizierten 693 Paragraphen *Philosophischer Untersuchungen* und in den Bemerkungen über die Philosophie der Psychologie[39] und über Gewissheit[40]. Wittgensteins Texte erscheinen wie Schlangen im Gras, die ihre Spuren ziehen ohne Zielfixierung auf ein Kaninchen am Horizont der Erkenntnis. Und so konnte sich die University of Cambridge denn auch zunächst nicht dazu bereit finden, den *Tractatus* – in einer

---

eigenen Konstitutionsbedingungen (Seidel an Hans Prinzhorn, 20.10.24, S. 45 f., zit. 45). Zu Seidel vgl. auch Reinhard LAUBE, Karl Mannheim und die Krise des Historismus. Historismus als wissenssoziologischer Perspektivismus (Veröffentlichungen des Max-Planck-Instituts für Geschichte 196), Göttingen 2004, S. 418-422; Ludger HEIDBRINK, Melancholie und Moderne. Zur Kritik der historischen Verzweiflung, München 1994, S. 155.

36 WITTGENSTEIN, Denkbewegungen (wie Anm. 17), 20.3.37, S. 220 f.: „Es ist niemand hier: & doch spreche ich & danke & bitte. Aber ist darum dies Sprechen & Danken & Bitten ein Irrtum?! Eher könnte ich sagen: ‚Das ist das Merkwürdige!'"

37 WITTGENSTEIN, Vorlesungen 1930-1935, hg. v. Desmond LEE / Alice AMBROSE, Frankfurt/M. 1984, S. 46; WITTGENSTEIN, Vermischte Bemerkungen (Werkausgabe 8), 6. Aufl., Frankfurt/M. 1994, S. 445-573, hier 459. Vor diesem Hintergrund hätte Wittgenstein „nie eine Schule gründen" können (S. 537).

38 Vgl. BLUMENBERG, Doppelte Buchführung (wie Anm. 1), S. 121.

39 WITTGENSTEIN, Bemerkungen über die Philosophie der Psychologie (Werkausgabe 7), 6. Aufl., Frankfurt/M. 1994.

40 WITTGENSTEIN, Über Gewißheit (wie Anm. 23).

Vorform (*Logik*) – als Magisterarbeit zu akzeptieren – fehlen dem Text doch Vorwort, Quellennachweise und Literaturdiskussion.[41]

Zum dritten schließlich hat sich die un-gelehrte, anti-akademische Haltung in zahlreichen praktischen Lebensentscheidungen Wittgensteins niedergeschlagen. Nach der Rückkehr aus der Kriegsgefangenschaft betätigte er sich – auf der Suche nach „ehrlicher" Arbeit – als alpiner Volksschullehrer und als klösterlicher Gärtner. Seine Bemühungen in den 30er Jahren, die Lebensform sowjetischer Kolchosarbeiter zu teilen, scheiterten an den russischen Behörden, die an Wittgenstein zwar als einem Universitätsprofessor, nicht jedoch als ungelerntem Werktätigen interessiert waren.[42] Ein nicht unbeträchtlicher Teil der Rezeptionsgeschichte Wittgensteins besteht zudem in der Entscheidung einiger seiner Studenten gegen eine akademische Laufbahn – sehr zum Entsetzen ambitiöser Eltern.[43] Als sich Wittgenstein selbst dann 1938 um eine Dozentur in Cambridge bemühte, tat er dies angesichts der politischen Schwierigkeiten, in die er als nunmehr „deutscher Jude" nach dem Anschluss Österreichs geraten war, und die Cambridger Professur übernahm Wittgenstein 1939 nicht zuletzt aufgrund der finanziellen Schwierigkeiten, in denen er sich regelmäßig befand, seit er das Erbe verschenkt hatte, über das er als Sohn einer der reichsten österreichischen Industriellen verfügen konnte.[44] Im Zweiten Weltkrieg war ihm die Arbeit in einem Hospital in Newcastle nicht allein Gelegenheit, einen „Kriegsbeitrag" gegen das faschistische Deutschland zu leisten, sondern auch das akademische Milieu Cambridges auf einige Zeit wieder zu verlassen. Schließlich gingen die Aversionen gegen akademischen ‚Selbstbetrug' so weit, dass Wittgenstein von seiner Philosophieprofessur zurücktrat – um philosophieren zu können. Und am Ende hinterließ Wittgenstein ein Œuvre, das nicht auf einer Publikationsliste, sondern in einer Sammlung überwiegend noch unveröffentlichter Notizbücher verzeichnet war.

III.

Die philosophische Arbeit war es, die, befördert durch Todesnähe, Wittgenstein wiederholt an den Rand tödlicher Verzweiflung führte, wenn sie nicht gelang. Sie tat dies, insofern sie für moralische Selbsterkenntnis und Besserung grundlegend war – daher die protokollarische Reflexion auf das Arbeiten als Teil der protokollierten Arbeit. Möglicherweise war es dann die spezifische Ungelehrsamkeit dieser Arbeit, die

41 Vgl. Wittgenstein an George Edward Moore, 7.5.14, in: WITTGENSTEIN, Briefe (wie Anm. 12), S. 55 f. (mit Anm. des Herausgebers). Später freilich wurde Wittgenstein in Cambridge mit dem *Tractatus* promoviert und bekam dort auch darüber hinaus verhältnismäßig weit reichende akademische Freiheiten eingeräumt.

42 Vgl. MONK, Wittgenstein (wie Anm. 20), S. 371 ff.

43 Vgl. MONK, Wittgenstein (wie Anm. 20), S. 199 f., 345 f., 355, 363, 426, 452.

44 Vgl. MONK, Wittgenstein (wie Anm. 20), S. 424 ff.

von diesem Rand wieder wegzuführen vermochte. Die Unmöglichkeit einer für die Selbsterhaltung notwendigen Arbeit konnte so zur Grundlage einer eigenen Arbeit werden. Führte diese zunächst in ein mystisches Schweigen, so eröffnete sie später kulturtheoretische Perspektiven; und diese schlagen zum Abschluss den Bogen von der Selbsterhaltung Wittgensteins zur Selbsterhaltung der Kulturwissenschaften, die sich für Selbsterhaltungsbemühungen wie diejenigen Ludwig Wittgensteins interessieren.

Wittgensteins Wegweiser aus metaphysischer und wissenschaftlicher Verzweiflung besteht im Hinweis darauf, dass Sprache nicht Dinge ‚an sich' oder Bewusstseins- und Gefühlszustände unserer ‚selbst', sondern vielmehr eine kulturelle „Lebensform" abbildet. In Kritik an der wissenschaftlichen Kausallogik seiner Zeit lenkt Wittgenstein den Blick auf Zusammenhänge, die sich nicht erklären, sondern allein beschreiben lassen. Das Bewusstsein für die Sprachlichkeit und die Zeichenhaftigkeit der eigenen Erklärungen von Wirklichkeit, die verunsichernde Zumutung mithin, die eigenen epistemologischen Voraussetzungen beständig zu relativieren,[45] oder, um es mit Richard Rorty zu sagen: „unsere alten Probleme spöttisch zu betrachten und vielleicht laut über sie zu lachen"[46], all dies ist vielleicht letztlich der einzige Ausweg aus den Aporien, in die wir mit unseren Erklärungsversuchen immer wieder geraten. Der Verzicht auf eine kausale Erklärung der Dinge ist möglicherweise kein Verlust, sondern ein Gewinn: ein Weg aus einer Verzweiflung, in die Kausalerklärungen führen können, indem sie Verzweiflung zu vermeiden suchen. Perspektivierung erscheint vor diesem Hintergrund nicht als ein Akt der Selbst*zerstörung*, sondern der Selbst*erhaltung* der Kulturwissenschaften: nicht als Verlust von Antworten, sondern – in der Problematisierung des vermeintlich Unproblematischen – als Gewinn anderer Fragen.[47] Mithin: auch für die Gelehrsamkeit eine heilsame Un-Gelehrsamkeit.

---

45 Vgl. Armin NASSEHI, Die Paradoxie der Sichtbarkeit. Für eine epistemologische Verunsicherung der (Kultur-) Soziologie, in: Ulrich BECK / André KIESERLING (Hg.), Ortbestimmungen der Soziologie: Wie die kommende Generation Gesellschaftswissenschaften betreiben will, Baden-Baden 2000, S. 17-29, sowie die problem- und theoriegeschichtliche Arbeit von LAUBE, Krise des Historismus (wie Anm. 35), insbes. S. 213 f., 255 f.

46 Richard Rorty über Wittgenstein anlässlich des Todes von Jacques Derrida, in: Philosophie des Zerbrechlichen. Zum Tod von Jacques Derrida: Schriftsteller und Philosophen erinnern an den großen Denker und sein Werk. Würdigungen von Étienne BALIBAR, Seyla BENHABIB, Robert B. BRANDOM, Catherine DAVID, Michel DEGUY, Richard RORTY, Martin SEEL und Barbara VINKEN, in: Die Zeit, 14.10.2004 (Nr. 43), S. 43 f., hier 43.

47 Für eine Anwendung der späten Sprachphilosophie Wittgensteins für die historiographische Analyse des Problems moderner Subjektivität und Selbsterhaltung vgl. BÄHR, Der Richter im Ich (wie Anm. 34), insbes. S. 28-30. Insgesamt ist Wittgenstein in den Geschichtswissenschaften nicht allein schwach, sondern auch unterschiedlich: nicht nur diskursanalytisch, sondern vor allem sprechakttheoretisch rezipiert worden. Vgl. Achim LANDWEHR, Geschichte des Sagbaren. Einführung in die Historische Diskursanalyse (Historische Einführungen 8), Tübingen 2001, S. 11 ff., 75 ff.; für das Problem des Scheiterns in der Moderne: Stefan ZAHLMANN, Sprachspiele des Scheiterns. Eine Kultur biographischer Legitimation, in: Stefan ZAHLMANN / Sylka SCHOLZ (Hg.), Scheitern und Biographie. Die andere Seite moderner Lebensgeschichten, Gießen 2005, S. 7-31.

Am 15. September 1914 notierte Wittgenstein auf der *Goplana*: „Am besten kann ich jetzt arbeiten, während ich Kartoffeln schäle. Melde mich immer freiwillig dazu."[48] Wo die Belagerung des Problems stockte, half der Kombüseneinsatz. Und das Ergebnis war keine Küchenphilosophie. Die kriegerische Metaphorik in Wittgensteins Erkenntnisarbeit dürfte uns heute nicht mehr helfen. Mit Kartoffelschälen jedoch könnte man es einmal versuchen.

48 Wittgenstein, Geheime Tagebücher (wie Anm. 1), H. 1, 15.9.14, S. 23.

Peter Burschel

„... ein und derselbe zu sein ...“ Ein Tagebuch im strikten Sinne des Wortes in dichter Lesung

Ankunft

Von Brisbane kommend, erreicht der dreißigjährige Bronislaw Kaspar Malinowski am 12. September 1914 Port Moresby an der Südküste von Neuguinea. Eine Woche später weiß er, dass er tun muss, worin er kaum Erfahrung hat: Tagebuch schreiben.[1] Die Stadt ist ihm nur wenige Worte wert, ihre kleine koloniale Gesellschaft nicht viel mehr. Noch immer ist er seekrank. Er schläft schlecht. Besuch beim Gouverneur. Abendeinladungen. Gesellschaften. Es wird entschieden zu viel getrunken in diesen Kreisen.[2] Er reitet, geht auf die Jagd. Die ersten „Eingeborenen“, denen er begegnet, sind „krausköpfige Wilde in amtlichen Uniformen“, die ihm, wie er betont, ein „Sahib-Gefühl“ vermitteln. Er unternimmt Spaziergänge, beobachtet Rodungsfeuer: „Wunderbares Schauspiel“, rekrutiert „Boys“ und eingeborene Informanten[3] – und erinnert sich an die Überfahrt: „Ich genoß das Meer. Die Schiffsreise wurde sehr angenehm. Ganz allgemein, seit wir Brisbane verlassen haben, ein Gefühl, daß ich jemand bin, einer der bemerkenswerteren Passagiere an Bord.“[4]

Glück gehabt

Er hatte Glück gehabt. Australische Kollegen konnten den österreichischen Staatsbürger aus Krakau vor der Internierung bewahren. Was er bei seiner Ankunft in Port Moresby allerdings noch nicht weiß: Sein Aufenthalt in Melanesien wird solange dauern wie der Krieg in Europa. Anlässlich einer wissenschaftlichen Konferenz nach Mel-

1 Das in polnischer Sprache verfasste Tagebuch, das nicht für eine Veröffentlichung bestimmt war, erschien erstmals 25 Jahre nach dem Tod des Ethnologen in englischer Übersetzung: A Diary in the Strict Sense of the Term, London 1967. Die Ausgabe, die der folgenden „Lesung“ zugrunde liegt, ist die deutsche Übersetzung der englischen Erstveröffentlichung: Ein Tagebuch im strikten Sinne des Wortes. Neuguinea 1914-1918. Mit einem Vorwort von Valetta Malinowska und einer Einleitung von Raymond Firth (Fritz Kramer [Hg.], Bronislaw Malinowski, Schriften in vier Bänden, Bd. 4/1), Frankfurt / M. 1985, hier S. 21: „An diesem Abend blieb ich zu Hause und fing dieses Tagebuch an.“

2 Malinowski, Tagebuch (wie Anm. 1), S. 14-24.

3 Malinowski, Tagebuch (wie Anm. 1), S. 18-21.

4 Malinowski, Tagebuch (wie Anm. 1), S. 16.

bourne gereist, scheint der spätberufene, aber bereits aussichtsreich vernetzte Anthropologe, der seit 1910 an der London School of Economics arbeitet, ursprünglich geplant zu haben, was schon damals für eine Laufbahn im anthropologisch-ethnologischen Geschäft vonnöten war: einige Monate Feldforschung.[5]

Jetzt also vier Jahre. Er wird sie nutzen. Auf Mailu zu Anfang, einer kleinen Insel im Süden Neuguineas, sechs Monate; später vor allem auf Kiriwana, der Hauptinsel des Trobriand-Archipels vor der Nordküste, alles in allem zwei Jahre. Ja, er wird sie so gut nutzen, dass sein Material für drei große Trobriander-Monographien und manchen Artikel reicht, für eine glänzende akademische Karriere und für weitgehende Ruhe vor der Feldforschung bis zu seinem Tod im Jahre 1942.[6] Malinowski, so spotten böse Zungen bis heute, das ist trobriandischer Ethnozentrismus.[7]

Und er wird Tagebuch schreiben. Wenn auch nur für die Monate auf Mailu und das letzte dreiviertel Jahr auf Kiriwana. Im Unterschied zu seinen ethnographischen Beobachtungen „im Feld" auf Polnisch, seiner Muttersprache. „Ein Tagebuch im strikten Sinne des Wortes" – wie er zu Beginn seiner Aufzeichnungen auf Kiriwana betont. Denn: „Tag für Tag werde ich die Ereignisse meines Lebens in chronologischer Reihenfolge berichten. – Jeden Tag ein Bericht über den vergangenen Tag: ein Spiegel der Ereignisse, eine moralische Bewertung, Auffinden der Triebfedern meines Lebens, ein

5 Vgl. dazu grundlegend George W. STOCKING, Jr., The Ethnographer's Magic. Fieldwork in British Anthropology from Tylor to Malinowski, in: George W. STOCKING, Jr. (Hg.), Observers Observed. Essays on Ethnographical Fieldwork (History of Anthropology 1), Madison / London 1983, S. 70-120 (2. Aufl., 1985).

6 Um nur die Trobriander-Monographien zu nennen: Argonauts of the Western Pacific. An Account of Native Enterprise and Adventure in the Archipelagoes of Melanesian New Guinea, London 1922; The Sexual Life of Savages in North-Western Melanesia. An Ethnographic Account of Courtship, Marriage and Family Life among the Natives of the Trobriand Islands, British New Guinea, London / New York 1929; Coral Gardens and Their Magic. A Study of the Methods of Tilling the Soil and of Agricultural Rites in the Trobriand Islands, London 1935. (Wie das Tagebuch liegen auch die Trobriander-Monographien in den von Fritz KRAMER herausgegebenen Schriften in vier Bänden in deutscher Übersetzung vor.) – Zu Malinowskis Feldforschung und ihrem Einfluss auf die Entwicklung der Ethnologie im 20. Jahrhundert: Phyllis KABERRY, Malinowski's Contribution to Fieldwork Methods and the Writing of Ethnography, in: Raymond FIRTH (Hg.), Man and Culture. An Evaluation of the Work of Bronislaw Malinowski, 4. Aufl., London 1963 [1957], S. 71-91 ; Justin STAGL, Feldforschung als Ideologie, in: Hans FISCHER (Hg.), Feldforschungen. Berichte zur Einführung in Probleme und Methoden (Ethnologische Paperbacks), Berlin 1985, S. 289-310; Mary Louise PRATT, Fieldwork in Common Places, in: James CLIFFORD / George E. MARCUS (Hg.), Writing Culture. The Poetics and Politics of Ethnography, Berkeley / Los Angeles / London 1986, S. 27-50; James CLIFFORD, On Ethnographic Authority, in: James CLIFFORD, The Predicament of Culture. Twentieth-Century Ethnography, Literature, and Art, Cambridge (Massachusetts) / London 1988, S. 21-54.

7 Vgl. hier nur die Belege bei Karl-Heinz KOHL, Bronislaw Kaspar Malinowski (1884-1942), in: Wolfgang MARSCHALL (Hg.), Klassiker der Kulturanthropologie. Von Montaigne bis Margaret Mead, München 1990, S. 226-247, S. 348-352, hier S. 230 (mit Anm. 5).

Plan für den nächsten Tag."[8] Ganz so konsequent wird er nicht sein – und an Ereignissen wird es ihm fehlen.

Glück gehabt? Als seine Witwe das Tagebuch 1967 in englischer Übersetzung aus dem Nachlass des selbsternannten Erfinders von „teilnehmender Beobachtung" und „Sozialanthropologie" veröffentlicht[9] – immerhin 300 Druckseiten –, werden mal laut, mal leise gern die abschließenden Worte der Aufzeichnungen zitiert: „Wirklich, mir fehlt es an wahrem Charakter."[10]

Arbeite!

Seine Ankunft liegt zwei Wochen zurück. Noch in Port Moresby schreibt er: „Was meine Tätigkeit betrifft, so absorbieren mich meine ethnologischen Untersuchungen sehr. Aber sie leiden an zwei grundlegenden Mängeln: (1) habe ich recht wenig zu tun mit den Wilden am Ort, beobachte sie nicht genug, und (2) spreche ich nicht ihre Sprache. Dieser zweite Mangel wird schwer zu überwinden sein, obwohl ich mich bemühe, Motu zu lernen."[11]

Es kommt anders. Motu ist ihm rasch vertraut, Beobachten verhasst. „Arbeite!" lässt er sein Tagebuch regelmäßig fordern[12] und er meint: „Beobachte!" Es fällt ihm schwer. Sein Tagebuch überfordert ihn.

Am 21. Januar 1915 vermerkt er – aus Joseph Conrads „Heart of Darkness" zitierend – auf Mailu: „Insgesamt entwickeln sich meine Gefühle gegenüber den Eingeborenen entschieden in Richtung *Rottet all diese Bestien aus.*"[13] Am 12. November 1917

---

8 MALINOWSKI, Tagebuch (wie Anm. 1), S. 97.

9 Vgl. Anm. 1. – Zur „teilnehmenden Beobachtung" – und zu ihrer ethnographischen Domestizierung in sozialanthropologischer Perspektive über die Hinweise in Anm. 6 hinaus: Justin STAGL, Malinowskis Paradigma, in: Wolfdietrich SCHMIED-KOWARZIK / Justin STAGL (Hg.), Grundfragen der Ethnologie. Beiträge zur gegenwärtigen Theorie-Diskussion, 2. Aufl., Berlin 1993 [1980], S. 93-105 ; Thomas SOKOLL, Kulturanthropologie und Historische Sozialwissenschaft, in: Thomas MERGEL / Thomas WELSKOPP (Hg.), Geschichte zwischen Kultur und Gesellschaft. Beiträge zur Theoriedebatte, München 1997, S. 233-272, hier insbesondere S. 239-243; Burkhard SCHNEPEL, Ethnologie und Geschichte. Stationen der Standortbestimmung aus der britischen „Social Anthropology", in: Historische Anthropologie 7 (1999), S. 109-128 – sowie die einschlägigen Passagen in Werner PETERMANN, Die Geschichte der Ethnologie, Wuppertal 2004.

10 MALINOWSKI, Tagebuch (wie Anm. 1), S. 260. – Bezeichnend etwa Edmund R. LEACH, On the 'Founding Fathers', in: Current Anthropology 7 (1966), S. 560-567, hier u.a. S. 560.

11 MALINOWSKI, Tagebuch (wie Anm. 1), S. 22.

12 Ein Beispiel: MALINOWSKI, Tagebuch (wie Anm. 1), S. 235: „Meine Aufgabe muß jetzt sein: Arbeit. Ergo: arbeite!"

13 MALINOWSKI, Tagebuch (wie Anm. 1), S. 68f. – Vgl. in diesem Zusammenhang auch James CLIFFORD, On Ethnographic Self-Fashioning: Conrad and Malinowski, in: Thomas C. HELLER / Morton SOSNA / David E. WELLBERY (Hg.), Reconstructing Individualism. Autonomy, Individuality, and the Self in Western Thought, Stanford 1986, S. 140-162. Auch Deutsch: Über ethnographische Selbststilisierung:

auf Samarai: „Der halbzivilisierte Eingeborene ... ist für mich a priori abstoßend und uninteressant; ich habe nicht die mindeste Lust, über sie zu arbeiten."[14] Am 17. Dezember auf Kiriwana: „Ich hatte von den *Niggers* die Nase voll, auch von meiner Arbeit."[15] Zehn Tage später: „Bezüglich Ethnologie: ich sehe das Leben der Eingeborenen als etwas, das bar allen Interesses und aller Bedeutung ist, etwas, das mir so fern ist wie das Leben eines Hundes."[16] Am 5. Januar 1918: „Wunsch, vor den *Niggers* wegzulaufen".[17] Am 14. Januar: „Absolute Leere, die Welt vor meiner Nase ist konkret, aber sie bedeutet mir nichts."[18] Am 11. März: „Ich habe keine sentimentalen Erinnerungen an diese Zeit – ich bin froh, die *Niggers* von Oburaku hinter mir zu lassen und daß ich nie wieder in diesem Dorf leben werde."[19] Am 29. April: „Ethnographische Fragen beschäftigen mich gar nicht. Im Grunde lebe ich außerhalb Kiriwanas, wenngleich mit starkem Haß auf die *Niggers*."[20] Und am 25. Mai sogar: „Ich muß hart und beharrlich arbeiten. Auch muß ich mich für meine Arbeit interessieren und »*faire travailler mon sommeil*«. – Die Eingeborenen gehen mir noch immer auf die Nerven, vor allem Ginger, den ich am liebsten totschlagen würde. Ich kann diese deutschen und belgischen Kolonialgreuel verstehen. – Ich bin auch entsetzt über Mrs. Bills Verhältnis mit einem hübschen *Nigger* aus Tukwa'ukwa ... Weiß der Himmel, was da beim *supeponi* passiert!"[21]

Wie hätte es anders sein sollen. Die Zunft war entsetzt und beschimpfte – die Witwe. Nur Clifford Geertz behielt den Überblick, erkannte, welche Chancen der Skandal der interpretativ-subversiven Anthropologie, kurz, seiner dichten Beschreibung bot, und verwandelte 1977 das moralische in ein erkenntnistheoretisches Problem: „The issue the *Diary* presents, with a force perhaps only a working ethnographer can fully appreciate, is not moral; it is epistemological. If we are going to cling – as in my opinion, we must – to the injunction to see things from the native's point of view, what is our position when we can no longer claim some unique form of psychological closeness, a sort of transcultural identification, with our subjects? What happens to *verstehen* when *einfühlen* disappears?"[22]

Conrad und Malinowski, in: Doris BACHMANN-MEDICK (Hg.), Kultur als Text. Die anthropologische Wende in der Literaturwissenschaft, 2. Aufl., Frankfurt / M. 1998 [1996], S. 194-225.

14 MALINOWSKI, Tagebuch (wie Anm. 1), S. 104.

15 MALINOWSKI, Tagebuch (wie Anm. 1), S. 140. – „Niggers" hier und im folgenden auch im polnischen Original.

16 MALINOWSKI, Tagebuch (wie Anm. 1), S. 151.

17 MALINOWSKI, Tagebuch (wie Anm. 1), S. 157.

18 MALINOWSKI, Tagebuch (wie Anm. 1), S. 166.

19 MALINOWSKI, Tagebuch (wie Anm. 1), S. 195.

20 MALINOWSKI, Tagebuch (wie Anm. 1), S. 232.

21 MALINOWSKI, Tagebuch (wie Anm. 1), S. 244. – „Supeponi" ist ein Versteckspiel der Trobriander.

22 Clifford GEERTZ, "From the Native's Point of View": On the Nature of Anthropological Understanding, in: Janet L. DOLGIN / David S. KEMNITZER / David M. SCHNEIDER (Hg.), Symbolic Anthropology. A Reader in the Study of Symbols and Meanings, New York 1977, S. 480-492, hier S. 481. Auch Deutsch: „Aus der Perspektive des Eingeborenen". Zum Problem des ethnologischen Verstehens, in:

Ich brauche es nicht zu erzählen. Der Jubilar wird diese Fragen ernst nehmen und ein paar Jahre später historisch-anthropologisch übersetzen.[23] Einige Missionare scheinen seitdem ihr Ruderboot verlassen zu haben. Alle nicht.

Romane

Statt dessen: Romane, Reiseromane, Dschungelromane, Prärieromane, viel Schund. Oder wie Malinowski sagt „Unfug", „Blödsinn", „Mist".[24] Er weiß: „Romane zu lesen ist einfach katastrophal."[25] Er schwört, nie wieder einen Roman anzufassen. Vergebens. Er beginnt eine Therapie: „Ich beschließe auch, in Sachen Roman den Weg des geringsten Widerstands zu meiden. Ich bin sehr zufrieden, daß ich nicht wieder in die Gewohnheit des Rauchens verfallen bin. Jetzt muß ich dasselbe hinsichtlich Lektüre erreichen. Ich darf Gedichte lesen und ernste Dinge, aber ich muß lausige Romane absolut meiden. Und ich sollte ethnographische Werke lesen."[26] Vergebens. Malinowski, das ist trobriandischer Exotismus.[27]

1930 – längst berühmt – schreibt er: „Für mich zumindest war die Ethnologie eine romantische Flucht aus unserer genormten Kultur."[28] Was er nicht sagt und wohl auch gar nicht sagen kann: Die Flucht endete im Roman bzw. im Tagebuch und damit vielleicht sogar in jener funktionalistischen (fast möchte man sagen kubistischen) Spielart von Anthropologie, für die Malinowski seit seinen Trobriander-Monographien steht.[29] Wer das wilde, wer das wirkliche Leben meidet, ja, verabscheut, tut sich leicht damit, den zweckrationalen Kalkül zur anthropologischen Universalie zu erheben.

Clifford GEERTZ, Dichte Beschreibung. Beiträge zum Verstehen kultureller Systeme, 3. Aufl., Frankfurt / M. 1994 [1987], S. 289-309, hier S. 290.

23 Hans MEDICK, „Missionare im Ruderboot"? Ethnologische Erkenntnisweisen als Herausforderung an die Sozialgeschichte, in: Alf LÜDTKE (Hg.), Alltagsgeschichte. Zur Rekonstruktion historischer Erfahrungen und Lebensweisen, Frankfurt / M. / New York 1989, S. 48-84. Revidierte Fassung des gleichnamigen Aufsatzes in: Geschichte und Gesellschaft 10 (1984), S. 295-319. – Vgl. darüber hinaus die geradezu folgerichtige Übersetzung dieser Übersetzung ins Altwürttembergische: Weben und Überleben in Laichingen 1650-1900. Lokalgeschichte als Allgemeine Geschichte (Veröffentlichungen des Max-Planck-Instituts für Geschichte 126), 2. Aufl., Göttingen 1997 [1996].

24 Beispiele: MALINOWSKI, Tagebuch (wie Anm. 1), S. 41, 63, 89, 122, 217.

25 MALINOWSKI, Tagebuch (wie Anm. 1), S. 37.

26 MALINOWSKI, Tagebuch (wie Anm. 1), S. 219.

27 Vgl. dazu auch Karl-Heinz KOHL, Exotik als Beruf. Zum Begriff der ethnographischen Erfahrung bei B. Malinowski, E. E. Evans-Pritchard und C. Lévi-Strauss (Studien und Materialien der anthropologischen Forschung IV/1), Wiesbaden 1979, S. 21-28. Überarbeitete Neuausgabe: Exotik als Beruf. Erfahrung und Trauma der Ethnographie (Reihe Campus 1012), Frankfurt / M. / New York 1986, hier S. 45-55.

28 Zitiert nach KOHL, Malinowski (wie Anm. 7), S. 233.

29 In diesem Sinne bereits Axel T. PAUL, FremdWorte. Etappen der strukturalen Anthropologie (Campus Forschung 734), Frankfurt / M. / New York 1996, vor allem S. 140.

Mein Zeichen

So schwer ihm die Arbeit fällt, so wenig Freude sie ihm macht: Er braucht sie, wie er sein Tagebuch braucht. Schreibarbeit. Bereits am 30. Oktober 1914 notiert er: „Kein Grund, mit mir zufrieden zu sein. Die Arbeit, die ich verrichte, ist mehr Opiat als schöpferischer Ausdruck. Ich versuche nicht, sie mit tieferen Quellen in Verbindung zu bringen. ... Ging zu Bett und dachte wollüstig an andere Dinge."[30] Begleitet von täglicher Gymnastik, ist sie das einzige Mittel, das ihn vor der „Leere" schützt. Leere, das heißt Melancholie, Hypochondrie, Hysterie, Nostalgie.[31] Das einzige Mittel, das, wie er an anderer Stelle schreibt, dazu beiträgt, „Zustände der Lockerung" zu eliminieren.[32] Arbeit gegen die Einsamkeit, gegen das Heimweh. Vor allem aber: Arbeit gegen das Andere, gegen die betörende Umwelt, gegen das dumpfe Vergnügen, sich „geistlos in die Landschaft aufzulösen",[33] gegen die nackten Leiber der Trobrianderinnen und Trobriander, gegen die „hübschen Mädchen", gegen die „lausigen Mädchen", gegen die „Kiriwana-Huren", gegen „diese Tierchen", gegen „das Spiel ihrer Rückenmuskeln", gegen Leiber „in Bewegung", gegen die „katastrophalen Entgleisungen" unter dem Moskitonetz.[34]

Das aber heißt auch: Arbeit, Beobachtungsarbeit, Tagebucharbeit als Herstellung von Ordnung – und Autorität: „Die Arbeit selbst geht nicht gut. Vielleicht bin ich körperlich nicht I a. (Ich war am Donnerstag etwas deprimiert.) Das Wichtigste wäre, Elemente der Beunruhigung aus meiner Arbeit auszuschalten. Das Gefühl, völlige Herrschaft über die Dinge zu haben."[35] Und damit zugleich: Arbeit als Harmonie. Unschuld. Ja, als Erschaffung einer Welt, die ihre Bedeutung allein von ihm empfängt: „Ich mache mich bereit; kleine grau-rosa Hütten. Photographiert, Besitzgefühl: Ich bin es, der sie beschreiben oder erschaffen wird."[36] Oder wie er auch sagt: Arbeit als schöpferischer Ehrgeiz, der sich im übrigen nicht nur gegen die Kollegen in aller Welt,[37]

30 MALINOWSKI, Tagebuch (wie Anm. 1), S. 37.

31 Um nur ein Beispiel zu nennen: MALINOWSKI, Tagebuch (wie Anm. 1), S. 67.

32 MALINOWSKI, Tagebuch (wie Anm. 1), S. 104.

33 MALINOWSKI, Tagebuch (wie Anm. 1), S. 71f.; vgl. auch S. 80: „Ich ging in die Landschaft auf." – Vgl. in diesem Zusammenhang auch Götz GROSSKLAUS, Reisen in die fremde Natur. Zur Fremdwahrnehmung im Kontext der bürgerlichen Aufstiegsgeschichte, in: Dietrich KRUSCHE / Alois WIERLACHER (Hg.), Hermeneutik der Fremde, München 1990, S. 218-234 – sowie: Stephan MÜHR, Naturwahrnehmung – Fremderfahrung. Entwurf zum Textverständnis europäischer Natur- als Fremderfahrung aus der Transformationsgeschichte ihrer Denkfiguren, Frankfurt / M. u.a. 2001.

34 MALINOWSKI, Tagebuch (wie Anm. 1), S. 222, 224-226, 239, 245-247. – Vgl. zusammenfassend auch KOHL, Exotik (wie Anm. 27), S. 24f.: „Die Schilderung der Versuchungen und wollüstigen Gedanken, unter denen Malinowski tagtäglich zu ‚leiden' hatte, nimmt in seinem Tagebuch – oft in Zusammenhang mit den bereits erwähnten Klagen über chronische Stimmungstiefs – breitesten Raum ein."

35 MALINOWSKI, Tagebuch (wie Anm. 1), S. 157.

36 MALINOWSKI, Tagebuch (wie Anm. 1), S. 127.

37 MALINOWSKI, Tagebuch (wie Anm. 1), S. 252, 254.

sondern auch gegen die Missionare vor Ort richtet, die er braucht und die er wohl nicht zuletzt deshalb mehr oder weniger durchgängig selbst dann verachtet, wenn er sie für „liberal" hält.[38] Arbeit als Versuch, „jemand zu sein, der wirklich etwas geleistet hat; mein Zeichen in dieser Welt zu setzen."[39]

Who's Who

Wer Tagebücher von Forschungsreisenden, Kolonialbeamten und Missionaren kennt, wird nicht erstaunt sein. Je länger er „im Feld" ist, desto häufiger notiert er erotische Phantasien und lässt zugleich sein Tagebuch dagegen einschreiten. Monatlich, wöchentlich, am Ende fast täglich. Erneuernd. Verschärfend. Unerbittlich. Was soll er tun! Gebete hat er nicht, Schießübungen scheint er abzulehnen, Exerzitien, die über Turnen, Rudern und ausgedehnte Spaziergänge hinausgehen, nicht zu kennen.[40]

Dafür aber – Elsie. Bevor er sein zweites Jahr auf den Trobriand-Inseln antritt, lernt er in Melbourne seine spätere Frau Elsie R. Masson kennen, Elsie, E. R. M., die das Tagebuch rasch zur Hüterin seiner moralischen Maximen bestimmt. Zur Buchhalterin. Zur Richterin. Und zum Sinnbild einer sublimen, einer weißen Erotik, welche die krude Sinnlichkeit der „Wilden" übersteigt: „Ich traf Frauen an der Quelle, beobachtete, wie sie Wasser schöpften. Eine von ihnen, sehr attraktiv, erregte mich sinnlich. Ich dachte daran, wie leicht ich mit ihr eine Beziehung anknüpfen könnte. Bedauern, daß es solche Unvereinbarkeit geben kann: physische Anziehung und persönliche Abneigung. Persönliche Attraktion ohne starken physischen Magnetismus. Auf dem Rückweg folgte ich ihr und bewunderte die Schönheit des menschlichen Körpers. Die Poesie des Abends und Sonnenuntergangs überstrahlte alles. Ich dachte daran, wie wunderbar E. R. M. auf all dies reagieren würde und erkannte die Kluft zwischen mir und den Menschenwesen um mich her."[41]

Gleichzeitig wird der Ton rauher. Von „nigger" oder „niggers" spricht er erst im trobriandischen Teil seines Tagebuchs, wenn er die Menschen bezeichnet, die er beobachten will. Von Woche zu Woche häufiger. Schließlich fast nur noch. Von „Schweinen" jetzt auch, wenn es um Missionare geht.[42] Denn auch für sie gilt: „Menschenwesen um mich her".

38 Ein Beispiel: Malinowski, Tagebuch (wie Anm. 1), S. 24f.

39 Malinowski, Tagebuch (wie Anm. 1), S. 243.

40 Ausführlich zu diesen und anderen Praktiken am Beispiel britischer Kolonialbeamter, Forschungsreisender und Missionare in Zentralafrika: Hugh Alan Craig Cairns, Prelude to Imperialism. British Reactions to Central African Society 1840-1890, London 1965, insbesondere Kapitel 3.

41 Malinowski, Tagebuch (wie Anm. 1), S. 239. – Zur „weißen Frau" als Medium der Selbstdenunziation auch Kohl, Exotik (wie Anm. 27), S. 25f.

42 So von W. Mersh Strong. Malinowski, Tagebuch (wie Anm. 1), S. 101.

Und die Sehnsucht größer, die „Sehnsucht nach Zivilisation".[43] Manchmal hilft es ihm, Wagner-Melodien zu singen, mit denen er auch „mulukwausi" verscheucht, fliegende Hexen;[44] manchmal, an die „weiße Frau" zu denken, an Elsie;[45] manchmal ist es eine Ruderpartie, die den Stich ins Herz lindert;[46] manchmal der Gedanke an die Karriere: „Sicherlich werde ich ein bedeutender polnischer Gelehrter sein."[47] Immer aber liegt das Tagebuch bereit, das er bezeichnenderweise nur dann vernachlässigt, wenn sich „Zivilisation" einmal einstellt: „Es ist bemerkenswert, wie Verkehr mit Weißen ... es mir unmöglich macht, Tagebuch zu schreiben."[48]

Er wird von Tag zu Tag ungehaltener über die „Boys". Er hat keinen Zweifel: Sie lügen. Sie stehlen seinen Tabak. Er spürt, dass er ungerecht ist. Er glaubt, es schon zu wissen: das „Jucken im großen Zeh" ist „eine neue Form psychopathischer Obsession".[49] Das Tagebuch kann es nicht mehr verhindern: Sein Leben läuft aus dem Ruder. Oder wie er sagt: Es ist nicht mehr zu „konsolidieren".[50]

Wutausbrüche. Er notiert, was zu tun ist: „Ich muß mich sammeln, wieder Tagebuch schreiben, ich muß mich vertiefen."[51] Er fixiert ein neues System von Verboten.[52] Es hilft nichts. Er verliert sich. Seine „innere Ökonomie"[53] gerät aus den Fugen. Das Tagebuch fordert: „sei du selbst!"[54] Er lässt es gut sein: „ich bin nicht ich selbst."[55] Er beginnt, von einem „zivilisierten Leben" zu träumen. Seine wissenschaftlichen Interessen schwinden. Er zählt die Tage. Depressionen. Die gelegentlichen Schübe von Ehrgeiz bringen keine Entlastung. Ein verfluchtes Jahr: „Der ganze Tonus meines Lebens ist grau geworden. Nur für Augenblicke habe ich den starken Wunsch zu leben, bei Freunden zu sein, bei Elsie in Australien zu sein, zu schreiben, aktiv zu sein. Manchmal erscheint mir alles so grau, daß ich eigentlich gar nicht den Wunsch habe, meine

43 Malinowski, Tagebuch (wie Anm. 1), S. 141: „Ich dachte an meine gegenwärtige Einstellung zur ethnographischen Arbeit und zu den Eingeborenen. Meine Abneigung gegen sie, meine Sehnsucht nach Zivilisation."; S. 146: „Den ganzen Tag Sehnsucht nach Zivilisation."

44 Malinowski, Tagebuch (wie Anm. 1), S. 143.

45 Malinowski, Tagebuch (wie Anm. 1), S. 135, 154.

46 Malinowski, Tagebuch (wie Anm. 1), S. 152, 181.

47 Malinowski, Tagebuch (wie Anm. 1), S. 146.

48 Malinowski, Tagebuch (wie Anm. 1), S. 215.

49 Malinowski, Tagebuch (wie Anm. 1), S. 223.

50 Malinowski, Tagebuch (wie Anm. 1), S. 158.

51 Malinowski, Tagebuch (wie Anm. 1), S. 111.

52 Malinowski, Tagebuch (wie Anm. 1), S. 235: „... ich brauche ein System bestimmter formeller Verbote: ich darf nicht rauchen, ich darf keine Frau mit suberotischen Absichten berühren, ich darf E. R. M. nicht in Gedanken betrügen, d. h. mich an meine früheren Beziehungen mit Frauen erinnern oder an zukünftige denken. ... Die wesentliche innere Persönlichkeit über alle Schwierigkeiten und Fährnisse hinweg bewahren ..."

53 Malinowski, Tagebuch (wie Anm. 1), S. 256.

54 Malinowski, Tagebuch (wie Anm. 1), S. 111.

55 Malinowski, Tagebuch (wie Anm. 1), S. 111.

Umgebung zu wechseln."[56] Das „Feld", der „Feldzug" hat es geschafft. Der „elementare Instinkt der geeinten Persönlichkeit", den er noch an einem der letzten Inseltage als Grundlage seiner Ethik beschwört, ist erschüttert. Sein Bedürfnis, „in verschiedenen Situationen ein und derselbe zu sein" – eine Farce.[57] Was bleibt, ist die Hoffnung, eines Tages im Who's Who zu stehen.[58]

Wozu auch

Und für uns? Einblicke, Einblicke jenseits des Wunsches, anderen Menschen zu begegnen, um sie zugleich auch als Personen kennen zu lernen.[59] Einblicke in die Aporien ethnographisch-ethnologischen (und doch wohl auch historischen, historisch-anthropologischen) Arbeitens. In Prozesse der kulturellen Selbstentfremdung – und damit in diesem Fall auch: der kulturellen Re-Identifizierung.[60] Einblicke in die Dialektik von Nähe und Ferne. In die Geheimnisse der Authentizität.[61] In die Probleme moralischer Buchhaltung. In den mehr oder weniger unbewussten Versuch, das, was wir gern als „Subjektivität" bezeichnen, einzukreisen, festzuschreiben und auf diese Weise zu entsorgen.[62] Einblicke aber nicht zuletzt auch in die Genese eines wissenschaftlichen Paradigmas und einer wissenschaftlichen Karriere. Kurz: In die Wissenschaft als soziale und kulturelle, vor allem aber als risikoreiche menschliche, allzu-menschliche Praxis. Doch wie auch immer. Malinowski scheint nie wieder Tagebuch geschrieben zu haben. Wozu auch.

56 Malinowski, Tagebuch (wie Anm. 1), S. 258.

57 Malinowski, Tagebuch (wie Anm. 1), S. 258f.

58 Malinowski, Tagebuch (wie Anm. 1), S. 254.

59 Grundlegend zur Zwanghaftigkeit dieses Wunsches in der Moderne: Richard Sennett, The Fall of Public Man, New York 1974 (und öfter). Auch Deutsch: Verfall und Ende des öffentlichen Lebens. Die Tyrannei der Intimität, Frankfurt / M. 1983 (und öfter).

60 Kohl, Exotik (wie Anm. 27), S. 27f.

61 Klaus-Peter Koepping, Authentizität als Selbstfindung durch den anderen: Ethnologie zwischen Engagement und Reflexion, zwischen Leben und Wissenschaft, in: Hans Peter Duerr (Hg.), Authentizität und Betrug in der Ethnologie, Frankfurt / M. 1987, S. 7-37, hier vor allem S. 23-30.

62 Paul, FremdWorte (wie Anm. 29), S. 141-143.

Karin Hausen

Wissenschaft und Leben. Eine Serie wissenschaftlicher Arbeitstagungen zur Familiengeschichte in den Jahren 1977 bis 1983. Ein Rückblick

Berichten möchte ich über ein ungewöhnliches Experiment. Angesichts der aktuellen Entwicklungen an Universitäten, der ungebremst steigenden Anforderungen an die in Forschung und Lehre zu erbringenden evaluierten Leistungen bei gleichzeitig harter Konkurrenz um knappe Ressourcen und angesichts der für hochqualifizierte, an Wissenschaft interessierte Menschen drastisch verschlechterten Berufs- und Erwerbschancen mag mein Bericht über dieses Experiment wie ein Märchen aus uralten Zeiten klingen. Aber Märchen vermögen mit dem Blick zurück, daran sei erinnert, vorwärts gerichtete Phantasien freizusetzen. Mein vorrangiges Motiv, diesen Bericht als meinen Beitrag zur Tagung vorzuschlagen, war allerdings ein anderes. Mich hat es gereizt, nach vielen Jahren nur noch sporadischer Kommunikation zwischen Hans Medick und mir noch einmal über das Entstehen unserer Freundschaft nachzudenken. Wir haben uns 1974 erstmals und von da an sehr regelmäßig auf Tagungen zur Familiengeschichte, später auch zur Historischen Anthropologie getroffen und über Jahre unsere Ideen und Arbeiten sehr kritisch miteinander diskutiert. Ich habe meinen Bericht über die Familientagungen auf nur wenige Aspekte konzentriert und weitere Informationen zum Tagungsgeschehen in den Anhang verbannt.

1. Wissenschaftspolitische Konstellationen und Erfahrungen im Vorfeld

Es begann damit, dass Werner Conze mich, damals Assistenzprofessorin am Friedrich-Meinecke-Institut der Freien Universität Berlin und seit Juli 1973 Mutter einer Tochter, im November 1973 einlud, auf der nächsten Tagung des einflussreichen „Arbeitskreises moderne Sozialgeschichte" vom 28. bis 30. März 1974 im Hotel Fuchsche Mühle in Weinheim an der Bergstraße über die Geschichte der Familie zu referieren. Michael Mitterauer habe bereits auf der letzten Tagung im Oktober 1973 zu diesem Thema gesprochen. Ich sagte zu, „Thesen zum Beziehungsgeflecht Individuum-Familie-Gesellschaft im Industrialisierungprozeß des 19. Jahrhunderts" vorzustellen. Auch Hans Medick war eingeladen, um über die „Cambridge Group for the History of Population and Social Structure" zu berichten. Michael Mitterauer, der in Wien bereits ein größeres familienhistorisches Forschungsprojekt in Gang gesetzt hatte, war im März 1974 ebenfalls mit im Bunde beim abendlichen Lästern über die eigentümlichen Gepflogenheiten des „Altherrenclubs", das uns Neulingen half, die Erfahrung der Fremdheit zu kompensieren. Es folgte in gleicher Besetzung bereits im Oktober 1974 eine weitere Tagung des Arbeitskreises, auf der sich meiner Erinnerung nach die gesamte Göttinger Protoindustrialisierungs-Gruppe vorstellte. Diese Tagung diente allerdings in der Hauptsache der Vorbereitung einer von Werner Conze im Namen des Arbeitskreises für den 9.-12. April 1975 in der Werner-Reimers-Stiftung, Bad Homburg, geplanten und auch durchgeführten großen internationalen Tagung „Die Familie im Übergang von der entfallteten Agrargesellschaft zum Industriesystem" und der 1977 erfolgten Herausgabe eines Sammelbandes mit diesem Titel.

Die Tagungen 1974 und 1975 wirkten auf mich und wohl auch auf Hans Medick, in abgeschwächter Form vermutlich selbst auf Michael Mitterauer wie ein Schnellkurs in Sachen akademischer Machtspiele, die nicht nur auf Sachfragen, sondern auch auf Status ausgerichtet und voller Finten und Ranküne waren. Hans-Ulrich Wehler hatte als Mitglied des Arbeitskreises bereits angesetzt, Werner Conze die Vorrangstellung in der bundesdeutschen Sozialgeschichte streitig zu machen. Die Zeitschrift „Geschichte und Gesellschaft" erschien im 1. Jahrgang 1975, und zum Ärger von Werner Conze gelang es Hans-Ulrich Wehler auf der Märztagung 1974, für das von ihm herausgegebene Doppelheft 2/3 „Historische Familienforschung und Demographie" einen Aufsatz von Michael Mitterauer und gleich nach meinem Referat auch einen Aufsatz von mir einzuwerben. Wie wir im Winter 1974/75 allmählich begriffen, waren wir dem Arbeitskreis zwar nützlich als sachkundige Informanden über die in der Bundesrepublik noch kaum bekannte, in anderen Ländern bereits florierende historische Familienforschung und historische Demographie sowie als Lieferanten von Forschungsideen. Aber wir galten nicht als gleichschultrige Mitspieler. Werner Conze hatte im Anschluss an die Tagungen des Arbeitskreises erfolgreich darauf hingearbeitet, dass in der Planung der Deutschen Forschungsgemeinschaft für 1976-1978 ein Förderschwerpunkt zur historischen Familienforschung vorgesehen wurde. Nach einer weiteren vorbereitenden Tagung im Mai 1977 reichte er im Namen des Arbeitskreises moderne Sozialgeschichte hierzu am 30.8.1978 einen zwölfseitigen Antrag ein. Viel Platz beanspruchten darin außer den vom Arbeitskreis organisierten Tagungen, die als Vorleistung ausgewiesen wurden, auch der Bezug auf und die Abgrenzung von den bei Michael Mitterauer bereits laufenden Forschungsprojekten. Der DFG-Schwerpunkt „Wandel der Familienstrukturen, der Geschlechter- und Generationsprobleme seit dem 18. Jahrhundert" wurde am 2.11.1978 für fünf Jahre bewilligt.

2. Programmatik der Arbeitstagungen

Michael Mitterauer hatte – nach einem Treffen mit Karin Hausen, Arthur Imhof, Hans Medick und Heidi Rosenbaum im Frühjahr 1976 in Berlin – schon im Juli 1976 bei der Stiftung Volkswagenwerk im Schwerpunkt „Geschichtsforschung und Geschichtsdarstellung im europäischen Zusammenhang und Vergleich" einen Antrag gestellt für das Forschungsprojekt: „Strukturwandel der Familie im europäischen Vergleich". Sein damaliger Antrag benötigte nicht mehr als neun maschinenschriftliche Normalseiten und wurde ohne Abstriche für fünf Jahre bewilligt. Die Bewilligung umfasste auch die Durchführung von Arbeitstagungen. Diese sollten zusammen mit den im Antrag genannten kooperierenden Forschern, außer Hausen, Imhof, Medick, Rosenbaum nun zusätzlich Jean-Paul Lehners, geplant und durchgeführt werden mit dem Ziel, die Zusammenarbeit, den Erfahrungsaustausch über laufender Vorhaben und die Erörterung größerer Themen zu ermöglichen. Das entsprach unserer Frühjahrsvereinbarung, „eine Form der Zusammenarbeit von Arbeitenden für Arbeitende zu organisieren", wie Hans Medick am 27.10.1976 an Michael Mitterauer schrieb, und „auf selbsternannte Mentoren und Protektoren weitgehend zu verzichten".

Über die Umsetzung dieses Programmpunktes konnte Michael Mitterauer nach anfänglichen Friktionen innerhalb der „Kerngruppe" im Zwischenbericht 1978 zutreffend schreiben „Die jährlichen Arbeitstagungen des Projekts haben sich als ein wichtiges Forum der Diskussion und des Informationsaustausches von Forschungen zur Sozialgeschichte der Familie etabliert; sie haben über die wissenschaftliche Seite hinaus eine Atmosphäre der freundschaftlichen Kooperation geschaffen." Zur Planung der beiden ersten Tagungen hatte sich die Kerngruppe jeweils zu einer Vortagung getroffen, dann aber wurde es zur Routine, über das Thema der nächsten Tagung, die wünschenswerten vorbereiteten Diskussionsbeiträge und speziell die für dieses Thema neu Einzuladenden möglichst bereits am Ende einer Tagung zu entscheiden. Die Zahl der an den Arbeitstagungen Mitwirkenden wuchs – ohne Einspruch der Volkswagen-Stiftung – von den ursprünglich beantragten 15 schnell auf 25 Teilnehmende. Das Interesse an der Fortführung begonnener Diskussionen in erprobter Gruppe war groß genug, um auch neu Eingeladene in kürzester Zeit zu integrieren.

Die gesammelten Erfahrungen formulierte ich in meinem bei der Werner-Reimers-Stiftung im Oktober 1980 eingereichten Antrag auf Finanzierung der Tagungen Nr. 6 und 7 so: „Die Tagungsgruppe soll 20-25 Personen umfassen, die speziell auf dem Gebiet der historischen Familienforschung arbeiten bzw. für das jeweilige Schwerpunkt-Thema der Tagung besonders kompetent sind. Eingeladen werden sollen insbesondere jüngere Wisssenschaftler ..., für deren Forschungen breitere Diskussionszusammenhänge und Arbeitskontakte besonders wichtig, aber selten realisierbar sind. Besonderen Wert sollte zudem darauf gelegt werden, außer Historikern auch Soziologen, Sozialanthropologen und Rechtshistoriker zur Mitarbeit zu gewinnen. Zwischen der erstrebenswerten Kontinuität der gemeinsamen Diskussion auf der einen und der prinzipiellen Offenheit des Diskussionsforums auf der anderen Seite gilt es, bei den Einladungen einen optimalen Mittelweg zu suchen. Die Arbeitstagungen sollen zwei Funktionen erfüllen: 1. Sie sollen den im Bereich der historischen Familienforschung ... arbeitenden Forschern Gelegenheit zu persönlichem Kontakt und direktem Austausch bieten. 2. Während einer jeden Tagung soll jeweils ein Problemzusammenhang auf der Basis vorbereiteter Diskussionsbeiträge intensiv erörtert werden, um so die in der Tagungsgruppe versammelten Kompetenzen, Kenntnisse, Interessen und methodischen Ansätze möglichst fruchtbar zusammenzuführen. Diese intensive Arbeit an einem Sachproblem geschieht nicht mit dem Ziel, ein möglichst publikationsreifes Tagungsergebnis hervorzubringen: sie soll vielmehr indirekt den bereits laufenden Forschungsarbeiten zugute kommen."

3. Die faszinierende Mischung von Akademisch-Wissenschaftlichem und Persönlichem

Welches Thema auch immer zur Diskussion stand, die Arbeitstagungen zeichneten sich aus durch sehr intensive Diskussionen, eine Vielfalt angesprochener Forschungsperspektiven und das kooperative Zusammenführen profunder Sachkenntnisse aus verschiedensten Bereichen. Sie waren ungewöhnlich anregend und setzten in hohem Maße Kreativität frei. Die Möglichkeit, ohne aggressive Konkurrenz bzw. Statusverteidigung in größerer Gruppe miteinander zu denken und zu arbeiten, hatte ich mir immer gewünscht, doch im Universitäts- und Wissenschaftssystem vorher selten gefunden. Ich denke, es war eine ungewöhnliche und anhaltend herausfordernde Mischung von Akademisch-Wissenschaftlichem und Persönlichem, die es zugelassen hat, während der Arbeitstagungen diese Möglichkeit freizusetzen und unter Einbeziehung sehr vieler Mitwirkender über Jahre auszugestalten. Befördert wurde das Entstehen der von mir sehr positiv bewerteten spezifischen Mischung durch eine vermutlich einmalige Konstellation, die ich in vier Punkten kurz erläutern möchte.

1. Alle an den Arbeitstagungen Beteiligten waren in sehr verschiedenen Phasen ihres Universitätsdaseins von der Studentenbewegung, die sie nicht abgewehrt, sondern begrüßt hatten, in der einen oder anderen Form stimuliert und geprägt worden. Das hatte die Hochachtung vor Menschen mit professoralem Status abgeschwächt und an den Hochschulen diverse Erfahrungen mit der – allerdings häufiger lautstark beanspruchten als erfolgreich praktizierten – Demokratisierung akademischer Umgangs- und Kommunikationsformen gebracht.

2. Das Interesse für eine neue Art der Familiengeschichte wurde in hohem Maße entfacht durch die lebhaften kritischen 1968er-Debatten über Ehe, Familie, Sexualität, durch das offene Experimentieren mit anderen Formen des Zusammenlebens von Erwachsenen und Kindern und durch die Provokationen der Neuen Frauenbewegungen. Scheinbare Selbstverständlichkeiten standen öffentlich auf dem Prüfstand. Der erklärte Wille, bestehende Verhältnisse zu verändern, machte neugierig auf die Geschichte dieser Verhältnisse. Es entwickelte sich ein Repertoire an Kritiken, Wunschvorstellungen, Denkansätzen, Diskursfiguren, das vielen akademisch ausgebildeten

Menschen zugänglich war, aus dem sie sich individuell bedienten und über das sie sich ohne lange Erklärungen mit anderen Menschen verständigten.

3. Familie war während der Arbeitstagungen nicht nur ein Gegenstand historischer Nachforschungen. Familie war immer auch als Teil des eigenen Lebens präsent, war doch für niemanden unter den Mitwirkenden auf Dauer entschieden, wie der Redestrom der „sexuellen Revolution" einen selbst betraf, wie es mit der „Beziehung" weiterging, welches Bewenden es mit Ehe, Familie und Kindern hatte oder haben sollte, wo das Bedürfnis nach oder die auferlegte Pflicht zu individueller Selbstverwirklichung ausgebremst werden würde durch Liebe oder Verantwortung gegenüber anderen Menschen, was aus den eingeschliffenen Mustern der Geschlechtsrollen werden würde usw. Eigene Beunruhigungen inspirierten historische Phantasien, das Erörtern historisch erforschter Lebensumstände verunsicherte die Sicherheit eigener Ansichten und Verhaltensweisen.

4. Die Arbeitstagungen fanden in angenehmen Räumen statt. Und es war vermutlich von Vorteil, dass uns erst in der Werner-Reimers-Stiftung Opulenz und Service umgab. Vorher war während der Tagung für die Versorung mit sauberem Geschirr sowie Trink- und Essbarem viel Selbsthilfe angesagt; diese notwendigen praktischen Interaktionen jenseits des eigentlichen Diskussionsgeschehens trugen entscheidend dazu bei, sich über wesentliche Komponenten der gemeinsamen Arbeit gleichsam von Grund auf zu verständigen.

Die Arbeitstagungen waren attraktiv. Nicht nur die Mitglieder der Kerngruppe bemühten sich, möglichst keine Tagung auszulassen. Trotzdem hielt ich es als damals Verantwortliche am Ende der 7. Tagung 1983 für richtig, das definitive Ende der Tagungsserie einzuläuten, weil kein Fortsetzungsantrag gestellt worden war. Einige in der Diskussionsrunde suchten die allgemeine Beklemmung aufzulösen mit dem Vorschlag, durch ausgreifende gemeinsame Publikationsvorhaben das ehemals so attraktive Unternehmen zumindest akademisch angemessen zu verewigen. Darauf werde ich am Schluss noch einmal zurückkommen. Dieser Vorschlag wurde trotz bester Vorsätze zwar nicht umgesetzt. Doch wahrscheinlich hätte dessen Realisierung die ehemals bewegenden Arbeitstagungen in eine sehr triste Phase der Erstarrung überführt.

Die Zeit für dieses akademische Unikum war erkennbar abgelaufen. Die wissenschaftlichen Aktivitäten und Orientierungen der von Anfang an Beteiligten drifteten auseinander. Michael Mitterauer kümmerte sich nach Auslaufen der Förderung durch die Volkswagen-Stiftung um den Abschluss noch laufender Forschungsprojekte und wandte sich neuen Vorhaben zu. Hans Medick engagierte sich neben seinem Protoindustrialisierungs- und Laichingen-Projekt bereits seit 1978 auch für die Serie der internationalen Round Tables zu History and Anthropology. Arthur Imhof widmete sich nun ausschließlicher der Historischen Demographie. Ich selbst verwandte mehr Zeit und Energie darauf, das in der BRD noch zarte Pflänzchen der historischen Frauenforschung mit meinem professoralen Status zu schützen und seine Entwicklung wissenschaftlich zu unterstützen. Allerdings kamen wir noch zweimal als Privatreisende im kleinen Kreis zusammen, einmal 1984 in Mannheim und einmal in der Nähe von Salzburg. Letzteres geschah im Oktober 1985, und es ist mir lebhaft in Erinnerung, wie wir in abendlicher Runde bei gutem Wein über unsere Arbeiten plauderten und unversehens in eine konzentrierte Diskussion gerieten über Fragen der Geschichtsdarstellung und die Schwierigkeiten, Forschungsergebnisse, die mit hohem theoretischen und empirischen Aufwand erzielt worden sind, in einen auch für Nicht-Spezialisten lesbaren Text zu übersetzen.

In Erinnerung daran schrieb mir Michael Mitterauer im Oktober 1986 „Den Gedanken einer Fortsetzung unserer Treffen sollten wir nicht aus den Augen verlieren." Die Tagungen fanden gleichwohl aus vielen Gründen keine Fortsetzung. Aber sie sind nicht in Vergessenheit geraten. Diejenigen, die an mehreren Tagungen teilgenommen haben, bewerten häufig speziell dieses Tagungsgeschehen als wichtigen Teil ihrer akademischen Sozialisation und als eine Art Vorbild für das eigene Organisieren von Tagungen.

4. Persönliche Bilanz

1974, als das Familienprojekt Gestalt anzunehmen begann, hatte ich definitiv begriffen, dass ich nach meinem 1968 als Assistentin bei Thomas Nipperdey begonnenen Ausflug an die Universität nicht – wie anfangs geplant – wieder einschwenken werde auf mein lange gehegtes Berufsziel Studienrätin. Diese späte Einsicht brachte mich um die Freiheiten der nur auf Zeit in der Universität tätigen Außenseiterin und Beobachterin einer fremdartigen Welt, in der ich als Wissenschaftler weiblichen Geschlechts ein auffallender bunter Vogel war.

Eine Frau zu sein, war bereits genug der Provokation, und eine Frau mit Kind war mehr als genug, war suspekt. Das höchste Universitätsgremium lehnte 1973/74 die von mir beantragte Verlängerung meines befristeten Vertrags um die Zeit des gesetzlichen Mutterschaftsurlaubs ab und behauptete, niemals zuvor mit einem solchen Begehren konfrontiert worden zu sein. Bei den anhaltenden politischen Turbulenzen an der Freien Universität und nach dem Weggang befreundeter Kollegen wurde mir gerade in diesen Jahren die Arbeit unter den Historikern des Friedrich-Meinecke-Instituts immer unerträglicher und gleichzeitig das Ende März 1978 fällige Vertragsende immer bedrohlicher. Befreit wurde ich aus dieser Misere durch den Ruf auf eine Professur für Wirtschafts- und Sozialgeschichte an der Technischen Universität Berlin, den ich zum März 1978 annahm.

1973/74 hatte ich bereits seit längerem ein familiengeschichtliches Forschungsprojekt zu entwickeln versucht, war aber noch in der Pflicht, zusammen mit Reinhard Rürup den bereits angekündigten und schließlich 1975 vorgelegten Sammelband Moderne Technikgeschichte und mit Heinz-Gerhard Haupt das 1979 veröffentlichte Buch über die Pariser Commune und Revolutionstheorien abzuschließen. Als 1978/79 der DFG-

Schwerpunkt zur historischen Familien- und Geschlechterforschung eingerichtet wurde, war ich vollauf mit meinem neuen professoralen Aufgabenfeld und den Unkalkulierbarkeiten des ersten und zweiten Schuljahres meiner Tochter beschäftigt. Auch später habe ich mich von quantitativen Großprojekten ferngehalten und bekanntlich nur kleinteilige familien- und geschlechtergeschichtliche Miniaturen bearbeitet.

Diese Selbstbespiegelung schien mir wichtig um zu erläutern, warum für mich persönlich seit 1974 die Familiengeschichte als Projekt, die Arbeitstagungen als Diskussionsforen und die aus beidem erwachsenden Freundschaften überaus wichtig, ja so entscheidend waren, dass ich im höchst eigenen Interesse über Jahre bereit war, mich für das Gelingen des Gesamtprojekts einzusetzen. Erst 1983 desillusionierte mich die am Ende der 7. Tagung als Abgesang intonierte Diskussion über großmächtig entworfene definitive Publikationsvorhaben. Nicht länger sollte es um den Prozess des gemeinsamen Arbeitens, sondern nur noch um das von einigen Autoren ausgeführte Festschreiben der über Jahre erzielten Erträge gehen. Dieser Vorschlag fand schließlich eine Mehrheit. Doch Hans Medick schrieb mir gleich nach der Tagung im April 1983: „Es bleibt für mich nach der ... sehr guten Erfahrung der Bad Homburger Tagung das große Bedauern zurück, daß es so nicht weiter gehen kann." Auch er ging nun auf Distanz zu der vorher als Rettungsanker befürworteten Publikationsidee: „Ein sehr begrenztes Projekt in einer überwiegenden Männergesellschaft zu realisieren, das will mir nach den Erfahrungen der letzten sieben Jahre überhaupt nicht einleuchten." Ich setzte mich umgehend hin, um Hans Medick zu antworten. Meinen Brief aber schickte ich vermutlich aus Gründen des Selbstschutzes nicht ab, denn ich fand ihn beim großen Aufräumen nach der Pensionierung noch im Original mit Unterschrift in meinen Akten. Was ich damals aufgeschrieben hatte, erinnerte mich lebhaft an frühere Erfahrungen. Es sei deshalb jetzt nach über zwanzig Jahren als gleichsam historische Quelle preisgegeben: „Vielleicht hätte ich am Samstag Vormittag besser hysterisch losgeschrien, statt rauszugehen, eben deshalb. Ihr Männer wart so schnell, so effizient, so einig, schulterklopfend Euch höheren Orts verankerten Legitimierungsdrücken unterwerfend. ... Unsere Tagungen hatten für mich viel mit dem Prinzip Hoffnung zu tun, mit Vorstellungen, daß ich es vielleicht doch auf Dauer in der Männer-Institution Universität aushalten könnte, ohne des Zynismus zu bedürfen. Ich bin sehr traurig nach Berlin zurückgefahren. Seit langem schon, versuche ich, nicht zu resignieren; es wird immer schwerer. Ich bin sehr dünnhäutig geworden und mag nicht mehr lächeln, wenn man mir ganz beiläufig, und sei es ungewollt, weh tut."

Anhang

Finanzierung und Organisation der Tagungen

Die Finanzierung der Tagungen 1 bis 5 erfolgte über das von der Volkswagen-Stiftung 1976 für fünf Jahre bewilligte und von Michael Mitterauer geleitete Forschungsprojekt „Strukturwandel der Familie im europäischen Vergleich". Zuständig für Planung, Konzeption, Organisation waren als „innerer Kreis" die ständigen Mitarbeiter des VW-Projekts Karin Hausen, Arthur Imhof, Jean-Paul Lehnert Hans Medick, Michael Mitterauer, Heidi Rosenbaum.

Die Tagungen 6 und 7 wurden finanziell und organisatorisch von der Werner-Reimers-Stiftung getragen. Karin Hausen hatte das Tagungsvorhaben im Namen des „Arbeitskreises Historische Familienforschung" beantragt und war gegenüber der Stiftung verantwortlich. Die inhaltliche Planung erfolgte jeweils am Ende der vorausgegangenen Tagung und wurde dann arbeitsteilig ausgeführt.

Die Tagungen

1. Tagung: 12.-13.3.1977 MPI für Geschichte Göttingen
ohne Thema
Referate: Josef EHMER: Familienstruktur und Arbeitsorganisation; Esther GOODY: Kinship, household, and relations of production among the Daboya weavers; Jack GOODY: Some remarks on the analysis of social systems in past and present.

2. Tagung: 7.-9.4.1978 MPI für Geschichte Göttingen
Stellung des Kindes in der familialen Ökonomie
Thesenpapier von Karin HAUSEN, vermutlich keine weiteren vorbereiteten Referate und Papiere.

3. Tagung: 6.-8.4.1979 MPI für Geschichte Göttingen
Historischer Wandel des Familienzyklus
Referate: Reinhard SIEDER: Relevanz historischer Familienzyklusforschung; David GAUNT: The retired farmer. His property and his family relations since the Middle Ages. Northern and Central Europe; Arthur IMHOF: Remarriage in rural populations and in urban middle and upper strata in Germany, 16th to 20th century; Heinz REIF: Sozialstruktur, Familien- und Lebenszyklus im stiftsfähigen Adel Westfalens in der Mitte des 18. Jahrhunderts.

4. Tagung: 14.-16.3.1980 Universität Wien, Institut für Wirtschafts- und Sozialgeschichte
Illegitimität
Papiere: Michael MITTERAUER: Historische Verbreitung von Illegitimität im europäischen Raum; David SABEAN: Ein Aspekt sozialer Produktion kleinbäuerlicher Produzenten. Neckarhausen um 1800 ein Beispiel; Reinhard SPREE: Unehelichkeit und die Entwicklung der „Fürsorgebewegung" während der letzten Jahrzehnte des Deutschen Kaiserreichs; Rainer WIRTZ: Contemporary critique of „moral degeneration". Example of illegitimate birth in South Baden.

5. Tagung: 24.-26.4.1981 Universität Wien, Institut für Wirtschafts- und Sozialgeschichte
Familie und Obrigkeit. Der Ort der Familie im gesellschaftlichen Herrschaftssystem
Papiere: Barbara DUDEN: Zum Verhältnis zwischen Medizin und „Gebärmüttern" in Deutschland (Preußen) im 19. Jahrhundert; Ute GERHARD: Frauenrechte und Familienpolitik im 19. Jahrhundert; Rainer MÜNZ: Bevölkerungspolitik. Anmerkungen zur einer Kategorie staatlichen Handelns; Reinhard SIEDER: Familienbezogene Politik im roten Wien 1918-1934.

6. Tagung: 22.-24.4.1982, Werner-Reimers-Stiftung Bad Homburg
Hausarbeit, Häuslicher Konsum, Hauswirtschaft
Papiere: Rainer MÜNZ: Haus-Frauen-Arbeit. Anmerkungen zur geschlechtsspezifischen Arbeitsteilung im Reproduktionsbereich; Birgit PANKE: Haushalt und häusliche Produktion in Göttinger Professorenfamilien 1735-1815; Claus D. RATH: Zur Problematik der Eßforschung; Heinz REIF: Fabrikarbeit und Mittagsmahlzeit in der Ruhrindustrie 1895-1914; Heidi ROSENBAUM: Überlegungen zur Kategorie der Hausarbeit; Roman SANDGRUBER: Haushaltsstruktur, Konsumverhalten und wirtschaftliche Entwicklung im österreichischen Raum 18.-20. Jahrhundert; Reinhard SPREE/Armin TRIEBEL: Haushaltsrechnungen als Quelle zur Geschichte der Hauswirtschaft im 20. Jahrhundert. Quantitative Untersuchungen zum Haushaltseinkommen.

7. Tagung: 21.-23.4.1983 Werner-Reimers-Stiftung Bad Homburg
Familienkonflikte
Papiere: Marina CATARUZZA: Familiäre und soziale Lage der Frauen im österreichischen Küstenland Mitte d. 19. Jh. bis zum Ersten Weltkrieg, Bestände der Triester Irrenanstalt; Thomas HELD, Harmonie und Konflikt in der Ehe. Einige Bemerkungen zur Konzeptionsgeschichte sowie einige Spekulationen über die Entwicklungen in der „real world"; Volker HUNECKE: Die Ehescheidung in der Französischen Revolution; Sabine KOLLETH: Gewalt in der Familie und in Intimverhältnissen. Kriminelle Vorkommnisse in der Berichterstattung der Wiener Kronen-Zeitung von Januar 1900 bis August 1914; Ilona OSTNER: Konflikte in Schichtarbeiterfamilien. Familien-Konflikte;

Yvonne SCHÜTZE: Und dann ging Effi zur Familientherapie. Kann man familientherapeutische Konzepte auf Familien der Vergangenheit anwenden?; Reinhard SIEDER: Konflikte in Arbeiterehen. Beispiel „eheliche Untreue" Wien 1920er Jahre; Reinhold REITH/Rainer WIRTZ: Familienkonflikte in Handwerker- und Tagelöhnerfamilien im vorindustriellen Konstanz 1830-1850; Regina SCHULTE: Brandstiftung und Familienkonflikte.

Mitwirkende

Stefan BAJOHR (4, 5)
Rainer BECK (3, 4)
Marina CATARUZZA (7)
Barbara DUDEN (2, 3, 4, 5, 6, 7)
Richard VAN DÜLMEN (1)
Hubert Christian EHALT (4)
Josef EHMER (1, 2, 3, 4, 5, 6, 7)
David GAUNT (3, 4, 5, 6)
Ute GERHARD (5, 6)
Esther GOODY (1)
Jack Goody (1)
Karin HAUSEN (1, 2, 3, 4, 5, 6, 7)
Thoma HELD, (2, 3, 4, 7)
Ernst HINRICHS (2)
Claudia HONEGGER (7)
Christine HÜNEFELDT (7)
Volker HUNECKE (5, 6, 7)
Arthur IMHOF (1, 2, 3, 4, 5)
Alexander KAGAN (4)
Sabine KOLLETH (7)
Antje KRAUS (4)
Jean-Paul LEHNERS (1, 2, 3, 4, 5, 6, 7)
Hans MEDICK (1, 2, 3, 4, 5, 7)
Gerhard MELINZ (5)
Michael MITTERAUER (1, 2, 3, 4, 5, 6)
Joseph MOOSER (1, 2, 5)
Rainer MÜNZ (5, 6)
Ilona OSTNER (6, 7)
Uta OTTMÜLLER (1, 2, 3, 4, 5, 6)
Birgit PANKE (6, 7)
Christa PELIKAN (5)
Claus D. RATH (6)
Heinz REIF (1, 2, 3, 4, 5, 6)
Reinhold REITH (3, 4, 7)
Heidi ROSENBAUM (1, 2, 3, 4, 5, 6)
David SABEAN (1, 2, 3, 4, 5, 7)
Roman SANDGRUBER (4, 5, 6)
Walter SCHAUB (1, 2, 3, 4)
Jürgen SCHLUMBOHM (1, 2, 3, 4)
Peter SCHMIDTBAUER (1, 2, 3, 4)
Heilwig SCHOMERUS (1, 2)
Yvonne SCHÜTZE (7)
Regina SCHULTE (4, 5, 6, 7)
Georg SCHWÄGLER (3, 4, 5, 6)
Reinhard SIEDER (1, 2, 3, 4, 6, 7)
Reinhard SPREE (1, 2, 4, 5, 6, 7)
Manfred THALLER (2, 3, 4, 5, 6)
Armin TRIEBEL (3, 6)
Rudolf VIERHAUS (1)
Angelika WILLMS (4)
Rainer WIRTZ (3, 4, 5, 6, 7)

Jan Peters

Disziplinierte Imagination. Fünfzehn Anmerkungen zur Historiker-Autobiografik über die Jahre der DDR

1. „Selbstzeugnisse Gelehrter" sind, wie wir erfahren haben, die Folge einer Vielzahl von Schreibantrieben, verbunden auch durch einen Zug von Anmaßung. Denn gleichgültig, ob die Antriebe auf dem Bedarf nach Selbsterkenntnis, Selbsthilfe in Bruchsituationen, politischem Aufbegehren oder auf unstillbarem Widerspruch anderer Art beruhten oder beruhen, so setzen sie doch voraus, dass man Selbsterfahrenes für öffentlich mitteilungswert hält. Das wird als prätentiös empfunden. Deshalb sind hier auch Skrupel im Spiel. Vielleicht aber sind sie unnötig.

Denn die Situation eines zurückblickenden Wissenschaftlers aus der DDR unterscheidet sich im Hinblick auf vermessene Extravaganz nicht von seinen Vorgängern aus anderen Jahrhunderten. Die heutige Kritik z.B. am Wunsch von DDR-Historikern, ihre Forschungsantriebe, je nach Thematik, auch als politisch motiviert zu verstehen, ignoriert die Selbstverständlichkeit, mit der so viele ihrer Vorläufer die Spannungen zwischen Wissenschaft und Politik mit oft überschießendem Engagement gelebt haben.[1] Sofern DDR-Historiker im Blick bleiben, lässt sich das sogar verifizieren, denn hier kann (im Unterschied zu den Vorläufern) noch Feldforschung betrieben werden. Wer sich heute historisch drängender Selbstbefragung stellt, kann unmittelbar nach dem abgefragt werden, was ihn dazu bewegt bzw. bewegte. Und welcher Historiker hat nicht manchmal davon geträumt, „reale" Menschen befragen zu können, die ihm in seinen Akten nur als Namen begegnen?

2. Eine weitere abweichende Besonderheit von DDR-Erinnerungen ist indes nicht zu übersehen: Solches Zurückschauen bildet in meiner Sicht eine *notwendige* Anmaßung, da die Vernichtung von erheblichen Teilen einer DDR-eigenen Wissenskultur nach 1989/90 das Bewahren der Historizität dieser Kultur vor politischer Verdrängung und gezieltem Vergessen erforderlich macht. Aus eben diesem Grunde sind die DDR-Rückblicke aus einer individuellen zu einer Angelegenheit Vieler geworden. Dadurch verlieren sie weder an Subjektivität noch an Vermessenheit. Was ist, so frage ich mich natürlich (mit anderen autobiografisch Reflektierenden), an meiner eigenen Biografie „historisch wertvoll"? Kindheit im Exil, Aufbauenthusiast, allerlei Begegnungen mit

1 Fritz Klein, Historiker und Politik. Erfahrungen in einem schwierigen Verhältnis, in: Christian Jansen / Lutz Niethammer / Bernd Weisbrod (Hg.), Von der Aufgabe der Freiheit. Politische Verantwortung und bürgerliche Gesellschaft im 19. und 20. Jahrhundert. Festschrift für Hans Mommsen zum 5. November 1995, Berlin 1995, S. 51-68.

der Macht – ist das aufschreibenswert? Nun ja, kein besonderes Leben, vielleicht aber doch der Stoff für eine Biografie in besonderer Zeit? Immerhin hatten und haben wir, autobiografisch zurückschauend, einen hohen Anspruch im Umgang mit Geschichte und Gegenwart, mit Ehrlichkeit, Offenheit und Unangepasstheit einzulösen.

3. Lehrer,[2] Presse- und Rundfunkjournalisten,[3] Regisseure und Schauspieler,[4] Kundschafter[5] und Politiker[6] – um nur einige Gruppen Schreibender mit DDR-Vergangenheit zu nennen – haben inzwischen das Verfassen von Selbstzeugnissen wenn nicht zum Volkssport, so doch zu einem Genre auffälligen Gewichts gemacht. Ich sehe darin ein Signum für die genannte zeithistorische Not und Notwendigkeit. Besonders zahlreich sind autobiografische Versuche von Wissenschaftlern,[7] unter ihnen auch Historiker.[8] Im Folgenden nehme ich sie besonders in den Blick. Denn es scheint mir nicht abwegig zu sein, gerade von ihnen Besonderes, Genaues, also unter anderem auch quellenkritische Archivarbeit erwarten zu dürfen. Sie sind mithin bei der Selbstzeugnisarbeit in einer Weise gefordert, die Authentizität erwarten lässt, aber auch disziplinierte Imagination nicht ausschließt.

4. In der scientific community herrscht Uneinigkeit über das Maß, in dem die DDR-Vision eines sozialistischen Gemeinwesens als eine Chance für eine Kapitalismus-Alternative historisch bewahrenswert sei oder nicht. Es fehlt nicht an Ermahnungen, den „Kommunismus in der deutschen Erinnerungskultur" nur am Maß seiner historischen Unwürdigkeit zu messen und folglich wohl am besten rasch zu vergessen.[9]

---

2 Jannek Streber, Zwischen Auflehnung und Aufbruch. Zwei Generationen in Deutschland 1903-1990, Berlin 2004.

3 Horst-Heinz Meyer, Wir hatten noch Zeit, an die Liebe zu denken ... Erinnerungen, Lyrik und Prosa aus der Zeit der Emigration 1937-1949, hg. v. E. Thiedemann, Berlin 2001; Heinz Odermann, Wellen mit tausend Klängen. Geschichten rund um den Erdball in Sendungen des Auslandrundfunks der DDR, Radio Berlin International, Berlin 2003.

4 Manfred Wekwerth, Erinnern ist Leben. Eine dramatische Autobiographie, Leipzig 2000; Wolfgang Pintzka, Von Sibirien in die Synagoge, Teetz 2002; Eberhard Esche, Wer sich grün macht, den fressen die Ziegen, Berlin 2005.

5 Markus Wolf, Spionagechef im geheimen Krieg. Erinnerungen, München 2002.

6 Von den vor 1989 erschienenen Biografien /Autobiografien kann hier abgesehen werden. Ein gewisses Interesse für Wissenschaftler darf beanspruchen der Rückblick von Kurt Hager, Erinnerungen, Leipzig 1996.

7 Jüngst Werner Mittenzwei, Zwielicht. Auf der Suche nach dem Sinn einer vergangenen Zeit. Eine kulturkritische Autobiographie, Leipzig 2004; Herbert Hörz, Lebenswenden. Vom Werden und Wirken eines Philosophen vor, in und nach der DDR, Berlin 2005.

8 Die Grenzen dessen, was als Selbstzeugnis zu gelten hat, sind fließend, mithin auch die Strukturierung dieses Genres. Deshalb wird hier eher fragmentarisch und mit Beispielen gearbeitet, Vollständigkeit ist nicht angestrebt und kaum möglich.

9 Konferenz-Ankündigung „Kommunismus in der deutschen Erinnerungskultur", Weimar 10/05. [26.09.05], URL:<http://hsozkult.geschichte.hu-berlin.de>.

Dennoch ist ein offenbar ganz spezielles zeitgeschichtliches Interesse an dem Thema DDR-Erinnerung feststellbar. Wissenschaftliche Konferenzen zu dieser Thematik werden fortlaufend angekündigt und abgehalten. Allein im Jahre 2005 fanden bisher Tagungen statt z.B. über „Transformation der Erinnerungskulturen", „Konzeptionelle Überlegungen zum Genre der Biographie", „Biographieforschung im sozialwissenschaftlichen Diskurs" und „Nostalgischer Blick auf die Zeit des Kommunismus: Entsteht in Osteuropa ein neues kollektives Gedächtnis?" Bei solchen Gelegenheiten wird u.a. das individuelle Selbstverständnis der DDR analysiert, ein Rückgang des „zeitgeschichtlichen Wissens am Beispiel der DDR" festgestellt,[10] individuelle Betrachtungen zu den Erinnerungskulturen angemahnt,[11] das „intensive Nachleben" der DDR, dem die Forschung noch nicht gerecht werde, hervorgehoben,[12] Phänomene der DDR-Nostalgie befragt[13] und der Vorrang von Ost-West-Beziehungsgeschichte vor dem „Diktaturvergleich" postuliert.[14]

Jüngst erschienen auch einige Monographien zum Thema, unter anderem „Deutsche Einheit und Elitenwechsel in Ostdeutschland",[15] „Die zögernde Ankunft im Westen",[16] „Ausgrenzung oder Integration?",[17] „Hochschule und Wissenschaft in zwei deutschen Diktaturen",[18] „Scheitern und Biographie"[19] und „Universitätserfahrung Ost"[20].

5. Andererseits stimmt die alt-bundesdeutsche Selbstinszenierung als starkes Leitmotiv dieses ganzen Forschungszweiges nachdenklich, zumal sie offenbar zum bequemen

10 C. Hähnel-Mesnard, Tagungsbericht „Vermittlung von zeitgeschichtlichem Wissen am Beispiel der DDR" [05.11.2004], URL: <http://hsozkult.geschichte.hu-berlin.de/tagungsberichte/id=620>, [18.12.2004].

11 Christoph Thonfeld, Tagungsbericht über „Transformation der Erinnerungskulturen" [23.03.2005], URL: <http://hsozkult.geschichte.hu-berlin.de/tagungsberichte/id=741>.

12 Gerd Dietrich, Rezension von J. Hüttmann / U. Mählert / P. Pasternack (Hg.), DDR-Geschichte vermitteln, Berlin 2004, [03.02.2005], URL: <http://hsozkult.geschichte.hu-berlin.de/rezensionen/2004-4-042>.

13 Emanuel Droit, Ankündigung der Konferenz „Nostalgischer Blick auf die Zeit des Kommunismus" [12.07.2005], URL:<http://hsozkult.geschichte.hu-berlin.de/germine/id=4228>.

14 Anne Krüger, Tagungsbericht über „1. Promovierendentage zur Zeitgeschichte, [09.08.2005], URL:<http//hsozkult.geschichte.hu-berlin.de/tagungsberichte/id=848>.

15 Stephan Bollinger / Ulrich van der Heyden (Hg.), Deutsche Einheit und Elitenwechsel in Ostdeutschland. Gesellschaft-Geschichte-Gegenwart, Berlin 2002.

16 Peter Alheit / Kerstin Bast-Haider / Petra Drauschke (Hg.), Die zögernde Ankunft im Westen. Biographien und Mentalitäten in Ostdeutschland, Frankfurt / M. 2004.

17 Stephan Bollinger / Ulrich van der Heyden / Mario Keßler (Hg.), Ausgrenzung oder Integration? Ostdeutsche Sozialwissenschaftler zwischen Isolierung und Selbstbehauptung, Berlin 2004.

18 Michael Parak, Hochschule und Wissenschaft in zwei deutschen Diktaturen. Elitenaustausch an sächsischen Hochschulen 1933-1952, Köln / Weimar / Wien, 2004.

19 Stefan Zahlmann / Sylka Scholz (Hg.), Scheitern und Biographie. Die andere Seite moderner Lebensgeschichten, Giessen 2005.

20 Matthias Steinbach / Michael Ploenus (Hg.), Universitätserfahrung Ost. DDR-Hochschullehrer im Gespräch, Jena 2005.

Blick von außen und oben verführt. Warum diese Einäugigkeit sobald die fraglos erheblichen Defizite in der DDR thematisiert werden? Warum deren Vorrang vor kritischer Selbstbefragung der Ankläger? Denn das öffnet doch „im Osten“ Türen zu Verstimmung, Empörung und verschärftem Widersinn. Man lässt sich, autobiografisch reflektierend oder einfach nur ein wenig über die eigene Vergangenheit nachdenkend, ungern über die Sinnlosigkeit seines Lebens unterrichten. Immerhin hatten wir Visionen und betrieben schon ein optionales Nachdenken über Gesellschaftsentwürfe.

Oder brauchen wir das nicht mehr, weil wir in der Vollendung angekommen sind? Könnte es sein, dass dieser oder jener Belehrende (welcher Provenienz auch immer) etwa für Gemeinsinn oder soziale Zukunftsmodelle weniger Phantasie entfaltete als z.B. bei der Suche nach eher banalen Wegen zur Wohlstandspositionierung?

Nein, die Asymmetrie bei der kritischen Historiker-Sicht auf die west- bzw. ostdeutschen Gesellschaften nach 1945 ist wohl kaum zu leugnen. Und wer meint, sich selbst und „seine“ Gesellschaft nicht in Frage stellen zu müssen, ist in meiner Sicht nicht sonderlich geeignet, der DDR-Autobiografik den Weg zu weisen.

6. Zu den Verführungen der DDR-Deutung in hyperkritischer Position gehört auch das Totalitarismus-Modell, jedenfalls in seiner flüchtigen Vereinfachung. Denn da wird, wie immer man an dieser Schablone dreht, vornehmlich nach politischen Eliten, Herrschaft und Gewalt gefragt, nicht aber nach der konkreten Erfahrungswelt des Einzelnen und seines kulturellen, sozialen und politischen Alltags. Darin aber liegt für mich der hohe Wert des redlichen Selbstzeugnisses.

Der Einzelne wird nach dem Mittun an den Versuchen gesellschaftlichen Umgestaltens fragen, über Widerstände und Fraglichkeiten dabei berichten, über angemaßtes Wahrheitsmonopol, diktatorische Strukturen, unsinnige Rituale und sonderbare Verflachungen – aber eben auch von vielen sinnvollen Ansätzen, erarbeiteten Freiräumen und gewonnener Vielfalt Kunde geben, also weder Fehlleistungen noch die Erfahrungen außerordentlicher Aufbruchstimmung ausklammern.

Ich kann nicht sehen, warum z.B. meine Eltern unsere doch eher selbstlosen Anfangsjahre im Wechsel aus dem friedlichen Schweden zu den Mühen in der Trümmerlandschaft Berlin im „Gründungsmythos DDR“ vergessen, geleugnet oder verfälscht haben sollten. Ich werde es ebenso wenig wie meine Eltern tun, und ich möchte auch nicht die Worte einer Mitarbeiterin meines Vaters in einem Privatbrief vom Februar 1947 mit heute modischen Totschlagargumenten wegwischen: „Wir arbeiten – ich möchte sagen – toll, ohne nach uns und unserer Gesundheit und unserem Wohlergehen zu fragen.“[21]

Außerdem gehörten neben dem impulsiven Anfangsenthusiasmus, neben Überzeugung und Unterordnung also, auch schon in den Gründungsjahren der DDR Ver-

21 Jan PETERS, Zweimal Stockholm-Berlin 1946. Briefe nach der Rückkehr. Jürgen Peters und Wolfgang Steinitz, Leipzig 1989, S. 157 (Cilly Bode an meine Mutter Ruth Peters).

suche der kritischen Selbstbestimmung zu den Faktoren, die auf Macht einwirkten und Herrschaft beunruhigten. Solchen werden nur jene Selbstzeugnisse auf die Spur kommen können, die sich von der Totalitarismus-Schablone lösen. Es scheint mir unsinnig, unverständlich und ungerecht, da nicht genauer hinzusehen. So wie auch nicht weggesehen und deshalb auch danach gefragt werden soll, wie sich wer warum unter dem Abwehr-Schirm verhielt, den die wacklige DDR, wollte sie mit ihrer Alternativ-Idee von Bestand sein, aufspannen musste.

7. Sieger und Verlierer der Geschichte – auch das ist eine autobiografisch verführerische Perspektive. Ernst zu nehmende Selbstzeugnisse DDR-Sozialisierter sprechen eher von „Scheitern" und denken intensiv, etwa wie einst Jürgen Kuczynski, über dessen Gründe nach. Böse Verzerrungen und Fehlentwicklungen, Vormundschaftlichkeit und leider mitunter bis zu verbrecherischen Handlungen reichendes Unrecht geraten dergestalt nicht aus dem Blick. Haben nicht Selbstzeugnisse von Wissenschaftlern aus der DDR gerade deshalb einen eigenen Stellenwert, weil das Scheitern als historische Erfahrung paradoxerweise Erkenntnispotenziale freisetzt und weil „Verlierer" überhaupt zu schmerzhaften Einsichten eher befähigt sind? Und bleibt solches nicht denjenigen meist verborgen, die sich gern als Sieger der Geschichte betrachten, wie einst die DDR-Führung? Warum also solche historischen Erkenntnisblockaden wiederholen?

Die Autobiografik über die Jahre in und nach der DDR sollte, aus den Erfahrungen des Scheiterns heraus, eher ermuntert werden, persönliche Nachricht zu geben sowohl über die Wahrnehmung staatssozialistischer Defizite als auch über eingelöste Hoffnungen und soziale Fortschritte wie auch über den konkreten Wissenschaftler-Alltag nach 1990, z.B. im Umgang mit Abwicklung und Ungleichbehandlung. Es sind die individuellen Erfahrungen über alles das, auf die ich meine Hoffnung als Historiker setze – als Anspruch an eigene Rekonstruktionsversuche wie auch an die anderer, zu den Älteren gehörenden Historikerkollegen, die ähnlich wie ich selbst lernen mussten, mit zweifachen und sehr unterschiedlich gerichteten Erfahrungen von Umbrüchen umzugehen.

8. Eine Verführung für jede persönliche Rückschau ist das oft kaum merkbare, gewissermaßen verdrängte und auf Rechtfertigung zielende Umdeuten der eigenen Biografie. Abhängigkeiten, Diskretion und Schonungen im Lebensrückblick stehen auf einem anderen Blatt. Solche Rücksichtnahmen werden in der Selbstzeugnispraxis immer eine gewisse Rolle spielen. Hier stellt sich ungesucht das Problem ein, wie man mit inzwischen verdrängten und leicht zu personifizierenden Kränkungen umgeht. Jeder kennt das. Aussprechen oder andeuten? Namen nennen oder es beim Benennen der Sache belassen?

Es ist indes ein gewaltiger Unterschied zwischen solcher Behutsamkeit und dem Anpassen aus Prinzip – oder anders: Ob ein zurückblickender Wissenschaftler wirklich an der DDR litt oder solches Leiden erst nach 1990 „entdeckte", das ist wie Tag und

Nacht. Nicht jeder verfügt über den Bekennermut eines Eberhard Esche[22] und nicht jeder teilt seine Erinnerungs-Sicht von der „Veruneinigung“ und ihren Folgen. Wo aber zieht man die Grenzen von Offenheit, Rücksichtnahme und Anstand? Für mich hat sie jener „Ostdeutsche“ überschritten, der sich seiner Zeit als Lehrer in der DDR und als Deutschlektor u.a. in Afrika wie folgt erinnert: „Es kostete schon einige Mühe, unsere wahre Gesinnung zu verbergen und als Radieschen zu überleben – außen rot und innen weiß.“[23] Nach 1990 aus dem Lehramt gedrängt, schlägt er dann eher BRD-kritische Töne an. So verliert man an Glaubwürdigkeit.

DDR-Autobiografik, mit Anstand verfasst, wird deutlich machen, dass jene entlassenen oder frühzeitig in den Ruhestand geschickten Wissenschaftler so eben nicht waren. Dass sie in aller Regel und Redlichkeit zulernten, aber eben nicht „einige Mühe“ aufwandten, um nach außen Fahnen von jeweils passender Farbgebung zu schwenken.

9. Wie aber steht es um den Zugang zu den Quellen? Für die zeithistorische Forschung scheint die DDR-Wirklichkeit nunmehr auch aus dezentralisierter Perspektive erreichbar. Durch das individuelle Selbstzeugnis sind wir für die Rekonstruktion von DDR-Leben nicht allein auf Archive (z.B. die SAPMO-Bestände) angewiesen – das wäre eben doch nur jenes Teil-Wissen, an das sich die Historiker auch sonst halten müssen.

Wir haben in den neuen Bundesländern die Akten und (noch) die Befragungsmöglichkeit der Älteren. Und wir haben eine – zumindest ein wenig – DDR-sozialisierte jüngere Generation. Sie zu Rate zu ziehen, sollten die Älteren nicht vergessen. Auch wenn viele von ihnen z.B. den Verflachungen der Medien- und Spaßgesellschaft nicht standgehalten haben, so gehören auch sie zu den wertvollen Quellen, die mitunter erstaunliche Aufklärung über die DDR dort zu geben vermögen, wo die Lebensrückblicke Älterer sich allein auf Selbstschutz und Empörung zurückzuziehen drohen.[24] Und nicht selten ist ihre Akzeptanz von ehemaligem Schulwissen besonders dann ausgeprägt, wenn sie die Wirkungen der neoliberalen Kapitalgesellschaft an sich selbst erfahren.

Und schließlich: Wie auskunftsoffen sind die Archive in den deutschen Landen jenseits der ehemaligen DDR-Grenzen? Wie steht es um den Zugang zu allen forschungsrelevanten Quellen, die in Wendezeiten mit westdeutschem Blick und westdeutscher Feder in Richtung ostdeutsche Länder entstanden?[25] Doch wohl nicht so gut.

---

22 ESCHE, Wer sich grün macht (wie in Anm. 4).

23 Peter ZIMMERMANN, Geschichte wird uns zugefügt. Ein Ostdeutscher erinnert sich an das 20. Jahrhundert, Leipzig 2005, S. 231, vgl. S. 456.

24 Siehe jüngst Christian EGER, Mein kurzer Sommer der Ostalgie, Dössel 2005.

25 Vgl. Stifterverband für die deutsche Wissenschaft (Hg.), 10 Jahre danach. Zur Entwicklung der Hochschulen und Forschungseinrichtungen in den neuen Ländern und Berlin, Essen 2002.

10. Jede DDR-Autobiografik bleibt ein Wagnis, schon wegen des politisch immer noch erstaunlich gereizten Klimas, in dem wir leben. In meiner Sicht besteht der beste Weg in einer „authentischen Schreibpraxis für eine Geschichte von unten", insoweit also auch – über Verstimmung und Verführung hinweg – in einer Zeitzeugenschaft in achtbarer Absicht, die dergestalt als historischer Baustein gelten kann.[26] Heikel bleibt die Sache dennoch, denn wer ist genügend sensibel, um mit der eigenen Verführbarkeit angemessen umzugehen, und wer verfügt über hinreichende Souveränität und Einfühlungsvermögen, um mit offener und verdeckter Gegnerschaft unaufgeregt zu verfahren? Alles das ist freilich eine historische, nicht allein zeitgeschichtliche Herausforderung, vor die sich die meisten Verfasser von Selbstzeugnissen gestellt sahen und sehen.

11. Wie sind nun DDR-Historiker bislang im Rückblick mit ihren Erfahrungen umgegangen? Anders als es Gelehrte früher taten? Gestützt auf Forschungsliteratur über Gedächtnisformen und Erinnerungskulturen mit DDR-Bezug[27] lässt sich sagen: ähnlich wohl, wenn auf konkrete Wahrnehmungen bei der Umsetzung praktischer Wissenschaftspolitik gesehen und die Alltagsprobleme des Gelehrtenlebens befragt wurden. Anders schon, wenn von Erfahrungen mit Zurücksetzungen, Verdrängungen und v.a. auch mit dem Scheitern im akademischen Beruf gehandelt wurde. Denn da ist heute natürlich oft die Rede von dem tiefen Einschnitt und der sonderbaren Melange von Leistungsprüfung, Rückstufung und Abschiebung nach 1990. Als Historiker hofft man in diesem Punkt auf noch mehr Zeugenschaft – konkret, personenbezogen und rückhaltlos.[28] Auch im Hinblick auf das Agieren der in der Evaluationsphase aufmarschierten Protagonisten sehr unterschiedlichen Gutachter-Geistes.

Für mich ist die zögerliche Aufarbeitung dieses Themas nicht vertretbar, dafür aber die ersten Versuche in dieser Richtung umso erfreulicher.[29]

---

26 Siehe Siegfried Becker / Andreas Bimmer (Hg.), Ingeborg Weber-Kellermann: Erinnern und vergessen. Autobiografisches und weitere Materialien, Marburg 1998, S. 15-32, hier S. 32.

27 Wenige Hinweise nur sollen genügen. Georg G. Iggers / Konrad H. Jarausch / Matthias Middell / Martin Sabrow (Hg.), Die DDR-Geschichtswissenschaft als Forschungsproblem, München 1998 (Historische Zeitschrift, Beiheft 28); Martin Sabrow (Hg.), Geschichte als Herrschaftsdiskurs. Der Umgang mit der Vergangenheit in der DDR, Köln / Weimar / Wien 2000 (Zeithistorische Studien, Bd. 14); Mario Keßler, Exilerfahrung in Wissenschaft und Politik. Remigrierte Historiker in der frühen DDR, Köln / Weimar / Wien 2001 (Zeithistorische Studien, Bd. 18); Im Blick auf den Alltag in der DDR: Dietrich Mühlberg, „Leben in der DDR" – warum untersuchen und wie darstellen?, in: Evemarie Badstübner (Hg.), Befremdlich anders. Leben in der DDR, Berlin 2000, S. 648-695.

28 Als Vorsitzender des Wissenschaftlichen Rates des Akademie-Instituts für Wirtschaftsgeschichte erhielt ich damals nachdenkenswerte Einblicke in sehr unterschiedliche Konzepte und Charaktere der Evaluatoren, wobei ich, das sei dann doch vermerkt, die Göttinger Vertreter und einige andere in bester Erinnerung behalten habe.

29 Bollinger u.a. (Hg.), Ausgrenzung oder Integration? (wie Anm. 17).

12. Eine Tour d'horizon über die Selbstzeugnis-Verfasser unter den Historikern der DDR, verengt auf Professoren bzw. Habilitierte und strukturiert nach Altersgruppen, ergibt: Von den mindestens 134 emigrierten deutschen Historikern können 27 einer Altersgruppe I (um 1900 Geborene) zugerechnet werden, ergänzt um fünf weitere, die als Widerstandskämpfer Haft und Naziherrschaft überstanden hatten und sich nun der Ostzone/DDR zur Verfügung stellten.[30] (Sieben Historiker kehrten bis 1961 in die Bundesrepublik zurück).[31] Es fällt auf, dass die ältere DDR-Garde selbstständige Autobiografien, auch autobiografische Teilberichte, eher als die Jüngeren verfasste. *Jürgen Kuczynski,*[32] *Walter Markov,*[33] *Wolfgang Ruge,*[34] *Heinrich Scheel*[35] sind so verfahren, während sich bei den anderen dieser Gruppe eher autobiografische Teil-Aufzeichungen in ihren historischen Arbeiten finden. So bei *Hermann Duncker,*[36] *Alfred Meusel*[37], *Leo Stern,*[38] *Karl Obermann*[39] und *Albert Schreiner.*[40] Das heißt immerhin, etwa die Hälfte der Älteren war autobiografisch aktiv.[41]

30 U.a. Ernst Engelberg, Heinz Kamnitzer, Jürgen Kuczynski, Alfred Meusel, Hans Motteck, Karl Obermann, Arnold Reisberg, Wolfgang Ruge, Albert Schreiner, Max Steinmetz, Leo Stern, Eduard Winter. Grundsätzlich siehe Heinz HEITZER / Karl-Heinz NOACK / Walter SCHMIDT (Hg.), Wegbereiter der DDR-Geschichtswissenschaft. Biographien, Berlin 1989; Hans SCHLEIER, Zur Entwicklung der marxistisch-leninistischen Geschichtswissenschaft der DDR. Hauptetappen, Institutionen, Forschungsschwerpunkte, Berlin 1982 (Gesellschaftswissenschaftliche Informationen der AdW der DDR, GW 17).

31 KEẞLER, Exilerfahrung (wie Anm. 26), S. 311.

32 Jürgen KUCZYNSKI, Memoiren. Die Erziehung des J.K. zum Kommunisten und Wissenschaftler, Berlin / Weimar 1973; Jürgen KUCZYNSKI, „Ein linientreuer Dissident". Memoiren 1945-1989, Berlin / Weimar 1992; Jürgen KUCZYNSKI, Ein hoffnungsloser Fall von Optimismus? Memoiren 1989-1994, Berlin 1994; Jürgen KUCZYNSKI, Ein treuer Rebell. Memoiren 1994-1997, Berlin 1998.

33 Walter MARKOV, Zwiesprache mit dem Jahrhundert. Dokumentiert von Thomas Grimm, Köln 1990. Siehe KLEIN, Historiker und Politik (wie Anm. 1), S. 65ff.

34 Wolfgang RUGE, Berlin–Moskau–Sosswa. Stationen einer Emigration, Bonn 2003.

35 Heinrich SCHEEL, Vor den Schranken des Reichskriegsgerichts. Mein Weg in den Widerstand, Berlin 1993.

36 HEITZER / NOACK / SCHMIDT, Wegbereiter (wie Anm. 30), S. 27-50.

37 HEITZER / NOACK / SCHMIDT, Wegbereiter (wie Anm. 30), S. 149-168.

38 Hans HÜBNER (Hg.), Leo Stern im Dienste der Wissenschaft und der sozialistischen Politik (Wissenschaftliche Beiträge der Martin-Luther-Universität Halle-Wittenberg 1976/18, T. 11), Halle 1976. Siehe HEITZER / NOACK / SCHMIDT, Wegbereiter (wie Anm. 30), S. 318-340.

39 Karl OBERMANN, Exil Paris. Im Kampf gegen Kultur- und Bildungsabbau im faschistischen Deutschland (1933-1939), Frankfurt / M. 1984.

40 Albert SCHREINER, Vom totalen Krieg zur totalen Niederlage Hitlers. Eine kritische Auseinandersetzung mit der Wehrmachtsideologie des Dritten Reiches (Anhang: Erinnerungen, 1956), Berlin 1980.

41 Unter den etwa zehn „bürgerlichen" Historikern hat meines Wissens nur einer, Eduard Winter, eine ausführliche Autobiografie hinterlassen. Eduard WINTER, Mein Leben im Dienst des Völkerverständnisses. Nach Tagebuchaufzeichnungen, Briefen, Dokumenten und Erinnerungen, Bd. 1, Berlin 1981; Eduard WINTER, Erinnerungen (1945-1976), hg. v. Gerhard OBERKOFLER, Frankfurt / M. 1994. Siehe KLEIN, Historiker und Politik (wie Anm. 1), S. 61ff.

Annähernd dreißig Historiker können wir einer Altersgruppe II, um 1920 Geborene, zurechnen.[42] Von ihnen schrieben wohl nur *Gerhard Fuchs*,[43] *Stefan Doernberg*, *Fritz Klein*[44] und *Helmut Stoecker*[45] ihre Erinnerungen nieder, während Arbeiten mit autobiografischen Zügen von *Eckhard Müller-Mertens*, *Joachim Streisand*[46] und *Eberhard Wolfgramm* stammen.[47] Von der Altersgruppe II hat also etwa jeder Fünfte Selbstzeugnisse verfasst.

Bilden wir von den um 1930 und später Geborenen eine Altersgruppe III (es sind etwa 35),[48] so beobachten wir eine weitere Abnahme der Selbstzeugnispraxis. Autobiografische Rückblicke aus durchaus verschiedenen Federn stammen hier von *Joachim Petzold*[49] und *Hartmut Zwahr*[50], jüngst auch von *Peter Schäfer*,[51] vielleicht auch von anderen. Eine „Selbstdokumentation" verfasste *Helmut Bock*.[52]

---

42 U.a. Horst Bartel, Rudolf Berthold, Werner Berthold, Gerhard Fuchs, Felix Heinrich Gentzen, Elisabeth Giersiepen, Kurt Gossweiler, Gerhard Heitz, Horst Krüger, Günter Mühlpfordt, Eckard Müller-Mertens, Johannes Nichtweiß, Karl-Heinz Otto, Günter Rosenfeld, Johannes Schildhauer, Gerhard Schilfert, Walter Schmidt, Roland Franz Schmiedt, Max Steinmetz, Helmuth Stoecker, Joachim Streisand, Bernhard Töpfer, Manfred Unger, Gerd Voigt, Ernst Werner, Walter Zöllner und Gerhard Zschäbitz.

43 Gerhard FUCHS: Ein Sechsstaatenbürger, 2 Bde. (T. 1: Jugend in Böhmen, T. II/1: Erwachsen in Sachsen. Neubeginn 1946-1953), Leipzig 1998, 2001.

44 KLEIN, Drinnen und Draußen (wie Anm. 1).

45 Helmuth STOECKER, Socialism with Deficits. An Academic Life in the German Democratic Republic, Hamburg etc. 2000.

46 Mit besonderem Interesse für die Thematik „Historiker im Verhältnis zur schönen Literatur." Siehe HEITZER / NOACK / SCHMIDT, Wegbereiter (wie Anm. 30), S. 352f.

47 HEITZER / NOACK / SCHMIDT, Wegbereiter (wie Anm. 30), S. 376-385 (geboren 1908).

48 Günter Benser, Helmut Bleiber, Werner Bramke, Karl Drechsler, Dietrich Eichholtz, Ludwig Elm, Lothar Elsner, Gerhard Förster, Dieter Fricke, Conrad Grau, Heinz Heitzer, Siegfried Hoyer, Johannes Kalisch, Wolfgang Schumann, Wolfgang Küttler, Rolf Badstübner, Olaf Groehler, Willibald Gutsche, Gerhard Hass, Heinz Heitzer, Joachim Herrmann, Horst Klengel, Adolf Laube, Alfred Loesdau, Ingo Materna, Werner Mägdefrau, Kurt Pätzold, Jan Peters, Joachim Petzold, Günter Paulus, Lothar Rathmann, Hans Schleier, Günter Vogler, Manfred Weißbecker, Hartmut Zwahr. – Die Parteiinstitute und Pädagogischen Hochschulen sind unberücksichtigt, exakte altersmäßige Zuordnung und Vollständigkeit wurde nicht erstrebt, eine gewisse Berlin-Zentrierung sei zugestanden.

49 Joachim PETZOLD, Parteinahme wofür? DDR-Historiker im Spannungsfeld von Politik und Wissenschaft, Potsdam 2000; Joachim PETZOLD, Ideale und Idole im Schatten Hitlers und Stalins. Dresdener Oberschüler auf dem Wege aus dem Dritten Reich in die DDR, Potsdam 1997; Joachim PETZOLD, In Deiner Brust sind Deines Schicksals Sterne? Mindener Gymnasiasten und Dresdener Oberschüler im ersten Jahrzehnt nach dem Zweiten Weltkrieg, Potsdam 1998.

50 Hartmut ZWAHR, Meine Landsleute. Die Sorben und die Lausitz im Zeugnis deutscher Zeitgenossen, Bautzen 1984.

51 Peter SCHÄFER, Die Studenten gehören zu den positiven Seiten meiner Erinnerung, in: STEINBACH / PLOENUS (Hg.), Universitätserfahrung Ost (wie Anm. 20), S. 161-193.

52 Helmut BOCK, Wir haben erst den Anfang gesehen. Selbstdokumentation eines DDR-Historikers, 1983-2000, Berlin 2002. – Günter Bensers DDR-Geschichte (Benser war Mitarbeiter am Instituts für Marxismus-Leninismus beim ZK der SED) ist autobiografisch stark durchdrungen. Günter BENSER, DDR – gedenkt ihrer mit Nachsicht, Berlin 2000.

13. Warum dieser Rückgang, obwohl „Gruppe III“ sich genau in dem Alter befindet (70 und darüber), da die Zeit für autobiografische Praxis herangereift scheint? Nach der Befreiung oft Neulehrer und über die ABF zum Studium gekommen, waren sie in der DDR auf- und in sie hineingewachsen. Auch diese dritte Generation fand noch vergleichsweise günstige Bedingungen vor, als es in den 50er Jahren an die Berufswahl ging – akademische Lehrkräfte wurden immer noch gebraucht, einige Professuren waren in der Auf- und Umbauphase noch nicht besetzt bzw. wurden später frei.

Im Vergleich mit den Altersgruppen I und II schienen ihre Lebensläufe weniger dramatisch. Der tiefe und schwere Einschnitt 1989/90 traf diese Altersgruppe, als sie kurz vor dem Eintritt ins Rentenalter stand. Die individuell oft sehr schweren Brüche, die sie erlebte, ähnelten sich, die Dramatik war also nicht exotisch. Deshalb Zurückhaltung?

Viele konnten sich weder fangen noch abfinden – kein Wunder. Und sie erfuhren an sich selbst wachsende Gesprächs- und Schreib-Unlust. Walter Markov hätte sie vielleicht ermuntern können. In seinen Erinnerungen gibt er zwar zu bedenken, dass dem autobiografischen Schreiben ein Nachdenken über das Verhältnis von Aufwand und Nutzen vorgeschaltet werden sollte, dass aber weder die Erlebnisqualität noch die Atmosphäre des Wissenschaftler-Daseins in der DDR durch Synthesen nachfolgender Forscher nachgestaltet werden kann, dass also eigentlich nur der Zeitzeuge zum (wissenschaftlichen) Brückenschlag berufen ist.[53]

14. Mithin: Dürften bislang ungeschriebene Historiker-Selbstzeugnisse aus der DDR nicht doch noch zu erwarten sein, verfügen sie doch inzwischen über allerlei Erfahrungsschätze, auf die sie sich stützen könnten? Empfehlungen zur Methodik der Verschriftung von Zeitzeugenschaft sind (bei kritischem Blick) mit Gewinn bei Jürgen Kuczynski einzuholen, der die Grenze von eintausend Druckseiten autobiografischen Schrifttums überschritt.[54]

Uns bleibt jedenfalls festzustellen, dass wir von der Autobiografie die Spannung der subjektiven Authentizität erwarten. Und da unser Leben wahrlich auch Ernüchterung war, wünscht man sich eine Positionierung nicht nur der Akzeptanz, nicht nur der gläubigen Gewissheit, sondern auch des Kritischen und des beklemmenden Selbstzweifels. Diese eigene Wahrheit darf in meiner Sicht die Lesebedürfnisse eines manierlichen Voyeurismus durchaus bedienen. Beispiele gibt es schon – hier ist von der Hoffnung auf Weiteres die Rede.

Das aber ist, wenn man so will, ein Ruf nach den noch ungeschriebenen Autobiografien, die ihres Ungeschrieben-Seins wegen vielleicht von besonderem Reiz sind. Was ist mit den „Jüngeren“ (oder wie man sie nun nennen soll, wenn sie bei 70 angelangt sind)? Wirkt bei ihnen womöglich die in der DDR erstaunlich starke Alterskreativität

53 MARKOV, Zwiesprache (wie Anm. 32), S. 12.
54 Siehe Jürgen Kuczynski, Probleme der Autobiographie, Berlin / Weimar 1983.

trotz allem noch nach?[55] Vielleicht gibt es noch Überraschungen in Privatarchiven? Vielleicht haben sich doch weniger Historiker, als es den Anschein hat, von der Verdammungsliteratur über unser einstiges Hoffnungsland und seine Wissensgesellschaft abschrecken und vom eigenen Selbstzeugnis abhalten lassen? Vielleicht gibt es noch einige (weitere) Kollegen mit ungebrochenem Vertrauen in ihre Gesundheit?[56] Wie viele ungedruckte Selbstzeugnisse liegen noch/schon in irgendwelchen Schubladen?

15. Beim Wissenschaftler-Selbstzeugnis (auch das ist eine Erkenntnis im Blick zurück) dürfen wir mit einer Vielfalt von Darstellungsformen rechnen: Literarisch, narrativ, essayistisch, streng archivalisch gestützt, chronologisch, tagebuchartig[57] oder anders strukturiert, fragmentiert-dokumentarisch, mehr grübelnd oder eher Fakten zusammenstellend. Sinnvoll schiene mir ein Gemenge verschiedener Methoden, vielleicht auch von verschiedenen Autoren im selben Buch.

Fast alles das ist schon da, wobei natürlich das Verhältnis von Dichtung und Wahrheit die schon abgeschlossenen oder die noch zu erwartenden Versuche überwölbt. Gewiss haben wir uns im offenen Grenzbereich zwischen Zeugnis und Zweifel bestimmten Darstellungsregeln zu unterwerfen und so etwas wie disziplinierte Imagination zu üben. Da die Rekonstruktion von Wirklichkeit in individueller Sicht auf ein gewisses Maß von Eingebung und Erfindungsgabe nicht verzichten kann, und da wir ohnehin mit einer präzise nicht einzufangenden Wirklichkeit umgehen, sind Ausflüge in literarisch gestaltete Wirklichkeiten legitim oder gar logisch.

Das ist, wie wir in den Beiträgen zu diesem Band erfahren haben, methodisch nicht neu. Für Zeiten, die sich weder durch schriftliche noch mündliche Quellen oder mittels des Gedächtnisses rekonstruieren lassen, geht es kaum anders. Formen und Farben

---

55 U.a. vom DDR-Institut für Hochschulforschung sind Erhebungen mit dem Ziel erfolgt, das Wirken emeritierter Professoren nach dem Ausscheiden aus der vita activa zu untersuchen. Problemdiskussionen mit den Emeriti belegten 1987 nicht nur ihren (an sich bekannten) relativ hohen Anteil am wissenschaftlichen Potenzial der DDR (und die nur langsam nachrückende „zweite Reihe"), sondern auch die aktive Teilnahme ihrer Mehrheit am wissenschaftlichen Leben. Siehe Hansgünter Meyer, Integration statt biologischer Lösung. Eine Untersuchung mit einer Aussicht, in: Bollinger / Heyden / Keßler (Hg.), Ausgrenzung oder Integration? (wie Anm. 17), S. 263-328 und Jürgen Boschan, Zur Einbeziehung der Emeriti in das wissenschaftliche Leben der Universitäten und Hochschulen der DDR, in: Leitung der Hochschulforschung. Ausgewählte Probleme und Erfahrungen, hg. v. Institut für Hochschulforschung des Ministeriums für Hoch- und Fachschulwesen an der Hochschule für Ökonomie, Berlin 1981, S. 172-181.

56 Bemerkenswert das Abfassen von Erinnerungen, wenn man schon auf die 80 zugeht, etwa bei dem Volkskundler Wolfgang Jacobeit (Von West nach Ost – und zurück. Autobiographisches eines Grenzgängers zwischen Tradition und Novation, Münster 2000) oder dem Literatur- und Theaterwissenschaftler Mittenzwei, Zwielicht (wie Anm. 7).

57 Ein interessantes Beispiel für authentische Tagebuchaufzeichnungen des Germanisten Ulrich Dietzel, seit 1955 in verschiedenen Aufgaben an der Deutschen Akademie der Künste, 1990/1991 als deren Direktor: Ulrich Dietzel, Männer und Masken. Kunst und Politik in Ostdeutschland. Ein Tagebuch, Leipzig 2003.

werden deshalb wechseln, der Wirklichkeit eines Historikerlebens in der DDR nicht unähnlich.

Und schließlich: Wie könnte solches nun aussehen, auf mich selbst bezogen? Geburt am Ende der Weimarer Republik, SPD- und KPD-Mitgliedschaft der Eltern, die ihnen sehr bald Illegalität und Widerstand abverlangte, erste Wahrnehmungen als Knirps in der Physikerfamilie des Hans-Jürgen Peters 1935-38 in der Sowjetunion, glückliches Entrinnen nach Schweden und 10 Exiljahre dort, zögerliche Rückkehr als letztes Familienmitglied 1948 in die Ostzone, im selben Jahr als neugeborener Aufbauenthusiast Oberschulbesuch in Blankenfelde, dann Geschichtsstudium an der Humboldt-Universität, Historiker in Greifswald.

Es gab auch allerlei schwierige Erfahrungen bei der Begegnung mit Machtmenschen auf verschiedenen, mitunter hohen Ebenen, die ich gelegentlich auch als Dolmetscher aus ganz persönlicher Nähe erlebte. Neben dem Gefühl einer gewonnenen Heimstatt, also auch Skepsis und Zweifel, Parteistrafen im und Rausschmiss aus dem Greifswalder Historischen Institut, später frühzeitige Abberufung aus Leiterfunktionen. Das wiederum gestaltete das berufliche Dasein wechselhaft (Universitäts-Assistent, Rundfunk-Journalist, Wissenschaftsverwalter an der Akademie, Kulturzentrumsleiter in Stockholm), bis ich im Kuczynski-Institut für Wirtschaftsgeschichte an der Akademie zu relativer Ruhe kam. Die Wende brachte neue Unruhe und Ungewißheiten, die aber schließlich in eine gesicherte Ausnahmesituation an der Potsdamer Universität führten: Professur und Leitung einer Max-Planck-Arbeitsgruppe.

Indes stellte sich auch hier so mancher Grund für neue Nachdenklichkeit über die Unvollkommenheit jener Gesellschaft ein, der wir überstürzt angegliedert wurden.

Einen ersten Versuch habe ich unternommen,[58] auch einige Kapitel geschrieben und Skizzen entworfen, wobei ich die historische Perspektive der Erfurter Tagung als sehr hilfreich empfand. Meine „gelehrten Vorgänger“ (die Anführungszeichen beziehen sich natürlich auf meine Zuordnung zu dieser Kategorie) würden mir wohl zustimmen: Es ist schwer, lehrreich und macht Spaß. Und hat jeweils einen ganz bestimmten Sinn. Das festzustellen, soll hier genügen.

---

58 Jan Peters, Unterwegs zwischen Wirtschafts- und Mentalitätsgeschichte, in: Iggers / Jarausch / Middell / Sabrow, Die DDR-Geschichtswissenschaft (wie in Anm. 27), S. 325-339.

Holt Meyer

Academic Self-witnessing Secrets or: "Hitchcock's (a) Professor"

> They pass a telephone booth. The camera stops, and they move on, exiting the frame to the right. Inside the booth is the Professor, who is making a call. He leans out the door to watch Roger being led off. Then he closes the door, sits down, and drops a coin into the slot.
>
> The script of *North by Northwest* (end of auction scene)[1]

Hitchcock's (a) Professor

The general concern of this paper is the representation of professorship in its interface with espionage. I am dealing exclusively with fictional and filmic representations. The huge issue of the real connection between academics and espionage is almost completely beyond the scope of this short paper.[2]

Even the filmic connection of professorship and spying is a very extensive topic. An exhaustive treatment would have to name the main films involved, examine the thematic range of the topic and describe the potential of film to reproduce espionage and/as professorial techniques as well as the use of film in espionage itself. It would also have to set parallels between the eccentric place of film representation and spy activity in academic life. All this has to be undertaken at another time and place.

So I am taking up a very specific but revealing case: the case of Hitchcock.

To be more concrete, this paper is about the figure of "the Professor" in (one of) Hitchcock's films, but also about Hitchcock's attitude towards and participation in academic discussion, this in turn making him a kind of professor in his own right

---

1 James Naremore (Hg.), North by Northwest, New Brunswick, N.J. 1993, Shot 895, S. 130.

2 The relationship between academic research or the academic milieu and spy activity has many historical and systematic aspects, the most visible being manifested in phenomena such as the "Cambridge five" (Guy Burgess, Donald MacLean, Kim Philby, Anthony Blunt, and [probably] John Cairncross), but touching many issues of technical, language and cultural research useful for secret intelligence beneath the surface. Note the story of the Russian secret service treatment of Igor Sutyagin (arrested as a spy in 1999) with the title "FSB Believes Academic Research Is Espionage" in a Canadian site, URL: <http://www.case52.org/doc/canada.shtm>, [08.09.2006]. The issue here was information on Russian strategic nuclear weapons. Note also reports of June 2005 on "A CIA scheme to sponsor trainee spies secretly through US university courses", URL: <http://www.infowars.com/articles/ps/cia_university_spies.htm>, [08.09.2006], this one dealing with knowledge acquired in studies on social anthropology. The list of such events and incidents is virtually endless.

(and at the same time against his will), in any case one who stages performers of 'academic talk'. Which film possesses the greatest relevance? At the very latest, the figure of "Mr. Memory" in *The Thirty Nine Steps*[3] (1935) takes up the issue of the transfer of knowledge into someone's brain (this being educational and thus professorial activity) as a mode of espionage. At the same time, we seem in this case to be dealing with a parody of academic knowledge transfer, and "Mr. Memory" as a vaudeville performer certainly does not have the position and prestige of a professor. The most obvious film, and the one might expect from an expert for Eastern Europe, seems to be a much later one. It could be viewed by many as most sensible to examine the East German physics professor Gustav Lindt (played by the Austrian born émigré Ludwig Donath in his last role) in *Torn Curtain*[4] (1966) who is about to travel to a conference in Leningrad when the American professor Michael Armstrong (played by Paul Newman a year before his Oscar winning performance in *Cool Hand Luke*)[5] uses brilliant psychology, acting and rhetoric to trick him with into revealing a key scientific secret which he passes on to American secret intelligence services.

A close examination of this constellation would certainly be relevant for my topic, since the following structural elements are contained

- Acting as fiction and reality
- Secrecy as a precondition of knowledge
- Negotiating the capacity of the "West" to produce evidence on/of the "East"
- Academics' rhetorical performance
- Professors' producing 'self-evidence' on the border between the private and the public[6]

The last point seems the be the most relevant for this essay collection, since professors' 'self-evidence' (albeit as an object and subject of theatrical technique) in the sense both of products of academic study and of personal self-documentation is certainly an aspect of *Wissenschaftspraxis und Gelehrtenleben in Selbstzeugnissen.* And the interaction among the two German professors (the other being Professor Karl Manfred, played by the later well known West German television actor Günter Strack in one of his first film roles) and the clever American professor, who manages even to instrumentalize his own fiancée (played by Julie Andrews just after *Mary Poppins* and *The Sound of Music*)[7]

3 For the sake of easy identification for the German readership I will be listing the German version of all American movie titles. The German title of *The Thrity-Nine Steps* upon release was *Die 39 Stufen.*

4 The German title upon release was *Der zerrissene Vorhang.*

5 The German title upon release was *Der Unbeugsame.*

6 On the relationship of the public and the private (as well as open and closed space) in Hitchcock's work, particularly in *North by Northwest*, see Fredric Jameson's landmark study, Spatial Design in 'North by Northwest', in: S. Žižek (Hg.), *Everything you Always Wanted to Know about Lacan (But Were Afraid to Ask Hitchcock)*, London 1992.

7 The German title upon release was *Meine Lieder, meine Täume.*

for his espionage without losing her, is a prime example of the staging of scholars' (*Gelehrten*) self-evidence and self-witnessing (*Selbstzeugnis*).

Despite this clear relevance, I have chosen another Hitchcock film to work through his filmic staging of professorship. I am referring to the espionage masterpiece *North by Northwest* (1959), which one source calls "the apotheosis of Alfred Hitchcock's 'wrong man'/mistaken identity/double-chase formula (i.e., eluding law enforcement authorities while attempting to exonerate himself for the crime he didn't commit)".[8]

I shall begin explaining why I have chosen this particular film by examining two plot summaries and their positioning of the figure in the film known as "The Professor". The plot summaries should help readers recall the basic structure of the film, but are interesting in themselves due to the things they mention and other things they omit. The first one is as follows:

> Roger O. Thornhill (Cary Grant) is a slick business man, who is mistakenly taken for an American spy named George Kaplan. Roger is then kidnapped by foreign spy named Vandamm (James Mason) and his associate Leonard (Martin Landau). After numerous attempts to convince Vandamm that he is not the man they are looking for, an attempt is made on Roger's life, but he manages to escape! Frustrated, Vandamm manages to frame Roger for the murder of a United Nations official. Roger is now on the run from Vandamm, his associates and from the local police! Roger escapes on to The 20th Century Limited and meets up with a very lovely woman named Eve (Eva Marie Saint). Roger and Eve carry on a love affair, but Eve is not all she appears to be. As Roger becomes more involved within the chase, he learns more about Vandamm's and the American government's operations.[9]

The German film data base "Filmstarts" tells the following story:

> Roger Thornhill (Cary Grant) ist Werbefachmann. Eines Tages wird er entführt und seine Kidnapper wollen von ihm bestimmte Informationen, weil sie glauben, er sei ein Spion namens George Kaplan. Der feindliche Agent Phillip Vandamm (James Mason) und sein Helfershelfer Leonard (Martin Landau) bekommen aus Thornhill jedoch nichts heraus, weil der überhaupt nicht weiß, um was es eigentlich geht. Nachdem sie den vermeintlichen Kaplan betrunken gemacht haben, setzen sie ihn in ein Auto, um ihn bei einem inszenierten Unfall zu töten. Doch die Polizei kann Thornhill vor dem Tod bewahren. Nur seine Geschichte glaubt ihm niemand, auch seine Mutter (Jessie Royce Landis) nicht. Es gibt keine Spuren, nicht den geringsten Hinweis auf irgendeine Falle, die jemand Thornhill stellen wollte. Vandamm und seine Helfershelfer verfolgen ihn weiter. Als er im Gebäude der Vereinten Nationen glaubt, über den Diplomaten Lester Townsend (Philip Ober) Licht ins Dunkel bringen zu können, wird dieser vor seinen Augen ermordet. Mit Mühe kann er

8 URL: <http://www.movie-vault.com/reviews/RAIRTyQnGFnMoXIw>, [08.09.2006]. Cf. Robin Wood's useful synthesis of all of Hitchcock's "plot formations" in Wood, *Hitchcock's Films Revisted*, New York 2002, 239ff.

9 URL: <http://www.geocities.com/Athens/Oracle/6494/north1.html>, [08.09.2006], (The Films of Alfred Hitchcock).

> sich in einen Zug flüchten und trifft dort auf die schöne Eve Kendall (Eva Marie Saint), die vorgibt, ihm uneigennützig helfen zu wollen. Doch Eve führt offenbar anderes im Schilde: Unter dem Vorwand, Thornhill mit dem wahren George Kaplan bekannt zu machen, versucht sie, ihn Vandamm auszuliefern. Mit knapper Not kann er den Killern entkommen und wird vom Chef der US-Spionageabwehr (Leo G. Carroll) über die Hintergründe des Geschehenen und über Eve Kendall aufgeklärt ...[10]

What differentiates the first and the second brief descriptions (aside from the difference in language) is that the latter mentions the figure which I would like concentrate on in my remarks: the "Professor", e.g. the person described as "Chef der US-Spionageabwehr (Leo G. Carroll)". The bracketed mention of the actor here is a part of film signification which also should not be ignored. Leo G. Carroll, a rather frequently used character actor (it was the last of his five performances in Hitchcock films over 20 years), is, like the actors playing both of the other male protagonists (Cary Grant, James Mason), not American, but English (only the fourth main character, Eve Kendall, is played by an American, Eva Maria Saint, a native of Newark, New Jersey).[11] This creates a potential equivalence of one or more of these characters (perhaps all of them) with the English background of the director himself. More specifically, the role of the "Professor" can be associated with Leo Caroll's other roles, particularly of the murderous psychiatrist Dr. Murchison in *Spellbound* (1945), the embezzler Captain George Melbeck in *Suspicion* (1941), and also Dr. Baker in *Rebecca* (1939), who had key knowledge of the title character's troubled medical past. This could imply that the "Professor" has a dark side and negotiates secret knowledge from dark regions.

The main reason for my concentrating on the figure of the "Professor" in this film is the prominent role of *professing* to be and *acting* as a professor for which the figure serves as an instructive vehicle. This in turn makes the 'wrong-man'-protagonist Thornhill/Kaplan into an 'acting professor's' student, assistant and victim. *Acting* professorship, not *being* a professor (at best being as acting/performing): this is the core issue of the film whose main figure, the invented spy Kaplan, does and does not exist (since Thornhill's *acting* him [making him the "Professor's" best pupil] as a product of Cary Grant's acting Thornhill [making him 'Professor Hitchcock's' best pupil] brings him to life). In discussing *North by Northwest*, we are dealing not with a professor who works as a spy 'on the side', as in *Torn Curtain*, but rather with the opposite: a spy who

---

10 URL: <http://www.filmstarts.de/kritiken/der%20unsichtbare%20dritte.html>, [08.09.2006].

11 Cf. my recent article on *Foreign Correspondent* (Meta-Mediale und/als geopolitische Einrahmungen des Agententums. American Technology in Hitchcocks 'Foreign Correspondent', in: H. DRÜGH / V. MERGENTHALER (Hg), Ich ist ein Agent. Ästhetische und politische Aspekte des Spionagefilms, Tübingen 2005, S. 85-110), in which I argue that Hitchcock stages his own transfer from the UK to the USA in this 1940 film. The article is all the more relevant since I compare *Foreign Correspondent* with *North by Northwest* rather extensively, indeed arguing that the 1959 directly quotes the 1940 film, a technique which Hitchcock often implemented.

is called "Professor",[12] or, as was already mentioned, a (counter)spy who is an acting 'professor'[13] and acting as a professor. Indeed, the variation on the spy-actor-professor theme, i.e. the switch from 'spy acting professor' and 'professor acting spy' which takes place in the transition from Hitchcock's third to last espionage movie *North by Northwest* (1959)[14] to his second to last *Torn Curtain* (the last being the Cuban-French-American secret intelligence melodrama *Topaz* [1969], whose name as the designation of a spy ring harks back to the *The Thirty-Nine Steps*) clarifies the specific contours of *North by Northwest* in retrospect.

Thus, the mention of *Torn Curtain*, i.e. of the 'wrong film' (in which a professor is a spy 'on the side') first is a *Quereinstieg* – an entrance from the side rather than from the beginning (this being a term used in German to describe entering an advanced position in one profession from an advanced position in another, like Eisenhower's move from a top military position to the presidency of Columbia University and from there to the presidency of the USA [still effective at the time of the filming of *North by Northwest*]) –, but also a differentiating start from the end phase of Hitchcock's staging of espionage, which began several decades before with films like *The Man who Knew Too Much* (1934)[15], *The Thirty Nine Steps* and of course *The Secret Agent* (1936)[16], as well as the film version of Joseph Conrad's *The Secret Agent* entitled *Sabotage* (1936).[17]

There is one more reason to treat *North by Northwest*: it is a film which came out in the year in which Hans Medick, the person honored by this essay collection, began his studies of history, philosophy, English and political science (1959) in Köln, Heidelberg and Erlangen, and thus seems particularly apt to mark his scholarly life at the end of his active teaching work at our common theater of professorial endeavor: the University of Erfurt.

---

12 The word "Professor" is written in the script and in the critical literature with a capital "P", thus making it into a name. This in turn has several meanings: The counterespionage boss acquires this name due to his character (the unique intersection of the sets 'spy' and 'professor'); but the name also asks the question whether "Professor" is not always a name.

13 For the relationship between acting and espionage cf. my piece on the espionage subtext in Nabokov's novel The Eye (Please, Azef, tell us who is this man?: Nabokovs Agentendiskurse im Zeichen einer Fraktur und Unentscheidbarkeit der Stimmfaktur oder: Voice over, in: G. Witte / B. Obermayr u.a. (Hg.), faktur und fRaktur. Gestörte ästhetische Präsenz in Avantgarde und Spätavantgarde [in print]). The particular relevance for the issue here is the staging of the protagonist as a reader and investigator of literature, this in turn being the germane issue of another Nabokov-espionage paper I have written – on the novel The Gift (Die Schrift-Gabe des Geheimagenten als Sohn: Trauer, Spionage, Erzählen und Wert(er)schöpfung im 2. Kapitel von Nabokovs 'Gabe und Opfer', in: R. Grübel (Hg.), Gabe und Opfer [in print]). In the latter academic, semi-academic and pseudo-academic discourse are even more in the fore, since the issue of philology is directly negotiated.

14 The German title upon release was *Der unsichtbare Dritte*.

15 The German title upon release was *Der Mann der zuviel wusste*.

16 The German title upon release was *Der Geheimagent*.

17 The German title is identical with the English title.

Tracing Traces of the Professorial in *North by Northwest*

Lets return once again to the fictional character known as "the Professor". It seems appropriate enough to address this figure at a colloquium honoring another professor, a very real professor – Hans Medick. It also seems clear that addressing the issue of acting as a professor, acting professors and the character of the "Professor" could well be a contribution to the topic "Wissenschaftspraxis und Gelehrtenleben – in Selbstzeugnissen".

While the second plot description quoted above mentions the "Professor", it only mentions one scene: the famous silent scene in which the "Professor" explains the situation to Thornhill (partially unheard by the viewer due to the noise of airplanes – including Northwest airlines) at the Chicago airport.

It does not mention the two most significant appearances of the "Professor" before this scene: the meeting with his operational team in the headquarters of the so-called "American Intelligence Agency" and his presence at the auction scene, in which Thornhill brilliantly escapes his pursuers by breaking all rules of auction and getting himself arrested – only to wind up in the caring hands of the "Professor".

These two scenes in the academic career of "the Professor" in *North by Northwest* shall serve as contours of a particular type of "Gelehrtenleben".

FIRST SCENE: THE INTELLIGENCE MEETING:

After hearing that Thornhill has inadvertently 'embodied' the invented agent Kaplan, the intelligence agency chief, none other than our "Professor", whom the viewer sees for the first time, suggests that the agency do nothing and take advantage of its "good fortune" by using Thornhill as a decoy (the "Professor's" character may have been modeled after John Foster Dulles, the notable Secretary of State under Eisenhower, and after Dulles' brother Allen, the head of the CIA at approximately the same time). He decides that Thornhill should be left to defend himself – saving Thornhill would only interrupt their counter-espionage tactics and endanger their "own agent".

The 'eye of God'-viewed for the line "Good-bye, Mr. Thornhill, wherever you are" pronounced by the only woman of the group (she in turn following the orders of "the Professor"), has many functions in depicting "Gelehrtenleben", perhaps also including a depiction of the fate of the assistant.

The woman has no particular reason in fact for modifying her view that it is basically immoral to let poor Thornhill continue being mistaken for Kaplan and thus be constantly at risk of being liquidated by Vandamm. The only reason has nothing to do with the facts: that she is an assistant and as such is institutionally forced to bid Mr. Thornhill farewell. In the end, the Professor is forced to keep his own creature Thornhill/Kaplan alive, but he does not know this yet.

It is no doubt more important to underscore the possibility that the visual perspective on the "Professor" and his assistant from above is also a perspective of a professor

– to be more exact, of someone professing to be a professor, of someone acting as a professor. But one could ask how one can tell the difference between a professor and someone professing to be a professor. More importantly for the topic of this collection – how does one assess the traces gathered to recompose and refashion a "Gelehrtenleben" alone the lines of this differentiation? How does one mark the traces in the archive of a "Gelehrtenleben" in order to clearly differentiate being a professor and professing professorship, i.e. that which I call ACTING I (doing) and ACTING II (playing a role), ACTING III (holding a position in all but name, e.g. "acting chairman", "acting president").

In order to get the full scope of this aspect, one has to keep in mind that the designation of the character played by Leo G. Caroll as "the Professor" was explained by the script writer Ernst Lehman in the script itself by means of the character's *character*. He received this name because he is "the mildest-mannered of them all" and "speaks up quietly, enunciating with elaborate preciseness".[18]

For Lehman, and thus in Hitchcock's film, "the Professor" by definition has a character trait which could be a criterion in the selection of all university professors. But at the same time, professor in this case is only a name – it is the name for a type of agent. The agent is an acting professor. But what is an agent and what is its relationship to the academy and to *Gelehrtenleben*?

In order to develop a specific answer to this question with respect to *North by Northwest*, I would now like to examine the meaning of "the Professor's" presence at the famous auction scene.

18 Ernst LEHMANN, North by Northwest (MGM Library of Film Scripts), New York 1972, S. 45. Lehman's odd note on the group of intelligence officers is as follows: "Their ages vary from thirty-five to

SECOND SCENE: THE AUCTION:

The auction scene is comprised of two parts.

1. In the first part, Thornhill/Kaplan arrives at ..., the address he found by rubbing a pencil on the page of a notebook on which Eve had written a destination (did she want him to find it? mustn't any spy know that this was an obvious trace?). It is the place of an auction at which, as we will later find out, Vandamm purchases the pre-Columbian figure which contains the microfilm he is to smuggle over the border. Thornhill/Kaplan confronts Eve with her betrayal and Vandamm accuses him of bad acting. Eve cries. Thornhill/Kaplan wants to leave, but discovers he is surrounded by thugs, and so he takes a seat.

2. In the second part, Thornhill/Kaplan comes upon the simple fact that his only method of escape is not hiding, but rather being publicly conspicuous to the greatest degree possible. He disturbs the auction by making senseless bids and innocuous comments and is reprimanded by other bidders and the organizers of the auction. Vandamm, Leonard and Eve exit the scene. Thornhill/Kaplan procedes to provoke a fistfight with the guards attempting to escort him out and is taken into custody by the Chicago police. At this point, the film viewer discovers that the Professor has been present the whole time. The Professor gets up to place a phone call. As the script indicates (cf. the motto of my paper), we then see the "Professor" in a phone booth. "He leans out the door to watch Roger being led off. Then he closes the door, sits down, and drops a coin into the slot".

In Hitchcock scholarship, this scene has received a certain amount of attention, but not enough. In an incisive essay *North by Northwest* as a "Comedy of Self-Construction", Richard Millington notes that this scene is "the fullest demonstration of the kind of 'slanting' relation to cultural authority Hitchcock has in mind" and that is exemplifies the fact that the film is recommending an "analytic relation to experience [...] to its viewers". Millington goes on to argue: "Thornhill's trashing of the auction depends on his understanding of the structure of the rules that operates in the 'institution' of the auction and his consequent ability to 'play off' those rules for his own ends."[19]

It is all the more interesting that the "Professor" is present at this " analytic" scene.

Marian Keane observes that the "Professor's" "intervention became warranted only when Grant 'severely overplayed' his part at the art auction, endangering Eve's

---

fifty; there is nothing about an Intelligence agent's appearance that distinguishes him from, say, a college professor or a stock broker or a reporter or a housewife. These people happen to be all of that, too." (LEHMANN, North by Northwest, S. 44). In Lehman's script the individual "Intelligence agents" are called "Reporter", "Cartoonist", Housewife" and "Stockbroker". The "Housewife" is the only one with a real name: they all call her "Mrs. Finley"

19 J. FREEDMAN / R. MILLINGTON (Hg.), Hitchcock's America, New York / Oxford 1999, S. 149.

life"[20] But this scene took place before Thornhill/Kaplan's actual intervention into the auction. It certainly warrants the scene's being viewed as a key episode with respect to the dynamic of "love and irony" *The Hitchcock Romance.*[21] But the effect of the "Professor's" intervention is to place the "analytic" Thornhill/Kaplan into the hands of the police and thus into his own hands. The "Professor" subverts the police hierarchy, completing the arrest-as-salvation by having the police make Thornhill/Kaplan into his pupil and into an instrument for saving the spy Thornhill loves.

The "Professor" is a mentor in many senses: he also gives Thornhill/Kaplan an espionage *education sentimentale*, telling him how to regulate his personal feelings and at the same time showing him how to instrumentalize these personal feelings for professional purposes.

Theatrification of Geopolitics

For this and other reasons, the "Professor's" 'academic talk' is complex, and also has a geopolitical touch, converting the "fiction of geopolitics" (GoGwilt)[22] into a theatrification of geopolitics. Christopher GoGwilt delineates his extremely important term as follows:

> Geopolitics [...] is neither a science nor a sociology but a fiction. A powerful fiction that has dominated the twentieth century, it constitutes a complex, unresolved legacy from the nineteenth century.[23]
>
> As Hitchcock's movies thus suggest, the work of geopolitical thinking takes place not so much as the labor of those geographers and geography books classified as "geopolitical." Geopolitics rather, is the work and play – of fiction; the twentieth-century attempt to coordinate audio, visual, and textual media to imagine the fiction of an organized coherence of world political relations.[24]

The concept of "theatrification" differs from this and expands on it at the same time due to an underscoring of performativity and thus of its mediality (in the sense explained

20 Marian KEANE, The Designs of Authorship, in: James NAREMORE (Hg.), North By Northwest, New Brunswick, N.J. 1993, S. xx-xx, S. 219.

21 Lesley BRILL, The Hitchcock Romance. Love and Irony in Hitchcock's Films, Princeton 1988 (especially the first chapter, North by Northwest and Romance, S. 3-21). Brill mentions the auction scene as one of the many cases in which Thornhill proves to be "most versatile as a actor" (15). Brill does not seem to be receptive for the view that there is a kind of analytic, almost academic earnest in Thornhill/Kaplan's overplaying the auction rules.

22 Christopher GOGWILT, The Fiction of Geopolitics, Stanford 2000.

23 GOGWILT, Geopolitics, S. 3.

24 GOGWILT, Geopolitics, S. 198.

by Samuel Weber).[25] This, in turn, is exemplified among other things by the factor which I have called "acting" (I, II, III), i.e. the constitutive, explicit and self-reflective role played by role-playing[26] (e.g. in the semiotic effect of actors, e.g. the theater-semiotic chain Kaplan-Thornhill-Grant, made explicit in the famous scene in which Kaplan/Thornhill enters the window of the bedroom of a woman who wakes to see him as the infinitely desirable Cary Grant and says "wait!", only to be reprimanded by… yes, by whom? Grant? Thornhill? Kaplan?).

If one takes geopolitics to be the actual object of all acting and action of *North by Northwest* (transporting US-government secrets to the USSR, Townshend in the UN, etc.) and accepts the fact that these geopolitical relations are the referent not only of "fiction" (which they clearly are), but also of "theatrification", then not only the production of narrative structures, but also of performativities come to the fore. This means, for instance, that the performative role of language as "doing things with words" (Austin), but also as inscribing speech into institutionalized rituals and iterabilities (Derrida) becomes a constitutive factor. In the case of *North by Northwest*, in which, as I claim, this performativity is not only acted out but also explicitly represented, the depiction is accompanied by a destabilization of the relations depicted, since awareness of performativity lessens its efficacy.

One specific consequence which is very important for this paper is the fact that, in this constellation, the "Professor" becomes not only the main actor, but also the main 'acting teacher' ("actor" and "acting" here again in senses I, II and III). And it is precisely the unusual acting of Thornhill as an unexpected star student embodying Kaplan which makes the pedagogical situation visible and destabilizes it at the same time. In other words, in really becoming a professor, the "Professor" loses his grips on the professorial, and the student becomes the teacher of the teacher (this is what happens in the auction scene, and from this point of view, the "silent scene" of instruction at the Chicago airport again receives a new ambivalent meaning: the "Professor's" attempt to regain the professorial is silenced).

Academic Espionage Representation (A Spy is Born[e])

I would now like to make some brief remarks on the representation of the academic and academics in spy movies.

25 Samuel Weber, *Theatricality as Medium*, New York 2004.

26 I develop these concepts in my article on *Foreign Correspondent*, Meta-Mediale und/als geopolitische Einrahmungen des Agententums. American Technology in Hitchcocks 'Foreign Correspondent', in: H. Drügh / V. Mergenthaler (Hg), Ich ist ein Agent. Ästhetische und politische Aspekte des Spionagefilms, Tübingen 2005, S. 85-110 (see on this film Anm. 9).

In the context of the issue at hand, one could ask why James Bond has to have such a stupendous education, to speak all languages known to man and woman and at the same time to display such *impeccable Englishness* (stirred, not shaken) – by the way, ideal qualities for Erfurt students. Could this extreme scholarship be the self-witnessing (my far too literal translation of the term Selbstzeugnis) of an academician who switched professions after having received excellent intellectual and bodily breeding? This orientation could in turn be the reason why Alfred Hitchcock made the new-born Bond star Sean Connery into the owner of a publishing house in his psychological thriller *Marnie* (1964).

This staging of a double step from the academy to espionage and from espionage to book publishing – a double 'entry from the side' – is the playing through *Aufklärung* in both German senses of the word:

Aufklärung I: enlightenment
Aufklärung II: secret intelligence

The revealing of secrets is at least potentially a kind of educational activity (indeed, almost a euphemism or metaphor for education itself). But what about the figure of the enlightener and/as an agent? It seems that here again the factor "acting I, II, III" comes into the picture. The move from *Aufklärung* I to *Aufklärung* II is nothing other than the underscoring of the operations of transporting enlightenment performed by people playing particular roles i.e. being actors in various senses of the nord.

This issue can also be brought in precisely by taking up the self-witnessing (I continue using this somewhat faulty translation, since it has a certain value due to its reference to the discrepancy between the language of the book's title and the language of this contribution, the latter being the language of *North by Northwest*) of a secret agent and its obvious structural problems. Witnessing and secrecy seem to contradict each other. To be more precise: the transfer of information and secrecy seem to be diametrically opposed to each other. To be even more exact on the side of the transfer of information: uncontrolled and unaddressed flow of information appears not to be able to be (a) secret. If the flow of information is not capable of being tapped or diverted to another address, the contradiction disappears. Secret information is not that which does not flow at all, but rather that which is properly addressed, i.e. which has a totally unambiguously unique sender and a totally unambiguously unique receiver. This can, for example, be guaranteed by the foolproof encoding of the information. This type of information flow is the daily bread of secret agents.

This brings us back to the problem of witnessing and self-witnessing. Secret agents bear witness. They do not just transfer information, they mark them with an address: with their own address and that of the unique recipient. This act of addressing is the distinctive feature of agent information flow: its positioning of the information with respect to its address is precisely what gives it its agent quality, i.e. its function within the mechanisms of agent addressing. Ironically enough, the uniqueness of the addressing is often made possible by successful masking, for it is precisely this which allows for the concealment of information addressing from the wrong people in order for the evidence to reach the person for whom it is being borne.

Borne-born: carrying information in this way is in a sense the same thing as giving birth to it as agent information, but also giving birth to the agent through his performance.[27]

Once again: What is the difference between bearing evidence and bearing self-evidence? The term ego-document (egodocument, ego document), which invariably bemuses all readers of Sigmund Freud (they must feel provoked to ask if there are also 'super-ego-documents', 'subconscious-documents', etc.) doesn't seem to help much here. It is clear that bearing witness has to do with documentation and that some subject gives this documentation a particular perspective. But precisely with respect to the secret agent and his self-witnessing, this term becomes useful. The documents carried by agents are ego-documents in a very particular and interesting sense – in a sense which equates witnessing with self-witnessing. Ultimate certainty with respect to the authenticity of documents carried by agents is a type of addressing which is inextricably connected to the identity of the carrier. He could be intentionally heading for a false address (Mossad instead of the CIA etc.) or marking the information as authentic or inauthentic in a manner not in accord with the desires of the person giving him his assignment. By doing this, he adds his own agent profile – the espionage equivalent of rhetorical ethos – to the document and thus fundamentally effects its plausibility and efficacy.

Agent profile is a factor which makes the transport of information into a bearing witness (as bearing self-witness). At the same time, it is important to note that agent profile is not the same thing as identity. In contrast to identity, agent profile is characterized by total operationality. Agent profile is nothing more and nothing less than a calculated risk as a form of addressing. This means that the voice involved in this profile is potentially detached from identity of its carrier.

The issue which particularly interests the literary scholar or in a broader sense the scholar of storytelling, is how an agent profile viewed in this way can be found in narrative representations. In other words: how the detaching of voice from identity – its reduction to pure rhetorical technique – can be represented in the voice recording device known as narrative technique, be it in film, in writing or in some other medium. The issue here is agents' voices and information transport techniques in the framework of the play of espionage and counterespionage, of intelligence and counterintelligence and how their processes are transformed into inscription and media recording. The key feature of this media transformation is that practically the same criteria apply to them

27 In the context, one might think of the various meanings of the title of Robert Ludlum's 1980 spy novel *The Bourne Identity*, and also of the figure of the "Professor" in Ludlum's narrative.

as they to the agent information flow itself: the voice which gives a report or bears witness to agents' voice transfers is located in a field of deep uncertainty.

At first glance, one could think that the concerns in this secondary voice tracking are purely theoretical – issues of sign theory and epistemology. But when one realizes that many significant aspects and elements of history of espionage are constituted by fictions and theater performances, it becomes clear that the distinction between theory and practice is not at all clear.

The Performance of the "Professor" and His Students

This brings us back to the problem of the "Professor's" performance and performativity, but also to his work as an acting teacher (also in the sense of 'Acting III', i.e. a doer whose doing is acting teaching).

In the two scenes discussed, the meeting of the intelligence agents and the auction scene, the private and the public are negotiated in such a way as to establish and to destabilize the "Professor's" 'academic talk'. It is the materialization of Kaplan as Thornhill (and vice versa) which makes the fictitious spy into more than a merely 'academic issue' and thus as an agent who forces the "Professor" to demonstrate his 'academic prowess'. The "Professor's" plan (set out in the first "Professor"-scene) to have Kaplan disappear due to his own materialization turns out to be purely academic, ironically due to the fact that Thornhill is a better 'Kaplan-pupil' than he had imagined. This is precisely what he proves in the second part of the auction scene (after his decisive emotionally motivated blunder which endangers the girl of his dreams Eve in the first part of the scene).

Paradoxically, the breach of operativity (real love) leads to maximum efficacy, thus linking the two parts of the scene. This is the 'humanistic' side of the Kaplan manifestation in the double body of Roger Thornhill and Cary Grant. The suspicion that Grant and Kendall enter the tunnel not of love, but rather of spy cooperation (a tunnel from which one exits feet first), is the cynical side of the Kaplan manifestation as instrumentalized by the "Professor". From the point of view of spy logic, this is actually the only possible outcome of the romance ("sex comedy" or "spy comedy"). The brilliance of the tunnel scene is that it represents our being in the dark as to how the view the entrance of the train: We do not know to which 'professorial success' the lovers bear witness. In this sense, the entry in to the tunnel seems to repeat in visual terms the 'silent-sound' message of the 'silent scene' (the "Professor's" inaudible instructions at the airport): the import of the lesson remains a secret.

In any case, these paradoxical media conditions, this 'blotting out' in/of various media, which seems to be a constant trait of (at least Hitchcock's) spy representation,[28] is positioned in a particular way in the Cold War context, i.e. in the context of negotiating the capacity of the "West" to produce evidence on/of the "East" (in *Torn Curtain* it is the chalk board which serves as a semiotic territory for this representation), to a certain degree mediated by media operations of the "Third World" (cf. the Indian-American loudspeaker operations in the United Nations Scene and the Pre-Columbian statue in the auction scene). This issue must be developed in a further study of the film.

Conclusion

Thornhill is the "Professor's" spy student: he is learning from him to be and to act Kaplan, which means not to have an identity, to be pure profile, but also simultaneously becomes the "Professor's" instructor, thus destabilizing his 'performance'. This fact gives new contours to question as to whether the supposed return to non-agent life at the end of the film in the famous train-in-tunnel sex-simulation scene depicting the beginning of Thornhill's third marriage is really an exit from agent operativity into identity. The possibility that Thornhill has become a perfect assistant of his "Professor" and that his return to his job as an advertising executive will now always be in the spirit of a kind of double agency would mean that the "Professor" has left Thornhill-Kaplan no choice but to take up a spy-academic career. But precisely this continuation is blotted out at the end of the film.

Hitchcock, who quit school at 14 and instinctively mistrusted all authorities[29] – and I assume his scriptwriter Lehman sensed this, if he didn't know it – portrays the "Professor" in a way as someone whose total operativity is not distinguishable from that of the agent. His strategies of knowledge administration are not guided by identity or ethics, but rather by the (technical, rhetorical) *ethos* of the agent profile, one of which he himself certainly has.

Hitchcock's ambiguity here is based on the staging of 'professorial habits' (in the sense both of costumes and of usual 'ways of acting') by making use of double acting. Playing the professorial is truly playing. The designation of "the Professor" becomes the self-designation of film signification. This self-designation of film signification is in turn instrumentalized for representing the witnessing of the agent as self-witnessing (*Selbst-Zeugnis*). This is arguably its main teaching (!) and thus its most valuable quality for scholars (*Gelehrte*). In the long run, it positions the character creation of the espionage film itself as a type and a reflection of scientific activity (*Wissenschaftspraxis*) and all of the roles it provides us in/as fiction, theater and reality.

28 Cf. GoGwilt's extension of the Žižek's concept of the "Hitchcockian blot" into the audio sphere, concentrating on the organ scene in the film *Secret Agent* (GoGwilt, Geopolitics, S. 190ff.).

29 Patrick McGilligan, Alfred Hitchcock. A Life in Darkness and Light, New York 2003, S. 24ff.

Kulte gelehrten Lebens

Gadi Algazi

„Geistesabwesenheit". Gelehrte zuhause um 1500*

Denn die Gedanken des Herzens sind abstrahiert von den Sinnen.
Martin Luther, Kommentar zu Genesis 27:23

1. Gelehrtenhabitus und Geschlechterbeziehung

Am Anfang stehen zwei Texte aus dem 18. Jahrhundert. 1782 heiratet Johann Heinrich Jung-Stilling Maria Saloma St. George. Er ist 42, ein verwitweter Mediziner und Gelehrter. Sie ist 22 Jahre alt, ohne nennenswerten Besitz. In seiner Autobiographie beschreibt Jung-Stilling eine für die Geschichte ihrer Beziehung aufschlussreiche Szene, die sich gleich am Tag nach der Heirat abgespielt haben soll:

> So begann eine neue Periode seines häuslichen Lebens: Selma ließ also fort die beyden Kinder aus Zweybrücken holen, und nahm sich ihrer sehr versäumten Erziehung mit äußerster Sorgfalt an. Zugleich stellte sie Stilling die Nothwendigkeit vor, daß sie die Kasse übernähme; denn sie sagte: Lieber Mann! deine ganze Seele arbeitet in ihrem wichtigen Beruf, in ihrer hohen Bestimmung; häusliche Anordnungen und häusliche Sorgen und Ausgaben, sie mögen groß oder klein seyn, sind für dich zu gering, gehe du deinen Gang ungehindert fort, warte du nur deines Berufs, und überlaß mir hernach Einnahme und Ausgabe, übertrage mir Schulden und Haushaltung, und laß mich dann sorgen, du wirst wohl dabey fahren. Stilling that das mit tausend Freuden, und er sahe bald den glückseeligen Erfolg: seine Kinder, seine Mobilien, sein Tisch, alles wurde anständig und angenehm eingerichtet, so daß jeder Freude daran hatte. An seinem Tisch war jeder Freund willkommen, aber nie wurde tractirt, sein Haus wurde der Zufluchtsort der edelsten Jünglinge; mancher blieb vom Verderben bewahrt, und mancher wurde von Abwegen zurückgerufen; das alles aber geschah mit einem solchen Anstand und Würde, daß auch die giftigste Lästerzunge nichts ungeziemendes aufzubringen wagte. Bey dem allen wurde die Kasse nie leer, immer war Vorrath, und nach Verhältniß, auch Ueberfluß da, und nun machte Selma auch den Plan zur Schuldentilgung [...].[1]

Wo kommt diese – zunächst gedachte, vorgestellte – Frau her? Wie weiß diese Frau, was ein Gelehrter braucht – und wie weiß er, was er sucht? Selma bringt nicht nur Jung-Stillings Haushalt in Ordnung, sondern auch den Seelenhaushalt des ständig verschuldeten Gelehrten: Nun kann er sich dem Studium widmen, geht nach Heidelberg,

---

* Wiederabdruck aus Historische Anthropologie 13/3 (2005). – Wie andere Texte, verdankt auch dieser Text viel der sorgfältigen Lektüre und einsichtsreichen Hinweisen von Hans Medick.

1 Johann Heinrich Jung-Stilling, Lebensgeschichte, hg. v. Gustav Adolf Benrath, Darmstadt 1976, S. 425f.

später nach Marburg. Sie sorgt auch dafür, dass sein Haus Zentrum gelehrter Geselligkeit wird: in Heidelberg wird ihn „die ganze Universität" lieben. Jung-Stilling weiß wohl zu schätzen, was er hat: es ist schon seine zweite Ehe. Bei der ersten war wohl die große Liebe im Spiel, doch es ging alles schief:

> Christine [Christine Heyder, seine erste Frau] war ein unschuldiges unerfahrnes Mädchen, sie liebte Stillingen ins geheim, hing dieser Liebe nach, betete zu Gott um Erfüllung ihrer Wünsche und so mischte sich Religion und Liebe in ihre hysterischen Zufälle. [...] Zu spät zeigte sich das Unschickliche und Unvorsichtige in den betrübten Folgen. Christine hatte kein Vermögen, Stilling noch viel weniger; er muste mit andrer Leute Geld studiren, konnte nachher nicht kaufmännisch haushalten, und also weder sich nähren, noch Schulden bezahlen; Christine hingegen, welche kaufmännisch erzogen war, erwartete von ihrem Mann das große Planmäßige der Wirthschaft, und hielt nur mit dem Haus, was sie in der Hand bekam; sie hätte also jeden Kaufmann glücklich gemacht, aber niemals einen Gelehrten.[2]

Ein Gelehrter ist also für das „Planmäßige der Wirtschaft" ungeeignet; er braucht vielmehr die Art häuslicher Arbeitsteilung, die es ihm ermöglicht, sich höheren Dingen hinzugeben. In dieser Hinsicht ist Wissenschaft hier auf eine spezifische Art und Weise geschlechtsspezifisch geprägt (*gendered*), wie sie es nicht immer gewesen war.[3] Höheres und Niederes, Denken und materielle Bedürfnisse, ‚Mann' und ‚Frau' bilden ein Beziehungssystem, das eine Geschichte hat. Doch wo kommt eine Selma her? Jung-Stilling ist sich sicher, dass die Göttliche Vorsehung sie geschickt hat. In Wahrheit aber hat Sophie de la Roche die beiden verkuppelt. Dahinter steht zugleich ein ganzer historischer Prozess, in dessen Verlauf sich Modelle des gelehrten Selbst und der Beziehungsfiguration herausgebildet haben, welche die einzelnen Akteure formieren. In gewandelter Form sind sie uns heute nicht unbekannt.

---

2 JUNG-STILLING, Lebensgeschichte (wie Anm. 1), S. 397f. Diese retrospektive Analyse aus der Feder Jung-Stillings ist deshalb wichtig, weil er jenseits der Krankheiten Christine Heyders auf ihre soziale Herkunft und Erwartungen eingeht.

3 Damit soll nicht behauptet werden, dass Wissenschaft früher geschlechtsneutral gewesen war. Es geht um die spezifische Art und Weise ihres *gendering* in unterschiedlichen historischen Konstellationen – sei es im Hinblick auf die Wissensinhalte, die Bilder vom Wissen oder die Produktions- und Aneignungsbedingungen von Wissenschaft. Im Kontext monastischer Wissensproduktion wurden etwa manche Implikationen der geschlechtsspezifischen Arbeitsteilung abgeschwächt, während nordeuropäische Universitäten des Hochmittelalters einen frauen- und ehefeindlichen Diskurs hervorbrachten, um ihre zölibatären männlichen Mitglieder abzusetzen und eine spezifische Form gelehrter Ehre aufrechtzuerhalten. Siehe Evelyn Fox KELLER, Reflections on Gender and Science, New Haven 1985; Sandra HARDING / Merill B. HINTIKKA (Hg.), Rediscovering Reality. Feminist Perspectives on Epistemlogy, Metaphysics, Methodology, and Philosophy of Science, Dordrecht 1983; Karin HAUSEN / Helga NOWOTNY (Hg.), Wie männlich ist die Wissenschaft?, Frankfurt / M. 1986; Theresa WOBBE (Hg.), Frauen in Akademie und Wissenschaft. Arbeitsorte und Forschungspraktiken 1700-2000, Berlin 2002; Theresa WOBBE (Hg.), Zwischen Vorderbühne und Hinterbühne. Beiträge zum Wandel der Geschlechterbeziehungen in der Wissenschaft vom 17. Jahrhundert bis zur Gegenwart, Bielefeld 2003.

Ausgangspunkt meines Projekts ist die Frage nach der historischen Herausbildung der Geschlechterbeziehung, die moderner Wissenschaft zugrunde liegt. Moderne Wissenschaftsbetriebe beruhen nicht zuletzt auf unbezahlter Arbeit – auf Beziehungsarbeit, *emotional labour* und halbsichtbarer intellektueller Arbeitsteilung – die meist in Familienhaushalten verrichtet wird.[4] Zugleich reproduzieren sie einen spezifischen Gelehrtenhabitus, der, gerade weil er allgegenwärtig ist, sich der systematischen Analyse bisher entzieht. Es ist die Konstellation des Haushalts des Gelehrten, die auch Karin Hausen sehr schön beschrieben hat.[5] Ein Grund für die Entstehung dieses Aufsatzes ist, dass Karin für mich dafür steht, wie man auf die lebendigste Art und Weise mit dieser Tradition bricht.

Die im folgenden dargestellte Konstellation mag nicht die aufregendste oder interessanteste sein, die sich in der frühen Neuzeit finden lässt.[6] Doch sie ist ohne Zweifel

---

4 Es handelt sich um eine spezifische Kombination öffentlicher Institution und domestischer Beziehungen, die sich auf keines der beiden reduzieren lässt. Zur Erhellung ihres Zusammenspiels sind die Erkenntnisse der neueren Universitätsgeschichte genauso unerlässlich wie die Geschichte von Haushalt und Familie. Vgl. etwa John M. FLETCHER, Change and Resistance. A Consideration of the Development of English and German Universities during the Sixteenth Century, in: History of Universities 1 (1986), S. 1-36; Johannes FRIED (Hg.), Schulen und Studium im sozialen Wandel des hohen und späten Mittelalter, Sigmaringen 1986; Rainer Christoph SCHWINGES (Hg.), Gelehrte im Reich, Berlin 1996, darin besonders die Beiträge von Peter MORAW, Improvisation und Ausgleich. Der deutsche Professor tritt ans Licht, in: SCHWINGES (Hg.), Gelehrte im Reich, S. 309-326 und František ŠMAHEL, Die Karlsuniversität Prag und böhmische Humanistenkarrieren, in: SCHWINGES (Hg.), Gelehrte im Reich, S. 505-513; William CLARK, On the Ironic Specimen of the Doctor of Philosophy, in: Science in Context 5 (1992), S. 97-137; William CLARK, On the Ministerial Registers of Academic Visitations, in: William CLARK / Peter BECKER (Hg.), Little Tools of Knowledge. Historical Essays on Academic and Bureaucratic Practices, Ann Arbor 2001, S. 95-140; Ruth MAZO KARRAS, Sharing Wine, Women, and Song. Masculine Identity Formation in the Medieval European Universities, in: Jeffrey Jerome COHEN / Bonnie WHEELER (Hg.), Becoming Male in the Middle Ages, New York / London 1997, S. 187-202; Jacques VERGER, Les gens de savoir en Europe à la fin du Moyen Age, 2. Aufl., Paris 1998; Rainer Christoph SCHWINGES, Stiefel, Wams und Studium, oder: Wozu hat man einen geistlichen Onkel? Aus Notizen des Kölner Studenten Gerhard von Wieringen aus der zweiten Hälfte des 15. Jahrhunderts, in: Paul-Joachim HEINIG u.a. (Hg.), Reich, Regionen und Europa in Mittelalter und Neuzeit. Festschrift für Peter Moraw, Berlin 2000, S. 543-563.

5 Siehe etwa Karin HAUSEN, Die Polarisierung der „Geschlechtscharaktere“ – eine Spiegelung der Dissoziation von Erwerbs- und Familienleben, in: Werner CONZE (Hg.), Sozialgeschichte der Familie in der Neuzeit Europas, Stuttgart 1976, S. 363-393; Karin HAUSEN, „...eine Ulme für das schwanke Efeu“. Ehepaare im Bildungsbürgertum. Ideale und Wirklichkeiten im späten 18. und 19. Jahrhundert, in: Ute FREVERT (Hg.), Bürgerinnen und Bürger. Geschlechterverhältnisse im 19. Jahrhundert, Göttingen 1988, S. 85-117; Karin HAUSEN, Häuslicher Herd und Wissenschaft: Zur frühneuzeitlichen Debatte über Holznot und Holzsparkunst in Deutschland, in: Michael GRÜTTNER / Rüdiger HACHTMANN / Heinz-Gerhard HAUPT (Hg.), Geschichte und Emanzipation. Festschrift für Reinhard Rürup, Frankfurt / M. 1999, S. 700-727.

6 Vgl. etwa Monika MOMMERTZ, Schattenökonomie der Wissenschaft. Geschlechterordnung und Arbeitssysteme in der Astronomie der Berliner Akademie der Wissenschaften im 18. Jahrhundert, in: WOBBE (Hg.), Frauen in Akademie und Wissenschaft (wie Anm. 3), S. 31-62.

typisch und prägt auch noch die Versuche, ihr zu entkommen. Es drängen sich fast von allein drei Fragen auf: *Erstens*, angenommen, dies sei nicht immer so gewesen, wie hat sich dieses Modell etabliert? *Zweitens*, welche Wechselwirkung besteht zwischen dieser Beziehungskonstellation und dem gelehrten Wissen, das in diesem Kontext produziert wird? *Drittens*, wie sieht eine Alternative aus?

Auf die letzte Frage kann ich keine Antwort geben. Auch die Frage nach der Wechselwirkung zwischen Produktionsverhältnissen von Wissenschaft und der Art von Wissen, die darin produziert und reproduziert wird, kann ich nur streifen. Wie kompliziert diese Frage sein muss, bezeugt schon die Tatsache, dass Jung-Stilling, der sich als ein Gelehrter gibt, der eben nicht haushalten kann,[7] mehrere wirtschaftswissenschaftliche Schriften verfasste.[8] Die erste Frage steht im Moment im Zentrum meines Interesses. Es ist die Frage nach dem Zusammenhang von Haushalt und Seelenhaushalt, von sozialer Figuration und angelerntem Habitus.[9] Es gibt wenige Fallbeispiele, anhand derer sich die historische Formierung des Habitus einer sozialen Gruppe studieren lässt. Dafür eigenen sich ausgerechnet die Gelehrten, die in ihren Schriften zwar wenig über die soziale Bedingtheit ihrer Wissensproduktion zu sagen pflegen, dafür aber sich selbst unaufhörlich dokumentieren und wegen ihrer sozialen Stellung, kultureller Kompetenz und institutioneller Eingebundenheit reiche schriftliche Spuren hinterlassen.

---

7 Auch dies stellt nicht nur eine persönliche Eigenschaft dar, sondern zugleich einen festen Bestandteil der kodifizierten Persona des Gelehrten. Siehe ALGAZI, ‚For this boy I prayed'. Konrad Pellikan and the Making of Scholarly Familes in Northern Europe, in: *Historia* 14 (2004), S. 7-48 [auf Hebräisch].

8 Wolfgang LÜCK, Jung-Stilling als Wirtschaftswissenschaftler, in: Jung-Stilling. Arzt – Kameralist – Schriftsteller zwischen Aufklärung und Erweckung, Ausstellungskatalog, Karlsruhe 1990, S. 71-80.

9 ‚Habitus' wird im Folgenden verstanden nicht im Sinne der im Deutschen üblichen, respektablen Bezeichnung für typisches Verhalten, sondern eher im Sinne von Pierre Bourdieu, als System eingefleischter, früh erworbener Dispositionen, die einzelnen Handlungen sozusagen ‚zugrunde liegen'. Es geht also nicht um Performanz, sondern um ihre kaum genau feststellbaren, jedoch gut erkennbaren Produktionsschemata. Ein Habitus lässt sich nicht leicht ablegen und lässt sich deshalb nicht auf eine soziale Rolle reduzieren, in welche man schlüpft, um sie wieder zu verlassen; er färbt vielmehr die Art und Weise ein, wie eine soziale Rolle ‚gemacht' wird (vgl. Pierre BOURDIEU, Le sens pratique, Paris 1980, S. 87-109). Bourdieu nimmt an, dass ein Habitus sehr früh erworben wird, in der Regel im Familienkontext; daher die grundsätzliche Bedeutung der Frage nach der Formierung der Gelehrtenfamilie zwischen 1400 und 1600. Bourdieus Konzept finde ich unumgänglich und brauchbar, es scheint sich aber zur Zeit als theoretisches Heilmittel zu etablieren, statt als stetiger Hinweis auf wichtige, ungelöste Fragen zu dienen. Wie ein Gruppenhabitus sich wandelt, wie er überhaupt Form annimmt, ob er immer nur früh erworben wird und überhaupt so stabil und systematisch bleibt, wie Bourdieu ihn schildert – diese und andere Fragen bleiben weiterhin offen. Eine historische Untersuchung könnte etwa zeigen, wie Rezepte zur Formierung eines Habitus elaboriert und weiter tradiert werden. Zur Begriffgeschichte, siehe François HÉRAN, La seconde nature de l'habitus. Tradition philosophique et sens commun dans le langage sociologique, in: Revue française de sociologie 28 (1987), S. 385-416; Gadi ALGAZI, Studying Learned Nature. The Shaping of the Concept of Habitus in Bourdieu's Work, in: Israeli Sociology 4/2 (2002), S. 401-410 [auf Hebräisch].

Hinzu kommt, dass hier ein historischer Wandel gut fassbar wird. Gelehrte – zumindest westeuropäisch christliche Gelehrte[10] – haben nicht immer in Familienhaushalten gelebt. Vor 1400 waren sie in Nordeuropa in der Regel zölibatär. Viele von ihnen lebten in quasi-monastischen Gemeinschaften, in Kollegien und Stiften. Auf diese Weise waren sie in Gemeinschaften integriert, die nicht nur für ihre materiellen Bedürfnisse sorgten, sondern ihren Alltag umfassend organisierten und disziplinierten. In Oxford und Cambridge sollten sie – mit einer kurzen Unterbrechung – bis zu den Reformen des 19. Jahrhunderts so leben. Andere Universitätsgelehrte lebten mit ihren männlichen Studenten und oft auch mit einer Haushälterin in kleinen Haushalten.[11] Seit etwa 1400 – in Italien früher als im Norden – fingen sie vermehrt an, Familienhaushalte zu gründen. Bei Medizinern ist das Zölibatsgebot eigentlich nie streng eingehalten worden. Zusammen mit den ebenfalls weltlich orientierten Juristen scheinen sie Vorreiter des Prozesses der ‚Familiarisierung'[12] gewesen zu sein. Im Laufe des 15. Jahrhunderts werden auch Philosophen von diesem Prozess ergriffen und im 16. Jahrhundert werden auch Theologen hinzukommen.[13]

Ich blende komplexe institutionelle Faktoren aus (wie etwa die Auflösung der Stifte), auch die intellektuellen und religiösen Zusammenhänge („Renaissance und Reforma-

10 Erst ein systematischer Vergleich der Lebensweisen der Gelehrten in mittelalterlichen muslimischen, jüdischen und christlichen Gesellschaften könnte erhellen, ob bisherige Versuche, gelehrte Lebensführung auf religiöse Zugehörigkeit eindeutig zurückzuführen, Bestand haben. Die These vertritt u.a. David F. Noble, A World without Women. The Christian Clerical Culture of Western Science, New York 1992; vgl. Jan Willem Drijvers / Alasdair A. MacDonald (Hg.), Centres of Learning. Learning and Location in Pre-Modern Europe and the Near East, Leiden 1995. Zu islamischen Kontexten vgl. Ira Lapidus, Muslim Cities in the Later Middle Ages, Cambridge, Mass. 1967, bes. S. 108-111; Jonathan Berkey, The Transmission of Knowledge in Medieval Cairo. A Social History of Islamic Education, Princeton 1992; Michael Chamberlain, Knowledge and Social Practice in Medieval Damascus, 1190-1350, Cambridge 1994. Über jüdische Gemeinden vgl. grundlegend: Jacob Katz, Family, Kinship and Marriage among Ashkenazim in the Sixteenth to Eighteenth Centuries, in: Jewish Journal of Sociology 1 (1959), S. 4-22; ferner: David Kraemer (Hg.), The Jewish Family. Metaphor and Memory, New York 1989; Israel Jacob Yuval, Scholars in their Time. The Religious Leadership of German Jewry in the Late Middle Ages, Jerusalem 1988 [auf Hebäisch], zuletzt auch den Versuch des Verfassers: The Life of the Mind in Medieval Jewish, Christian and Islamic Contexts, Vortrag auf der Tagung ‚Science et Religion', CNRS-UMR, Centre d'Histoire des Sciences et des Philosophies Arabes et Médiévales, Paris, Mai 2005.

11 Siehe etwa Margaret Mann Phillips, The Xanthippe of Desiderius Erasmus, in: Moreana 17/67-68 (1980), S. 50ff.

12 Wegweisend: Heide Wunder, Von der *frumkeit* zur *Frömmigkeit.* Ein Beitrag zur Genese bürgerlicher Weiblichkeit (15.-17. Jahrhundert), in: Ursula A.J. Becher / Jörn Rüsen (Hg.), Weiblichkeit in geschichtlicher Perspektive. Fallstudien zu Grundproblemen der historischen Frauenforschung, Frankfurt / M. 1988, S. 174-188, bes. S. 183ff.; Heide Wunder, Überlegungen zum Wandel der Geschlechterbeziehungen im 15. und 16. Jahrhundert aus sozialgeschichtlicher Sicht, in: Heide Wunder / Christina Vanja (Hg.), Wandel der Geschlechterbeziehungen zu Beginn der Neuzeit, Frankfurt / M. 1991, S. 12-26, bes. S. 21f.

13 Gadi Algazi, Scholars in Households. Refiguring the Learned Habitus, 1480-1550, in: Science in Context 16 (2003), S. 9-42, hier: S. 9-12 (mit weiteren Literaturhinweisen).

tion") sowie lokale Varianten, um mich nur auf einen Gesichtspunkt zu konzentrieren: Die Frage nach der Neuorganisation des Alltags um 1500: Wie sollen Gelehrte in der Welt leben, und dabei „nicht von dieser Welt" sein? Welche Beziehungskonstellationen würden sie bilden? Und welche Frauen würden mit der täglichen Reproduktion dieses Gelehrtendaseins und der langfristigen Reproduktion dieser Familien betraut?

In der bekannten Stelle aus Pierre Abelards' *Historia calamitatum* wurden Heloïse die klassischen Argumente gegen die Gelehrtenehe in den Mund gelegt: Es sind „das Plärren der Kinder", der „Singsang der Ammen" und „die widerliche Unreinlichkeit der Kinder", die vermögen, den Geist des Gelehrten von der Wissenschaft abzulenken.[14] Weder die Sexualität noch wohlgemerkt die Nähe von Frauen als Verkörperung der Versuchung werden hier als Gefährdung für das Leben des Geistes hingestellt.[15] Abgelehnt wird ein ganzes Beziehungsgeflecht, dem der Geist sich demnach schwer entziehen kann. Kinder zu haben – für deren unaufschiebbare Bedürfnisse zu sorgen, einen gemeinsamen Raum mit ihnen zu teilen – ist mit völliger Hingabe zum Studium absolut unvereinbar.[16] Nun also sollte das Unmögliche organisiert werden. Es ging zudem nicht darum, irgendeine Familienkonstellation zu etablieren, sondern ein Beziehungssystem zu schaffen, das sich selbst negiert, also eines, das dem männlichen Geist erlauben sollte, sich weiterhin frei, autark und abstrakt zu begreifen – sich erfolgreich an der Wissenschaft zu vergessen.[17]

Dies ist der Zusammenhang, in dem es im folgenden um das Zuhause der Gelehrten um 1500 gehen soll: Nicht um die Vielfalt der Erfahrungen der Einzelnen, sondern um die sich abzeichnenden Figurationen und Technologien der Sebststeuerung. Es liegt

---

14 „Ut autem hoc philosophici studii nun omittam impedimentum, ipsum consule honeste conversationis statum. Que enim conventio scolarium ad pedissequas, scriptoriorum ad cunabula, librorum sive tabularum ad colos, stilorum sive calamorum ad fusos? Quis denique sacris vel philosophicis mediationibus intentus, pueriles vagitus, nutricum que hos mittigant nenias, tumultuosam familie tam in viris quam in feminis turbam sustinere poterit? Que etiam inhonestas illas parvulorum sordes assiduas tolerare valebit? Id, inquies, divites possunt, quorum palatia vel domus ample diversoria habent, quorum opulentia non sentit expensas nec cotidianis sollicitudinibus cruciatur. Sed non est, inquam, hec conditio philosophorum que divitum, nec qui opibus student vel secularibus [oder: scolaribus] implicantur curis divinis seu philosophicis vacabunt officiis." Pierre Abélard, Historia calamitatum, hg. v. Jacques MONFRIN, Paris 1978, S. 76, Z. 467-482.

15 Dies merkten schon viele, etwa Philippe DELHAYE, Le Dossier Anti-Matrimonial de L'*Adversus Jovinianum* et Son Influence sur Quelques Ecrits Latins du XIIe siècles, in: Mediaeval Studies 13 (1951), S. 65-86, hier: S. 75; eine andere, m. E. haltlose Interpretation bei Michael T. CLANCHY, Abelard. A Medieval Life, Oxford 1997, S. 43.

16 Zu diesen Aspekten siehe Gadi ALGAZI, Abelard, Heloïse und Astrolabe. Eine Anmerkung zum Weinen der Babys und der Seelenruhe der Gelehrten [auf Hebräisch], in: Miriam ELIAV-FELDON / Yitzhak HEN (Hg.), Women, Children and the Elderly. Essays in Honour of Shulamit Shahar, Jerusalem 2001, S. 85-98.

17 Vgl. Gadi ALGAZI, ‚Sich selbst Vergessen' im späten Mittelalter: Denkfiguren und soziale Konfigurationen, in: Otto Gerhard OEXLE (Hg.), Memoria als Kultur, Göttingen 1995, S. 387-427, hier: S. 414-424.

auf der Hand, dass hier nur einige Aspekte kurz angedeutet werden können: Zunächst soll ein zeitgenössisches Konzept zur Organisation des Gelehrtenlebens vorgestellt (2); sodann die Familienkonstellation eines deutschen Gelehrten um 1530 charakterisiert werden (3).[18] Anschließend soll ein zweites Konzept zur Habitusbildung kurz umrissen werden (4), um schließlich mögliche Auswirkungen auf den Seelenhaushalt des Gelehrten anzudeuten (5).

2. Das Konzept des Erasmus

1528 publizierte Desiderius Erasmus seinen Dialog *Der Ciceronianer.*[19] Es handelt sich um einen vielschichtigen, teilweise witzigen Text, der die Frage nach dem Verhältnis der Humanisten zu antiken Autoritäten, nach dem Zusammenspiel von Originalität und Identifikation diskutiert. Er ist als Dialog zwischen dem erfahrenen Gelehrten Nosoponus (was soviel heißt wie ‚Arbeitsbesessen') und seinen zwei Gesprächspartnern aufgebaut. Nosoponus hatte soeben einen Index aller Wörter in den Werken des verehrten Cicero erstellt und erklärt seinen Freunden nicht nur, wie man einen Index erstellt, sondern auch, wie ein vorbildlicher Gelehrter zu leben hat. Er empfiehlt nachts, in tiefer Stille zu arbeiten, wenn alles ruhig ist. Es gehe jedoch nicht nur um Bequemlichkeit: man setze sich damit von den Laien ab. Die Umkehrung der üblichen Zeiteinteilung wird ferner von der Einführung neuer Aufteilungen des häuslichen Raums flankiert. Nosoponus brüstet sich mit seinem eigenen Studio – einer Einrichtung, die sich seit 1300 allmählich auch Gelehrte und sogar gebildete Kaufleute leisten:[20]

---

18 Luther, Melanchthon und andere werden im folgenden eher als Humanisten und nicht unter dem Gesichtspunkt ihres Wirkens als Reformatoren herangezogen werden. Die Prozesse der Formierung gelehrter Familienhaushalte und protestantischer Pfarrfamilien waren miteinander oft eng verschränkt, sind zunächst voneinander dennoch analytisch zu unterscheiden, um ihrer Verflechtung besser beschreiben zu können. Denn der Niedergang akademischen Zölibats hatte schon längst vor der Reformation begonnen und vollzog sich jenseits ihres Wirkungskreises; hinzu kommt, dass sich theologische Positionen zum Status der Ehe nicht unbedingt mit Stellungnahmen zur Gelehrtenehe deckten. Bei der Frage von Familiengründung und Habitus zeigt sich, dass spezifische Traditionen der gelehrten Lebensform wirksam waren. Zur Geschichte der Pfarrfamilie, siehe zusammenfassend: Susan C. Karant-Nunn, The Emergence of the Pastoral Family in the German Reformation. The Parsonage as a Site of Socio-religious Change, in: C. Scott Dixon (Hg.), The Protestant Clergy of early Modern Europe, New York 2003, S. 79-99, und Thomas Kaufmann, The Clergy and the Theological Culture of the Age. The Education of Luthern Pastors in the Sixteenth and Seventeenth Centuries, in: Dixon (Hg.), The Protestant Clergy, S. 120-136.

19 Desiderius Erasmus, Dialogus cui titulus ciceronianus sive de optimo dicendi genere. Zitiert wird im folgenden nach der deutschen Übersetzung: Der Ciceronianer oder Der Beste Stil, in: Ausgewählte Schriften, Bd. 7, Theresia Payr (Übers.), 2. Aufl., Darmstadt 1995, S. 2-355, gelegentlich modifiziert.

20 Wolfgang Liebenwein, Studiolo. Die Entstehung eines Raumtyps und seine Entwicklung bis um 1600, Berlin 1977; Marcin Fabianski, Musaea in Written Sources of the Fifteenth to Eighteenth

> Ich habe eine Studierstube [*Museum*] im hintersten Winkel meines Hauses, mit dicken Mauern, doppelten Türen und Fenstern, alle Ritzen sind sorgfältig mit Gips und Pech verstopft, so daß selbst unter Tags kaum ein Lichtstrahl eindringen kann, und auch kein Laut, wenn er nicht besonders penetrant ist, wie etwa das Geschrei zankender Weiber oder der Krach, den die Schmiede machen.[21]

Erasmus spielt auf bekannte, kodifizierte Gefahren für den Seelenfrieden des Gelehrten an: Zankende Frauen und laute Handwerker. Die Figur der zankenden, störenden Frau wurde in dem frauenfeindlichen Diskurs der mittelalterlichen Schulen unzählige Male heraufbeschworen.[22] Gelehrte beanspruchten das rechtliche Privileg, von Handwerkern nicht gestört zu werden, und versuchten gelegentlich sogar, deren Zuzug in die Nachbarschaft zu verhindern.[23] So nimmt es nicht Wunder, wenn Bulephorus dem ohne weiteres zustimmt: „Der Donnerschall der menschlichen Stimme und dröhnende Lärm der Werkstätten machen es dem Geist unmöglich, sich zu konzentrieren." Doch Nosoponus geht noch weiter:

> Deswegen dulde ich auch nicht, daß jemand in den angrenzenden Räumen sein Nachtlager hat, damit mir keiner, während er schläft, mit seinem Reden oder seinem Schnarchen in die Zufluchtsstätte meiner Gedanken [*cogitationis secretum*] einbricht. Manche Leute sprechen nämlich im Schlaf, und manche schnarchen so laut, daß man sie weithin hören kann.

Hierauf der dritte Gesprächspartner:

> *Hypologus*: Wenn ich nachts schreiben will, irritieren mich manchmal auch die Mäuse.
> *Nosoponus*: In meinem Hause gibt es nicht einmal eine Fliege.[24]

Centuries, in: Opuscula Musealia 4 (1990), S. 7-40; Paula FINDLEN, Possessing Nature. Museums, Collecting, and Scientific Culture in Early Modern Italy, Berkeley 1996; Dorothy THORNTON, The Scholar in His Study. Ownership and Experience in Renaissance Italy, New Haven / London 1997.

21 „Habeo museum in intimis aedibus, densis parietibus, geminis et foribus et fenestris, rimis omnibus gypso piceque diligenter obturatis, ut vix interdiu lux aut sonitus ullus possit irrumpere nisi vehementior, qualis est feminarum rixantium aut fabrorum ferrariorum." ERASMUS, Ciceronianus (wie Anm. 19), S. 30f.

22 Der *locus classicus* bei HIERONYMUS, Adversus Jovinianum, in: Patrologiae cursus completus: series latina, Paris 1844-1864, Bd. 23, cols. 211-338, hier: cols. 249f, 278ff. Zur mittelaterlichen Tradition: Alcuin BLAMIRES / Karen PRATT / C. W. MARX (Hg.), Women Defamed and Women Defended. An Anthology of Medieval Texts, Oxford 1992; Katharina M. WILSON / Elizabeth M. MAKOWSKI (Hg.), Wykked Wyves and the Woes of Marriage. Misogamous Literature from Juvenal to Chaucer, Albany, NY 1990; Ralph HANNAH III / Traugott LAWLER (Hg.), Jankyn's Book of Wikked Wyves, Bd. 1: The Primary Texts, Athens, GA 1990.

23 Petrus REBUFFUS, Privilegia universitatum, collegiorum, bibliopolarum, & omnium demum qui studiosis adiumento sunt, Frankfurt / M. 1585, S. 12f.

24 „*Bulephorus*: Vocum humanarum tonitrua et officinarum strepitus non sinunt animum sibi praesentem esse. *Nosoponus*: Proinde ne in proximis quidem conclavvibus patior quenquam habere cubile, ne

Diese Satire ist ernst zu nehmen. Nosoponus sollte zwar lächerlich wirken, aber nur, weil er vorhandene Modelle und geläufige Tendenzen auf die Spitze treibt. Zudem steht Bulephorus in der Regel für Erasmus' Ansichten. Erasmus operiert im übrigen auch mit Ansichten und Realien, die aus anderen Quellen gut bezeugt sind. Fressende Mäuse etwa waren eine Gefahr für die Wissenschaft – vor allem wenn sie an Folianten knabberten; deshalb bot es sich etwa für Gelehrte an, eine Katze anzuschaffen.[25] Doch gelehrte Arbeit erfordert nicht nur einen entsprechenden materiellen Rahmen, sondern auch die Fähigkeit, die eigenen inneren Regungen zu steuern. Vielleicht deutet darauf schon die Erwähnung der Fliegen, standen sie ja gelegentlich in der Tierdichtung für störende Gedanken. Gelehrte Büchernarren wurden mit einem Fliegenwedel – vielleicht zur Vertreibung umherschweifender Gedanken – dargestellt.[26] Bulephorus fährt also fort:

> Du hast dein Leben wirklich sehr weise eingerichtet, Nosoponus, ja, ich würde sogar sagen glücklich, wenn du es dazu noch fertigbringst, die laute Klage erhebenden Sorgen der Seele [*animi curas obstrepentes*] von dir fernzuhalten; denn wenn sie uns auch nachts noch bis in diesen einsamen Winkel verfolgen, was hilft uns dann alle mühsam erkämpfte Stille?

Dem stimmt Nosoponus zu: „ich weiß wohl, daß diese innere Unruhe anderen Menschen viel mehr zu schaffen macht als die Blasbälge und Hämmer eines Schmiedes in der Nachbarschaft."[27] Dieses erneute implizite Sich-Absetzen des Gelehrten vom gewöhnlichen Menschen möchte Bulephorus nun doch noch deutlicher hören: „Soll das heißen, daß dich nie Liebe, Haß, Neid, Hoffnung, Furcht oder Eifersucht stören?"

> *Nosoponus*: Ich will nicht unnütz viele Wort verlieren, Bulephorus; laß dir daher ein für allemal sagen: Ein Mensch, der für Liebe, Eifersucht, Ehrgeiz, Gewinnsucht und ähnliche Krankheiten anfällig ist, hat von vornherein keine Aussicht, die Würde zu erlangen, um die wir uns bewerben. Eine so heilige Sache [wie die Wissenschaft] verlangt ein Herz, das rein ist von allen Fehlern und frei von allen Sorgen [*ab omnibus curis vacuum*], genau wie bei den Geheimwissenschaften [...] Diese kleineren Sorgen ziehen sich zudem angesichts eines so strengen und ernsten Vorsatzes [*intentio*] mühelos zurück. Gleichwohl verscheuche ich

vel dormientium voces ronchive cogitationis secretum interpellent. Sunt enim qui in somnis loquuntur, et nonnulli tam clare stertunt, ut procul etiam audiantur. *Hypologus*: Mihi frequenter et sorices noctu scripturienti negotium facessunt. *Nosoponus*: In meis aedibus ne muscae quidem locus est." ERASMUS, Ciceronianus (wie Anm. 19), S. 32f.

25 Clifford BROWN, Isabella d'Este and Lorenzo di Pavia, Genf 1982, S. 245f.

26 Eva-Maria HANEBUTT-BENZ, Die Kunst des Lesens. Lesemöbel und Leseverhalten vom Mittelalter bis zur Gegenwart, Frankfurt / M. 1985, S. 176, 180.

27 „*Bulephorus*: Sapienter tu quidem atque etiam feliciter, Nosopone, si queas et animi curas obstrepentes excludere; quae si nos et nocte comitantur in abditum illud, quid profecerimus captato silentio? *Nosoponus*: Recte mones, Bulephore. Nam intelligo tumultus istos aliis saepe molestiores esse quam vicinorum fabrorum folles aut malleos." ERASMUS, Ciceronianus, (wie Anm. 19), S. 32f.

> auch diese, soweit sie überhaupt vorhanden sind, bevor ich mich in mein Heiligtum [in mein Studierzimmer] begebe. Daran habe ich meinen Geist mit viel Mühe gewöhnt [*Nam in hoc animum multo studio meum consuefeci*]. Und das war auch der Hauptgrund dafür, daß ich mich entschlossen habe, unverheiratet zu bleiben. Dabei weiß ich sehr wohl, daß die Ehe etwas Heiliges ist, aber ich weiß auch, daß Weib, Kinder und Verwandte unvermeidlich viel Stoff zur Sorge mit sich bringen.[28]

Dicke Mauern und abgedichtete Fenster allein schirmen den Gelehrten von den Ansprüchen anderer Menschen auf seine Aufmerksamkeit und vor seinen eigenen inneren Regungen nicht ab. Ohne die entsprechenden Dispositionen entwickelt zu haben, helfen solche Schutzschilder nicht. Letztendlich rekurriert Erasmus zwar auf die klassische Empfehlung für Gelehrte, nicht zu heiraten (daran wird er auch festhalten),[29] doch gleichzeitig signalisiert er auch die strategische Bedeutung der Entwicklung eines angemessenen Habitus, der vermag, auch innerhalb geteilter familiärer Räume gelehrte Abgeschiedenheit zu sichern.

Dieser Habitus galt ihm und anderen Humanisten nicht als angeboren, und auch nicht als natürlicher Nebeneffekt sozialer Verhältnisse; er musste mit Mühe kultiviert werden. Seine Aneignung betrachten sie nicht als gesichert durch frühe Sozialisation

---

28 „*Bulephorus*: Quid ergo? tibi nunquam obstrepunt amor, odium, livor, spes, metus, zelotypia? *Nosoponus*: Ne te multis morer, illud semel scito, Bulephore, qui amore zelotypia ambitione studio pecuniae similibusque tenentur morbis, eos frustra hanc ambire laudem, cuius nos sumus candidati. Res tam sacra requirit pectus non modo purum ab omnibus vitiis, verum etiam ab omnibus curis vacuum, non aliter quam secretiores illae disciplinae, magia, astrologia et quam vocant alcumisticam. Porro leviores illae curae facile cedunt intentioni tam acri tamque seriae. Quamquam et has, si quae sunt, dispello, priusquam sacrum illud adeam. Nam in hoc animum multo studio consuefeci meum. Atque hac potissimum de causa caelebs agere decrevi, nequaquam ignarus, quam sacra res sit coniugium, sed quod vitari nequit quin uxor liberi affines multam curarum materiam secum trahant." ERASMUS, Ciceronianus, (wie Anm. 19), S. 32ff. Auf die imaginierte Rache der Frau des Gelehrten wird hier nicht eingegangen.

29 Detlef Roth hat kürzlich die These vertreten, dass die frauen- und ehefeindliche Literatur der mittelalterlichen Gelehrten zunächst als Diskurs zu betrachten ist und die Texte dieser Gattung rhetorische Übungen darstellten: Detlef ROTH, Mittelalterliche Misogynie – ein Mythos?, in: Archiv für Kulturgeschichte 80 (1995), S. 39-66; Detlef ROTH, Von der Dissuasio zur Quaestio. Die Transformation des Topos *an Sapiens Ducat Uxorem* in Wittenweilers ‚Ehedebatte', in: Euphorion 3-4 (1997), S. 377-396; Detlef ROTH, An Uxor Ducenda. Zur Geschichte eines Topos von der Antike bis zur Frühen Neuzeit, in: Rüdiger SCHNELL (Hg.), Geschlechterbeziehungen und Textfunktionen. Studien zu Eheschriften der Frühen Neuzeit, Tübingen 1998, S. 171-232. Es ist durchaus wichtig darauf hinzuweisen, dass einzelne Texte nicht als unmittelbarer Ausdruck der Positionen ihrer Verfasser zu lesen sind – sei es Frauenlob oder Frauenschmach. Dennoch, gerade weil es sich um einen Diskurs im strengen Sinne handelt (Rüdiger SCHNELL, Frauendiskurs, Männerdiskurs, Ehediskurs. Textsorten und Geschlechterkonzepte in Mittelalter und Früher Neuzeit, Frankfurt / M. 1998), hatte seine Tradierung und Pflege eine soziale Funktion: dadurch sollte eine soziale Haltung eingeübt werden, um das gefährdete Zölibat der Gelehrten zu schützen. Davon zeugt nicht nur diese Textstelle bei Erasmus, der hier und anderswo auf den ehefeindlichen Diskurs rekurriert, um die eigene Lebensweise zu begründen, sondern auch die lebhafte Diskussion dieser Frage unter den Humanisten. Vgl. hierzu ALGAZI, Scholars in Households (wie Anm. 13), S. 16-25.

in der Familie: ein individueller Lernprozess, gestützt auf einen historischen Prozess seiner Elaborierung, war nötig. Der Habitus hat deshalb in diesem Fall tatsächlich eine Geschichte, weil er zwar in der Bahn älterer, monastischer und mystischer Techniken des Selbst steht, doch in dieser neuen Konstellation – mit der Verankerung des Gelehrtenlebens in städtischen Familienhaushalten – strategisch wichtig, zugleich sichtbar und umstritten wird. Der Dialog des Erasmus zeigt ebenfalls, dass der Gelehrtenhabitus sich auch nicht auf rein kognitive Fähigkeiten reduzieren lässt: Er produziert soziale Strategien und bringt eine spezifische Art der Selbstbeherrschung und Selbststeuerung hervor, die emotionale Distanz schafft, vor allem dort, wo es keine soziale Distanz gibt.

In Erasmus' Text finden sich alle die drei aufeinanderbezogenen Aspekte des historischen Prozesses angedeutet, um die es mir geht: Die Etablierung sozialer Beziehungskonstellationen, die Entwicklung der nötigen materiellen Infrastruktur und die Formierung eines entsprechenden Gelehrtenhabitus. Die Zeit um 1500 ist gerade deshalb spannend, weil nicht alle diese Dimensionen gleichzeitig und aufeinander abgestimmt in Erscheinung treten.

3. In Melanchthons Haushalt

1519 kommt der junge Melanchthon als Professor nach Wittenberg. Luther ist sehr stolz auf die Verstärkung der humanistischen Studien in der neuen Universität. Schon vier Monate nach seiner Ankunft ist Melanchthons berühmte ‚Bude' etabliert (*Contubernium Melanchthonis*). Er lebt mit einigen seiner Studenten zusammen; einer von ihnen, sein *famulus* Johannes Koch, wird 34 Jahre so verbringen. Das ist die Haushaltsform, die einem Gelehrten wohl geziemt.[30] Doch der Freund und Kollege Luther ist besorgt. Er schreibt an Georg Spalatin, man müsse eine Frau für Melanchthon finden, sonst gehe er an seinem übermäßigen Studieneifer zugrunde. Luther hat einen weiteren Grund zur Sorge: Er fürchtet, dass Melanchthon, ein Fremder in der Stadt, doch nach Ingolstadt gehen könnte, wenn er nicht lokal gebunden wird.[31]

Melanchthon verweigert sich. Er schreibt: „Ich bringe mich um meine Studien, mein einziges Vergnügen, indem ich dem Rat und dem Willen meiner Freunde folge und heirate." Luther gibt nicht auf. Noch Anfang August 1520 versucht Melanchthon, Gerüchte über seine Eheabsichten zurückzuweisen; am 25. August heiratet er jedoch Katharina Krapp, 23 Jahre alt wie er auch. Ihr verstorbener Vater war Gewandschnei-

30 Wilhelm MAURER, Der junge Melanchthon, Bd. 2: Der Theologe, Göttingen 1969, S. 96-99.

31 Brief Luthers an Spalatin, 5.8.1520: Martin Luther, Kritische Gesamtausgabe. Abteilung Briefwechsel (=WAB), Weimar 1930-1985, Nr. 324, Z. 19-21 [Bd. 2, S. 164]; Nr. 305 [Bd. 2, S. 130]. Auf diese Weise sollten wandernde Humanisten in die städtische Elite lokal integriert werden. Ähnlich wurde beispielsweise 1507 versucht, Christoph Scheurl davon abzuhalten, Wittenberg zu verlassen. Walter FRIEDENSBURG, Geschichte der Universität Wittenberg, Halle 1917, S. 61.

der und Bürgermeister in Wittenberg. Gleich nach der Heirat kracht es. Melanchthon möchte einen weiteren männlichen Kollegen, Johannes Agricola, bei ihnen zuhause wohnen lassen. Katharina verweigert es und Melanchthon schreibt: „Ich gehöre mir selbst nicht mehr."[32]

Melanchthon hat sich offenbar nie damit anfreunden können, dass er verheiratet war. Er nennt den Tag seiner Ehe „Tag der Trübsale"; die Ehe (*conjugium*) begreift er als *jugum*, ein Joch, das er dulden muss. Katharina nennt er – wie übrigens Luther und Spalatin auch, die ebenfalls Katharinen heiraten werden – „meine *catena*" – „meine Kette oder Fessel". Andererseits berichtet er, seine Studien seien dadurch doch nicht gestört worden.

Katharina ist dafür bekannt, keine echte Haushälterin zu sein. Melanchthon schreibt sogar an seine häuslichen Kostgänger, dass sie nicht kochen könne.[33] Doch gleichzeitig trifft ihre Weigerung, sich mit der Küche anzufreunden, auf Melanchthons asketischen Gelehrtenhabitus. Sein Freund Camerarius schreibt, Katharina habe den Haushalt vernachlässigt, ohne dadurch bei ihrem Mann anzuecken, der Genuss und Vergnügen sowieso gemieden habe.[34] Katharina sorgte jedenfalls für die körperlichen Bedürfnisse, die er von vornherein geringachtete. Schon vor seiner Verehelichung hatte Luther ihn als einen jener großen Geister (*magna ingenia*) charakterisiert, welche dazu neigen, Haushaltsangelegenheiten und den eigenen Körper zu vernachlässigen. Eben deshalb brauchte er eine Frau, die zu seinen Gewohnheiten (*mores*) passt.[35]

Hinter diesen Konflikten stehen ganze Lebensweisen. Während Melanchthon für die Tradition des Gelehrtenzölibats stand, stammt Katharina aus einer angesehenen Handwerkerfamilie. In ihrer Familie war sie somit die erste Frau, die von der Produktion für den Markt abgeschnitten war.[36] Als die Frau eines Gelehrten begab sie sich

---

32 „Quod scis, desii meus esse". Brief Melanchthons an Johannes Agricola, nach Nov. 1520: Heinz SCHEIBLE (Hg.), Melanchthons Briefwechsel. Kritische und kommentierte Gesamtausgabe (MBW), Stuttgart / Bad Cannstatt 1977, Nr. 113, Z. 2 [Bd. 1, S. 113]. Hier und im folgenden verdankt die Darstellung viel der vorbildlichen Untersuchung von Stefan RHEIN, Katharina Melanchthon, geb. Krapp. Ein Wittenberger Frauenschicksal der Reformationszeit, in: Stefan OEHMIG (Hg.), 700 Jahre Wittenberg: Stadt – Universität – Reformation, Weimar 1995, S. 501-518.

33 MBW Nr. 618, 6302, 6306. Dabei handelt es sich um einen großen, gelegentlich expandierenden Haushalt, in dem neben Studenten und Kostgänger unzählige Gäste oft zu Besuch, das heißt zunächst zum Essen, da sind.

34 Joachim CAMERARIUS, De Philippi Melanchthonis ortu, totius vitae curriculo et morte, implicata rerum memorabilium temporis illius hominumque mentione atque indicio, cum expositionis serie cohaerentium: narratio diligens et accurata, Halle 1775, S. 38.

35 „Philippo nemini me optasse vxorem suis moribus aptam, nec adhuc paenitet optati. Metuo homini casum, qui magna ingenia ferme persequitur, tum quod homo est rei familiaris suique corporis incuriosissimus. Necdum tamen video hominem ad id genus vitae propensum." Luther an Spalatin, 5.2.1520, WAB Nr. 249 [Bd. 2, S. 30f, Z. 27-31].

36 Zum Heiratsmuster ihrer Schwester und ihres Bruders siehe Inge Mager, Es ist nicht gut, dass der Mensch allein sei. Zum Familienleben Philipp Melanchthons, in: Archiv für Reformationsgeschichte 81 (1990), S. 120-137, S. 123.

nun in eine unbekannte Konstellation. Dies macht ein Vergleich mit der Lebensweise ihrer Mutter deutlich: Nach dem Tod ihres Mannes stand Katharinas Mutter als Witwe ihrem Haushalt vor. Sie wurde dadurch Gildenmitglied, bis zur Volljährigkeit des jüngeren Sohnes Hieronymus. Ihre Tochter Katharina dagegen lebte vom Jahressalär ihres Mannes,[37] mit all den ideologischen Effekten, die mit dieser Bezahlungsform einhergehen, vor allem der weitgehenden Unsichtbarmachung unbezahlter häuslicher Arbeit.[38] Sie musste allerdings auch einen Haushalt organisieren, der als Ort des Wissens und Zentrum gelehrter Geselligkeit fungieren sollte. Zu Melanchthons Studierzimmer, zur eigentlichen Werkstätte seiner Wissensproduktion, hatte sie offenbar kaum Zugang. Ein ungarischer Student erzählte jedenfalls von Philipp Melanchthon

> er habe sich in dem Zimmer, in dem er studierte, oft vor seiner Frau eingeschlossen. Sie kam zur Tur, klopfte zuerst einige Male und sagte: Philipp, Philipp, schließ auf. Jener, wohl wissend, sie komme, um zu zanken und ihn im Studium zu stören, schwieg still. Doch sie klopfte weiter und rief: Tu's auff, du schelm! Andere Male, zumeist wenn Freunde bei ihm waren, sagte er nur: Auch das ist das Kreuz der Ehe.[39]

Selten kommt die Verschmelzung des Körpers des Gelehrten mit dem Gehäuse, das er sich errichten ließ,[40] besser zum Ausdruck, als in Melanchthons Versuch, still zu halten und sich unsichtbar, abwesend zu machen. Die Konstellation ist jedoch komplexer, weil Melanchthon, obwohl er seine Ehe nie völlig akzeptierte, sich für seine Töchter, besonders für die begabte Anna, sehr interessierte. Besucher berichteten, wie sie Melanchthon sahen, das Buch in einer Hand, und mit der anderen die Wiege schaukelnd.[41] Ein späteres Selbstzeugnis Melanchthons veranschaulicht die unterschied-

---

37 Im Juli 1520 distanzierte sich Melanchthons noch von Luthers Vorschlag, sein Jahresgehalt (*stipendium*) zu erhöhen, doch in Dezember bedankte er sich schon beim Kürfürsten Friedrich dafür, dass er nun 100 Gulden pro Jahr bekommen soll: MBW 99 (10.7.1520) [Bd. 1, S. 219f]; Luthers Vorschlag: 25.6.1520, WAB Nr. 305 [Bd. 2, S. 129ff]; Nr. 310 [Bd. 2, S. 136ff]; Melanchthons Brief von Dezember: MBW, Nr. 115 [Bd. 1, S. 239f].

38 Dass es sich um ein *Familien*gehalt handelt, geht aus der ganzen Diskussion zwischen Luther, Melanchthon und Spalatin klar hervor. Damit soll jedoch nicht suggeriert werden, dass dies die einzige Quelle des Familieneinkommens darstellte – doch sicherlich spielte es eine strategische Rolle.

39 István Borzsák, Zur Frage der Rezeption Melanchthons in Ungarn, in: Leopold Magon (Hg.) Studien zur Geschichte der deutsch-ungarischen literarischen Beziehungen, Berlin / Ost 1969, S. 52-69, hier: S. 68, Anm. 72; zitiert wird Péter Bornemisza, Negyedic resce az evangeliomokbol es az epistolakbol valo tanvságoknac, mellyeket à keresztyeneknec gyülekezetibe szoktac predikalni minden ünnep nap, Bd. 4, Sempte 1578, fol. 535r; ich bedanke mich bei meiner Mutter, die mir die ungarische Textstelle erklaert hat.

40 Zur Ikonographie siehe Eugene F. Rice, Jr., Saint Jerome in the Renaissance, Baltimore 1985; Hubert Locher, Domenico Ghirlandaio. Hieronymus im Gehäuse. Malerkonkurrenz und Gelehrtenstreit, Frankfurt / M. 1999.

41 Melchior Adam, zitierte bei Georg Theodor Strobel, Melanchthoniana oder Sammlung einiger Nachrichten zur Erleuterung der Geschichte Philipp Melanchthons nebst verschiedenen noch ungedruckten Briefen desselben, Altdorf 1771, S. 21; Theodor Muther, Anna Sabinus, in: Theodor

lichen Zugangschancen zu seiner Gelehrtenstube. In einer Vorlesung über Ciceros *De officiis* erklärt Melanchthon seinen Studenten die Benimmregeln, die Normen des zivilisierten Verhaltens. Ganz im Sinne von Erasmus' *De civilitate*, sagt er, man solle die eigenen Bedürfnisse beherrschen können, dies gilt aber nicht in jedem Alter und in jeder Situation:

> Ich habe meine Mädchen [offenbar seine Enkelinnen] daran gewöhnt, sich nicht zurückzuhalten, zu pinkeln in meinem Arbeitszimmer, wenn ich allein bin; wenn aber Fremde da sind, sollen sie dies auf keinen Fall tun.[42]

Dieses widersprüchliche Bild wird noch komplexer, sobald man die nächste Generation in Betracht zieht, vor allem die Beziehungsgeschichte von Melanchthons geliebter Tochter Anna, die den Humanisten Georg Sabinus heiratete. Anna steht für diejenigen begabten Töchter der Humanisten, die den Gelehrtenhabitus ihrer Väter geerbt haben[43] und damit für das Eheleben fast untauglich wurden. Es war zu dieser Zeit nämlich nicht nur unklar, welche Frauen Gelehrte heiraten sollen und wie die ehelichen Beziehungen organisiert werden sollten, sondern auch, wen die Gelehrtentöchter heiraten und wie sie ausgestattet werden sollen. Ich kann hier nur andeuten, dass die Unsicherheiten und Fehlgriffe, die ich anhand des Lebensalltags in Familienhaushalten zu skizzieren versuchte, sich in *mutatis mutandis* auf der Ebene der Reproduktion von Familienstatus und Wissen ebenfalls finden lassen.

Zumindest bis Mitte des 16. Jahrhunderts, so mein bisheriger Befund, haben sich die Ehemuster der Gelehrten, wie sie später als typisch gelten sollten – die Endogamie innerhalb akademischer Kreise, das Heiraten der Töchter von Kollegen und Amtsvorgängern,[44] die Tradierung von Wissen und Familienstatus durch familiäre Erziehung – noch nicht durchgesetzt. Die Humanisten dieser Zeit strebten offensichtlich nicht danach, besonders gebildete Frauen zu heiraten, noch etablieren sie irgendwie egalitäre Ehemuster, wie dies gelegentlich in der Humanismus- oder Reformationsforschung

---

Muther, Aus dem Universitäts- und Gelehrtenleben im Zeitalter der Reformation (1866), wiederabgedruckt Amsterdam 1966, S. 329-367; Heinz SCHEIBLE, Georg Sabinus (1508-1560). Ein Poet als Gründungsrektor, in: Heinz SCHEIBLE / Gerhard MAY / Rolf DECOT (Hg.), Melanchthon und die Reformation. Forschungsbeiträge, Mainz 1996, S. 533-547.

42 „ego assuefeci meas puellulas ut non recusent mingere in musaeo cum solus sum, sed cum adsunt peregrini nullo modo hoc faciunt etiam iussae." Wilhelm Meyer, Melanchthons Vorlesung über Ciceros Officia, 1555, in: Nachrichten von der Königlichen Gesellschaft der Wissenschaften zu Göttingen, Philologisch-Historische Klasse 2 (1894), S. 146-181, hier: S. 172. RHEIN, Katharina Melanchthon (wie Anm. 32), S. 513, Anm. 69, schlug vor, dass es sich um die Enkelinnen Melanchthons handelt, Anna Sabinus (geb. 1552) und Magdalena Peucer (geb. 1554).

43 Melanchthon an Camerarius, in: CAMERARIUS, Vita (wie Anm. 34), S. 206.

44 Erst bei seiner dritten Ehe wird auch der verwitwete, schon etablierte Jung-Stilling eine Professorentochter heiraten, Elise Coing (1756-1817).

behauptet wird.[45] Sie suchen sich vor allem reiche Witwen, um sich finanziell abzusichern und sich bemuttern zu lassen.[46]

Dafür nur ein Beispiel, das des Basler Gelehrten Johannes Oekolampad (1482-1531). Bis zu seinem 44. Lebensjahr hatte ihm seine Mutter den Haushalt besorgt. Erst als sie gestorben war, dachte er daran, sich zu verehelichen. Er fand Wibrandis Rosenblatt, 24 Jahre alt und bereits Witwe eines Gelehrten, des Magister Johannes Keller. Oekolampad schrieb einem Freund über die Heirat, der Herr habe ihm anstelle der Mutter nun eine recht christliche Schwester zur Gattin gegeben. „Ich wünsche zwar,“ fügte er hinzu, „sie wäre etwas älter, doch habe ich bis dahin noch keine Spur von jugendlicher Ausgelassenheit an ihr wahrgenommen.“ Wibrandis sollte auch Oekolampad überleben und später seinen besten Freund, den gelehrten Wolfgang Capito heiraten, um schließlich nach dessen Tod wiederum dessen Freund und Amtsgehilfen, Martin Bucer zu ehelichen; insgesamt also vier gelehrte Ehemänner einer einzigen Frau.[47]

Um 1500 versuchten die Gelehrten in die städtische Elite hinein zu heiraten, entwickelten aber noch kein eigenständiges Muster der Familien- und Wissensreproduktion. Nicht die langfristige Reproduktion ihres Wissens interessierte sie, sondern zunächst die kurzfristige Versorgung ihrer materiellen Bedürfnisse und die Integration in die städtische Elite. So bildet man keinen Stand.

4. Petrarcas Einsamkeitsrezept

Gelehrte werden nicht nur durch verdichtete Wände eines verschließbaren Arbeitszimmers abgeschirmt. Erasmus und andere betonen wiederholt, dass dazu auch eine entsprechende ‚Haltung‘ gehört: die Fähigkeit, zu abstrahieren. Diese Haltung wird zwar an Individuen sichtbar, wird aber sozial produziert. Abstraktion, Konzentration, Vergesslichkeit und Zerstreutheit sind inkorporierte Beziehungssysteme. Die Konzentration eines römischen Philosophen, der einen Oikos hat und über Sklavenarbeit verfügt, war eine andere als diejenige eines frühneuzeitlichen Gelehrten, der in den überfüllten Räumen eines städtischen Familienhaushalts arbeitete. Der Gelehrtenhabitus erlangt eine besondere strategische Bedeutung und eine spezifische Ausformung, wenn Gelehrte den Schritt ‚in die Welt‘ machen. Erasmus beschrieb das als die angelernte Gewohnheit, die ‚Sorgen‘ hinter sich zu lassen, um sich dem Studium zu widmen.

45 Siehe etwa Margo TODD, Humanists, Puritans and the Spiritualized Household, in: Church History 49 (1980), S. 18-34; Ursula HESS, Lateinischer Dialog und gelehrte Partnerschaft: Frauen als humanistische Leitbilder in Deutschland (1500-1550), in: Gisela BRINKER-GABLER (Hg.), Deutsche Literatur von Frauen, München 1988, Bd. 1, S. 113-148.

46 ALGAZI, Scholars in Households (wie Anm. 13), S. 18-25.

47 Oekolampads Aussagen über die Gründe seiner Verehelichung und seine Beschreibung der jungen Gattin sind *cum grano salis* zu lesen; siehe ausführlicher, mit Quellenangaben, ALGAZI, Scholars in Households (wie Anm. 13), S. 21-24.

Eigentlich solle der Gelehrte in der Lage sein, Menschen zu vergessen, die bei ihm als Sorgen und Ansprüche figurieren, die aber seine eigene Existenz zugleich auch möglich machen. Das Selbstbild des autonomen Subjekts kann man philosophisch zwar immer wieder dekonstruieren; seine sozialen Produktionsbedingungen sind dadurch allerdings nicht abgeschafft, noch wird damit erklärt, wie sie sich historisch wandeln, aufrechterhalten und gelegentlich untergraben werden.[48]

Es ist typisch für diese historische Konstellation, dass diese Haltung der Abstraktion nicht als selbstverständlich gilt; dies sowohl weil der Anspruch der Gelehrten, sich selbst zu widmen, nicht unangefochten ist, als auch deshalb, weil die Beziehungskonstellationen, die diese Haltung aufrechterhalten und weiter tradieren, sich noch nicht etabliert haben.

Eine explizite Beschreibung eines Rezepts für diese Haltung liefert eines der meistgelesenen Bücher des Humanismus, Francesco Petrarcas *De vita solitaria*, geschrieben zwischen 1357 und 1371.[49] Hier werden alte und neuere Vorbilder für die Lebensweise des Gelehrten und Poeten gesammelt – als Plädoyer für die Einsamkeit. Doch nicht die *Topoi* interessieren hier, sondern ihr Gebrauch und die Konzepte gelehrten Daseins, die Petrarca entwirft.

Petrarca befürwortete im allgemeinen die wirkliche, traditionelle Einsamkeit des Gelehrten – in der Abgeschiedenheit der Kammer oder besser noch, auf dem Lande.[50] Doch an einer Stelle beschreibt er eine andere Art von Alleinsein, die er eine „imaginäre Einsamkeit“, *solitudo imaginaria* nennt:

> Ich habe gelernt, mir eine Einsamkeit mitten unter den Menschen zu errichten, einen Fluchtort im Sturm; durch ein nicht allgemein bekanntes Mittel [*artificium*], befehle ich den Sinnen, daß sie das, was sie wahrnehmen, nicht wahrnehmen. Lange nachdem ich

---

48 Ebendies vermisse ich an den treffenden kritischen Zeilen, die Judith Butler dem „entkörperten, abstrakten männlichen epistemologischen Subjekt“ widmet (Judith BUTLER, Gender Trouble. Feminism and the Subversion of Identity, London 1990, S. 11f.): „That subject is abstract to the extent that it disavows its socially marked embodiment and, further, projects that disavowed and disparaged embodiment on to the feminine sphere, effectively renaming the body as female. This association of the body with the female works along magical relations of reciprocity whereby the female sex becomes restricted to its body, and the male body, fully disavowed, becomes, paradoxically, the incorporeal instrument of an ostensibly radical freedom.“ All das ist mehr als eine epistemologische Einstellung; es geht um eine sich wandelnde soziale Beziehung.

49 Francesco PETRARCA, Vita solitaria, in: Francesco Petrarca, Prose, hg. v. Guido MARTELOTTI u.a., Milan 1955, S. 286-591; wichtige Anregungen verdanke ich Peter VON MOOS, Petrarcas Einsamkeiten, in: Aleida ASSMANN / Jan ASSMANN (Hg.), Einsamkeit, München 2000, S. 213-237. Folgende Paragraphen lehnen sich stark an ALGAZI, Gelehrte Zerstreutheit und gelernte Vergesslichkeit. Bemerkungen zu ihrer Rolle in der Formierung des Gelehrtenhabitus, in: Peter VON MOOS (Hg.), Der Fehltritt. Vergehen und Versehen in der Vormoderne, Köln / Weimar / Wien 2001, S. 235-250.

50 Ernst H. KANTOROWICZ, Die Wiederkehr gelehrter Anachorese im Mittelalter (1937), wieder abgedruckt in: Ernst H. KANTOROWICZ, Selected Writings, New York 1965, S. 339-351, hier: S. 345-349.

> dies durch meine eigenen Versuche in eine Gewohnheit [*consuetudo*] verwandelt hatte, entdeckte ich, daß dies auch der Ratschlag [*consilium*] eines hochgelehrten und scharfsinnigen Mannes war. Ich habe es mir deshalb um so sorgfältiger eingeprägt, wegen meiner Freude, daß ein Verfahren von mir [*factum meum*] schon durch die Autorität der Antike gestützt wird.[51]

Man sieht: Es handelt sich um einen von ihm erprobten Kunstgriff, ein *artificium*, der zur Gewohnheit geworden ist. Sein Kern besteht darin, dass „die Sinne das, was sie wahrnehmen, nicht wahrnehmen". Allerdings sagt Petrarca nicht, wie er selbst genau dazu gekommen ist, außer, dass er dieses Mittel (*remedium*) aus Not gefunden habe. Er machte davon öfter Gebrauch, um sich mitten im Getümmel der Städte eine imaginäre Einsamkeit (*solitudo imaginaria*) zu errichten: er zog sich nach Möglichkeit etwas zurück und gab sich den eigenen Gedanken hin. So, resümiert er, besiegte sein *ingenium* die *fortuna*.[52] Petrarca sagt offenbar die Wahrheit, wenn er schreibt, dieses *artificium* habe er erst spät bei den Alten entdeckt. Die Stelle aus Quintilians *Institutio oratoria*, die er nun als auctoritas für seine Gewohnheit zitiert, ist in der Tat ein späterer Zusatz, den er seinem Werk erst 1350 hinzufügte, nachdem ihm ein schlechtes Manuskript von Quintilian zugänglich geworden war. Darin erkannte er sich wieder.

Quintilian erklärt, wie man schreiben kann, selbst wenn die nötige Stille, Abgeschiedenheit (*secessus*) und Sorgenfreiheit (*liber animus*) fehlt. Man sollte sich daran gewöhnen, durch gesteigerte Aufmerksamkeit (*intentio*) alle äußerlichen Hindernisse zu überwinden: „Wenn wir unsere ganzen Gedanken (*mens*) auf unser Werk richten, würde nichts von dem, was sich den Augen oder Ohren aufdrängt, unseren Geist (*animum*) erreichen." Doch worin genau besteht das Rezept zur Formierung dieser Disposition? Es handelt sich um die systematische Einübung des Fehltritts im wahrsten Sinne des Wortes:

> Wenn ein zufälliger Gedanke uns oft derart festhält, daß wir diejenigen, die vor uns sind, nicht sehen und uns so verlaufen – könnten wir nicht dasselbe Ergebnis erzielen [d.h. wegsehen, GA], wenn wir uns dazu entschließen?[53]

---

51 „Set ita, ut siqua me necessitas in urbem cogat, solitudinem in populo atquein medio tempestatis portum michi conflare didicerim artificio non omnibus noto sensibus imperitandi, ut, quod sentiut, non sentiant. Quod cum per me ipsum experientie creditum in consuetudinem deduxissem, multo post tempore acutissimi cuiusdam doctissimique viri consilium esse cognovi memorieque mandavi, eo quidem attentius, quo gaudebam factum meum vetustatis autoritate fulciri." Petrarca, Vita solitaria (wie in Anm. 49), lib. I, 4, 6, (S. 336).

52 Petrarca, Vita solitaria (wie in Anm. 49), lib. I, 4, 8 (S. 338).

53 „quam si tota mente in opus ipsum direxeris, nichil eorum, que oculis vel auribus incursant, ad animum perveniet. An vero frequenter etiam fortuita hoc cogitatio praestat, ut obvios non videamus et itinere deerremus: non consequemur idem, si et voluerimus?" Quintilian, Institutio Oratoria, lib. X, III, par. 28-29, Cambridge, Mass. 1979, Bd. 4, S. 107.

Im eigenen Fehltritt soll der Gelehrte ein verborgenes Potential der Selbststeuerung entdecken. Gerade die durch umherschweifende Gedanken verursachte Zerstreutheit soll eingesetzt werden, um die eigene Konzentrationsfähigkeit zu schmieden. Gewiss, der Befehl ‚vergiss es' ist ein bekanntes *double bind*; eine bewusste Entscheidung, zerstreut zu werden, ist kaum durchführbar. Doch man kann durchaus eine Verhaltensweise einüben und auf diese Weise auch den erwünschten Gemütszustand herbeizuführen versuchen, in dem man von der Gegenwart anderer Menschen absieht und alltägliche Sorgen und Pflichten mühelos ignoriert. Die Selbststilisierung kann nur deshalb so wirksam sein, weil sie einer vorhandenen Disposition entspricht und sie weiter festigt – vorausgesetzt, sie kann sich auf eine vorgegebene Beziehungsstruktur verlässlich stützen. Deshalb scheint mir angebracht, in diesem Fall von der Formierung eines Habitus zu sprechen.

5. ‚Melancholie' nach Dr. Luther

Dieser Habitus wurde selbstverständlich nicht von allen Gelehrten verkörpert; er ist jedoch ihr anerkanntes Kennzeichen geworden. Ich kann hier nicht im einzelnen darlegen, warum ich glaube, dass diese Anweisungen nicht auf dem Papier blieben. Es geht nicht lediglich um gelehrte Vorschriften: In den Quellen – sowohl in autobiographischen Schriften wie in medizinischen Texten – findet man Klagen über die Nebeneffekte der Annahme dieses Habitus.[54] Hierfür soll abschließend ein letztes Beispiel angeführt werden, in dem ein Gelehrter in der ersten Hälfte des 16. Jahrhunderts die Nebenwirkungen dieses Habitus schildert.

Es handelt sich um einen besonderen Gelehrten, der nicht nur vom Kloster in die Welt ging und einen Familienhaushalt gründete, sondern auch das eigene Kloster zurückeroberte und seinen Familienhaushalt darin ansiedelte: Doctor Martin Luther. Seine Klosterzelle wurde bekanntlich mit dem Sieg der Reformation sein Studierzimmer. In seinen Vorlesungen über das Buch Genesis kam Luther auf die Geschichte von Esau und Jakob zu sprechen. Jakob zog seines alten Vaters Isaaks Segen mit List auf sich, indem er auf Rebekkas Rat Esaus Kleider anzog und seinem Vater Essen servierte, damit der Isaak ihn für seinen älteren Bruder, den Erstgeborenen, halte. Eigentlich ist da nichts zu erklären: alt und fast blind wird Isaak von seiner Frau und seinem jüngerem Sohn überlistet und muss sich auf seinen Geruch- und Tastsinn verlassen: „der Geruch meines Sohnes ist wie ein Geruch des Feldes, das der Herr gesegnet hat", übersetzt Luther. Dennoch gibt er eine andere Erklärung, die nicht mit der Gebrechlichkeit des alten Isaaks zusammenhängt, sondern mit seiner Hingebung und Konzentration: „Wenn man sich nur einer Sache befleißigt und sich dazu ganz ergeben hat, der achtet

54 Einige Beispiele: ALGAZI, Scholars in Households (wie Anm. 13), S. 33f.

anderer Dinge nicht, wenn er sie auch schon sieht und mit allen Sinnen begreift". Dies kann man an ‚Melancholikern' beobachten:

> Wenn andere Leute reden, trinken, ein- oder ausgehen, so hören oder sehen sie doch nichts. Denn die Gedanken des Herzens sind abstrahiert von den Sinnen. Darum nimmt ein melancholischer Geist, der von Gedanken zu anderen Dingen besetzt ist [*occupatus cogitationibus aliarum rerum*], nicht wahr, was offen vor die Sinne kommt; er ist wohl bei anderen Menschen, während sie miteinander reden und Geschichten und Fabeln rezitieren, und dennoch hört er nichts davon, weil der Geist gewissermaßen wandert [*animus quasi peregrinatur*]. Essend und trinkend, weiß ein Melancholiker oft nicht, was er ißt und trinkt, ob es nun Bier oder Wein sei.[55]

Dieser Text lässt sich im Rahmen des tradierten Melancholie-Diskurses lesen; demnach beschreibt Luther die Effekte der Melancholie, wie sie in der medizinischen Literatur seit der Antike wiederholt angeführt werden. Doch Luther spricht hier nicht über Melancholie – ein schillernder Begriff auch in der Medizin der Zeit – als Krankheit, sondern als Disposition und Nebenwirkung höchster Hingebung.[56] Diese Nebenwirkungen sind jedoch genau diejenigen, die zuvor als angestrebte Effekte der Aneignung eines Gelehrtenhabitus figurierten.

Ich möchte daher vorschlagen, den Text im Lichte der bisherigen Skizze, andersherum zu lesen. Die Abstraktion von den Sinnen, das heißt, die Abstraktion von anderen Menschen und Beziehungsgeflechten, also Geistesabwesenheit, ist ein kodifizierter Bestandteil des Gelehrtenhabitus; daher können wir Melancholie auch als Folge – und nicht als bloße Ursache – dieses Habitus begreifen. Die Abstraktion kommt nicht von der ‚Melancholie'; das, was als ‚Melancholie' firmierte, ist ein Nebeneffekt der abstrakten Lebensführung des Gelehrten, der sich angewöhnt hat, „nicht wahrzunehmen, was die Sinne wahrnehmen", und Menschen, „die vor uns sind", nicht zu sehen.

---

55 „Sicut videre est in Melancholicis. Illi aliis loquentibus, bibentibus, ingredientibus aut egredientibus nihil audiunt, nec vident: quia cordis cogitationes sunt abstractae a sensibus. Ideo animus Melancholicus occupatus cogitationibus aliarum rerum non animadvertit ea, quae palam sensibus obiiciuntur, adest aliis confabulantibus, recitantibus historias et fabellas, et tamen nihil horum audit, quin animus quasi peregrinatur. Saepe comedens et bibens. Melancholicus, quid comedat aut quid bibat, nescit, cerevisiamme [sic!] an vinum." Martin Luther, Kritische Werkausgabe (=WA), Bd. 43, Weimar 1912, S. 520 [Genesis-Vorlesung, gehalten zwischen 1535 und 1545]. Später kommt Luther auf diese Idee zurück: Bd. 43, S. 635f.; Bd. 44, S. 477.

56 Hier stimme ich der Interpretation Midelforts zu: H. C. Eric Midelfort, A History of Madness in Sixteenth-Century Germany, Stanford 1999, S. 86-89. S. besonders Raymond Klibansky / Erwin Panofsky / Fritz Saxl, Saturn and Melancholy. Studies in the History of Natural Philosophy, Religion and Art, London 1964; Heinz-Günter Schmitz, Das Melancholieproblem in Wissenschaft und Kunst der frühen Neuzeit, in: Sudhoffs Archiv. Zeitschrift für Wissenschaftsgeschichte 60 (1976), S. 136-162; Peter-Klaus Schuster, Melencolia I. Dürers Denkbild, Berlin 1991; Harald Tersch, Melancholie in österreichischen Selbstzeugnissen des Späthumanismus, in: Mitteilungen des Instituts für Österreichische Geschichtsforschung 105 (1997), S. 130-155.

Die Melancholie der Gelehrten wäre hier demnach nicht nur ein literarischer Topos oder ein soziales Distinktionsmittel, sondern gleichzeitig die mehr oder weniger ausgeprägte äußere Erscheinungsform einer eingefleischten Disposition. Vergesslichkeit und Geistesabwesenheit, Gleichgültigkeit körperlichen Bedürfnissen und Mitmenschen gegenüber können sowohl Symptome der gelehrten Lebensweise als auch Formen der Selbststilisierung, Effekt und Affektieren zugleich sein. Wenn es Sinn macht, von Habitus und sozialen Strategien zu sprechen, so gerade deshalb, weil sie sich nicht auf äußere Repräsentation und bewusstes Kalkül verkürzen lassen, sondern scheinbar natürliche Ausdrücke eingefleischter Dispositionen darstellen. Eine konkrete, intime soziale Figuration brachte diese Abstraktion hervor. Die Geschichte der kollektiven Organisation des gelehrten Selbst ist noch nicht geschrieben. Ich hoffe, mit dieser Skizze zumindest einige Aspekte und Schwierigkeiten eines solchen Unternehmens zur Diskussion gestellt zu haben.

Gabriele Jancke

Ritualisierte Verhaltensweisen in der frühneuzeitlichen Gelehrtenkultur – Bettgeschichten*

Ritualisierte Verhaltensweisen in der frühneuzeitlichen Gelehrtenkultur werden meist mit öffentlichen Räumen und mit verschiedenen Konzepten öffentlichen Handelns verbunden. Jedoch fanden sie bei weitem nicht nur an Orten wie Universitäten und Kirchen statt. Sie hatten auch keineswegs nur die streng durchreglementierte Form des Rituals, des Zeremoniells, der Liturgie oder der gelehrten Kommunikations- und Streitrituale.[1]

In vielen Fällen waren ritualisierte Verhaltensweisen Teil von alltäglichen sozialen Beziehungen. Die zugehörigen Interaktionsrituale haben allerdings für die Frühe Neuzeit noch wenig Aufmerksamkeit gefunden.[2] Wie die Untersuchung von Patronage-

---

* Die folgende knappe Skizze ist Teil einer größeren Studie, die ich vorbereite. Aus Platzgründen können hier nur sehr wenige Belege gegeben werden. Für wichtige Hinweise und Kommentare bedanke ich mich bei Silke Törpsch, Christiane Coester, Christina Lutter und Helmut Puff. – Eine Vortragsfassung dieses Beitrags mit Abbildungen findet sich unter dem Titel: Bettgeschichten – Gastfreundschaft in der Frühen Neuzeit, in: Querelles-Net Nr. 17: Geschichten, Forum [27.11.2005], URL: http://www.querelles-net.de/forum/forum17/index.shtml, (29.11.2005).

1 Für einen knappen Einblick in die Ritualforschung zur Frühen Neuzeit vgl. Barbara Stollberg-Rilinger, Zeremoniell, Ritual, Symbol. Neue Forschungen zur symbolischen Kommunikation in Spätmittelalter und Früher Neuzeit, in: ZHF 27 (2000), S. 389-405, sowie dies., Symbolische Kommunikation in der Vormoderne. Begriffe – Thesen – Forschungsperspektiven, in: ZHF 31 (2004), S. 489-527, mit weiteren Literaturhinweisen. In der Forschung zu frühneuzeitlichen Ritualen wird „Ritual" verstanden als eine Handlung mit stereotypen Elementen und festem Ablaufschema sowie vor allem performativer Wirkung und von „Zeremoniell" ohne solche Performativität unterschieden. De facto stehen dabei vielfach politische Rituale der höchsten politischen Handlungsebenen im Vordergrund. Im Anschluss an die mikrosoziologische Forschung zu Interaktionsritualen (s.u. Anm. 2) wäre zu überlegen, ob nicht der Ritualbegriff auch die Performativität von Handlungen in alltäglichen Interaktionszusammenhängen mit berücksichtigen sollte. Der folgende Beitrag setzt an alltäglichen Verhaltensweisen an und fragt dort nach ritualisierten Elementen. – Zu gelehrten Kommunikations- und Streitritualen vgl. Martin Gierl, Pietismus und Aufklärung. Theologische Polemik und die theologische Kommunikationsreform der Wissenschaft am Ende des 17. Jahrhunderts. (Veröffentlichungen des Max-Planck-Instituts für Geschichte 129), Göttingen 1997.

2 Vgl. aber etwa Gabriela Signori, „Sprachspiele". Anredekonflikte im Spannungsfeld von Rang und Wert, in: ZHF 32 (2005), S. 1-15. Zu Interaktionsritualen v.a. Erving Goffman, The Representation of Self in Everyday Life, Garden City, NY 1959; Erving Goffman, Interaction Ritual. Essays on Face-to-Face Behavior, Garden City, NY / Chicago 1967; auch weiterhin interessiert sich die (Mikro-)Soziologie für dieses Feld des ritualisierten Verhaltens in alltäglichen Kontexten, vgl. Randall Collins, Interaction Ritual Chains. (Princeton Studies in Cultural Sociology), Princeton / Oxford 2004. – Zu ritualisierten Verhaltensweisen in frühneuzeitlichen Patronagebeziehungen vgl. Material bei Gabrie-

verhältnissen zeigt, konnten ritualisierte Verhaltensweisen überall dort auftreten, wo die entsprechenden Beziehungen mit ihren ritualisierten Elementen gelebt wurden, und dafür waren die Haushalte eminent wichtige Orte.

In die Haushalte führt auch das Thema der Gastfreundschaft, mit dem ich mich derzeit beschäftige, und zwar über die Schwelle, in die Stube und an einen Tisch, wo es etwas zu essen oder zumindest zu trinken gab, und auch oder zuvörderst die Geselligkeit von Gästen und Gastgebern und Gastgeberinnen. In vielen Fällen ging aber der Weg eines Gastes von da auch ins Bett oder zu einer anderen Schlafstätte. Auch dieser Platz war ein Ort der Gastlichkeit, und auch dort gab es Praktiken, die mehr oder weniger ritualisierte Züge annehmen konnten. Wenn gelehrte Gruppenkultur sich, wie hier, auch auf die Kontexte alltäglicher sozialer Beziehungen und Verhaltensweisen erstreckt, so stellt sich die Frage, ob sie auch auf diesem Feld als etwas Spezifisches klar abzugrenzen ist.

I

Um dieses Problem zu beleuchten, beginne ich mit einer Geschichte, die zwischen zwei französischen Adligen des 16. Jahrhunderts spielte. Im Dezember 1562, so schreibt Kristen Neuschel in ihrem Buch über die französische Adelskultur des 16. Jahrhunderts, hatten zwei der mächtigsten Adligen Frankreichs eine Begegnung, bei der sie ein für uns bizarr erscheinendes Ritual aufführten.[3] Einer der beiden war Kriegsgefangener. Der andere, der ihn gefangen genommen hatte, wollte ihm die einer Person seines Ranges zukommende Ehre erweisen. Dazu gehörte es auch, dass er ihm das einzige prachtvoll ausgestattete Bett des Schlosses, in dem er ihn gefangen hielt, angeboten hatte. Der so geehrte Gefangene lehnte das Angebot ab und bestand darauf, dass der Besitzer das Bett statt dessen selbst benutzen solle. Am Ende des höflichen Disputs stellte sich als einzig ehrenhafte Alternative heraus, dass beide das Bett miteinander teilten. So kam es, dass sich der Prinz von Condé und der Herzog von Guise, die sich noch kurz zuvor auf dem Schlachtfeld gegenübergestanden hatten, Seite an Seite im selben Bett wieder fanden.

Diese Geschichte, die zunächst gar nichts mit Gelehrten zu tun hat, aber viel mit den Ritualen adliger Umgangsformen, zeigt, dass die Situation der Gefangennahme des Gegners offenbar von beiden Kontrahenten letztlich als eine Situation verstanden wurde, die nach den Regeln von Gastfreundschaft unter hohen adligen Herren zu

le Jancke, Autobiographie als soziale Praxis. Beziehungskonzepte in Selbstzeugnissen des 15. und 16. Jahrhunderts im deutschsprachigen Raum. (Selbstzeugnisse der Neuzeit 10), Köln / Weimar / Wien 2002, Kap. 2, S. 75-165.

3 Kristen B. Neuschel, Word of Honor. Interpreting Noble Culture in Sixteenth-Century France, Ithaca 1989, S. ix.

behandeln war.[4] Ritualisierte Höflichkeit ermöglichte es, die Konflikt- und Kriegssituation als begrenzt aufzufassen und in eine Sphäre des normalen standesgemäßen Umgangs einzutreten. Zur Gastlichkeit gehörte es, das beste Bett im Haus dem Gast anzubieten, während die Höflichkeit es dem Gast seinerseits gebot, dieses großzügige Angebot abzulehnen.

Eine Möglichkeit, den Ausgang dieser Geschichte heute zu interpretieren, ist die Annahme, es habe sonst kein Bett im Haus gegeben, sonst hätte sich vielleicht doch ein anderes gefunden, um entweder den Hausherrn oder seinen gefangenen Gast aufzunehmen. Diese Annahme setzt aber unsere Gepflogenheit voraus, als erwachsene Menschen wenn irgend möglich mit keiner anderen Person als dem Lebenspartner oder der Lebenspartnerin das Bett zu teilen, wobei meist die Sexualität als Teil einer solchen sich auch auf das Bett erstreckenden Beziehung gedacht ist. Dies aber war im Mittelalter und in der Frühen Neuzeit nicht so – mit anderen erwachsenen Menschen, auch und gerade solchen gleichen Geschlechts, in einem Bett zu schlafen, war für Menschen aller Schichten eine übliche und vertraute Situation.[5]

Dass der Prinz von Condé und der Herzog von Guise am Ende zusammen in einem Bett landeten, dürfte mit der Rolle zusammenhängen, die das Prunkbett des Schlosses in der Gastlichkeit des Hauses spielte. Vermutlich gab es in einem dahinter gelegenen Raum, wie Raffaella Sarti es für die Wohnsitze der obersten Schichten beschreibt, noch ein weiteres Bett, das der Hausherr zum Schlafen normalerweise benutzte.[6] Das beschriebene Prunkbett hatte in der Regel in solchen Haushalten nur die Funktion, dass der Hausherr darin oder jedenfalls in dem Zimmer dieses Schau-

---

4 Felicity Heal, Hospitality in Early Modern England. (Oxford Studies in Social History), Oxford 1990; für politische Kontexte vgl. etwa Angelika Kromas, Hofzeremoniell und Courtoisie. Das Gesandtenzeremoniell am Hof des Salzburger Erzbischofs im 18. Jahrhundert. In: Ulrike Kammerhofer-Aggermann (Hg.), „Herzlich willkommen!" Rituale der Gastlichkeit. (Salzburger Beiträge zur Volkskunde 9), Salzburg 1997, S. 229-239.

5 Klaus van Eickels, Vom inszenierten Konsens zum systematisierten Konflikt. Die englisch-französischen Beziehungen und ihre Wahrnehmung an der Wende vom Hoch- zum Spätmittelalter. (Mittelalter-Forschungen 10), Stuttgart 2002, Kap. Gemeinsames Essen aus einer Schüssel und gemeinsames Schlafen in einem Bett – ein Äquivalent des *homagium* im Diskurs der Freundschaft? S. 341-393, v.a. 386f., wo van Eickels auf die bei Neuschel berichtete Szene eingeht und sie in größere historische Zusammenhänge einordnet; vgl. Klaus van Eickels, Kuss und Kinngriff, Umarmung und verschränkte Hände. Zeichen personaler Bindung und ihre Funktion in der symbolischen Kommunikation des Mittelalters, in: Jürgen Martschukat / Steffen Patzold (Hg.), Geschichtswissenschaft und „performative turn". Ritual, Inszenierung und Performanz vom Mittelalter bis zur Neuzeit. (Norm und Struktur 19), Köln / Weimar / Wien 2003, S. 133-159: 137. 157. – Die hier skizzierte Schlafpraxis erstreckte sich in Mitteleuropa in besitzarmen Haushalten noch bis ins frühe und mittlere 20. Jahrhundert.

6 Raffaella Sarti, Europe at Home. Family and Material Culture, 1500-1800, New Haven / London 2002 (zuerst ital.: Vita di casa. Abitare, mangiare, vestire nell'Europa moderna, 1999), S. 121. 130. 132ff., vgl. auch Abb. 29, 43; siehe ferner Jens Friedhoff, „Magnificence" und „Utilité". Bauen und Wohnen 1600-1800, in: Ulf Dirlmeier (Hg.), Geschichte des Wohnens. Bd. 2: 500-1800. Hausen, Wohnen, Residieren, Stuttgart 1998, S. 503-788: 549. 664. 671. 674. 683.

bettes seine Gäste empfing, aber es wurde nur selten zum Schlafen benutzt. In dieser repräsentativen Rolle als zentraler Ort der adligen Gastlichkeit tritt das prachtvolle Bett in dieser Geschichte auf – es musste eine Rolle spielen, aber letztlich sollten weder der Hausherr noch sein gefangener Gast mit etwas Geringerem als *diesem* Bett vorlieb nehmen. Das Zusammenschlafen im selben Bett war offenbar die viel geringere Hürde als die Rituale der Gleichrangigkeit (wenn das Zusammenschlafen für die Beteiligten überhaupt eine Hürde war).

Dieser Exkurs in die hochadlige Welt zeigt, dass soziale Umgangsformen sich auch auf das Bett erstreckten und dass dort keineswegs Sexualität zur Debatte stehen musste. Die mögliche und häufige Sozialität des Bettes umfasste offenbar ein weit größeres Feld von Beziehungen, Personenkonstellationen, Verhaltensweisen und Empfindungen. Und sie erstreckte sich nicht nur auf die Unterschichten, die Kinder und das Gesinde, sie rührte nicht bloß aus materiellem Mangel her (auch wenn dies für viele ein wichtiger Faktor war) – das Beispiel dieses reichen adligen Schlossherrn zeigt, dass es noch andere Gründe als materiellen Mangel gegeben haben muss, um Menschen miteinander ein Bett teilen zu lassen.

Die Tagzettel der österreichischen Adligen Johanna Theresia Harrach aus dem 17. Jahrhundert dokumentieren ausführlich, für wie vieles das Bett – in diesem Falle auch definitiv das Ehebett – der Ort sein konnte (zumindest während der Abwesenheit des Ehemannes): für das Schlafen allein oder mit einer zu Besuch weilenden Verwandten oder mit einem der Kinder, für das Kranksein, für das Spielen mit den Kindern, für den Empfang von Gästen, für das Essen, für Lesen und Schreiben.[7] Das Bett war auch hier nicht der private und individuelle Rückzugsbereich, der nur zum Schlafen genutzt wurde und in einem Raum mit der Bezeichnung „Schlafzimmer" aufgestellt war, an den wir in unserer Gesellschaft zunächst denken.[8] Wer ritualisierte Verhaltensweisen

---

7 Susanne Claudine PILS, Schreiben über Stadt. Das Wien der Johanna Theresia Harrach, 1639-1716. (Forschungen und Beiträge zur Wiener Stadtgeschichte 36), Wien 2002, S. 152. 159-220.

8 Das Bett und ein Zimmer mit Bett(en) wird in der Geschichtsschreibung auch für die Frühe Neuzeit als ein „privater" oder „intimer" Raum konstruiert, ein Wunsch nach solcher Intimität als selbstverständlich vorausgesetzt und damit als ahistorische Konstante angenommen, so etwa bei Philippe ARIÈS / Roger CHARTIER (Hg.), Geschichte des privaten Lebens. Bd. 3: Von der Renaissance zur Aufklärung, Frankfurt / M. 1991 (zuerst frz. 1986), z.B. S. 222f. 224f. 229 („... aber für die übrige Bevölkerung, das heißt für die Mehrheit, blieb der Traum von der Intimität auf das Schlafzimmer, womöglich gar auf das mit Vorhängen geschützte Bett beschränkt."). 344. 509-512. Dass Räume mit Betten auch dann nicht unbedingt spezialisierte „Schlafzimmer" waren, wenn der Haushalt nicht durch Raumknappheit zu einer Funktionenmischung gezwungen war, geht aus Untersuchungen zur Raumaufteilung und -nutzung hervor, z.B. Roman SANDGRUBER, Alltag und materielle Kultur. Städtischer Lebensstil und bürgerliche Wohnkultur am Beispiel zweier oberösterreichischer Städte des 16. Jahrhunderts, in: Alfred KOHLER / Heinrich LUTZ (Hg.), Alltag im 16. Jahrhundert. Studien zu Lebensformen in mitteleuropäischen Städten. (Wiener Beiträge zur Geschichte der Neuzeit 14), Wien 1987, S. 23-44: 32-35, 34 („Die Funktion des prunkvoller ausgestatteten, statusorientierten Raumes hat nicht die Stube, sondern die Schlafkammer. Die Repräsentativität der Bürgerwohnung des 16. Jahrhunderts artikulierte sich in der Schlafkammer, ähnlich wie die Werte im Bettzeug kumuliert werden."); SARTI, Europe at

untersucht, sollte sie also auch an diesem Ort wahrnehmen. Zum anderen werfen diese beiden Beispiele aus dem Adel die Fragen auf, inwieweit soziale Gepflogenheiten und Rituale, die das Bett betrafen, schichtspezifisch oder schichtenübergreifend waren, und wie durch diese Praktiken Geschlechterverhältnisse strukturiert wurden.

II

Wenden wir uns nun vom Adel zu den Gelehrten und zu denen, die es werden wollten. Thomas Platter (1499-1582) berichtet in seiner Autobiographie, geschrieben 1572 im Rückblick lange nach den Ereignissen, folgende Geschichte. Nach der Niederlage der Reformierten im zweiten Kappeler Krieg 1531 kamen die Truppen der Sieger, nach Platter etwa 400 Schwyzer, abends nach Zürich und wollten in die Stadt hinein.

Platter schreibt: „Da gab es einen Auflauf von Bürgern, die meinten, sie wollten eine Mordnacht anrichten, denn es waren nun zu viele Verräter in der Stadt, die anzeigen konnten, welche man ermorden sollte. Da schloss man die Tore, und der ganze Rennweg war voller Leute. Der verräterische Chlotzäscher, der an Lavaters Stelle Oberster geworden war, der ritt nach draußen an die Syll zu den Schwyzern, gab ihnen Unterkunft (wer sie nicht einlassen wollte, dem stieß er die Türen auf) und war ganz freundlich mit ihnen. Als nun jedermann vom Rennweg nach Hause ging, kam D. Jakob Ammianus (der jetzt schon lange Professor ist) zu Myconius und sagte zu ihm: ‚Herr Myconius, ich will nicht, dass Ihr heute Nacht in Eurem Haus liegt, niemand weiß, was passieren wird; und Euch wird man gewiss nicht verschonen. Kommt mit mir.‘ Etliche seiner Schüler waren dabei, die begleiteten ihn in D. Ammianus' Haus, und ich mit ihnen. Da sagte Myconius: ‚Thomas, lieg du heute Nacht bei mir.‘ Wir lagen in einem Bett, und alle beide, er und ich, hatten eine Hellebarde neben sich im Bett. Am folgenden Tag zogen die Schwyzer den Zürichsee hinauf nach Hause.“[9]

Home (wie Anm. 6), S. 138. 142. 143f.; FRIEDHOFF, „Magnificence“ (wie Anm. 6), S. 516. 526f. 546; Rosemary BAIRD, Mistress of the House. Great Ladies and Grand Houses, 1670-1830, London 2003, S. 43. 82. 98. 106f. 107f. 146. 197. 199f. 267.

9 Thomas PLATTER, Lebensbeschreibung, hg. v. Alfred HARTMANN. 2. Aufl., durchgesehen und ergänzt v. Ueli Dill, mit einem Nachwort v. Holger Jacob-Friesen. Basel 1999, S. 108f.: „Do ward ein gleiff von burgeren, die vermeinten, sy weltend ein mord nacht anrichten, dan der verrätteren waren nu(o)n zvill in der stadt, die do hetten können anzeigen, welche man hette söllen ermürden. Do datt man thor zu(o), und was der gantz Renweg voll lütten. Der verräteresch Chlotzäscher, der an des Lavater stadt obrester was worden, der reid ußhi an die Syll zu(o) den Schwitzeren, gab inen herberg (wär sy nit wolt in lassen, dem stieß er thüren uff) und was gantz frintlich mit inen. Als nun iederman ab dem Renweg heim gieng, kam D. Jacobus Ammianus (der ietz lang ein professor ist gsin) zu(o) dem Miconio und sprach zu(o) im: ‚Herr Miconi, ich will nit, das ier hinacht in üwerem huß ligend; es weis niemant, was möchte für gan; so wurde man üwer gwiß nit verschonen. Kommet mit mier.‘ Do waren ettlich siner discipulorum, beleittetend in in D. Ammiani huß, und ich mit inen. Do sprach Miconius: ‚Thoma, lig du hinacht by mier.‘ Lagen in eim bett, und ieglicher, er und ich, ein halapparten näbend im im bett. Am nachgenden tag fu(o)ren die Schwitzer den Zürich see uff heim.“

Auch in Platters Geschichte gibt es Gastfreundschaft für die Feinde; und diesmal sind es die Besiegten, die – gezwungen von der eigenen Obrigkeit – die Sieger aufnehmen mussten. Nach Platters Darstellung wollten sie dies keineswegs – nicht zuletzt aus Angst, von ihren siegreichen und ungebetenen Gästen umgebracht zu werden. Die unsichere Situation mit den Feinden in der Stadt und in den eigenen Häusern förderte Ängste nicht nur vor den Fremden, sondern auch vor den Bewohnern der Stadt: dass sich nämlich nun viele finden würden, die dem siegreichen Feind besonders aktive Leute der eigenen Seite denunzieren würden, so dass diese ihres Lebens nicht mehr sicher wären. Diese Situation brachte jedoch auch Solidarität unter den Bedrohten hervor. Besonders exponiert und gefährdet waren die reformierten Gelehrten wie Platters Lehrer Oswald Myconius (1488-1552). Ihm bot ein Kollege, der Griechischprofessor Johann Jakob Ammann, Gastfreundschaft an – genauer gesagt erstreckte sich seine Gastlichkeit auf Myconius und seine Schüler, Platter eingeschlossen. Zwar wird nicht gesagt, ob die Schüler auch ausdrücklich eingeladen waren, aber sie begleiteten ihren Lehrer und wurden jedenfalls mit aufgenommen. Ammann fand, dass Myconius im Haus seines Gastgebers sicherer sei als in seinem eigenen – wohl weil mögliche Denunzianten nicht wüssten, wo sich Myconius in dieser Nacht aufhielt. Warum er aber meinte, dass er selbst und sein Haus im Unterschied dazu nicht gefährdet und deshalb als Asyl geeignet seien, wird nicht gesagt und lässt sich wohl nur so erklären, dass Ammann sich weit weniger offensiv für die reformierte Position und für diesen Krieg engagiert hatte als Myconius.

Platters Geschichte endet damit, dass Myconius ihn aufforderte, mit in seinem Bett zu liegen. Womöglich war es das einzige oder doch sicher das beste Bett, das der Gastgeber für die Gruppe zur Verfügung zu stellen vermochte und das er dem älteren Kollegen anbot. Platters Aufnahme in dieses Bett war eine Auszeichnung, die sein Lehrer ihm in dieser Situation zuteil werden ließ. An anderen Stellen hebt Platter ebenfalls seine besondere Rolle bei Myconius hervor, z.B. dass dieser sich mit ihm beriet, was er nun nach der Niederlage tun und wohin er gehen solle.[10]

Dieser Erzählung zufolge waren es also nicht Gast und Gastgeber, die sich ein Bett teilten, sondern zwei Gäste. Myconius' Formulierung zeigt deutlich, dass er nun seinerseits als Gastgeber gegenüber seinem Schüler auftrat: Er bot ihm den Platz an seiner Seite an und sprach eine Einladung in sein Gästebett aus, das er auch für sich allein behalten oder mit jemand anderem hätte teilen können. Wie beim Herzog von Guise und dem Prinzen von Condé handelt es sich um eine Wahl des Bettbesitzers bzw. dessen, der als der geehrte Gast vorübergehend über dieses Bett verfügen konnte. Auch hier war es der Mächtigere in der Beziehung, der jemanden in sein Bett einlud und sich damit einen Schlafgefährten wählte. Ähnlich wie adlige Herren eine solche Wahl bereits im Mittelalter als Zeichen von Geselligkeit und Freundschaft praktizierten

10 Thomas PLATTER, Lebensbeschreibung (wie Anm. 9), S. 108.

– vielfach mit politischen Aspekten –,[11] konnte er mit dieser Geste auf ein etabliertes symbolisches Repertoire zurückgreifen und diesen Akt als Zeichen einer von Patronage geprägten Lehrer-Schüler-Beziehung einsetzen. Im Lehrer-Schüler-Verhältnis verschwand die im Hochadel so häufige politische Bedeutung. Statt dessen spielte die Hierarchie eine viel größere Rolle.

Dass beide Gelehrte, der ältere und der jüngere, nun neben sich im Bett ihre Hellebarden ablegten – ob zwischen sich oder an den Außenrändern des Bettes, ist unklar –, ist eine spezielle Note dieser Situation, die Platter ebenso wie die an ihn ausgesprochene Einladung eigens hervorhebt. Die Situation selbst aber, in der der Lehrer einem seiner Schüler anbot, mit ihm das Bett zu teilen, scheint nur deshalb bemerkenswert, weil er selbst es war, an den diese Einladung gerichtet war.

Während in Platters Geschichte die Solidarität und Nähe der gelehrten Männer untereinander dargestellt wird, ist von den jeweiligen Ehefrauen mit keinem Wort die Rede. Man erfährt weder, wo Platters Frau Anna Dietschi sich zu dieser Zeit befand – nicht einmal, ob sie überhaupt ebenfalls in Zürich war –, noch hört man etwas von Frau Myconius oder vom Gesinde des Myconius-Haushaltes.

III

In dieser Erzählung sind Rituale zwar weniger ausgeprägt beschrieben, aber doch erkennbar: Es ist der Gastgeber, der einlädt, und das Überschreiten seiner Haustürschwelle soll seinen Gästen Schutz bieten – eine der traditionellen Funktionen von Gastfreundschaft. Er bietet seinem älteren Kollegen sein Haus an, und dessen Schüleranhang ist selbstverständlich in diese Gastlichkeit eingeschlossen. Er offeriert zumindest seinem vornehmsten Gast ein Bett, und dieser hat Gelegenheit, einen Teil dieses Platzes seinerseits jemandem zur Verfügung zu stellen. Myconius, der dies auch unmittelbar tat, zeigt eine der ritualisierten und ganz offensichtlich für andere akzeptablen Handlungsformen in Lehrer-Schüler-Beziehungen, die Patronageanteile besaßen: Der mächtigere Teil konnte seine Ressourcen teilen (oder auch nicht) – was in diesem Falle mit körperlicher Nähe verbunden war – und sie öffentlich als eine besondere Gabe gewähren, die zugleich eine Auszeichnung vor anderen darstellte. In der kurzen, mit wenigen Sätzen skizzierten Szene sind hierarchisierende Handlungselemente von Platter besonders betont.

Die ausdrückliche Erwähnung der Hellebarden kann zunächst der Situation einer Gefährdung geschuldet sein; aber dass sie nun ausgerechnet mit im Bett liegen müssen, lässt vermuten, dass dieses Detail eine eigene Bedeutung hat. Es dürfte sich aber wohl kaum um ein spezielles Gelehrtenritual handeln. Der Sinn dieses Handlungs- und Darstellungselementes erschließt sich vielmehr erst, wenn man die sozialen Beziehun-

---

11 van Eickels, Vom inszenierten Konsens (wie Anm. 5), S. 386f. 392.

gen und die Situation einbezieht. Die Hellebarden sind nur für den Lehrer Myconius und für seinen Bettgefährten Platter erwähnt. Da Platter mit seinen etwa 30 Jahren auch einer der ältesten Schüler Myconius' war – und damit einer der kräftigsten –, befanden sich diese beiden erwähnten Hellebarden offensichtlich auch in den Händen der beiden Personen, die in der ganzen Schar mit Sicherheit als erwachsene Männer identifiziert werden können. An die beiden Plätze im Bett knüpfte sich offenbar die Aufgabe, die Schüler weiterhin zu beschützen, auch wenn die Gruppe mittlerweile im Haushalt des Kollegen Ammann untergeschlüpft war.

Thomas Platters Darstellung ist nicht direkt zu entnehmen, ob in der beschriebenen Situation überhaupt ritualisierte Elemente vorkamen. Die Ritualisierungen sind als solche nicht eigens kenntlich gemacht, dem Verfasser liegen sie offenbar nicht als ein eigener Zweck des Schreibens am Herzen. Ebenso nimmt er nicht an, seinem Publikum daran etwas erklären zu müssen – sein Sohn Felix und andere ehemalige Schüler Platters, die er zu Beginn als Adressaten nennt, verfügten nach seiner Einschätzung über das einschlägige soziale Wissen. An den aufgezählten Elementen mussten sie die Bedeutung der benannten Handlungen erkennen können; erst daraus vermochten sie sich den Sinn des Geschriebenen zu erschließen.

Was Platter mit dieser Geschichte zeigen wollte, war sicher nicht die Ritualisierung von Gastfreundschaft als eines speziellen, in sich abgeschlossenen Situationstyps, auch dürfte es ihm kaum um den Umgang miteinander im Bett und beim Schlafen gegangen sein – sein Text sähe dann ganz anders aus. Für ihn ging es hier um eine besondere Bedrohungssituation und um einen geordneten Umgang der Beteiligten mit der dadurch ausgelösten Krise: Niemand flieht panikartig, weder der unmittelbar bedrohte Lehrers noch seine Schüler. Auch der bereits verheiratete und nur noch bedingt zur Schülergruppe zählende Platter verharrt in der Gefahrensituation bei der Gruppe, statt sich abzusetzen. Der Lehrer bleibt nicht der Besatzung der Stadt ausgeliefert, sondern erhält Zuflucht in einem anderen Haushalt. Er lässt seine Schüler nicht zurück, sondern nimmt sie mit an den geschützteren Ort. Auch dort bleiben die speziellen Bindungen innerhalb der Gruppe gewahrt: Der Lehrer ist der besonders geehrte Gast, und er zeichnet einen seiner Schüler durch die Wahl zum Bett- und Schlafgefährten aus. Ihre Verteidigungsbereitschaft bringen die Gäste auch in den Zuflucht gewährenden Haushalt mit; sie legen ihre Waffen nicht am Eingang nieder, sondern behalten sie bei sich (sogar im Bett) und ersparen es damit dem Gastgeber, nun allein für alle seine Gäste aufkommen zu müssen.

Diese Geschichte zielt also auf die Beziehungen im Gelehrtenmilieu – mehr noch darauf, wie sie mitsamt wichtigen Umgangsformen auch in einer Krisensituation aufrecht erhalten wurden. Die ritualisierten Verhaltensweisen des Lehrers – in seiner Verantwortlichkeit für seine Schüler einerseits und in seiner erhalten bleibenden, hierarchisierend eingesetzten Autorität gegenüber seinen Schülern andererseits – sind das darstellerische Mittel, um über diese Beziehungen innerhalb der Gruppe und die Vorbildlichkeit dieses Lehrers etwas zu sagen.

IV

Ritualisierungen sind in dieser Darstellung ganz gezielt als verhaltenscharakterisierende Elemente eingesetzt, um die Gruppe der Schüler mit ihrem Lehrer zu beschreiben. Es geht dabei um die Beziehungen der ganzen Gruppe und insbesondere den Lehrer als Mittelpunkt dieser Beziehungen. Die im Text nur kurz benannten ritualisierten Verhaltensweisen sind auf der außertextlichen Ebene Teil von Interaktionsritualen (wie sie für moderne Gesellschaften etwa von Erving Goffman analysiert wurden)[12] und kennzeichnen auf der Ebene des Textes diese Beziehungen. Ritualisierte Handlungsweisen, wie etwa das Anbieten eines Obdachs und eines Bettes, das Auswählen eines Schlafgefährten, das Insbettlegen der Hellebarden, werden zu Zeichen für den Charakter der Beziehungen und zeigen hier die vorbildliche Ausübung der Fürsorge- und Autoritätsfunktionen, die mit der Rolle eines Lehrers verbunden sind. Im Zentrum der symbolischen Handlungen steht dabei das Bett – als Ort, an dem sich Privilegien, Macht und soziale Hierarchien bündeln.

Dabei sind die Elemente ritualisierter Verhaltensweisen, die in Platters Text benannt werden, in sehr unterschiedlicher Weise in Repertoires ritualisierten Handelns verankert. Während die Einladung in ein Haus und dort das Anbieten eines Bettes zu den ritualisierten Bestandteilen von Gastlichkeit als eines bis zu einem gewissen Grad standardisierten Situationstyps gehört – unabhängig von konkreten Situationen, sozialen Milieus und Beziehungen –, zeigt sich die Auswahl eines Schlafgefährten erst vor dem Hintergrund von differenziertem Wissen über typisches Verhalten in Freundschaftsbeziehungen (unter Männern) als ein für diesen Beziehungstyp spezifisches, ritualisiertes Handlungselement. Seine Bedeutung als ritualisiertes Verhalten bekommt es aber erst in der besonderen Situation – vielleicht auch erst bei deren schriftlicher Gestaltung im Nachhinein. Die Hellebarden im Bett schließlich zeigen ihre ritualisierte Funktion erst im Rahmen der geschilderten Situation: Dazu gehören spezifische Momente, aber auch die Absicht des Verfassers, hier das vorbildliche Verhalten eines Lehrers in seiner Fürsorgepflicht zu zeigen.

Für diese beiden letzteren Handlungselemente folgt ihre ritualisierte Funktion aus einer bestimmten sozialen Beziehung und den dazugehörigen Verpflichtungen, und sie ist auch nur von hier aus zu erkennen. Hellebarden könnten sicher auch bei anderen Personen und in anderen Betten eine Zeichenfunktion haben. Aber die ihnen hier zugewiesene Aufgabe erfüllen sie als Teil einer spezifischen sozialen Beziehung und einer besonderen Situation zugleich; sie werden an dieser Stelle zu einem ritualisierten Element, das aber nicht ohne weiteres von der charakterisierten Beziehung und der Situation, in die sie eingebettet werden, abgelöst werden kann.

---

12 Etwa Goffman, The Representation of Self, und Goffman, Interaction Ritual (beide wie Anm. 2).

V

Vergleichbare Beschreibungen bietet das Tagebuch des Samuel Pepys (1633-1703) aus dem 17. Jahrhundert. Pepys, der in Cambridge studiert hatte und danach eine politische Karriere zunächst als Sekretär im Haushalt eines wohlhabenderen Verwandten begann, macht in seinem Tagebuch häufiger das Bett zum Thema. Dabei ist nicht nur von seinem eigenen Bett zu Hause die Rede, das er mit seiner Frau teilte und in dem verschiedentlich geredet, gestritten oder vorgelesen wurde. Auch in Pepys' Leben gab es die Audienzbetten, die schon bei Johanna Theresia von Harrach und anderen Adligen anzutreffen waren. In solchen Betten empfingen ihn der Schwiegervater seines Patrons Mountagu (später Lord Sandwich), Mr. Crews, und sein anderer Arbeitgeber Mr. Downing. In diesen Fällen ist das Bett der Ort, an dem die Hierarchie sozialer Beziehungen inszeniert wird. Aber Pepys verabschiedete sich auch von Frauen, die im Bett lagen, auch wenn in diesem Fall keine Standesdifferenz im Spiel war.[13]

In Gasthäusern war das Teilen eines Bettes, wie Antoni Mączak beschreibt, eine häufige Möglichkeit. Auf der Reise nach Cambridge, wohin sein Vater und er seinen Bruder zum Studieren brachten, schlief Pepys in Gasthäusern mit seinem Reisebegleiter Mr. Pearse oder mit seinem Bruder John in einem Bett.

Das Zusammenschlafen auch mit unbekannten, vom Gastwirt zugeteilten Personen gehörte zu den Standardsituationen des Unterwegsseins – und bedeutete zugleich eine der Gefahrensituationen, wie sie der Elsässer Kannengießer Augustin Güntzer im 17. Jahrhundert in seiner Autobiographie drastisch beschreibt: Man konnte bestohlen werden, aber auch sexuellen und anderen Attacken ausgesetzt sein. Pepys erwähnt nur die Fälle, in denen er mit jemandem aus seiner Reisegesellschaft zusammen lag (Pearse war unterwegs zu Lord Mountagu, um mit diesem etwas zu besprechen); ob es bei ihm auch andere Fälle gab, lässt sich schwer einschätzen.[14]

Auch bei privaten GastgeberInnen lag man nicht unbedingt allein. Bevor Pepys mit seinem Patron in See stach, und nachdem sein eigenes Haus für die Zeit seiner Abwesenheit bereits abgeschlossen war, musste er für einige Nächte bei Nachbarn schlafen. Zur dort gewährten Gastfreundschaft gehörte das Harpsichordspielen der Gastgeberin, Mrs. Crispe, und Pepys schlief zusammen mit Mrs. Crispes Sohn Laud in einem Bett,

---

13 Aus dem neunbändigen Tagebuch soll nur exemplarisch aus dem ersten Band zitiert werden; auch die Bände 2-9 bieten zahlreiches Material, das hier jedoch aus Platzgründen nicht ausgewertet werden kann. The Diary of Samuel Pepys. A New and Complete Transcription ed. by Robert Latham and Matthews. Vol. 1: 1660, Berkeley / Los Angeles 1971, S. 18. 22. 23 (Audienzbetten). 66. 94 (Abschied von Mrs. Pearse und von Mrs. Crispes Tochter).

14 Antoni Mączak, Travel in Early Modern Europe, Cambridge 1995 (zuerst poln. Warschau 1980), Kap. 2: Inns and their Hospitality, S. 30-71; Pepys, Diary (wie Anm. 13) S. 66. 67; Augustin Güntzer, Kleines Biechlin von meinem gantzen Leben. Die Autobiographie eines Elsässer Kannengießers aus dem 17. Jahrhundert. Ed. und kommentiert v. Fabian Brändle und Dominik Sieber. (Selbstzeugnisse der Neuzeit 8), Köln / Weimar / Wien 2002, S. 131. 139. 142.

das in der besten Kammer des Hauses stand.[15] Er kommentiert: „die in der Tat fein ausgestattet war." Dies war am 17. März 1660. Für den folgenden Tag notiert er, dass er abends mit Mrs. Crispe, ihrer Tochter und ihrem Sohn zusammen saß und redete und dass er die Familie beriet, wie der Sohn Laud es am besten schaffen könnte, zur See zu gehen. Am 19. März dann schritt Pepys auch gleich selbst zur Tat: „und ich verhandelte mit dem Kapitän für Laud Crispe, der mir das Versprechen gab, dass er ihn unterbringen würde." Pepys' und Lauds Bettbeziehung war also innerhalb kürzester Zeit auch zur Patronagebeziehung geworden.[16]

VI

Das letzte Beispiel ist Erasmus von Rotterdam (1466/69-1536), der in einer seiner Erziehungsschriften – De civilitate morum puerilium von 1530 – ein letztes Kapitel auch dem Verhalten im Bett widmet. Damit verlasse ich die Selbstzeugnisse und greife einen Text der normativen Literatur auf. Erasmus geht davon aus, dass der junge Mann zumindest das Zimmer, in dem sein Bett steht, nicht für sich allein hat, wenn er mahnt, man solle nicht schwatzen und man solle sich nicht nackt vor jemandem zeigen, das gehöre sich nicht. Wenn man ein Bett mit einem Gefährten teile, solle man ruhig liegen, sich nicht umher werfen, sich nicht entblößen oder den anderen dadurch belästigen, dass man ihm die Decke wegziehe. Erasmus geht also selbstverständlich davon aus, dass ein geteiltes Bett auch eine geteilte Bettdecke bedeutete – mit all den Schwierigkeiten, sich unter einer einzigen Decke zu arrangieren, und all den Möglichkeiten, dem anderen das Leben und vor allem Schlafen schwer zu machen.[17]

Erasmus widmete diese Schrift dem jungen Heinrich von Burgund, dachte aber zugleich auch an weniger prominente junge Männer als Adressaten seiner lateinischen Schrift, die er mit antiken Beispielen und Anspielungen versehen hatte. Erasmus wandte sich zwar nicht ausdrücklich an Gelehrte mit seinen Verhaltensregeln, sprach

---

15 Dass ein männlicher Gast wie hier mit dem Sohn des Hauses in dessen Bett zusammen schlief, scheint eine Standardsituation gewesen zu sein, vgl. mündliche Auskunft von Helmut Puff (29. 11. 2005), ferner Helmut Puff, Sodomy in Reformation Germany and Switzerland, 1400-1800. (The Chicago Series on Sexuality, History, and Society), Chicago / London 2003, S. 84f. 89.

16 Pepys, Diary (wie Anm. 13), S. 90-93 (Zitate im Original: "which indeed was finely furnished."; "and I did solicit the Captain for Laud Crispe, who gave me a promise that he would entertain him.")

17 Desiderius Erasmus von Rotterdam, De civilitate morum puerilium libellus, in: Rotterdam, Opera omnia. 10 Bde. Bd. 1, Lyon 1703, Sp. 1033-1044, Kap. 6: De lusu, 1042-1044; engl. Übers.: On Good Manners for Boys. De civilitate morum puerilium. Transl. and annotated by Brian McGregor, in: J. K. Sowards (Hg.), Collected Works of Erasmus. Literary and Educational Writings 3: De conscribendis epistolis/Formula/De civilitate, Toronto / Buffalo / London 1985, S. 273-289, Kap. 7: On the bedroom, S. 289 [1530]; Komm. in: J. K. Sowards (Hg.), Collected Works of Erasmus. Literary and Educational Writings 4: De pueris instituendis/De recta pronuntiatione, Toronto / Buffalo / London 1985, S. 562-567: 567.

aber als Gelehrter und versuchte humanistisch-christliche Normen zu vermitteln. Auch bei ihm erstreckten sich die Regeln des Anstands und der Höflichkeit mit dem Ziel ritualisierter Verhaltensweisen auf Tisch *und* Bett, und man wird wohl nicht fehlgehen mit der Annahme, dass er seine Regeln auch von Gelehrten praktiziert wissen wollte.

VII

Aus den hier vorgestellten Beispielen wird deutlich, dass sich ritualisierte Verhaltensweisen der Gelehrtenkultur nicht unbedingt von denen anderer sozialer Schichten unterschieden. Jedenfalls gab es offenbar Handlungsfelder, deren Praktiken und Regeln Gelehrte mit anderen teilten, wozu die Gastfreundschaft mit ihren Bettgeschichten gehörte. Rituale von Gelehrten müssen also keine Gelehrtenrituale sein, und sie müssen auch nicht unbedingt ihre gelehrten Aktivitäten betreffen. Aber sie können als solche auch eine besondere Bedeutung für die spezifischen sozialen Beziehungen der Gelehrten untereinander haben und damit *indirekt* an ihren unmittelbar gelehrten Aktivitäten teilhaben. Was die hier ausgebreiteten Bettgeschichten unter anderem auch zeigen, ist, dass wir die Gelehrtenkultur nicht nur als etwas in sich Geschlossenes, von einem Anderen oder Äußeren Getrenntes und Differenziertes wahrzunehmen haben, sondern dass es mannigfache Felder von Gemeinsamkeiten mit Anderen gab. Ritualisierte Verhaltensweisen, die das Bett einbezogen, konnten die Gelehrten genauso wie andere Menschen betreffen. Umgekehrt setzten sich die alltäglichen Beziehungen, auch die ganz milieuspezifischen, bis in die Betten hinein fort.

Heidrun Friese

Leseszenen: Gelehrte lesen vor

„Sie lauscht, sie versteht. Sie lauscht auf die beschwingten Worte, sie versteht es, sie lauscht auf eines anderen Rede, sie versteht sie als ihre eigne; sie lauscht auf eines anderen Stimme, indem diese wiedertönt in ihr, sie versteht diesen Widerhall als wäre es ihre eigne Stimme, welche für sie und für einen andern Offenbarung gibt." (Søren Kierkegaard)[1]

„Sie war für mich ein ideales Gegenstück zu Walter Benjamin. Mit Benjamin gab es ja tiefgehende Diskussionen und Gedankenaustausch, Ringen um Überzeugungen und Funken, die übersprangen. Lony war das ideale Rezeptabel oder besser gesagt: der reine Fall des Zuhörers. Sie hörte meinen Ergießungen aufmerksam zu, ohne daß ich von ihr auch nur Gegenrede erwartet hätte." (Gershom Scholem)[2]

Lauschen, Hören, Worte, eine Stimme, die als eigene verstanden werden soll: Was wird – ganz seltsam über die Zeiten hinweg – in diesen Szenen miteinander verbunden, in denen die Rede eines Autors ein Ohr findet und zur Offenbarung wird? Was ist das für eine Situation, die an ein Rezeptiv, einen Resonanzboden, ein Echo, ein Wiedertönen gebunden ist? Wer spricht – ohne „auch nur Gegenrede" zu erwarten – und wer hört? Auch wenn in der philosophischen und wissenschaftlichen Tradition der Blick privilegiert und Sehen zu *theorein* wird, so können Texte doch hörbar werden. Nicht erst mit Friedrich Nietzsche soll die Wahrheit nicht nur gesehen, sondern auch gehört – erhört – werden, spricht der Text auch von einer „Wahrheit, die nur in feine Ohren schlüpft", ist die „Rede ... für feine Ohren, für deine Ohren", wählt sich „jeder vornehme Geist" auch „seine Zuhörer".[3] Offenbar wiederholen die Leseszenen – in denen Autoren aus eigenen (un)veröffentlichten Texten vorlesen –,[4] eine besondere

1 Søren Kierkegaard, Entweder/Oder, in: Gesammelte Werke, 1. Abteilung, Gütersloh 1986, S. 419. Ich bin dem „Berliner Programm für Frauenforschung" für großzügige Unterstützung dankbar.

2 Gershom Scholem, Tagebücher 1913-1917 nebst Aufsätzen und Entwürfen bis 1923, Frankfurt/M. 1995, S. 127.

3 Friedrich Nietzsche, Also sprach Zarathustra. Ein Buch für Alle und Keinen, in: Kritische Studienausgabe, Vol. IV, München / Berlin / New York 1988 [1883-1885/86], S. 399. Friedrich Nietzsche, Die fröhliche Wissenschaft, in: Kritische Studienausgabe, Vol. III, München / Berlin / New York 1988 [1882], S. 634, Nr. 381.

4 Mündliche Rede wird zunehmend auf den Leser ausgerichtet und wendet sich nicht länger – wie die Ansprache oder die Predigt – an ein auch anwesendes Publikum (Helmut Schanze, Romantische Rhetoriker, in: Helmut Schanze (Hg.), Romantikhandbuch, Stuttgart 1994, S. 345). Auch das leise Lesen ist keinesfalls eine Selbstverständlichkeit, Augustinus wundert sich über das stille Lesen von Ambrosius (Aurelius Augustinus, Bekenntnisse, München 1986, S. 138f.) und noch Hegel fordert sei-

Konstellation, in denen das Verstehen einen anderen braucht, damit Autor und das geschriebene Wort zu sich selbst kommen können.

Diese Szenen verweisen also auf die Spuren von Anwesenheiten, die Lesen und Hören in Texten hinterlassen haben. Denn philosophische und wissenschaftliche Autorenschaft etablieren sich nicht als autonome Praktik, die in den Spuren der Schrift, der verzweigten Genealogie anderer Schriften oder diskursiver Formationen unterliegt. Schrift will offenbar auch gehört werden, um sich als solche zu etablieren und der Autor zum Autor werden kann. In dem intimen Raum „unter vier Augen", der durch Vertrauen, Freundschaft und Verführung gebildet wird, entwickelt sich eine besondere hermeneutische Situation, in der empathisches Zuhören das Selbstverstehen des Autors und das Verstehen des Textes erlauben sollen, Verständnis und Verstanden-Werden zusammentreffen.

Damit sind die Leseszenen an der Schnittstelle zwischen Schreiben und Lesen, Autorschaft und Adressaten, Hören und Verstehen angesiedelt. Sie unterhalten eine geheime Beziehung zum „Paratext", welcher als „Widmung" oder „Danksagung" den „eigentlichen" Text umrahmt und diese Beziehung expliziert. Angesprochen wird also nicht die „Präsenz eines Textes in einem anderen",[5] sondern die Anwesenheit eines Hörers, der jedoch aus dem Text verbannt wird und jegliche Zugehörigkeit zu diesem intimen Verstehen zurückweist, um sich an ein Publikum zu wenden. Die intime Ökonomie des Gabentauschs, in dem Worte gegeben, angenommen und Gehör geschenkt werden, bleibt verborgen und kann dem philosophischen oder wissenschaftlichen Text bestenfalls als Danksagung vorangestellt werden. Beständig wird in den Leseszenen zwischen unterschiedlichen Registern gewechselt und Texte zurückübersetzt, kann angesprochen werden, was nicht ausgesprochen werden darf: Liebe und Begehren. Denn die Konventionen, die wissenschaftliches und philosophisches Schreiben mittlerweile regeln, erlauben nur der Dichtung und dem Brief diese intime Nähe und verlangen dann das beharrliche Schweigen des Textes, welches zugleich im Schatten dessen steht, was der Leidenschaft oder der Freundschaft zugehört. Nur über diese Ausschließung kann dann der Bereich der Schrift abgesteckt werden. Doch Schreiben ist auf andere angewiesen, es wird zwischen „vier Augen". Voraussetzung und Bedingung des Schreibens scheint der Blick, das Sehen und Hören, kurz: die vertraute Zwiesprache. Dann aber werden die Register gewechselt, die Schrift verschweigt die Anwesenheit des anderen und macht sie unlesbar.

ne Einübung (Georg Wilhelm Friedrich HEGEL, Enzyklopädie der philosophischen Wissenschaften im Grundrisse, in: Werke Vol. X, Frankfurt/M. 1986 [1830], S. 276f., § 459).

5 Gérard GENETTE, Palimseste. Die Literatur auf zweiter Stufe, Frankfurt/M. 1993, S. 10.

Hören um 1900: Friedrich Nietzsche

Friedrich Nietzsche beschenkt die Menschheit mit einem Text. „Das größte Geschenk, das ihr bisher gemacht worden ist" verlangt etwas, nämlich „man muß vor allem den Ton, der aus diesem Munde kommt, diesen halkyonischen Ton richtig *hören*, um dem Sinn seiner Weisheit nicht erbarmungswürdig Unrecht zu thun."[6] Man mag lesen und dennoch taub sein, man mag lesen und dennoch den Ton nicht verstehen. „Dergleichen gelangt nur zu den Auserwähltesten; es ist ein Vorrecht ohne Gleichen hier Hörer zu sein; es steht Niemandem frei, für Zarathustra Ohren zu haben..."[7] Wort für Wort, in leisem, zärtlichem, flüsterndem Tone, in der ausgeglichenen Stille ist der halkyonische Ton zu hören, der den Sturm des Zukünftigen bringen wird; dieses Buch ist nicht einfach lesbar, es ist nichts für „lesende Müssiggänger", seine Wahrheit sucht sich vielmehr ihre Hörer „und an feine Ohren ergeht gute Botschaft".[8] Mit „heimlichen Flügelschlägen" kommt der Wind des Zukünftigen, des bislang Ungehörten und Unerhörten und das Hören der sich ankündigenden Wahrheit fordert feine Ohren, denn „es giebt Wahrheiten, die nur „ins Ohr gesagt" werden dürfen: laut ausgesprochen, würden sie nicht gehört."[9] Und so versteht man, dass der vierte und letzte Teil des Zarathustra „nicht für die Öffentlichkeit bestimmt ist, sondern nur in 20 Exemplaren gedruckt werden soll" – dennoch schickt er den vierten Teil als Gabe an Frl. Helene Druscowitz und etabliert auch ein Distributionssystem von Texten, die sich damit nicht mehr an eine Öffentlichkeit wenden, sondern von Ohr zu Ohr wandern.[10]

Wenn es zum seltenen Vorrecht wird, Hörer zu sein, dann wird eine Beziehung verkehrt: Nicht der Leser wählt den Autor, sondern der Autor wählt den, der ihn verstehen kann, der Autor schafft Distanz zu einer unbekannten, diffusen Menge von Lesern, er sucht sich verwandte Ohren, diejenigen, die ihn und die Mitteilung nicht nur lesen, sondern auch verstehen, und das heißt vor allem, hören können. „Jeder vornehme Geist und Geschmack wählt sich, wenn er sich mittheilen will, auch seine Zuhörer... sie verbieten „den Eingang", das Verständnis wie gesagt, – während sie denen die Ohren aufmachen, die uns mit den Ohren verwandt sind."[11] Der Autor duldet kein weites Publikum, sondern höchstens „Eingeweihte", denn wenige nur können hören. Schrift wendet sich an einen ausgewählten Kreis und Nietzsche richtet den Ruf ungekannter Wahrheit an die Einsamen.

---

6 Friedrich Nietzsche, Ecce Homo. Wie man wird, was man ist, in: Kritische Studienausgabe, Vol. VI, München / Berlin / New York 1988, S. 259.

7 Nietzsche, Ecce (wie Anm. 6), S. 260.

8 Nietzsche, Zarathustra (wie Anm. 3), S. 100.

9 Friedrich Nietzsche, Sämtliche Briefe, in: Kritische Studienausgabe, Vol. 7, München, Berlin / New York 1975-1984, S. 253.

10 Nietzsche, Briefe (wie Anm. 9), S. 19. Vgl. Curt Paul Janz, Friedrich Nietzsche. Biographie, Vol. 2, München / Wien 1993, S. 398.

11 Nietzsche, Ecce (wie Anm. 6), S. 634.

Die ungeheuerliche Neuigkeit, die es auszusprechen gilt, verlangt nicht nur einen Autor, der dieser Wahrheit gewachsen ist, sondern „auch *neue* Ohren".[12] Diese Sprache kann kaum auf Bekanntes vertrauen, sie trifft auf taube Ohren und die „Grenze unseres Hörsinns", denn „man hört nur die Fragen, auf welche man im Stande ist, eine Antwort zu finden."[13] Wenn nur gehört werden kann, was erfahren wurde, dann ist es nicht verwunderlich, dass der Kreis der Leser, der Hörer und derer, die verstehen, immer schon begrenzt ist. Die Philosophie der Zukunft richtet sich an Leser, „die es jetzt noch nicht gibt"[14] und wenn das philosophische Erlebnis je singulär ist, dann bleibt eigentlich nur der Autor selbst als Zuhörer und als derjenige, der Fragen hört.[15] In und aus dieser Einsamkeit, die in der Einzigartigkeit des Erlebens gründet, ist der Zugang zur Mitteilung und zum Verstanden-Werden abgeschnitten. Der Zarathustra ist deshalb ein unverständliches Buch.., weil er auf lauter Erlebnisse zurückgeht, die ich mit Niemandem theile. Wenn ich Dir einen Begriff meines Gefühls von Einsamkeit geben könnte! Unter den Lebenden so wenig als unter den Thodten habe ich jemanden, mit dem ich mich verwandt fühlte. Dies ist unbeschreiblich schauerlich."[16]

Die Philosophie der Zukunft ist noch nicht verstehbar, sie verlangt nach zukünftigen Hörern, sie greift der Gegenwart vor, ebenso wie sie mit dem Tod rechnet. Die Gegenwärtigen sind taub und diese Taubheit lässt stumm machen. „Zum Schluß jene Hammer-Rede aus dem Zarathustra – vielleicht nach diesem Buche, hörbar.... Ich selbst höre sie nicht ohne einen eiskalten Schauer durch den ganzen Leib."[17] Wo niemand zu hören vermag, da wird der Autor schließlich selbst von der Wahrheit affiziert. Die Rede wirkt auf den Autor-Leser zurück, und der Autor hört sich selbst zu. Und die Erfahrung des einsamen sich-selber-Zuhörens wirkt dann wie eine Endlosschleife wiederum auf die Rede, denn „wenn man allein lebt, so spricht man nicht zu laut, man schreibt auch nicht zu laut: denn man fürchtet den hohlen Widerhall – die Kritik der Nymphe Echo.– Und alle Stimmen klingen anders in der Einsamkeit."[18]

Die Einsamkeit des Unverstandenen gründet nicht in fehlender Anerkennung durch die akademischen Institutionen, denn deren Unverständnis und Ablehnung wird ja gerade zum Signum des noch-nicht Gehörten. Nicht nur die Ökonomie des Gabentauschs, Geben und Nehmen sind hier gemeint, sondern fehlende Zugehörigkeit wie Heidegger das nennen wird. Manchmal wird diese Einsamkeit unerträglich. „Die Jahre gehen dahin, und man hört kein Wort mehr, das Einem noch ans Herz kommt. Folglich!!! Oh wie gern möchte ich meine treue verehrte Freundin Malvida

12 Nietzsche, Briefe (wie Anm. 9), Vol. 7, S. 233.

13 Friedrich Nietzsche, Die fröhliche Wissenschaft, in: Kritische Studienausgabe, Vol. III, München / Berlin / New York 1988 [1882], S. 50.

14 Janz, Nietzsche (wie Anm. 10), Vol. II, S. 426.

15 Nietzsche, Briefe (wie Anm. 9) Vol. 7, S. 270.

16 Nietzsche, Briefe (wie Anm. 9) Vol. 7, S. 223.

17 Nietzsche, Briefe (wie Anm. 9) Vol. 8, S. 462.

18 Nietzsche, Fröhliche Wissenschaft (wie Anm. 3), S. 502.

wieder hören!"[19] Hören, aus der Ferne der Menschen, und dennoch soll die Klage des Unzeitgemässen andere erreichen, sucht Nietzsche nach weiblicher Gesellschaft und weiblichen Lesern:[20] Doch Frauen sollen lesen und hören, aber nicht schreiben; sie bilden einen Resonanzboden für Schrift, aber sie sollen keine Autoren werden und dürfen seine Schriften bestenfalls übersetzen. Und so drapiert Nietzsche nicht nur Resa v. Schirnhofer auf den „heiligen Stein", auf dem sie den „Zarathustra" hören soll, auch Helen Zimmern erlebt die Ekstase des Autors, der in grandioser Landschaft von seinen Inspirationen berichtet und Gehört-werden einklagt.[21]

Eine andere Qualität kennzeichnet eine „junge Russin", die das Zuhören fördert, weil sie „in fast ärgerlicher Wiese immer schon weiß, was kommt, und worauf es hinaussoll" und die Nietzsche zur „Klärung jener Gedanken verhelfen, die ihn „überfallen" haben" – eine Frau also, mit der er arbeiten kann.[22] Und diese Frau – Lou Salomé – fördert nicht nur das Hören, sondern sie schreibt auch. Zugleich wird erneut ein Verhältnis zwischen Geben und Nehmen etabliert. Aus den Gesprächen mit Lou Salomé wandert nichts in einen Text, der mit dem Autorennamen „Nietzsche" unterzeichnet wird. Die Richtung von Geben und Nehmen scheint eindeutig: Sie empfängt, er gibt (seine) Sprache. In diesem Verhältnis – das eine unkonventionelle (Arbeits)Gemeinschaft duldet – kann sich keine Ehefrau dauerhaft etablieren, denn der Denker braucht bestenfalls einen „Ceremonienmeister", der ihm die „überflüssigen Malheurs" erspart, denen er beständig ausgesetzt ist. „Dein Sohn", so schreibt er der Mutter, „eignet sich schlecht zum Verheirathet-Werden.. Eine alte Frau, und noch mehr ein tüchtiger Diener wäre mir vielleicht wünschenswerther."[23] Und doch befindet sich Nietzsche beständig in Damengesellschaft. „– Komisch! Man hat gut sich wehren gegen Frauen-Emancipation: schon wieder ein Musterexemplar eines Litteratur-Weibchens bei mir angelangt, Miss Helen Zimmern (als welche die Engländer mit Schopenhauer bekannt gemacht hat), – ich glaube sogar, sie hat ‚Schopenhauer als Erzieher' übersetzt."[24]

Nach dem Scheitern der „Arbeitsgemeinschaft" und der „Dreifaltigkeit", sind die Aufgaben jedoch eindeutig definiert. „Nun ist in meiner Gesellschaft eine deutsche Dame [Louise Röder-Wiederhold] die mir, durch Vorlesen und Nachschreiben mit großer Güte entgegenkommt. Ich habe fast jeden Tag 2-3 Stunden diktirt, aber meine „Philosophie"... ist nicht mehr mittheilbar, zum Mindesten nicht durch Druck. Mit-

19 Nietzsche, Briefe (wie Anm. 9), Vol. 8, S. 53.

20 Nietzsche, Briefe (wie Anm. 9), Vol. 8, S. 34f..

21 zit. n. Janz, Nietzsche (wie Anm. 10), Vol. II, S. 321.

22 Dirk Schaefer, Gedankengänger. Lou Salomé – Friedrich Nietzsche – Paul Rée, in: Unda Hörner (Hg.), Im Dreieck. Liebesbeziehungen von Nietzsche bis Duras, Frankfurt/M. 1999, S. 47-48.

23 Nietzsche, Briefe (wie Anm. 9), Vol. 7, S. 43.

24 Nietzsche, Briefe (wie Anm. 9), Vol. 7, S. 213f.

unter sehne ich mich danach, mit Dir und Jacob Burckhardt eine heimliche Conferenz zu haben, mehr um zu fragen, wie Ihr um diese Noth herumkommt..."[25]

Philosophische Wahrheit lässt sich nicht mehr verschriftlichen und im gedruckten Text deutlich machen, sondern kann nur noch mündlich im Kreise der Vertrauten und derjenigen, die verstehen, mitteilbar werden. Aus der Öffentlichkeit des gedruckten Textes genommen, kann sie nur dem Gespräch anvertraut werden. Und so kann auch nie ein Dank ausgesprochen werden, der sich an Zuhörer richten könnte. Der Autor dankt dem Gesang seiner „Inspiration", vor der er jetzt mit leeren Händen dasteht und nichts mehr zu vergeben hat als seinen Dank. In dieser Ökonomie der Produktion hat die Hörende keinen Ort. Und dennoch: Zumindest der „Hymnus auf das Leben", eine vertonte Abschiedsgabe „der Text ... ist nicht von mir: er ist die erstaunliche Inspiration einer jungen Russin..., des Fräulein Lou von Salomé."[26]

„Hören befreit" – Martin Heidegger[27]

Martin Heidegger dankt für ein Geschenk, er dankt der unverhofften „Rückkehr" des einmaligen Augen-blicks, eines zugewandten Blicks, ja des „selbe(n) Blick(s)", der ihm einst „am Katheder" zublitzte,[28] dieser Blick von Hannah Arendt, der „mitten ins Herz blickt". Was Heidegger als den bedeutsamen Augenblick bezeichnet, gleicht dem, was Friedrich Nietzsche noch als Inspiration bezeichnen kann. Am Ende des 19. Jahrhunderts hat, so Nietzsche, kaum jemand noch einen Begriff von dem, was „starke Zeitalter Inspiration nannten ... Offenbarung, in dem Sinn, dass plötzlich... Etwas sichtbar, hörbar wird, Etwas, das Einen im Tiefsten erschüttert und umwirft.... Man hört, man sucht nicht; man nimmt, man fragt nicht, wer da giebt."[29] Und erneut wird hier Sehen und Hören zusammengebunden, wird etwas sichtbar und hörbar, also etwas erkannt. Solche Augenblicke geschehen nur „unter vier Augen" und auch Hannah Arendt sind „sechs Augen ... bereits die Fremde".[30]

Das Gespräch unter vier Augen jedoch erweist seine Besonderheit dem Geschriebenen und dem Lesen gegenüber und so kommentiert Heidegger die Zeilen: „Seit ein Gespräch wir sind/Und hören können voneinander", mit denen Hölderlin Sprechen und Hören aneinander bindet: „Das Sein des Menschen gründet in der Sprache; aber diese geschieht erst eigentlich im Gespräch", „Redenkönnen und Hörenkönnen sind gleich ursprünglich." Hören, in seiner doppelten Bedeutung von produktivem

25 Nietzsche, Briefe (wie Anm. 9), Vol. 7, S. 61. Vgl. Janz, Nietzsche (wie Anm. 10), S. 392f.

26 Nietzsche, Ecce (wie Anm. 6), S. 336.

27 Hannah Arendt / Martin Heidegger, Briefe 1925-1975 und andere Zeugnisse, Frankfurt/M. 1998, S. 81.

28 Arendt / Heidegger, Briefe (wie Anm. 27), S. 98.

29 Nietzsche, Ecce (wie Anm. 6), S. 339f.

30 Hannah Arendt / Heinrich Blücher, Briefe 1936-1968, München / Zürich 1996, S. 45.

Aufdecken und Erschließen zum einen und von Vernehmen, und Gehörthaben zum anderen, meint immer auch „Hörenkönnen auf den Anderen, mit dem man ist, bzw. das Hörenkönnen auf sich selbst, der man in der Weise des Redens ist, wobei es gar nicht auf eine Verlautbarung im Sinne des äußeren Sprechens ankommt".[31] Mitsein ist Aufeinanderhören und „Zu(ge)hörigkeit" zum anderen.[32] Zwar ist „die Kennzeichnung des Denkens als ein Hören ... befremdlich",[33] doch „das Denken ist ein Erhören, das erblickt" und diese Einheit von Erblicken und Erhören begründet das Wesen des Denkens.[34]

Heidegger spricht zu sich, indem er sich selbst liest: „Vorläufig studiere ich meine Manuskripte, d.h. ich lese mich selbst u. muß sagen, daß es im Positiven u. Negativen viel fruchtbarer ist als sonstige Lektüre, zu der ich ohnehin wenig Lust u. Gelegenheit habe."[35] Doch er liest nicht nur sich selber, er liest auch vor und Schriftlichkeit wird in Mündlichkeit und das Hören überführt. Martin Heidegger an Hannah Arendt: „Ich danke Dir, daß Du uns die Blätter geschickt hast. Der Aufsatz von 1944 enthält eine wesentliche Einsicht.. Ich möchte Dir gern... hierüber einiges vorlesen."[36] Dermaßen erhörte Texte wandern dann nicht selten aus der Zweisamkeit der Blicke wieder in die Philosophie. Und wenn der (abwesende) Autor nicht selber vorliest, liest ein Stellvertreter, leiht ein anderer Mann seine Stimme und ermöglicht so ein Hören: „Abends haben wir Ihr Kant-Buch auf dem Tisch, mein Mann liest es mir vor", wie Imma v. Bodmershof berichtet.[37] Auch Elisabeth Blochmann ist Teil dieser Leseszenen. „Wenn Sie einmal wieder... kommen...dann möchte ich Ihnen gerne von den Sachen vorlesen, auch aus der zweistündigen öffentlichen Vorlesung..."[38] Wenn der Autor nicht aus seinen Texten oder Vorlesungen vorliest, um diese aus der öffentlichen Rede in das intime Gespräch und Zuhören unter vier Augen zu transponieren, dann kann die Zuhörerin sich für die „schöne Hebel-Rede",[39] bedanken und mit diesem Dank ist erneut ein veröffentlichter Text an das Vorlesen gebunden.

Diese Gaben, die zum Hören auffordern, sind durchaus beziehungsreich. So schickt Elisabeth Blochmann Salomés Rilkebuch und Heidegger dankt mit der Bemerkung: „Ich suche vergebens nach einem Frauenbuch dieser Art und dieses Rangs – vor allem auch mit diesem Tiefblicken in das Wesen menschlichen Existenz"[40] Frauen schicken sich an, nicht nur „Frauenbücher" zu schreiben, sondern sich auch an den Universi-

---

31 Martin Heidegger, Erläuterungen zu Hölderlins Dichtung, Frankfurt/M. 1996 [1944], S. 366.

32 Heidegger, Erläuterungen (wie Anm. 31) S. 367.

33 Heidegger, Erläuterungen (wie Anm. 31) S. 180.

34 Günter Wohlfart, Der Augenblick. Zeit und ästhetische Erfahrung bei Kant, Hegel, Nietzsche und Heidegger mit einem Exkurs zu Proust, Freiburg / München 1982, S. 143, 157, 165.

35 Martin Heidegger / Elisabeth Blochmann, Briefwechsel 1918-1969, Marbach 1990, S. 53.

36 Arendt / Heidegger, Briefe (wie Anm. 27), S. 81f.

37 Martin Heidegger / Imma von Bodmershof, Briefwechsel 1959-1976, Stuttgart 2000, S. 73-74.

38 Blochmann, Briefwechsel (wie Anm. 37), S. 93.

39 Heidegger / Blochmann, Briefwechsel (wie Anm. 37), S. 110.

40 Heidegger / Blochmann, Briefwechsel (wie Anm. 37), S. 27.

täten zu etablieren. „Das akademische Dasein – oder genauer die „geistige Existenz“ der Frau war für mich kein Augenblick ein unmögliches Problem…das schenkende und nehmende Aufgehen in den neuen Gemeinschaften – merkwürdig ist die Erfahrung, daß, wenn geistige Frauen wirklich einer Bedeutung zustreben, ihre Eigenart dann sich besonders stark ausprägt.“[41] Schenken und Nehmen, der geistige Gabentausch setzt sich nicht nur theoretisch, sondern auch praktisch fort und erneut wird ein bekanntes Verhältnis etabliert, das die Geschlechter unterschiedlichen Polen zuordnet.

Wenn Frauen „Wirken“ wollen, werden sie doch nur um so deutlicher auf ihr Frausein festgelegt. Die „geistige Existenz“ von Frauen darf problemlos sein, denn entscheidend ist durchaus nicht die Produktion eines Werks, sondern die innere Einkehr, Reifung und Verwirklichung weiblichen Daseins. „Ich glaube, das Entscheidende ist nicht, was Sie im Einzelnen literarisch produzieren, als vielmehr die stetige Besinnung u. Ausreifung Ihres eigensten Lebensplanes./ Ich denke mir, daß eine solche innere Neuschöpfung einer fraulichen Existenz nicht nur ihr Schweres, sondern auch etwas Beflügelndes hat./ Die Arbeit des Mannes ist ohnehin, wenn sie nicht aller Echtheit entbehrt, auf den Kampf gestellt u. die Einsamkeit, ihm sind diese gemäßer u. daher arbeitet er im Geistigen leichter.“[42]

Freilich, die Einsamkeit männlichen Kampf-Geistes ist selten so einsam, dass sie sich nicht immer wieder an Frauen wenden, beständig mitgeteilt würde. „Meine „Metaphysikvorlesung“ macht mir viel zu schaffen.. u. oft fühle ich mich doch sehr einsam mit dem, was ich glaube tun zu müssen.“ Doch „die ganze Vorlesung wird getippt, so daß Sie vielleicht einmal Gelegenheit finden, darin zu lesen“[43] und damit sich auch die Gelegenheit ergibt, zu hören und zu verstehen. Diesem Verstehen gebührt Dank: „das Verstehen u. die Klarheit, mit der Sie meine Arbeit sehen u. zugleich in Ihrer Weise in die Ihre hineinnehmen./ Solches Verstehen allein darf noch in die große Einsamkeit der eigensten Arbeit mit hineinnehmen; sie wird zwar nicht leichter zu tragen u. soll es auch nicht werden – aber es ist wie eine Brücke – über die das Schaffen noch zurückkann an ein Ufer.“[44] Der Autor wird nicht nur verstanden, sondern seine Arbeit strahlt auch aus und findet Eingang in andere Texte – und Verstehen kann zur Brücke werden, die zwei entfernte Ufer verbindet.

Liebe, Freundschaft und Verstehen wandern in Einsamkeit und Isolation. Auch Heidegger verlässt seine Geliebte um „Sein und Zeit“ zu schreiben, er hat „vergessen (…) weil ich Dich vergessen mußte und vergessen werde, so oft ich auf den Weg der letzten konzentrierten Arbeit komme…Rücksichtslosigkeit und Gewalttat gerade am Teuersten und Verbundendsten“, und „damit positiv fertig werden… heißt als

41 HEIDEGGER / BLOCHMANN, Briefwechsel (wie Anm. 37), S. 10f.
42 HEIDEGGER / BLOCHMANN, Briefwechsel (wie Anm. 37) S. 10f.
43 Heidegger an Blochmann, die gerade einen Ruf erhalten hat. HEIDEGGER / BLOCHMANN, Briefwechsel (wie Anm. 37) S. 34.
44 HEIDEGGER / BLOCHMANN, Briefwechsel (wie Anm. 37) S. 51.

Philosoph existieren."[45] Philosophie etabliert sich in rücksichtsloser Gewalttat, philosophische Existenz verlangt die Vertreibung dessen, worauf sie doch immer schon bezogen ist: Liebe. Doch diese Liebe, die Liebe zur Wahrheit ist universell und hat das Partikulare auszuschließen, damit Philosophie geschrieben werden kann. Diese Gewalttat verlangt Dank: „Ich danke Dir für Deine Briefe – daß Du mich in Deine Liebe aufgenommen hast – ...Amo heißt volo, ut sis, sagt einmal Augustinus: ich liebe Dich – ich will, daß Du seiest, was Du bist",[46] so an Hannah Arendt im Jahre 1925 (die ihre Dissertation über den „Liebesbegriff bei Augustinus" schreibt). Es folgt eine Wiederholung, drei Jahre später und schon wieder ein Dank – diesmal an Elisabeth Blochmann: „Ich danke Ihnen für alles.... Volo ut sis, ich will, daß Du seiest, so interpretiert einmal Augustinus die Liebe."[47] „Mein Buch ist erschienen. Ihnen ist ein Exemplar zum Geburtstag zugedacht",[48] so der Autor von „Sein und Zeit" an Elisabeth Blochmann. „Du hast mein Buch gelesen – d.h. Du hast Deine Liebe mit Deinem neuen Glück verschmolzen", so der Autor an Hannah Arendt.[49]

Ein „Triumvirat" – Walter Benjamin

Auch Walter Benjamin liest vor und Briefe verdoppeln sich: „Dann... las Walter mir einen Brief von Kosegarten und zwei von Samuel Collenbusch an Kant vor; grenzenlose ungeheure Briefe...Ich fühle, daß alles Wahrheit war."[50] Einige dieser im Jahre 1918 dem Freund vorgelesenen Briefe sind in Benjamins „Deutsche Menschen. Eine Folge von Briefen" aufgenommen worden und in der „Frankfurter Zeitung" erschienen. Und erneut: Einsamkeit, Offenbarung und Eros des Vorlesens, mit der Hören an das Sehen eines anderen und an das „Werk" gebunden werden: „Ich bin der erste Mensch, der die Sonnette an Heinle kennengelernt hat. Er las heute Abend von den fünfzig etwa zwölf vor, darunter ganz ungeheure. ...Ich verstehe aufs tiefste, was Walter nachher sagte, daß schon dies Werk, an dem er nun drei Jahre arbeitet, ein Grund für seine völlige Einsamkeit bis auf mich war und ist; weil er doch nur Konnexion mit den Menschen habe könne, letzten Endes, denen er hiervon Mitteilungen machen könne. Ich bin der erste, der davon nun erfahren hat. Es sind Offenbarungen."[51]

Nicht immer sind diese Szenen so weihevoll – „Walter las die pindarische Ode griechisch und in der Hölderlinschen Übersetzung, zur Borchardtschen kam es nicht,

45 Arendt / Heidegger, Briefe (wie Anm. 27), S. 54f.
46 Arendt / Heidegger, Briefe (wie Anm. 27), S. 31.
47 Heidegger / Blochmann, Briefwechsel (wie Anm. 37), S. 23.
48 Heidegger / Blochmann, Briefwechsel (wie Anm. 37), S. 20.
49 Arendt / Heidegger, Briefe (wie Anm. 27), S. 61.
50 Scholem, Tagebücher (wie Anm. 2) S. 221f.
51 Scholem, Tagebücher (wie Anm. 2), S. 263.

man ging essen" –[52] offenbart sich wechselseitiges Erkennen und wird vorgelesen, als ob sich ein Gleichgewicht herstellen müsste und der Hörende auch Lesender werden soll. „Abends war ich bei Walter und Dora, las die Kinah vor „Frage, Verbrannte..."... sie machte großen Eindruck auf Walter ... er las auch ein Kapitel wieder vor aus seiner Dissertation."[53] Offenbar sind beide die ersten Hörer des Textes, denn Benjamin hatte die Arbeit an der Dissertation im April abgeschlossen – Scholems „Ein mittelalterliches Klagelied" erscheint im September 1919. Das Vorlesen von Texten erlaubt Unaussprechliches auszusprechen und sich von der gehörten Wahrheit ergreifen zu lassen: „Am Freitag abend las ich Walter und Dora die Geschichte vom Thoraschreiber vor... Ich geriet vom ersten Wort an in eine solche Erregung, daß meine Stimme sich nur mit der allergrößten Anstrengung halten konnte, ich zitterte, als wenn ich ein Mädchen küssen müßte. Vielleicht habe ich dadurch gut gelesen."[54]

Auch wenn diese Szenen sich gleichen, der Eros des Vorlesens ergreift die Körper auf unterschiedliche Weise. Walter Benjamin und Asja Lacis: „Bevor sie fortgeht, lese ich ihr aus der „Einbahnstraße", die Stelle von den Runzeln."[55] Ein paar Tage später, erneut die „Einbahnstraße", die Schrift, die er ihr – der Dank ist nicht verschwunden – auch gewidmet hat:[56] „Während er [Reich] in Asjas Zimmer auf dem Stuhle einschlief, las ich ihr einiges aus der „Einbahnstraße"."[57] Und dann, das Tagebuch: „Ich las Asja den Entwurf für das „Tagebuch vor und sie machte dazu einige treffende Bemerkungen",[58] später dann, einen Entwurf und erneut das Tagebuch: „Dann las ich das Exposé vor; und auch das ging sehr gut, es gefiel ihr, sie fand es sogar außerordentlich klar und sachlich. .... Asja wurde aber schnell müde. Da griff ich auf das „Moskauer Tagebuch" zurück und las ihr auf gut Glück vor...Mit alledem hielt ich sie einige Minuten über ihre Zeit hinaus fest. Dann ging sie..."[59] Und schließlich, die vorbereitende Mühe des Vorlesens aus eigenen zu veröffentlichenden Texten ist nicht vergeblich – auch Scholem zittert beim Vorlesen, als wenn er ein Mädchen küssen müsste – und endlich kommt die Erlösung: „wir küßten uns viel. ... Dann las ich die lesbische Szene aus Proust vor. ...Und während ich das Asja auseinandersetzte, wurde mir klar, wie sehr das mit der Tendenz meines Barockbuches übereingeht."[60] Der Berührung

52 SCHOLEM, Tagebücher (wie Anm. 2), S. 417.
53 SCHOLEM, Tagebücher (wie Anm. 2), S. 438.
54 SCHOLEM, Tagebücher (wie Anm. 2), S. 244. Die vorgelesene Geschichte ist von AGNON und 1917/18 erschienen.
55 Walter BENJAMIN, Moskauer Tagebuch, in: Gesammelte Schriften, Vol. VI, Frankfurt/M. 1991[1926/27], S. 292-409.
56 Walter BENJAMIN, Einbahnstraße, in: Gesammelte Schriften, Vol. IV 1, Frankfurt/M. 1991[1928], S. 83-148.
57 BENJAMIN, Tagebuch (wie Anm. 55), S. 301.
58 BENJAMIN, Tagebuch (wie Anm. 55) S. 357.
59 BENJAMIN, Tagebuch (wie Anm. 54), S. 365f.
60 BENJAMIN, Tagebuch (wie Anm. 54), S. 380.

der Körper – der Erlösung durch erhörte Schrift – folgt erneut das Hören des eigenen Buches und die Erleuchtung seines Sinns.

Walter Benjamin liest aus seinen Schriften vor und Vorlesen wird zur Möglichkeit, den verborgenen Sinn des Geschriebenen zu entschlüsseln und den verschlüsselten Text erneut zu enträtseln. Und erneut: die Lektüre, die den Gedanken oder den Text erst deutlich macht und der das nachträgliche Verhältnis von Autor und Adressat an den Autor zurückbindet. Beständig zirkulieren Worte in dem Raum, in dem Autor, Lektüre und Adressat, Stimme und Hören zusammenfallen, eine Bewegung, in der sich die Schrift dann beständig bestätigt und verstärkt. Aber er liest ihr auch aus seinen Schriften vor, um sie in seiner Nähe zu halten. Offensichtlich ein Spiel mit doppelten Registern, die beständig wechseln – Schrift, Verstehen und Verführung, Geschriebenes wird dann auch zum Mittel zu sagen, was unsagbar erscheint.

Benjamin liest aus der Aufzeichnung vor, der er, noch während er schreibt, bereits den Titel einer Veröffentlichung gegeben hat: „Moskauer Tagebuch".[61] Er liest aus diesem Tagebuch, das ihn dann zum Autor der Schrift „Moskau" macht, die 1927 veröffentlicht wird und in der das Register der Schrift wieder eindeutig hergestellt ist und nur noch „Moskau" geschrieben werden kann: Die Liebe ist getilgt – kein Ohr, keine Nähe, kein gewährter Kuss, dessentwegen er doch durch die winterliche Stadt läuft. Und natürlich liest er ihr nur die Auszüge vor, die ihn zum Autor machen sollen, nicht die Passagen, die ausgeschlossen werden müssen, um in ein späteres Werk einzugehen – und auch der anderen Geliebten, Jula Radt-Cohn, die fern der Szene bei ihrem Ehemann sitzt, teilt er, kaum in Moskau angekommen, wie seinem Freund Scholem die Absicht mit, dieses Tagebuch zu veröffentlichen. Das Tagebuch vermerkt erneut Leseszenen und schreibt das „Triumvirat, das mein Leben jetzt darstellt."[62] „Sie lag den ganzen Abend über auf dem Bett und neben ihr saß Reich auf dem Stuhl. … später kamen wir auf mein Trauerspielbuch, und ich las die Vorrede vor, die gegen die Universität Frankfurt gerichtet ist."[63] In Geborgenheit und Nähe wird der Text erneut verstanden, den die Institution bekanntlich als „unverständlich" befunden hat.

„Das Gespräch strebt zum Schweigen und der Hörende ist eher der Schweigende. Sinn empfängt der Sprechende von ihm, der Schweigende ist die ungefaßte Quelle des Sinns",[64] so Benjamin über das Gespräch und das Schweigen des anderen, in dem Bedeutung wächst, ein Schweigen, das auch die Schrift und ihr Vorlesen umgrenzt, eine „produktive, weibliche Position markiert" und an „die unhörbare Sprache der

61 Walter Benjamin, Moskau, in: Gesammelte Schriften, Vol. IV 1, Frankfurt / M. 1991[1927], S. 316-348.

62 Walter Benjamin, Tagebuch (wie Anm. 55), S. 427.

63 Benjamin, Tagebuch (wie Anm. 55), S. 327.

64 Walter Benjamin, Metaphysik der Jugend. Das Gespräch, in: Gesammelte Schriften, Vol. II 1., Frankfurt/M. 1991, S. 91.

Frauen geknüpft ist".[65] Die Positionen von Hören und Schweigen, Produktion und Öffentlichkeit sind eindeutig verteilt. „Kameradinnen wären durchaus nichts Undenkbares", so Scholem, doch „Aufsätze schreiben sollen sie nicht, denn die Fundierung der Erkenntnis ist nicht ihre Aufgabe",[66] männliche und weibliche Sphären sind getrennt und „was sind mir denn schließlich die Mädchen? Nichts, gar nichts. Wirtschafterinnen sind sie mir."[67] Erneut erscheint die Magd, die männlichem Geist dient, indem sie den lästigen Alltag bewältigt.

In der Öffentlichkeit wird die Frau, zur „öffentlichen Frau". Scholem bemerkt über Frl. Anna Tumarkin, seit 1909 erste Professorin für Philosophie der Universität Bern: „Die völlige Abscheulichkeit und dämonische Überhitzung des auf die „Wissenschaft" verkehrten Weibes trat aufs finsterste hervor. Das blasseste Zeitungsgeschwätz, aber andauernd und wesentlich als argumentatio ad hominem vorgetragen. Jede Dirne ist eine reinere Manifestation des Weiblichen, Ich begreife nicht, wie Mädchen hierhin gehen können, die sich doch schämen müßten, den Dämon ihrer Zukunft, ihres ganzen verkehrten Lebens so vor sich zu sehen, Ich habe ganz genug."[68] Schreibende und lehrende Frauen stoßen auf entschiedene Ablehnung; Geist, Erkenntnis, Schrift und besonders die Öffentlichkeit kommen ihnen nicht zu. Benjamin teilt durchaus die Aversion gegen schreibende Frauen: „Zufällig begegnete ich heute ...dem Buche einer Frau Luise Zulinden...Das Grausen das einen überkommt wenn Frauen in diesen Dingen entscheidend mitreden wollen, ist unbeschreiblich."[69]

Erkenntnis wird zum Fronterlebnis, in dem männlicher Geist sich bewährt. Die Institution „Universität", die das kämpferische Geistesleben, die „Kampfgemeinschaft" organisiert, soll männlich bleiben. In diesem Zeitraum eine durchaus geteilte Auffassung: „Ich persönlich kann mir eine Hochschulgemeinschaft nur zwischen Lehrern und jungen Männern vorstellen... Durch eine einzige Frau schon würde die ungebrochene Herbheit, die Straffheit, das Helle, Fahnenhafte, alles das, was sich bei mir mit Front, Phalanx assoziiert, alles das würde doch erheblich angebogen werden. Für mich selbst würden die Vorlesungen, bei denen Frauen dabei sind, im letzten Grunde nicht in Betracht kommen. Ich würde sie besuchen, wie man wertvolle Vorträge besucht, aber ich würde kein Wort sprechen, ich würde nichts von mir verraten. Vielen geht es ebenso. Es wäre für mich so, als wenn man ein schwingendes Glas berührt: das Klingen ist plötzlich abgedämpft."[70] Doch trotz aller „fahnenhafter Phalanx", offenbar braucht Schrift zur Etablierung – ihrer Offenbarung – ein Echo und Mäeutik liegt im

---

65 Sigrid WEIGEL, Entstellte Ähnlichkeit. Walter Benjamins theoretische Schreibweise, Frankfurt/M., 1997, S. 138f.

66 SCHOLEM, Tagebücher (wie Anm. 2), S. 57.

67 SCHOLEM, Tagebücher (wie Anm. 2), S. 47.

68 SCHOLEM, Tagebücher (wie Anm. 2), S. 408.

69 Walter BENJAMIN, Gesammelte Briefe 1910-1918, Vol. I, Frankfurt/M. 1995, S. 468.

70 Martin BUBER, Briefwechsel aus sieben Jahrzehnten, Vol. I, Heidelberg 1972, S. 420f. Die unterschiedlichen Schreibkonstellationen und moderne Formen der wissenschaftlichen ‚Arbeitsehe' hat Barbara

Hören. „Magischer Funke zwischen Wort und bewegender Tat" – ist dem Gespräch unter Männern vorbehalten, die sich immer „Aufrührer" sind und am Ende zu „Feuer und Beil" greifen,[71] während Frauen andächtig zuhören. Mäeutik ist dann die Kunst, in der sokratisches Fragen und Antworten, Hören und Schweigen meint – und so auch die Schrift umgrenzt.

HAHN (Unter falschem Namen. Von der schwierigen Autorenschaft der Frauen, Frankfurt/M., 1991) brillant dargestellt.

71 Walter BENJAMIN, Metaphysik der Jugend. Das Gespräch, in: Gesammelte Schriften, Vol. II 1. Frankfurt/M. 1991, S. 94f.

Vasilios N. Makrides

Akademische Irrationalismen? Kulte um Personen in wissenschaftlich-akademischen Kreisen

1. Einführung

Die Religionswissenschaft versteht sich heute mehr denn je als eine Kulturwissenschaft.[1] Dies hat Konsequenzen, wie zum Beispiel Fragen nach der „Definierbarkeit" des Religionsbegriffes sowie seiner Inhalte und Anwendungsbereiche. Christlich-europäische Prägung und Kontingenz des Begriffes werden deshalb kritisch überprüft.[2] Ein Bereich, der die Religionswissenschaft als Kulturwissenschaft unter anderem beschäftigt – und dies betrifft direkt das Thema meines Aufsatzes – ist die Untersuchung der säkularen oder *stricto sensu* nicht-religiösen Kultur. Es geht dabei um den Versuch, einige zumeist säkular ausgerichtete soziokulturelle Phänomene zu beobachten und ihre diversen Erscheinungsformen zu untersuchen, die in vielfacher Hinsicht Ähnlichkeiten, Analogien, Parallelitäten oder – ganz allgemein formuliert – irgendeinen Bezug zu den konventionellen Religionen aufweisen. Unter diese Kategorie fällt eine nur schwer zu überschauende Vielzahl von Sinn- und Deutungssystemen, die vom Marxismus-Leninismus in der ehemaligen Sowjetunion über die Ideologie des Nationalismus bis zur Psychoanalyse und zum Evolutionismus reichen kann. Die Thematik wird indes immer noch häufig ohne die notwendigen Unterscheidungen und die entsprechende analytische Schärfe behandelt, was dann die Feststellung der Beziehungen dieser Systeme zu den konventionellen Religionen erschwert.[3] Charakteristisch für solche Systeme ist ihr antagonistisches und polemisches Verhältnis zu den konventionellen Religionen. Oft versuchen sie, diese zu ersetzen und obsolet zu machen.[4] Die Beschäftigung mit dieser Thematik ist jedoch nicht neu. Sie hat die Religionswissenschaft, besonders aber die Religionssoziologie im gesamten 20. Jahrhundert beschäftigt.[5] Dennoch wird die-

1 So z.B. Hans G. Kippenberg / Kocku von Stuckrad, Einführung in die Religionswissenschaft, München 2003; Burkhard Gladigow, Religionswissenschaft als Kulturwissenschaft, Stuttgart 2005.

2 Hierzu Jonathan Z. Smith, Religion, Religions, Religious, in: Marc C. Taylor (Hg.), Critical Terms for Religious Studies, Chicago / London 1998, S. 268-284.

3 Dazu Vasilios N. Makrides, On the Possibility of Naturalistic Religions, in: Edward Bailey (Hg.), The Secular Quest for Meaning in Life. Denton Papers in Implicit Religion, Lewiston 2002, S. 149-174.

4 Zum gesamten Themenkomplex Vasilios N. Makrides, Die gesellschaftliche Etablierung des Säkularismus: Säkulare Kulte und politische Religionen, in: Hans G. Kippenberg / Jörg Rüpke / Kocku von Stuckrad (Hg.), Europäische Religionsgeschichte. Konzepte, Entwicklungspfade und Vermittlungsformen eines doppelten Pluralismus (im Druck).

5 Stellvertretend siehe Arthur L. Greil / Thomas Robbins (Hg.), Between Sacred and Secular. Research and Theory on Quasi-Religion (Religion and the Social Order, 4), Greenwich, CT / London 1994.

ses Thema in einigen religionswissenschaftlichen und religionssoziologischen Einführungen immer noch randständig behandelt, wenn nicht sogar übersehen.[6]

Inzwischen gibt es eine Reihe von Epitheta zur Beschreibung solcher Sinn- und Deutungssysteme wie etwa „implizite", „unsichtbare", „säkulare" oder „politische" Religionen.[7] Zunächst stellt sich die Frage nach der genauen Klassifizierung dieser Systeme: Sollten sie als neue Religionsformen oder nur als Quasi- oder Pseudo-Religionen gelten? In welchem Verhältnis stehen sie zu den konventionellen Religionen? Forscher, die von einem funktionalen Religionsverständnis ausgehen, betrachten in der Regel solche Systeme als „neue Religionen". Andere Forscher indes, die sich einer substantialen Religionsdefinition verpflichtet fühlen, betrachten eine solche Klassifizierung als äußerst problematisch.[8] Letztlich ist diese Meinungsverschiedenheit unüberbrückbar, sofern man von der prinzipiellen Relativität aller Religionsdefinitionen ausgeht. Ungeachtet ihrer Klassifizierung gehören jedoch die oben beschriebenen soziokulturellen Phänomene ohne Zweifel zum Forschungsgegenstand einer Religionswissenschaft als Kulturwissenschaft.

In diesem Beitrag beschränke ich mich auf bestimmte Kulte um außerordentliche Personen, die nicht in einem konventionellen religiösen Rahmen situiert sind.[9] Dennoch weisen sie mitunter frappierende Analogien zu den Kulten konventioneller Religionen auf. Beispielsweise lassen sich Analogien aufzeigen zwischen dem Kult eines politischen Führers (Herrscherkult) in einem ideologisch-politischen System der Moderne und dem Kult von Heiligen und Märtyrern im traditionellen religiösen Umfeld, sei es im Christentum oder im Islam.[10] Erwähnt sei hier nur der Leninkult in der Sowjetunion, dessen Höhepunkt die Verehrung des mumifizierten Leichnams Lenins auf dem Roten Platz in Moskau war – damit sollten zweifelsohne der Heiligenkult und die Reliquienverehrung in der Russisch-Orthodoxen Kirche bekämpft werden.[11] Die institutionalisierte Ritualisierung eines ideologisch-politischen Regimes[12]

6 So z.B. Fritz STOLZ, Grundzüge der Religionswissenschaft, 3. Aufl., Göttingen 2001 [1988].

7 Zum gesamten Thema Edward I. BAILEY, Implicit Religion in Contemporary Society, Kampen 1997.

8 Mehr dazu Hubert KNOBLAUCH, Religionssoziologie, Berlin / New York 1999, S. 109-127.

9 Der Begriff „Kult" wird hier allgemein im Sinne der überragenden Huldigung und Verehrung verwendet, die diesen Personen zukommt, und nicht unbedingt mit Blick auf explizite rituell-kultische Handlungen bezüglich jener Personen, die trotzdem nicht von vornherein ausgeschlossen werden sollten.

10 Dazu allgemein Gottfried KORFF, Politischer „Heiligenkult" im 19. und 20. Jahrhundert, in: Zeitschrift für Volkskunde 71 (1975), S. 202-220. Zu einem konkreten Beispiel s. Arno HERZIG, Der Lassalle-Kult als säkularisierter Kult eines politischen Heiligen, in: Jürgen PETERSOHN (Hg.), Überlieferung – Frömmigkeit – Bildung als Leitthemen der Geschichtsforschung, Wiesbaden 1987, S. 114-130.

11 Dazu Anatolij N. KASCHEWAROW, Die sowjetische Kampagne gegen die Reliquienverehrung in den Jahren 1918 bis 1930, in: Peter KOSLOWSKI / Wladimir F. FJODOROW (Hg.), Religionspolitik zwischen Cäsaropapismus und Atheismus, München 1999, S. 45-64.

12 Dazu Christopher A. P. BINNS, The Changing Face of Power. Revolution and Accommodation in the Development of the Soviet Ceremonial System. Part I-II, in: Man (N.S.) 14 (1979), S. 585-606 und

scheint dessen Belangen nützlich zu sein, weil durch den Prozess der Ritualisierung allgemein wichtige Ziele erreicht werden können – sei es inner- oder außerhalb des religiösen Rahmens.[13]

Personen, um die ein Kult existiert, werden Kultpersonen / Kultfiguren genannt, sei es innerhalb einer Gesellschaft, eines soziopolitischen Systems oder einer sozialen Gruppe. Oftmals wird auch der Terminus „Personenkult“ zur Bezeichnung solcher Fälle benutzt, obschon meistens in einem negativen Sinn. Zu dieser umfangreichen Kategorie zählen Kulte um Personen aus den unterschiedlichsten Bereichen, wie zum Beispiel der Unterhaltungsindustrie, des Sports, der Kunst, der Musik, der Literatur, der Politik, der Wirtschaft und nicht zuletzt der Wissenschaft.[14] Die Formen und die Funktionen, die solche Kulte übernehmen können, sind ebenfalls sehr unterschiedlich und hängen von vielen Faktoren ab. Solche Kulte können in sehr diffusen Kontexten existieren oder auch in einem institutionalisierten Rahmen erscheinen. Wie bereits angedeutet, interessiert mich in diesem Zusammenhang nicht primär, inwiefern diese Kulte um Personen als religiös eingestuft werden können. Viel wichtiger sind ihre möglichen Analogien / Parallelitäten zu den konventionellen religiösen Kulten und ihre Untersuchung und entsprechende Deutung aus einer religionswissenschaftlichen Perspektive.

2. Kulte um Personen in wissenschaftlich-akademischen Kreisen: Kriterien und Voraussetzungen

Mein besonderes Augenmerk gilt solchen Kulten, die sich um außergewöhnliche Personen in der wissenschaftlichen Welt bzw. in der akademischen Gemeinschaft herausbilden können.[15] Es handelt sich hierbei um eine spezifische Kultkonstellation innerhalb wissenschaftlich-akademischer Kreise, die nicht auf den ersten Blick sichtbar ist. Hauptgrund dafür ist die fehlende Institutionalisierung und Normierung solcher Kultphänomene, die eher in *diffusen Formen* existieren und verschiedene Funktionen erfüllen. Trotzdem geht es um eine meta-wissenschaftliche und quasi-religiöse Vereh-

---

15 (1980), S. 170-187; Christel LANE, The Rites of Rulers. Ritual in Industrial Society – The Soviet Case, Cambridge 1981.

13 Dazu Bernhard LANG, Kult, in: Huber CANCIK / Burkhard GLADIGOW / Karl-Heinz KOHL (Hg.), Handbuch religionswissenschaftlicher Grundbegriffe 3 (1993), S. 474-488, hier S. 483-488.

14 Dazu Gottfried KORFF, Personenkult und Kultpersonen. Bemerkungen zur profanen „Heiligenverehrung“ im 20. Jahrhundert, in: Walter KERBER (Hg.), Personenkult und Heiligenverehrung, München 1997, S. 157-183.

15 Obwohl es zwischen den Begriffen „Gelehrter“, „Denker“, „Forscher“, „Wissenschaftler“ und dergleichen Unterschiede gibt und eine begriffliche Präzisierung willkommen wäre, ist dies jedoch für die Zwecke des vorliegenden Beitrags nicht nötig, denn Kultfiguren können durchaus in all diesen spezifischen Kategorien auftreten und weisen in vielfacher Hinsicht gemeinsame Charakteristika auf.

rung von bestimmten Personen in der wissenschaftlich-akademischen Gemeinschaft mit einer Fülle von Erscheinungsformen und mit weitreichenden Konsequenzen. Beispielsweise können solche Personen mit einer rein religiösen Beschreibungssprache charakterisiert werden. Dieses Phänomen mag verdeutlichen, dass die wissenschaftlich-akademische Kultur durchaus einen impliziten Bezug zur Religion haben kann.

Die Funktionen, die solche Kulte in wissenschaftlich-akademischen Kreisen übernehmen, sind sehr unterschiedlich. Die Leistungen eines / einer als Kultfigur verehrten Wissenschaftlers / Wissenschaftlerin können gleichermaßen als vorbildlich wie wegweisend hingestellt werden. Diese Verehrung beschränkt sich nicht nur auf spontane und individuelle „Akklamationen“, sondern kann auch einen offiziellen Charakter annehmen. Dies bedeutet, dass eine solche Kultfigur zusätzlich etwa als nationales Symbolkapital angesehen bzw. propagiert werden kann. Alle Ehrungen, die sie bekommt, tragen zur internationalen Ausstrahlung ihres Landes bzw. dessen besonderer geistiger Tradition bei. Darüber hinaus kann durch die Entstehung von Kultfiguren die Kohärenz und die künftige Entwicklung eines bestimmten wissenschaftlichen Faches garantiert werden. Dies geht oftmals mit der Bildung von Autoritäten und bestimmten „Schulen“ in einem Fach einher, die für seine Etablierung und langfristige Entwicklung von großer Bedeutung sein können. All dies muss jedoch immer an konkreten Fällen untersucht und getestet werden, um genauer zu eruieren, *wo, wie, wann* und *warum* es zu einer Kultkonstruktion in wissenschaftlich-akademischen Kreisen kommen kann.

Das Hauptproblem ist dabei jedoch, dass Phänomene wie Autoritätsbildung und Personenverehrung in der wissenschaftlich-akademischen Welt ungern gesehen werden, denn sie sind mit dem (selbst-)kritischen Geist der wissenschaftlichen Forschung nicht kongruent. Ein Charakteristikum der modernen Wissenschaft ist ohnehin die fehlende Akzeptanz von Autoritäten jeder Art. Darüber hinaus stehen Kulte um Personen sehr oft im Verdacht, lediglich irrationale Emotionszustände hervorzurufen, die – manchen Ansichten zufolge – in der Wissenschaft nichts zu suchen haben. Es gilt also zu untersuchen, wie sich die Existenz von Kultfiguren in der Wissenschaft mit der grundsätzlich kritisch-rationalen Orientierung der wissenschaftlich-akademischen Welt vereinbaren lässt.

Zuerst sollte betont werden, dass Kultphänomene in wissenschaftlich-akademischen Kreisen nicht immer identisch sind. Hier geht es zumeist um *implizite Kultphänomene*, die von denen, die sie betreiben, nicht als solche bezeichnet werden. Insofern unterscheiden sich diese Fälle von anderen, verwandten Kulten, wie etwa dem um Friedrich Nietzsche (1844-1900), die die Grenzen der wissenschaftlich-akademischen Welt überschritten und auch innerhalb breiterer gesellschaftlicher Kreise institutionelle Formen angenommen haben.[16] Im Gegensatz dazu sind die Kulte, von denen ich hier spreche, nicht institutionalisiert und haben einen eher diffusen Charakter. Trotzdem

16 Mehr dazu bei Hubert CANCIK / Hildegard CANCIK-LINDEMAIER, Philologe und Kultfigur. Friedrich Nietzsche und seine Antike in Deutschland, Stuttgart / Weimar 1999.

gibt es viele Anzeichen und Evidenzen, dass sie in der Realität existieren. Man könnte sogar die Behauptung wagen, dass die Ausrichtung solcher Kulte dem grundsätzlich „rationalen Geist" der wissenschaftlichen Umwelt in gewisser Weise entspricht. Mit anderen Worten: Aufgrund ihres spezifischen Umfeldes haben diese Kulte nämlich einen notwendigerweise „rationaleren" Charakter in Bezug auf ihre Erscheinungsformen angenommen, der sie von anderen Kulten um Personen unterscheidet.

Um zwei konkrete Beispiele zu nennen: Nach meinem Verständnis weisen die Rezeptionen von Max Weber (1864-1920)[17] und Ludwig Wittgenstein (1889-1951) zwar nicht völlig identische, aber verwandte kultische Momente auf, die zu dieser Kategorie zählen. Beide haben die Soziologie bzw. die Philosophie entscheidend geprägt, gleichwohl ihr Einfluss in vielen anderen Bereichen bis heute bemerkenswert ist. Von beiden Persönlichkeiten geht zweifelsohne eine ungeheure Faszination aus, die ihresgleichen sucht. Am Beispiel dieser beiden werde ich zunächst versuchen, einige Kernaspekte dieses Phänomens in der wissenschaftlich-akademischen Welt zu analysieren und zu erläutern.

Welche *Kriterien* sollte man zugrunde legen, wenn man von Kulten um Personen in wissenschaftlich-akademischen Kreisen sprechen möchte? Welcher *Voraussetzungen* bedarf es, damit solche Kulte überhaupt zustande kommen können?

i) Zunächst wäre die *besondere Art der Rezeption* des Werkes bzw. der Ideen solcher Kultfiguren zu nennen, die eindeutig die Sphäre der Wissenschaftlichkeit übersteigt. Was bedeutet dies konkret? Es handelt sich nicht um eine bloße Beschäftigung mit dem wissenschaftlichen bzw. denkerischen Output einer Kultfigur und dessen Auslegung. Es geht um eine Meta-Ebene, die in erkennbarem Maße kultische Elemente aufweist, die wiederum in vielfältigen Formen erscheinen, von denen später noch die Rede sein wird. Eine solche besondere Rezeption lässt sich eindeutig im Fall Webers und Wittgensteins feststellen. Beispielsweise ist die Faszination, die beide in ihrem jeweiligen wissenschaftlichen Gebiet bis heute noch auslösen, einmalig. Wir haben es mit einer quasi-religiösen Verehrung beider Denker zu tun, die in vielen Aspekten manifest wird, wie zum Beispiel in der Art und Weise, wie sie zitiert werden. Darüber hinaus zeugen die umfassenden Bibliographien über die beiden[18] von den unterschied-

17 Zu diesem Thema Vasilios N. Makrides / Eleni Sotiriu, Cult Figures Within Academia. The Case of Max Weber, in: Implicit Religion 6 (2003), S. 105-132.

18 Beispielsweise zu Weber: Dirk Käsler, Max-Weber-Bibliographie, in: Kölner Zeitschrift für Soziologie und Sozialpsychologie 27 (1975), S. 703-730; Constans Seyfarth / Gert Schmidt, Max-Weber-Bibliographie. Eine Dokumentation der Sekundärliteratur, 2. Aufl., Stuttgart 1982 [1977]; Peter Kivisto, Jr. / William H. Swatos, Max Weber. A Bio-bibliography, New York 1991; Alan Sica, Max Weber. A Comprehensive Bibliography, New Brunswick 2004. Zu Wittgenstein: Guido Frongia / Brian McGuinness, Wittgenstein. A Bibliographical Guide, Oxford 1990; Peter Philipp, Bibliographie zur Wittgenstein-Literatur, Bergen 1996; V.A. Shanker / Stuart G. Shanker (Hg.), A Wittgenstein Bibliography, London 2000.

lichen Rezeptionsformen ihres Gesamtwerkes, die nicht immer streng „wissenschaftlicher Natur“ sind.

ii) Um Missverständnissen vorzubeugen: Dies bedeutet keineswegs, dass die große Anerkennung, die solche Personen genießen, fehlgeleitet oder völlig unbegründet wäre. Zweifellos bilden außergewöhnliche und überragende *Leistungen* der in Frage kommenden Personen die Basis ihrer späteren Entwicklung zu Kultfiguren. Die Art und Weise, wie solche Leistungen bewertet und eingeordnet werden, hängt von der wissenschaftlich-akademischen Gemeinschaft selbst ab. Es gibt keine „objektiven“ und allgemeingültigen Evaluationskriterien, anhand derer sich wissenschaftliche Leistungen bemessen ließen. Am ehesten mag in unserem Fall noch das fachübergreifende Wirksamwerden ihrer *Oeuvres* ein Kriterium sein, oder wenn sie eine neue „Schule“ mit fester Anhängerschaft oder gar ein neues Forschungsparadigma begründet haben. Das trifft auf Weber und Wittgenstein eindeutig zu, denn ihre Leistungen wirkten in vielen wissenschaftlichen Forschungsgebieten fort, wie zum Beispiel – um mein Fach zu erwähnen – in der Religionswissenschaft bzw. der wissenschaftlichen Religionsforschung im Allgemeinen.[19] Webers und Wittgensteins Beiträge sind insofern von epochenübergreifender Bedeutung.[20] Dies ist aber nur eine der Voraussetzungen, damit Kultfiguren in der Wissenschaft entstehen können.

iii) Zwischen Kultfiguren und den Größen bzw. den Koryphäen eines bestimmten wissenschaftlichen Faches muss unterschieden werden. Die Zahl der Kultfiguren ist normalerweise im Vergleich zu der Zahl der Koryphäen relativ begrenzt. Hauptgrund dafür ist, dass die Herausbildung einer Kultfigur nicht ausschließlich auf die wissenschaftlichen Leistungen dieser Person zurückzuführen ist. Dasselbe gilt auch für die allgemeine Anerkennung einer Person seitens der entsprechenden wissenschaftlich-akademischen Gemeinschaft oder einer breiteren Öffentlichkeit. Allein das große Ansehen einer Person oder ihre Ehrungen und Auszeichnungen machen sie nicht automatisch zu einer Kultfigur. Ein Nobelpreisträger ist insofern nicht unbedingt eine Kultfigur in der betreffenden Disziplin. Damit aus einem Wissenschaftler / einer Wissenschaftlerin eine Kultfigur werden kann, bedarf es zusätzlicher Faktoren. Diese beruhen zumeist auf psychologischen Motiven und Dispositionen. Um dies für Weber und Wittgenstein zu konkretisieren: Es gab sicherlich unter ihren Zeitgenossen Größen wie Friedrich Toennies, Nikolaus Sombart und Georg Simmel in der Soziologie oder

---

19 Dazu Ludwig WITTGENSTEIN, Lectures and Conversations on Aesthetics, Psychology and Religious Belief, hg. v. Cyril BARRETT, Berkeley / Los Angeles 1967; Brian R. CLACK, An Introduction to Wittgenstein's Philosophy of Religion, Edinburgh 1999; Hans G. KIPPENBERG / Martin RIESEBRODT (Hg.), Max Webers „Religionssystematik“, Tübingen 2001.

20 Dazu Max KÖLBEL, Wittgenstein's Lasting Significance, London 2004; Gert ALBERT u.a. (Hg.), Das Weber-Paradigma. Studien zur Weiterentwicklung von Max Webers Forschungsprogramm, Tübingen 2003.

Heinrich Rickert, Karl Jaspers, Edmund Husserl und Martin Heidegger in der Philosophie. Sie alle haben ihre Fächer entscheidend geprägt. Dennoch unterscheidet sich ihre Rezeption von derjenigen Webers und Wittgensteins in vielen Aspekten. Nicht nur ihr wissenschaftlich-denkerisches *Oeuvre* ist interessant, vielmehr sind es Werk, Leben und Wirkung insgesamt. Vergleicht man beispielsweise Wittgenstein mit seinem Lehrer und späteren Freund Bertrand Russell (1872-1970), dann wird der Unterschied deutlich. Russell ist eindeutig eine philosophische Größe des 20. Jahrhunderts mit einflussreichem Werk und entsprechender Wirkung, aber keine Kultfigur. Für Wittgenstein dagegen trifft beides zu. Dies lässt sich auch aus ihren jeweiligen Biographien ablesen. Es gibt einige Forscher, die sich mit Russell beschäftigen, jedoch nicht primär um Russells willen, sondern um mehr über Wittgenstein zu erfahren.

iv) Entscheidend für die Erhöhung einer Person zu einer Kultfigur in der Wissenschaft ist zudem ihre *besondere Verhaltensweise* – allgemeiner: ihre *Lebensweise*. Kultfiguren sind normalerweise Personen, die erheblich von üblichen (Lebens-)Standards innerhalb der wissenschaftlich-akademischen Gemeinschaft, aber auch im alltäglichen Sinne abweichen. Es gibt unterschiedliche Formen von *Devianz*, die einen größeren oder auch kleineren Abstand zur Normalität und Banalität von Alltäglichkeit herstellen. Kultfiguren in der Wissenschaft weisen deshalb mehrere Idiorythmien in ihrer Lebensführung auf, die wiederum in verschiedenen Ausprägungen ausgedrückt sind und entsprechend von der Umwelt wahrgenommen werden.

In manchen Fällen spielt die *Selbstinszenierung* dieser Kultfiguren eine Rolle.[21] Mit anderen Worten: Die betroffenen Kultfiguren tragen manchmal zur Entstehung ihres eigenen Kultes bei – das wäre im Fall Wittgensteins wahrscheinlich zutreffend –, obwohl solche Versuche natürlich nicht immer gelingen. Die Gründe einer solchen Selbstinszenierung haben zumeist etwas mit menschlicher Eitelkeit sowie mit dem Verlangen nach allgemeiner Anerkennung und Unsterblichkeit zu tun. Ungeachtet dessen ist das abweichende Verhalten solcher Kultfiguren in anderen Fällen eine unausweichliche Realität, mit der sie auch selbst konfrontiert werden. Bei Weber war dies seine mysteriöse und andauernde Krankheit, die sein ganzes Leben begleitete und entscheidend prägte.[22] Bei Wittgenstein war es seine sehr eigenartige Persönlichkeit, die dazu führte, dass er oft den Eindruck machte, ein problematischer Alleingänger, ja sogar ein Geistesgestörter zu sein; so etwa in seinen ersten Begegnungen mit Russell – bis letzte-

21 Eine solche Selbstinszenierung kann zusammen mit klaren Devianzformen bei vielen postmodernen Denkern beobachtet werden. Auffällig ist zum Beispiel die Art und Weise wie sie schreiben, sprechen, sich benehmen, aussehen und diskutieren. Bei Jacques Derrida (1930-2004), einem großen Vertreter der Postmoderne und der Dekonstruktion, lässt sich so etwas deutlich beobachten, was ihn innerhalb postmoderner Kreise zu einer Kultfigur machte. Die vielleicht auffälligste Devianzform bei postmodernen Denkern sollte hauptsächlich mit der Verständnisschwierigkeit ihrer oft verklausulierten Texte und Sprache in Verbindung gebracht werden.

22 Makrides / Sotiriu, Cult Figures (wie Anm. 17), S. 114-117.

rer vom ungewöhnlichen Potenzial seines Schülers überzeugt war.[23] Beide, Weber und Wittgenstein, waren in einem Zustand rastloser, konstanter Aufregung und zudem unzufrieden mit der sie umgebenden Kultur. Wutausbrüche und andere damit verbundene Reaktionen waren bei beiden der Normalfall.

Diese Devianz sollte jedoch keineswegs in einem negativen Sinne verstanden werden. Im Gegenteil – sie wird oft in Verbindung mit dem „übermenschlichen" und quasi-göttlichen Charakter solcher Kultfiguren oder mit ihrem Charisma gesehen. Diese Kultfiguren übersteigen normale menschliche Standards, weshalb sie mit anderen Maßstäben gemessen werden sollten. Diese Grenzüberschreitung im Sinne der Transzendenz menschlicher Grenzen trägt erheblich zur kultischen Rezeption solcher Personen bei. Sie stellt außerdem eine Verbindung zu den konventionellen Religionen her, denn die Transzendenz der biologischen Natur des Menschen wurde bereits in einigen Theorien mit der Religion in Verbindung gebracht.[24]

v) Damit man von Kultfiguren in der wissenschaftlich-akademischen Gemeinschaft überhaupt sprechen kann, sollte man die Entstehung ihres Kultes erkunden. Normalerweise geschieht dies nach dem Tode der in Frage kommenden Person. Ihr Verlust gilt als ein schwer zu kompensierendes Ereignis in der wissenschaftlich-akademischen Gemeinschaft, was dann zur Entwicklung und Stärkung der Mythologie über sie führt. Jedoch ist es sehr charakteristisch, dass viele Aspekte einer kultischen Rezeption solcher Personen *bereits zu ihren Lebzeiten* beobachtet werden können, entweder innerhalb der wissenschaftlich-akademischen Gemeinschaft selbst oder sogar seitens der Öffentlichkeit. Dies sollte als wichtige Bedingung für die postume Weiterführung ihres Kultes gelten. Im Fall Webers war dies insbesondere zwischen 1910 und 1920 zu spüren, als sein Ruf und Einfluss als Gelehrter und Denker die zeitgenössischen Diskussionen entscheidend prägten. Seine damalige Ausstrahlung war so stark, dass seine Zeitgenossen ihn mit dem Ausdruck „dämonische Natur" bezeichneten.[25] Möglicherweise kommt es nicht von ungefähr, dass Weber als eine besonders charismatische Persönlichkeit angesehen wurde und dass er deswegen die charismatische Herrschaft so eindrucksvoll in seiner Soziologie thematisierte und beschrieb. Wir wissen aber, dass er dezidiert gegen die kultische Verehrung von Personen aller Art war und die kritische Diskussion solcher Fälle förderte und forderte (vgl. seine Kritik am Kult des Dichters Stefan George).[26] Ähnliches lässt sich für Wittgenstein sagen, der schon seit seiner Cambridge-Studienzeit bei Russell und George E. Moore (1873-1958) für allgemeine Aufmerksamkeit und Bewunderung sorgte, die bis zu seinem Tod 1951 stetig anstieg. Es spielt hier überhaupt

23 Ausführlich dazu Ray MONK, Wittgenstein. Das Handwerk des Genies, 3. Aufl., Stuttgart 1993 [1992], S. 52-107.

24 Vgl. Thomas LUCKMANN, Shrinking Transcendence, Expanding Religion, in: Sociological Analysis 50 (1990), S. 127-138.

25 MAKRIDES / SOTIRIU, Cult Figures (wie Anm. 17), S. 110-114.

26 MAKRIDES / SOTIRIU, Cult Figures (wie Anm. 17), S. 113.

keine Rolle, ob solche Kultfiguren sich gegen kultische Phänomene in der Wissenschaft geäußert haben, und ob sie deren kritischen Geist besonders förderten. Die Kultentstehung ist meistens unabhängig von ihren eigenen Wünschen.

3. Kulte um Personen in wissenschaftlich-akademischen Kreisen: Hauptcharakteristika

i) Es handelt sich bei solchen Kulten um kein *organisiertes Massenphänomen*, das in der Gesellschaft deutlich wahrgenommen werden kann. Solch ein Kult ereignet sich vor allem implizit und ist erst einmal zu lokalisieren. Es gibt zum Beispiel keine zentrale Instanz, die Kulte dieser Art unterstützt und steuert. Zwar gibt es Verwalter des Nachlasses von solchen Kultfiguren, wie enge Verwandte oder andere mit ihnen vertraute Personen, die sich um die postume Bekanntmachung der Person und ihres Werkes kümmern. Dennoch ist dies keineswegs die unabdingbare Voraussetzung zur Entstehung bzw. zur Weiterführung eines entsprechenden Kultes. Wir haben es hier mit einem *diffusen* Phänomen zu tun, das eher individuell je nach Geschmack und Präferenz konstruiert wird. Mit anderen Worten: Man ist in der Wissenschaft nicht gezwungen, die eine oder die andere Koryphäe besonders hochzuschätzen oder sogar zu verehren. In vielen Fällen geschieht dies völlig frei und ohne äußere Zwänge oder Anweisungen. Aus der bloßen Beschäftigung mit dem Werk einer Koryphäe kann es sehr wohl zu einer Kultkonstruktion kommen.

Beispielsweise beschäftigen sich schon einige Forschergenerationen mit Weber und Wittgenstein, ohne jedoch deswegen indoktriniert zu sein. Diese beiden Denker – als Ganzes betrachtet – lösen eine immense Begeisterung und Faszination aus, von der sich diejenigen, die sich mit ihnen befassen, nur schlecht lösen können. Beginnt jemand, sich ernsthaft mit ihnen zu beschäftigen, dann tut er dies normalerweise ein ganzes Leben lang, was oft – aber nicht unbedingt – zu einer kultischen Rezeption führt. Die jeweiligen soziokulturellen Kontexte, in denen solche Operationen stattfinden, sind natürlich nicht miteinander identisch und müssen deshalb im Einzelfall untersucht werden. Wenn jedoch ein solcher Kult entstanden ist, dann ist die Wahrscheinlichkeit sehr groß, dass er von späteren Generationen weitergeführt und verstärkt wird. Es ist deshalb sehr unwahrscheinlich, dass das heutige immense Ansehen von Weber oder Wittgenstein in den nächsten Jahren schwindet.

ii) Diese Kategorie von Kultfiguren unterscheidet sich, wie bereits angedeutet, von einer anderen Kategorie von Kultfiguren, die ebenfalls aus dem wissenschaftlich-akademischen Bereich stammen, die jedoch vorwiegend *außerhalb dessen* verehrt wurden bzw. werden. Das betrifft die Kulte um Benjamin Franklin, Jean-Jacques Rousseau und Voltaire während der Französischen Revolution sowie in anderen Kontexten;[27] um Auguste Comte im viktorianischen England im Rahmen der „Religion" des Positivismus und der Menschheit;[28] um Friedrich Nietzsche in Weimar, zeitweise sogar mit einem recht organisierten rituellen Apparat;[29] um Ernst Haeckel im Rahmen des „Monisten-Bundes";[30] und um Karl Marx, Friedrich Engels und Vladimir Lenin im ehemaligen Ostblock.[31]

Diese Kultphänomene sind mit den hier besprochenen nicht völlig identisch. Es gibt Elemente, die in beiden Kategorien erheblich voneinander abweichen. Beispielsweise wurde Nietzsche einem breiteren Publikum und nicht nur innerhalb der wissenschaftlich-akademischen Welt bekannt. Sein Werk wurde zudem popularisiert, was für Weber oder Wittgenstein so nicht zutrifft. Im Fall Nietzsches lässt sich außerdem die Entwicklung eines kultischen Apparats um seine Person und Ideen beobachten, der zeitweise zentral gesteuert war (z.B. von seiner Schwester Elisabeth Förster-Nietzsche).[32] Kultfiguren wie Marx oder Lenin „funktionierten" beinahe ausschließlich im Kontext der mit ihren Namen verbundenen Ideologie sowie der entsprechenden staatlichen Ordnung. In diesem Fall haben wir es – anders als bei Weber und Wittgenstein – mit einer Organisation, Normierung, Zentralisierung und systematischen Propagierung ihres Kultes zu tun. Insofern unterscheiden sich die eher diffusen Kultphänomene in wissenschaftlich-akademischen Kreisen von den hier erwähnten Fällen. Eine Entwicklung von einem zum anderen Kulttypus ist jedoch durchaus möglich, wenn es die entsprechenden Bedingungen dafür gibt, wie zum Beispiel die zunehmende Institutionalisierung des Kultes um eine Person.

iii) Ein weiteres Charakteristikum der Rezeption von Kultfiguren in wissenschaftlich-akademischen Kreisen ist die erstaunliche Verbindung zwischen ihrem *Leben* und *Werk*, die als Einheit betrachtet werden.[33] Die Erforschung der Lebensumstände einer

27 Dazu Michel VOVELLE, The Revolution Against the Church. From Reason to the Supreme Being, Columbus, Ohio 1991, S. 14, 111, 181.

28 Hierzu T. R. WRIGHT, The Religion of Humanity. The Impact of Comtean Positivism on Victorian Britain, Cambridge 1986.

29 Dazu ausführlich Hubert CANCIK, Formen der Nietzsche-Rezeption in Deutschland. Archiv, Bewegung, Gesellschaft, Kult, Museum und Bestand, in: Richard FABER / Christine HOLSTE (Hg.), Kreise – Gruppen – Bünde. Zur Soziologie moderner Intellektuellenassoziation, Würzburg 2000, S. 265-290.

30 Zum Thema Casper HAKFOORT, Science Deified. Wilhelm Ostwald's Energeticist World-View and the History of Scientism, in: Annals of Science 49 (1992), S. 525-544.

31 Dazu Robert C. TUCKER, The Rise of Stalin's Personality Cult, in: The American Historical Review 84 (1979), S. 347-366; Nina TUMARKIN, Lenin Lives! The Lenin Cult in Soviet Russia. Cambridge, MA / London 1997.

32 Hans WILDEROTTER / Michael DORRMANN (Hg.), Wege nach Weimar. Auf der Suche nach der Einheit von Kunst und Politik, Berlin 1999, S. 152-215; Thomas FÖHL (Hg.), Ihr Kinderlein kommet… Henry van de Velde, ein vergessenes Projekt für Friedrich Nietzsche, Ostfildern-Ruit 2000.

33 Siehe z.B. K.T. FANN (Hg.), Ludwig Wittgenstein. The Man and his Philosophy, New Jersey / Sussex 1978 [1967]; Charles G. LUCKHARDT (Hg.), Wittgenstein. Sources and Perspectives, Hassocks, Sussex 1979.

Person aus dem wissenschaftlich-akademischen Bereich ist ohne Zweifel wichtig, denn sie kann wichtige Hinweise zur Interpretation ihres Werkes und ihrer Ideen liefern. Jedoch gibt es auch noch eine andere Art der Beschäftigung mit dem Leben einer solchen Person, die sich im Fall einer Kultfigur beobachten lässt. Konkreter: Alles, was eine Kultfigur hinterlassen, was sie geschrieben oder getan hat, bekommt in diesem Prozess eine ungeheure Bedeutung. Darüber hinaus werden alle möglichen Details und Geheimnisse ihres Lebens, selbst aus der ganz privaten und intimen Sphäre, berücksichtigt und ans Licht gebracht. Insofern wird allen, selbst kleinsten Informationen enorme Bedeutung beigemessen. Physiognomische Aspekte, d.h. wie diese Kultfigur aussah, werden ebenfalls in diesem Kontext berücksichtigt. Ein Beispiel dafür sind die Totenmasken oder Photoaufnahmen auf dem Totenbett, die von solchen Kultfiguren postum angefertigt und später in relevanten Publikationen reproduziert werden.[34]

Es handelt sich hier um eine komplette Kontextualisierung der Kultfiguren, die alles zu erfassen versucht: alle Menschen, mit denen Kultfiguren gesprochen haben könnten bis hin zu jenen, die sie als Kinder kannten. So hat sich ein Teil der Weber-Forschung seit den 60er Jahren des 20. Jahrhunderts mit seinem erotischen Leben und seinen damit verbundenen Problemen (unvollendete Ehe mit Marianne, außereheliche Beziehungen, psychische Erkrankung und ihre Folgen usw.) befasst. Es wurde diskutiert, ob und auf welche Weise sein Werk und seine Ideen davon beeinflusst waren,[35] obschon es natürlich stets auch kritische Gegenstimmen gab.[36] Ähnlich „privat" war die Fokussierung auf Wittgenstein, vor allen Dingen im Hinblick auf seine Homosexualität und deren Folgen.[37] Erwähnenswert sind auch die neuerdings vermuteten Hinweise auf mögliche Kontakte zwischen Wittgenstein und Hitler in Linz, als beide dieselbe Grundschule besucht hatten. Nach einer Interpretation habe dies den späteren Judenhass Hitlers entscheidend vorbestimmt und geprägt.[38]

Die Investigationsgier so mancher Weber- und Wittgensteinforscher trägt beinahe schon detektivische Züge: Jeder noch so kleine unbedeutende Fund, selbst aus der Kindheit und den frühen Jahren,[39] wird zu einem wichtigen Mosaikstein erklärt. Keine geringere Rolle spielen in diesem Zusammenhang die Tagebücher, Briefwech-

34 Monk, Wittgenstein (wie Anm. 23), Abbildung 53; Makrides / Sotiriu, Cult Figures (wie Anm. 17), S. 118f.

35 Makrides / Sotiriu, Cult Figures (wie Anm. 17), S. 124f.

36 Dazu die Kritik von Dirk Kaesler (Der Spiegel, 4, 2006, S. 143-144) an der neuen Biographie Webers von Joachim Radkau (Max Weber. Die Leidenschaft des Denkens, München 2005) und die Repliken Radkaus und anderer (Der Spiegel, 6, 2006, S. 12).

37 Dazu das umstrittene Buch von William W. Bartley III, Wittgenstein, Philadelphia 1973, revidierte und erweiterte Ausgabe, LaSalle, Ill 1994; Justus Noll, Ludwig Wittgenstein und David Pinsent. Die andere Liebe der Philosophen, Berlin 1998. Kritisch zu Bartley siehe unter anderem Monk, Wittgenstein (wie Anm. 23), S. 615-621.

38 Kimberley Cornish, Der Jude aus Linz. Hitler und Wittgenstein, Berlin 1998.

39 Beispielsweise siehe Brian McGuinness, Wittgensteins frühe Jahre, Frankfurt am Main 1988.

sel[40] und Autobiographien solcher Kultfiguren, die erwartungsgemäß einiges über den besonderen Werdegang und das Leben dieser Personen offenbaren können. Besondere Beliebtheit erfahren außerdem die diversen Erinnerungen an solche Kultfiguren.[41] Es handelt sich dabei meistens um Zeitgenossen, Kollegen oder Schüler, die sie hautnah erlebt und über sie berichtet oder Notizen aus ihren Vorlesungen hinterlassen haben.[42] Solche Entdeckungen gelten als unschätzbarer Wert, weshalb sie wiederholt gedruckt und in andere Sprachen übersetzt werden. Selbst nicht-schriftliche Dokumente der Hinterlassenschaft einer Kultfigur gewinnen erheblich an Bedeutung, wie im Fall Wittgensteins seine architektonischen Interessen, die beim Bau des Hauses seiner Schwester in Wien manifest wurden. Die Verbindungen zwischen Philosophie und Architektur sind in diesem Fall oft thematisiert worden.[43]

iv) Charakteristisch ist weiterhin die Art und Weise des Umgangs mit dem *Nachlass* solcher Kultfiguren, der sehr oft an den pietätvollen Umgang mit einer Reliquie im konventionellen religiösen Sinne erinnert. Grundsätzlich kann alles, was eine Kultfigur

40 Zu Wittgenstein siehe Georg Henrik VON WRIGHT (Hg.), Briefe an Ludwig von Ficker, Salzburg 1969; Brian F. MCGUINNESS (Hg.), Paul Engelmann – Ludwig Wittgenstein. Briefe und Begegnungen, Wien / München 1970; Georg Henrik VON WRIGHT (Hg.), Ludwig Wittgenstein. Letters to C. K. Ogden, Oxford 1973; Brian F. MCGUINNESS / Georg Henrik VON WRIGHT (Hg.), Ludwig Wittgenstein. Briefwechsel mit B. Russell, G. E. Moore, J. M. Keynes, F. P. Ramsey, W. Eccles, P. Engelmann und L. von Ficker, Frankfurt / M. 1980; Ilse SOMAVILLA, Ludwig Hänsel – Ludwig Wittgenstein. Eine Freundschaft. Briefe – Aufsätze – Kommentare, Innsbruck 1994.

41 Zu Wittgenstein siehe Norman MALCOLM, Ludwig Wittgenstein. A Memoir, Oxford / London 1958, 2. Aufl., New York 2001; MALCOLM, Erinnerungen an Wittgenstein. Wittgensteins Briefe an Malcolm. Mit einer biographischen Skizze von G.H. von Wright, Frankfurt / M. 1987; K.E. TRANDY, Wittgenstein in Cambridge 1949-1951. Some Personal Recollections, in: Acta Philosophica Fennica 28 (1976), S. 11-21; H.D.P. LEE, Wittgenstein 1929-1931, in: Philosophy 54, Nr. 208 (1979), S. 211-220; Oets K. BOUWSMA, Wittgenstein. Conversations, 1949-1951, Indianapolis 1986; Rush RHEES (Hg.), Ludwig Wittgenstein – Porträts und Gespräche, Frankfurt / M. 1987; Theodore REDPATH, Ludwig Wittgenstein. A Student's Memoir, London 1990. Zu Weber siehe Paul Honigsheim, The Unknown Weber, hg. v. Alan SICA, New Brunswick / London 2000. Siehe auch das Weber gewidmete Sonderheft der Kölner Zeitschrift für Soziologie und Sozialpsychologie 7 (1963), hg. v. René KÖNIG / Johannes WINCKELMANN, in dem unter anderem persönliche Erinnerungen an Weber verschiedener Personen gesammelt wurden.

42 Im Fall Wittgensteins siehe Desmond LEE (Hg.), Wittgenstein's Lectures. Cambridge, 1930-1932. From the Notes of John King and Desmond Lee, Oxford 1982; Alice AMBROSE (Hg.), Wittgenstein's Lectures, Cambridge, 1932-1935: From the Notes of Alice Ambrose and Margaret Macdonald, Chicago 1989; Mathias IVEN, Rand und Wittgenstein. Versuch einer Annäherung, Frankfurt / M. 2004. Im Fall Webers siehe Max WEBER, Wirtschaftsgeschichte. Aus den nachgelassenen Vorlesungen, hg. v. S. HELLMANN / M. PALYI, München / Leipzig 1923.

43 Dazu Bernhard LEITNER, The Architecture of Ludwig Wittgenstein. A Documentation, New York 1976; Gunter GEBAUER u.a., Wien, Kundmanngasse 19. Bauplanerische, morphologische und philosophische Aspekte des Wittgenstein-Hauses, München 1982; Aenne GLIENKE, Das Wittgenstein-Haus. Eine Untersuchung zur Architektur des Philosophen, o.O. 1993; Paul WIJDEVELD, Ludwig Wittgenstein. Architect, Amsterdam 2000.

hinterlassen hat oder was über sie existiert, als enorm wichtig gelten und wird deshalb sorgfältig aufbewahrt und ausgewertet.[44] Dies bedeutet, dass nur bestimmten „Eingeweihten" der freie Zugang zum gesamten Nachlass gewährt wird, die dafür sorgen, dass er angemessen und getreu verwaltet wird. Im Fall Webers übernahm dies zuerst seine Frau Marianne, die für die irdische Verewigung des Gatten zeit ihres Lebens Sorge trug[45] und eine Biographie von ihm publizierte, die durchaus unter die Kategorie des Weber-Kultes fällt.[46] Im Fall Wittgensteins waren es seine Vertrauten und späteren Nachlassverwalter, Gertrude Elizabeth Margaret Anscombe (1919-2001), Rush Rhees (1905-1989) und Henrik Georg von Wright (1916-2003). Wie es oft in solchen Fällen geschieht, wird die Verbreitung von Informationen über die Kultfigur zentral kontrolliert. Daten, die auf die menschliche, schwache Seite der Kultfigur hinweisen und die zu ihrer Entzauberung bzw. Entmystifizierung führen könnten, werden geheim gehalten oder sogar vernichtet. Im Fall Webers geschah dies durch die Vernichtung von Dokumenten bezüglich seiner Krankheit und ihrer Folgen seitens seiner eigenen Frau und mit der Geheimhaltung seines erotischen Briefwechsels.[47] Im Fall Wittgensteins ist dies bei der Publikation seiner in Geheimschrift verfassten Tagebücher aus seiner Jugend festzustellen, in denen einiges über seine damaligen Orientierungen sowie über sein Privatleben berichtet wird. Diese Tagebücher wurden lange Zeit unter Verschluss gehalten bis sie vor einigen Jahren ans Licht der Öffentlichkeit kamen.[48]

Ein zentraler Aspekt des Umgangs mit dem Nachlass von Kultfiguren betrifft ihr Gesamtwerk, das normalerweise ausführlich kommentiert und ediert in mehrbändigen postumen Gesamtausgaben mündet. Es handelt sich hier nicht um eine beliebige neue Ausgabe ihrer Werke, sondern um eine minutiöse Beschäftigung mit jedem möglichen Detail in dem Nachlass dieser Kultfiguren.[49] Die monumentale Weber-Gesamtausgabe (beim J.C.B. Mohr [Paul Siebeck] Verlag) sowie die ebenfalls einmalige Wiener Wittgenstein-Gesamtausgabe (beim Springer-Verlag) mögen dies gegenwärtig verdeutlichen. Darüber hinaus ist die Art und Weise erwähnenswert, wie viele Gelehrte eine Kultfigur in ihren eigenen Schriften zitieren. Normalerweise geht es um das Zitieren einer Autorität mit normativen Ansprüchen. Die Meinung einer Kultfigur ist so hochgeschätzt, dass sie dem Argument eines Epigonen Geltung verleihen kann. Das Werk einer Kultfigur bekommt in vielen Fällen den Stellenwert etwa einer „Heiligen Schrift"

44 Siehe z.B. The Wittgenstein Archives at the University of Bergen: Project Report 1990-1993 and Critical Evaluation, Bergen 1995.

45 Eduard BAUMGARTEN, Max Weber. Werk und Person, Tübingen 1964, S. 605.

46 Marianna WEBER, Max Weber. Ein Lebensbild, Tübingen 1926.

47 MAKRIDES / SOTIRIU, Cult Figures (wie Anm. 17), S. 124f.

48 Dazu Wilhelm BAUM (Hg.), Ludwig Wittgenstein. Geheime Tagebücher 1914-1916, Wien / Berlin 1991.

49 Bezüglich Wittgensteins *Big Typescript* von 1933 siehe z.B. Stefan MAJETSCHAK (Hg.), Wittgensteins ‚große Maschinenschrift'. Untersuchungen zum philosophischen Ort des *Big Typescripts* (TS 213) im Werk Ludwig Wittgensteins, Franfurt / M. 2006.

im jeweiligen Fach. Freilich vermag die Autorität einer Kultfigur nicht zu verhindern, dass es Debatten um die richtige Auslegung ihres Werkes unter den Epigonen geben kann. Dies ist beispielsweise der Fall bei den verschiedenen Weber-Interpreten, die eine Rekonstruktion seines unvollendeten Werkes unternehmen, wobei erhebliche Meinungsunterschiede zu verzeichnen sind.[50] Ähnliches lässt sich auch im Fall Wittgensteins beobachten, wenn man verschiedene Debatten um die Auswertung seines philosophischen Erbes in Betracht zieht.[51]

v) Ein weiteres Charakteristikum der Beschäftigung mit Kultfiguren in wissenschaftlich-akademischen Kreisen ist die *Ausschließlichkeit des Interesses* an solchen Persönlichkeiten. Es gibt Forscher, die sich ein ganzes Leben lang ausschließlich mit bestimmten Kultfiguren befassen (z.B. Wolfgang Schluchter mit Weber, Brian McGuinness mit Wittgenstein). In beinahe allen ihren Schriften ist die unmittelbare oder indirekte Präsenz der ausgewählten Kultfigur offenkundig; zum Beispiel durch ständige Verweise auf ihre Autorität oder auch namentlich in den Buchtiteln. In diesen Fällen haben wir es mit dezidierten „Weberianern" oder „Wittgensteinianern" zu tun, die sich der Person, dem Leben und dem Werk der beiden Denker verpflichtet fühlen. Beinahe alles in ihrer geistigen Produktion dreht sich um diese Kultfiguren. Deswegen trifft man auf zahlreiche Buchtitel, die lauten: „Max Weber und..." oder „Wittgenstein und...". So etwas lässt sich allerdings nur bei Kultfiguren solchen Ausmaßes und seltener bei den Größen in einem beliebigen wissenschaftlichen Feld antreffen. Bei den Kultfiguren gibt es regelmäßig jedes Jahr und zwar weltweit eine beträchtliche Zahl von Dissertationen, Monographien oder Sammelbänden, die ihrem Schrifttum, Denken oder Leben gewidmet sind, abgesehen von den vereinzelten Artikeln und Aufsätzen oder den kommentierten Neuausgaben ihrer Werke. Es wäre nicht übertrieben zu behaupten, dass es eine Art inoffizieller wissenschaftlicher Disziplin um diese Kultfiguren gibt, nämlich die „Weberologie" und die „Wittgensteinologie". Dieses ausschließliche Interesse an den beiden spiegelt sich außerdem in der Existenz von Fachzeitschriften (z.B. das *Wittgenstein-Jahrbuch* oder die *Max Weber Studies*) oder Buchreihen (z.B. die *Wittgenstein-Studien* oder die *Max Weber Classic Monographs*) wider, die solchen Kultfiguren gewidmet sind und in denen nicht nur von ihren wissenschaftlichen Leistungen die Rede ist. Ähnliches gilt auch für wissenschaftliche Gesellschaften (z.B. die *Deutsche Ludwig-Wittgenstein-Gesellschaft*).

Mit der kultischen Verehrung solcher Persönlichkeiten in der Wissenschaft ist ihre *Zentralisierung* verbunden. Die zentrale Position, die eine Kultfigur im Kontext ihrer

50 Siehe z.B. Friedrich H. Tenbruck, Das Werk Max Webers, in: Kölner Zeitschrift für Soziologie und Sozialpsychologie 27 (1975), S. 663-702; Johannes Winckelmann, Max Webers hinterlassenes Hauptwerk. Die Wirtschaft und die gesellschaftlichen Ordnungen und Mächte. Entstehung und gedanklicher Aufbau, Tübingen 1986; Wilhelm Hennis, Max Webers Fragestellung. Studien zur Biographie des Werks, Tübingen 1987.

51 Dazu Peter M. S. Hacker, Wittgenstein. Connections and Controversies, Oxford 2001.

Epoche einnimmt, bildet die Achse, um die sich alles andere dreht.[52] Ihre ganze Familie sowie ihre Verwandten finden in diesem Prozess ebenfalls gebührende Berücksichtigung.[53] Selbst unwichtige Personen, die sonst völlig unbekannt blieben, wie etwa gelegentliche Freunde, gewinnen durch das Interesse für die Kultfigur an Bedeutung und werden aufgrund der Bewunderung für sie ebenfalls der Nachwelt bekannt gemacht. Das betrifft zum Beispiel Wittgensteins besten Freund aus der Studienzeit in Cambridge, David Pinsent (1891-1918).[54] Wichtige damalige Denker werden zudem durch den Fokus der Kultfigur betrachtet. Im Fall Wittgensteins betrifft dies beispielsweise seine engen Kontakte zu Russell, der ihn als seinen Schüler zu Beginn maßgeblich beeinflusste, obschon Wittgenstein bereits damals sich für einen autonomen philosophischen Weg entschieden hatte und sich von Russell distanzierte.[55] Im Fall Webers sind dies die zahlreichen Personen, mit denen er korrespondierte, einschließlich derjenigen, die sonst keine besondere Aufmerksamkeit erfahren hätten.[56]

Zur übermäßigen und ausschließlichen Bewunderung von Kultfiguren gehören die außerakademische Bekanntmachung der Kultfigur und ihre Popularisierung. Was Wittgenstein betrifft, lässt sich dies anhand von Theaterstücken[57] und Filmproduktionen[58] über ihn oder ferner von Büchern wie etwa „Wittgenstein für Anfänger"[59] nachweisen. Im Fall Webers betrifft dies beispielsweise seine vielfältigen Beziehungen zur alternativen Kultur um die Jahrhundertwende, die einen Einfluss auf seine Lebensorientierungen haben sollte.[60] Der Einblick in diese Thematik ist wiederum nichts anderes als das Resultat eines ausschließlichen und zielgerichteten Interesses an Weber.

vi) Beim Umgang mit Kultfiguren fällt sofort die für sie verwendete *religiöse Beschreibungssprache* auf. Aufgrund ihrer intellektuellen Überlegenheit und menschlichen

52 Siehe andeutungsweise Brian McGuinness (Hg.), Wittgenstein and his Times, Oxford 1982; Wolfgang J. Mommsen / Jürgen Osterhammel (Hg.), Max Weber and his Contemporaries, London 1987.

53 Zu Wittgenstein siehe Brian McGuinness (Hg.), Wittgenstein – Familienbriefe, Wien 1996; Thomas Bernhard, Wittgensteins Neffe, Frankfurt / M. 1987; Ursula Prokop, Margaret Stoborough-Wittgenstein. Bauherrin, Intellektuelle, Mäzenin, Wien 2003. Zu Weber siehe Guenther Roth, Max Webers deutsch-englische Familiengeschichte 1900-1950. Mit Briefen und Dokumenten, Tübingen 2001.

54 Dazu David H. Pinsent, Reise mit Wittgenstein in den Norden. Tagebuchauszüge, Briefe, Wien 1994.

55 Siehe beispielsweise Kenneth Blackwell, The Early Wittgenstein and the Middle Russell, in: Irving Block (Hg.), Perspectives on the Philosophy of Wittgenstein, Oxford 1981, S. 1-30.

56 Siehe die bisher erschienenen Bände mit seiner voluminösen Korrespondenz für den Zeitraum 1906-1914 im Rahmen der Max-Weber-Gesamtausgabe.

57 Dic Edwards, Wittgenstein's Daughter (scenes at the end of history). A Play in Five Acts, London 1993.

58 *Wittgenstein*, 1993, Regie: Derek Jarman.

59 John Heaton / Judy Groves, Wittgenstein for Beginners, Cambridge 1994.

60 Dazu Sam Whimster (Hg.), Max Weber and the Culture of Anarchy, London 1999.

Andersartigkeit werden sie oftmals mit „irdischen Göttern" verglichen oder als Halbgötter dargestellt. Im Fall Webers zeigt sich das in der religiösen Beschreibungssprache seiner Frau, die seinen Nachlass als Reliquie und seinen Schreibtisch als ihren Altar betrachtete.[61] Eine religiös gefärbte Sprache benutzten ebenfalls viele Bewunderer Webers wie zum Beispiel Karl Loewenstein.[62] Im Fall Wittgensteins kann man das bei keinem geringeren als dem bekannten Wirtschaftswissenschaftler John Meynard Keynes (1883-1946) beobachten. Als Wittgenstein 1929 wieder in Cambridge eintraf, schrieb Keynes charakteristischerweise an seine Frau (18. Januar 1929): „Gott ist angekommen. Ich traf ihn im Fünf-Uhr-Fünfzehn-Zug."[63]

Die Verwendung einer religiösen Beschreibungssprache hat vielleicht damit zu tun, dass beide, Weber und Wittgenstein, in der relevanten Literatur oftmals als „säkulare Heilige" dargestellt werden, obwohl eine solche Betrachtung in den letzten Jahrzehnten aufgrund neuer Enthüllungen über ihr privates Leben in Zweifel gezogen wurde. Nicht selten geht zudem die religiöse Beschreibungssprache mit einer besonderen „Ritualisierung" dieser Kultfiguren einher. Man besucht die „Heiligen Stätten", in denen solche Kultfiguren gelehrt, gewirkt oder gelebt haben. Im Fall Webers gilt dies in erster Linie für sein Haus an der Ziegelhäuser Landstrasse 17 in Heidelberg – das Zentrum des berühmten Max-Weber-Kreises, um das sich eine regelrechte Mythologie gebildet hat[64] –, aber auch für andere Orte, wo er gelebt und gewirkt hat (z.B. in Erfurt, in München[65]). Im Fall Wittgensteins sind es die wichtigsten Orte seines Lebens und Wirkens: Wien,[66] Kirchberg am Wechsel, wo er als Volksschullehrer tätig war[67] – und wo heute ein Museum mit einer Wittgenstein-Dokumentation existiert und regelmäßige Wittgenstein-Tagungen stattfinden – und natürlich Cambridge.[68] Jedoch sollte diese „Ritualisierung" beispielsweise deutlich von der kultischen Rezeption Nietzsches unterschieden werden, die eine polemische Konkurrenz- und Ersatzfunktion gegenüber den konventionellen christlichen Ritualen hatte.

61 Marianne WEBER, Lebenserinnerungen, Bremen 1948, S. 115.

62 Karl LOEWENSTEIN, Persönliche Erinnerungen an Max Weber, in: Karl ENGISCH u.a. (Hg.), Max Weber. Gedächtnisschrift der Ludwig-Maximilian-Universität zur 100. Wiederkehr seines Geburtstages 1964, Berlin 1966, S. 27-38.

63 Zitiert nach MONK, Wittgenstein (wie Anm 23), S. 275.

64 Dazu Gesa VON ESSEN, Max Weber und die Kunst der Geselligkeit, in: Richard FABER / Christine HOLSTE (Hg.), Kreise – Gruppen – Bände. Zur Soziologie moderner Intellektuellenassoziation, Würzburg 2000, S. 239-264.

65 Dazu M. Rainer LEPSIUS, Max Weber in München, in: Zeitschrift für Soziologie 6 (1977), S. 103-118.

66 Allan JANIK, Wittgenstein in Vienna: A Biographical Excursion through the City and its History, Wien 1998.

67 Dazu Konrad WÜNSCHE, Der Volksschullehrer Ludwig Wittgenstein mit neuen Dokumenten und Briefen aus den Jahren 1919 bis 1926, Frankfurt / M. 1985.

68 Dazu Hans VEIGL, Wittgenstein in Cambridge. Eine Spurensuche in Sachen Lebensform, Wien 2003.

vii) Einen indirekten Beweis schließlich, dass solche Kultfiguren in wissenschaftlich-akademischen Kreisen insgesamt existieren, liefern die *anti-kultischen Erscheinungen*, die wiederum innerhalb der wissenschaftlich-akademischen Gemeinschaft selbst stattfinden. Es sind die kritischen Stimmen, die sich gegen die übermäßige, kultische Rezeption von bestimmten Persönlichkeiten in der Wissenschaft richten. Ihr Ziel ist deren Entmythologisierung dadurch, dass sie auf die Aporien und Schwachstellen ihres Werkes hinweisen. Das ist auf ganz unterschiedliche Weise möglich: vor allem aber wohl durch eine differenzierte Lektüre der Texte, die gängige, oft wohl auch kultische Lesarten dekonstruieren kann.

Bei Weber erfolgte eine erste antikultische Rezeption, obschon erfolglos, durch seinen eigenen Bruder Alfred Weber (1868-1958) sowie einige andere Forscher. Bekannt ist außerdem die Kontroverse zwischen Eduard Baumgarten und Karl Jaspers, einem Verehrer Max Webers, was zur anschließenden Meinungsänderung Jaspers über Weber führte.[69] Wittgensteins fast paranoides soziales Verhalten bot ebenfalls einen Anlass zu seiner späteren Entmythologisierung,[70] obwohl es eine antikultische Rezeption schon zu seinen Lebzeiten gab.[71] Doch bewirkten solche Entmythologisierungsversuche nicht viel; die Begeisterung für diese Kultfiguren dauerte an. Sie dokumentieren jedoch auf eine indirekte Weise, dass solche Kultfiguren in wissenschaftlich-akademischen Kreisen in der Tat existieren, gerade weil gegen sie protestiert wird.

4. Abschließende Bemerkungen

Die vorangegangenen Ausführungen über Kultfiguren in der wissenschaftlich-akademischen Welt hatten zum Ziel, wichtige Kennzeichen des Phänomens zu nennen. Dabei mussten jedoch viele Fragen offen bleiben. Das betraf in erster Linie die vielfältigen Gründe, die für das Entstehen solcher Kultfiguren verantwortlich sind, insbesondere den Beitrag der Betreiber ihres Kultes, derjenigen also, die ihn pflegen, etablieren und verbreiten. Für das Entstehen eines solchen Kultes können eigennützige Motive verantwortlich sein. Mochte es doch attraktiv sein, „auf den Schultern von Riesen" zu stehen. Die wissenschaftlich-akademische Gemeinschaft hat zweifellos ihre eigene Pathologie und entsprechende Symptome, zu denen auch die oben genannten Kultphänomene gehören.[72]

Wichtig bleibt, nach der Funktion solcher Kultphänomene zu fragen. In welcher Beziehung stehen sie zu den konventionellen religiösen Kultphänomenen? Diese Fra-

---

69 Makrides / Sotiriu, Cult Figures (wie Anm. 17), S. 126ff.

70 Dazu die diesbezügliche Debatte in der Zeitschrift *Nature* 348 (1990), S. 384, 350 (1991), S. 9 und 351 (1991), S 10, 179.

71 Dazu Monk, Wittgenstein (wie Anm. 23), S. 275-302.

72 Vgl. die Bemerkungen von Robert K. Merton, On the Shoulders of Giants. A Shandean Postscript. The Post-Italianate Edition, Chicago / London 1993.

ge sollte man zunächst im breiteren Kontext der Entstehung neuer Kultphänomene nach der Reformation und ihrer Legitimationsstrategien in Auseinandersetzung mit dem etablierten Christentum betrachten. Trotz antiritualistischer Tendenzen[73] gab es immer zugleich auch eine Vielfalt an neuen Kulten im Rahmen von alternativen Sinn- und Deutungssystemen, die sich verschieden zu den konventionellen religiösen Kulten positionierten. Sie konnten mit ihnen koexistieren, in einem Komplementär- oder Konkurrenzverhältnis stehen, oder versuchen, sie völlig zu ersetzen.

Schließlich: Die oben genannten Kultphänomene in wissenschaftlich-akademischen Kreisen belegen, dass diese besondere Gemeinschaft keineswegs so rational ist, wie gern behauptet wird. Fälle, wie die oben erwähnten, zeugen deutlich von der Existenz anderer Faktoren, die jenseits der berüchtigten Rationalitätsansprüche der Wissenschaft und ihrer Gemeinschaft liegen. Aller Wahrscheinlichkeit nach operiert sie nicht ausschließlich kraft absoluter rationaler Prinzipien. Dafür sprechen zudem auch andere Quellen: die Existenz des Szientismus,[74] nämlich der „Vergöttlichung der Wissenschaft", und die Meinung wissenschaftlicher Koryphäen, sie seien in ihrer Arbeit keineswegs stets „streng rational" verfahren. Die Rolle von außerwissenschaftlichen bzw. nicht-rationalen Faktoren im wissenschaftlichen Entdeckungsprozess wurde auch in anderen Fällen diskutiert.[75] Darüber hinaus beklagte sich Rodney Stark, dass speziell die Soziologie mit Blick auf Max Weber und andere Gründungsväter über lange Zeit hinweg einen „Ahnenkult" betrieben hat, was insgesamt negative Konsequenzen für ihre selbstkritische Entwicklung hatte.[76] Wie oben dargestellt, zeigen die Kulte um Personen in wissenschaftlich-akademischen Kreisen deutlich, dass die Wissenschaft und ihre Umwelt keineswegs immun gegen nicht-rationale Beeinflussungen sind.

73 Lang, Kult (wie Anm. 13), S. 479ff.
74 Dazu Tom Sorell, Scientism. Philosophy and the Infatuation with Science, New York 1991.
75 Dazu Thomas S. Kuhn, The Structure of Scientific Revolutions, 2. Aufl., Chicago 1970 [1962].
76 Rodney Stark, SSSR Presidential Address, 2004: Putting an End to Ancestor Worship, in: Journal for the Scientific Study of Religion 43 (2004), S. 465-475.

Herausgeber, Autorinnen und Autoren

Herausgeber

Alf Lüdtke, Professor an der Universität Erfurt, Leiter der Arbeitsstelle Historische Anthropologie des Max-Planck-Instituts für die Erforschung multireligiöser und multiethnischer Gesellschaften (früher: MPI für Geschichte) an der Universität Erfurt. **Forschungen** gelten den Transformationen von Herrschaft in der Neuzeit, der Praxis von Arbeit im 19./20. Jahrhundert; dem „Mitmachen" der Vielen in Kriegen und Diktaturen sowie den Konzepten von Alltagsgeschichte.

Reiner Prass, als Lehrbeauftragter am Historischen Seminar der Universität Erfurt und als Übersetzer tätig. **Forschungen** zu Praktiken des Lesens und Schreibens sowie zur Wirtschafts- und Kulturgeschichte ländlicher Gesellschaften in Deutschland und Frankreich vom 17. bis zum 19. Jahrhundert.

Autorinnen und Autoren

Gadi Algazi, Professor am Department of History an der Tel Aviv University; Herausgeber der Zeitschrift 'History and Memory'. **Forschungen** zur Sozial- und Kulturgeschichte des späten Mittelalters und der frühen Neuzeit, zur historischen Anthropologie, Geschichtstheorie und zurzeit zur Formierung der gelehrten Lebensformen.

Andreas Bähr, Friedrich-Meinecke-Institut, FU Berlin. **Forschungen** zu Selbstkonstitution und Subjektivität, zu Krankheit und Gewalt, zur Geschichte religiösen Denkens sowie zu Konzepten von historisch-kultureller Semantik und historischer Epistemologie.

Peter Burschel, Professor für Neuere Geschichte an der Universität Rostock. **Forschungen** unter anderem zur Geschichte der (konfessionellen) Gewalt, zur Historischen Anthropologie und zur Kulturgeschichte des Politischen.

Rudolf Dekker, Professor an der Faculteit der Historische en Kunstwetenschappen (Fakultät für Geschichte und Kunst) an der Erasmus Universiteit Rotterdam. **Forschungen** zur Sozial- und Kulturgeschichte in der Frühen Neuzeit, insbesondere zu Egodokumenten, Autobiographik und Kindheit in den Niederlanden.

Heidrun Friese, Privatdozentin am Institut für Historische Ethnologie an der Universität Frankfurt/Main, derzeit wissenschaftliche Mitarbeiterin am Lehrstuhl für Kultur- und Sozialanthropologie an der Universität Frankfurt/Oder. **Forschungen** zu Konzepten von Zeit, Raum, und Identitäten; Freundschaft und Gastfreundschaft; Europa und europäische Integration, Traditionalismus und derzeit Arbeiten zu einem von der DFG geförderten Projekt zum Thema ‚die Grenzen der Gastfreundschaft'.

Karin Hausen, Professorin i.R. für Wirtschafts- und Sozialgeschichte (1978-1995) bzw. für Interdisziplinäre Frauenforschung an der Technischen Universität Berlin (1995-2003), Gründung und Leitung des dortigen Zentrums für Interdisziplinäre Frauen- und Geschlechterforschung. **Forschungen**: experimentierende Studien zur Geschlechtergeschichte, derzeit zu einer Geschlechtergeschichte des Rauchens.

Gabriele Jancke, Mitglied der DFG-Forschergruppe „Selbstzeugnisse in transkultureller Perspektive" an der Freien Universität Berlin. **Forschungen**: Selbstzeugnisse in transkultureller Perspektive in der

Frühen Neuzeit, Gelehrtenkultur, Patronage, jüdische Geschichte, Frauenklöster; aktuelles Arbeitsgebiet: Gastfreundschaft in der Frühen Neuzeit.

Benigna von Krusenstjern, langjährige Mitarbeiterin am Max-Planck-Institut für Geschichte in Göttingen. **Forschungen** über Selbstzeugnisse als historische Quellen und Fragen der Religiosität vornehmlich im Zeitalter des Dreißigjährigen Krieges.

Vasilios N. Makrides, Professor für Religionswissenschaft (Orthodoxes Christentum) an der Philosophischen Fakultät der Universität Erfurt. **Forschungen** zur Kulturgeschichte und Soziologie des Orthodoxen Christentums sowie zu den säkularen Sinn- und Deutungssystemen in der Neuzeit und der Moderne und deren Beziehungen zu traditionellen Religionen.

Hans Medick, Professor i. R. der Universität Erfurt und ehemaliger Mitarbeiter des Max-Planck-Instituts für Geschichte Göttingen. **Forschungen** zur Historischen Anthropologie von Krieg und Kriegsgewalt, zur Geschichte der Wahrnehmung von Person und Selbst, Selbstzeugnisforschung sowie zu Methoden- und Theorieprobleme der Historischen Anthropologie.

Holt Meyer, Professor an der Universität Erfurt für Slawistische Literaturwissenschaft. **Forschungen** gelten der russischen, tschechischen und polnischen Literatur (v. a. Romantik und 20. Jahrhundert) sowie internationalen Medien und Film; Schwerpunkte der letzten Jahre sind die Diskursanalyse der Nachkriegszeit und die Repräsentation der Spionage in Ost und West sowie die Medialisierung des Raumes und der Zeit in der Geopolitik.

Bettine Menke, Professorin für Allgemeine und Vergleichende Literaturwissenschaft an der Universität Erfurt. **Forschungen** gelten Literatur- und Texttheorie mit den Paradigmen der Rhetorik, Dekonstruktion, Intertextualität, Gender Studies, insb.: Gedächtnis-Konzepte, Schrift, Bild, Klang und Stimme, Mythopoetische Figuren (Sirenen, Memnon, Echo u.a.) und Territorien (Polargebiete), Poetische und Sakrale Zeichenordnungen, Barocke Techniken und Romantische Figuren, Allegorie und Witz, zuletzt zum Trauerspiel.

Jan Peters, Prof. i. R. an der Universität. Potsdam. **Forschungen** zur Sozial-, Agrar- und Alltagsgeschichte der Frühneuzeit, Selbstzeugnisse Nicht-Gebildeter.

Birgit Schäbler, Professorin für Westasiatische Geschichte an der Universität Erfurt. **Forschungen** zur Verflechtungsgeschichte der Moderne im Orient und in Europa, der Wissenschaftsgeschichte des Orientalismus, der Sozial- und Kulturgeschichte Westasiens ab 1800, besonders der Levante, der Geschichte des ländlichen Raums und der Alterität im Islam.

Peter Schöttler, Forschungsdirektor am CNRS in Paris (Institut d'histoire du temps présent) und Honorarprofessor am Friedrich-Meinecke-Institut, FU Berlin. **Forschungen** zur deutschen und französischen Geschichte des 19. u. 20. Jahrhunderts, Historiographie-Geschichte, Wissenschaftsgeschichte.

Claudia Ulbrich, Professorin für Geschichte der Frühen Neuzeit und Geschlechtergeschichte am Friedrich-Meinecke-Institut, FU Berlin; Sprecherin der DFG-Forschergruppe „Selbstzeugnisse in transkultureller Perspektive". **Forschungen** zur Geschichte der Frühen Neuzeit, insbesondere Frauen- und Geschlechtergeschichte, Religion, ländliche Gesellschaft Auto/biographisches Schreiben, Personenkonzepte.

Theresa Wobbe, Professorin für Geschlechtersoziologie an der Universität Erfurt, **Forschungen** gelten dem institutionellen Wandel des Geschlechts in der (europäischen) Moderne, insbesondere in Politik, Recht, Religion und Wissenschaft, dem Wandel Europas in der Weltgesellschaft und der Systementwicklung der Europäischen Union.

Alltag & Kultur

Herausgegeben von Wolfgang Kaschuba, Rolf Lindner, Peter Niedermüller und Leonore Scholze-Irrlitz

Die Bände 1–4, 6 und 8 sind vergriffen.

Bd. 5: Michi Knecht (Hg.):
Die andere Seite der Stadt.
Armut und Ausgrenzung in Berlin.
1999. 347 S. 12 s/w-Abb. Br.
ISBN 978-3-412-05799-2

Bd. 7: Beate Binder, Wolfgang Kaschuba und Peter Niedermüller (Hg.):
Inszenierungen des Nationalen. Geschichte, Kultur und die Politik der Identitäten am Ende des 20. Jahrhunderts.
2001. 332 S. Br.
ISBN 978-3-412-09200-9

Bd. 9: Ulrike Langbein:
Geerbte Dinge.
Soziale Praxis und symbolische Bedeutung des Erbens.
2002. 256 S. Br.
ISBN 978-3-412-05902-6

Bd. 10: Ina Dietzsch:
Grenzen überschreiben?
Deutsch-deutsche Briefwechsel 1948–1989.
2004. 202 S. Br.
ISBN 978-3-412-16203-0

Bd. 11: Angelika Linke, Jakob Tanner (Hg.):
Attraktion und Abwehr.
Die Amerikanisierung der Alltagskultur in Europa.
2006. VI, 305 S. 24 farb. Tafels. u. 28 s/w-Abb. Br.
ISBN 978-3-412-34405-4

Bd. 12: Beate Binder:
Streitfall Stadtmitte.
Der Berliner Schloßplatz.
2008. Ca. 304 S.
Mit zahlr. s/w-Abb. Br.
ISBN 978-3-412-20040-4

Bd. 13: Ina Dietzsch, Wolfgang Kaschuba, Leonore Scholze-Irrlitz (Hg.):
Horizonte ethnografischen Wissens.
Eine Bestandsaufnahme.
2008. Ca. 248 S. mit ca. 15 s/w-Abb. Br.
ISBN 978-3-412-20114-2

Böhlau

Köln Weimar Wien

Ursulaplatz 1, D-50668 Köln, Telefon (0221) 913900, Fax 9139011

ST548080407